航天科技图书出版基金资助出版

空间绳系机器人飞行控制技术

孟中杰　黄攀峰　著

中国宇航出版社
·北京·

图书在版编目(CIP)数据

空间绳系机器人飞行控制技术 / 孟中杰，黄攀峰著. -- 北京:中国宇航出版社，2018.3
ISBN 978-7-5159-1455-8

Ⅰ.①空… Ⅱ.①孟… ②黄… Ⅲ.①空间机器人一飞行控制一机器人控制 Ⅳ.①TP242.3

中国版本图书馆 CIP 数据核字(2018)第 045837 号

责任编辑 舒承东 **封面设计** 宇星文化

出版发行 中国宇航出版社

社址	北京市阜成路8号 **邮编** 100830 (010)60286808 (010)68768548	**版次**	2018年3月第1版 2018年3月第1次印刷
网址	www.caphbook.com	**规格**	787×1092
发行部	(010)60286888 (010)68371900 (010)60286887 (010)60286804(传真)	**开本**	1/16
		印张	15.25
零售店	读者服务部 (010)68371105	**字数**	372千字
		书号	ISBN 978-7-5159-1455-8
承印	北京画中画印刷有限公司	**定价**	128.00元

本书如有印装质量问题，可与发行部联系调换

航天科技图书出版基金简介

航天科技图书出版基金是由中国航天科技集团公司于2007年设立的，旨在鼓励航天科技人员著书立说，不断积累和传承航天科技知识，为航天事业提供知识储备和技术支持，繁荣航天科技图书出版工作，促进航天事业又好又快地发展。基金资助项目由航天科技图书出版基金评审委员会审定，由中国宇航出版社出版。

申请出版基金资助的项目包括航天基础理论著作，航天工程技术著作，航天科技工具书，航天型号管理经验与管理思想集萃，世界航天各学科前沿技术发展译著以及有代表性的科研生产、经营管理译著，向社会公众普及航天知识、宣传航天文化的优秀读物等。出版基金每年评审1～2次，资助20～30项。

欢迎广大作者积极申请航天科技图书出版基金。可以登录中国宇航出版社网站，点击“出版基金”专栏查询详情并下载基金申请表；也可以通过电话、信函索取申报指南和基金申请表。

网址：http：//www.caphbook.com

电话：(010) 68767205，68768904

前　言

随着人类太空活动的不断增多，在轨服务技术受到越来越多的重视，已经成为空间技术发展的一个新热点。在这方面，空间机器人拥有独特的优势，因此，各航天大国相继开展空间机器人的研究。空间绳系机器人具有"空间平台星（含系绳控制机构）+空间系绳+抓捕器"的新型结构，是一种由传统空间机械臂与空间绳系系统结合形成的柔性空间机器人系统，是当前在轨服务技术发展的热点方向之一。该机器人的操作半径由空间系绳长度决定，可达数百米，远大于传统的空间机器人。由于空间系绳的存在，使得末端操作机构与空间平台星本体分离，操作过程中即使出现意外情况，也不会对空间平台星本体产生较大的安全威胁；末端抓捕器与空间平台星相比，有较小的质量和转动惯量，因此在任务过程中其机动性更高，且降低了对 GNC 的要求；另外，还避免了空间平台星的近距离逼近和停靠，减少了任务过程中的推进剂消耗。

但由于空间系绳的分布质量、弹性、柔性等特点以及抓捕器的多刚体特性，空间绳系机器人是一种典型的刚柔耦合系统，其控制问题十分复杂。而目标星的非合作特性、测量/执行器同时受限、空间轨道动力学等极大地加剧了空间绳系机器人的控制难度。本书按照空间绳系机器人的典型操作任务流程，充分考虑多个工程应用中实际存在的约束问题，分别研究其目标逼近、目标抓捕、辅助稳定、拖曳变轨等四个阶段的控制问题，为空间绳系机器人的研究与应用奠定了基础。

全书分为 7 章。第 1 章对空间绳系机器人飞行控制技术的发展现状进行介绍。第 2 章介绍了空间绳系机器人的动力学建模及目标逼近控制方法。重点介绍了以最小代价逼近目标星的中远距逼近控制方法和测量信息不完备条件下的超近距逼近控制方法。第 3 章介绍了利用空间绳系机器人的目标抓捕稳定控制方法。针对抓捕后的辅助稳定问题，第 4 章到第 6 章分别利用推力器、推力器/系绳协调、仅用系绳三种方式进行辅助稳定控制。其中，第 4 章研究了针对推力方向已知、推力方向未知/变化、组合体姿态/系绳状态联合控制三个问题；第 5 章研究了利用系绳张力/推力器协调、系绳张力臂/推力器协调的目标星辅助稳定控制方法；第 6 章研究了系绳摆动抑制和目标星姿态稳定控制问题。第 7 章介绍了利用系绳的目标星拖曳变轨控制方法，分别研究了拖曳轨道设计、拖曳过程防缠绕及拖曳过程的组合体姿态稳定控制问题。

本书是集体智慧的结晶，除作者之外，王东科、王秉亨、鲁迎波、胡仄虹、胡永新等多位同志也做了大量工作，在此一并表示感谢。最后，特别感谢航天科技图书出版基金对本书的资助，以及中国宇航出版社为本书出版所做的大量工作。

本书可供从事空间机器人技术、空间绳系系统、飞行控制等相关专业的工程技术人员参考，也可以作为高等院校航天应用类、飞行控制类相关专业研究生和高年级本科生的辅助教材。希望本书的出版对于推动空间绳系机器人的研究和应用起到良好的作用。研究刚刚开始，精彩将不断涌现！

本书内容是作者所在研究团队多年来研究工作的总结，内容丰富、全面，具有很强的理论性和实用性。囿于水平，书中难免有疏漏和不妥之处，敬请广大读者批评指正，不吝赐教，使之完善提高。

作　者

2017年10月

目　录

第1章　绪　论

1.1　空间绳系机器人的概念

随着人类太空活动的不断增多，在轨服务技术受到越来越多的重视，已经成为空间技术发展的一个新热点。在轨服务主要包括在轨维修、在轨加注、在轨实验、辅助空间站组装、轨道垃圾清理等方面。传统在轨服务中，航天员是完成相关复杂任务的主要执行者，太空中极度恶劣的环境会对航天员的生命安全造成严重威胁。在辅助变轨、轨道垃圾清理、失控卫星救助等方面，空间机器人拥有独特优势，成为帮助或取代航天员的最佳选择，因此各航天大国相继开展空间机器人的研究[1-4]。

目前的空间机器人是“基座/平台＋多自由度机械臂＋机械手”的构型，属于全刚体系统[5-9]，如图1－1所示。空间机器人已经在哈勃望远镜修复、国际空间站建造等应用中发挥了主要作用。欧美和日本进行了多次实验型自主空间机器人的发射[10-15]，并且在卫星捕获、航天器部件更换，以及轨迹跟踪、力控制实验等方面取得了成功。但受机械臂长度和刚体灵活性的限制，这类空间机器人在操作时需要充分靠近目标，在执行失控卫星救助、轨道垃圾清理等非合作目标捕获任务时灵活性较差，安全性不高。除此之外，传统空间机器人具有整体惯量较大、系统动态响应较差及在执行任务过程中能耗较高的缺点。美国曾经试图利用航天飞机上的空间机器人系统援救西班牙的失控卫星，但以失败告终。

图1－1　空间机器人示意图

为了弥补传统空间机器人存在的执行任务灵活性较差、操作范围小、安全可靠性低的缺点，目前发展起来一种“空间平台星（含系绳控制机构）+空间系绳+抓捕器”的新型空间绳系机器人系统[16]，如图 1-2 所示。利用空间系绳取代多自由度机械臂，操作半径由空间系绳长度决定，可达数百米，远大于传统的空间机器人；由于空间系绳的存在，使得末端操作机器人与空间平台本体分离，操作过程中即使出现意外情况，也不会对空间平台本体产生较大的安全威胁；末端抓捕器与空间平台星相比，有较小的质量和转动惯量，因此在任务过程中其机动性能更高，降低了对 GNC 的要求；另外，还避免了空间平台星近距离的逼近和停靠，减少了任务过程中的推进剂消耗。

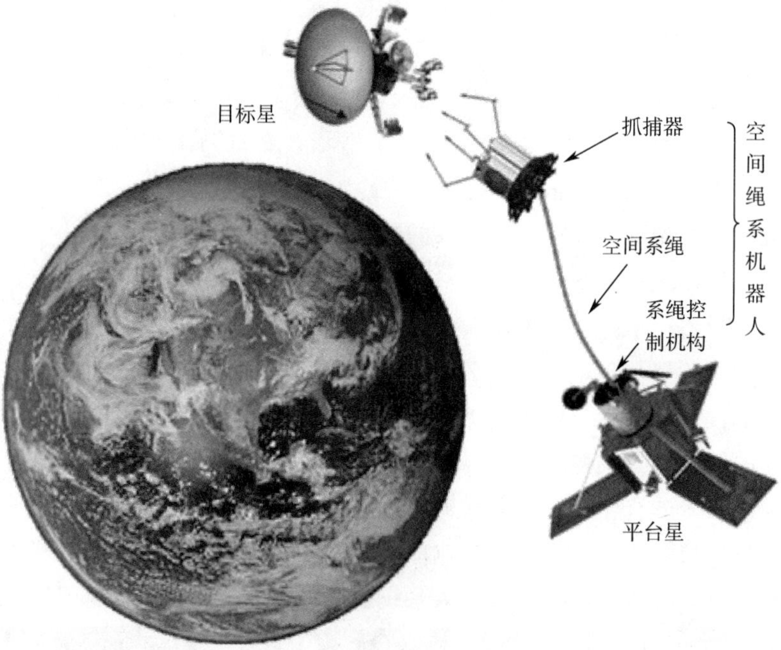

图 1-2　空间绳系机器人系统

1.2　空间绳系机器人的研究计划与进展

机械臂式的刚体空间机器人是目前最为成熟的空间机器人系统，从 20 世纪 60 年代开始，在各种空间任务中发挥了巨大的作用，例如：美国的轨道快车计划、Robonaut 类人机器人、加拿大的国际空间站机械臂、日本的 ETS-Ⅶ等。空间绳系机器人是一种特殊的空间机器人，同时具备空间机器人和空间系绳在空间在轨服务中的独特优势，是空间机器人技术和空间绳系技术结合的产物。本节从空间绳系系统的发展开始，介绍空间绳系机器人的发展历程。

1.2.1　空间绳系系统类型

空间绳系技术的应用早期起因于空间救生、微重力实验及外空辐射测量等方面的需要，后来随着研究的展开与深入，科学家们逐渐发现这种航天系统还具有其他许多新颖独特的应用，这些新应用的发现又促进了空间绳系技术的研究与发展[17-24]。其主要应用包括：空间电梯、星际转移、人工重力产生、轨道提升、载荷入轨/离轨、航天器重力稳定、空间环等。对不同应用进行梳理，将空间绳系系统分为以下四种类型。

（1）静止绳系系统

在静止绳系系统使用过程中，系绳的长度和数量、航天器的数量和质量以及它们的相互位置和指向是不变的。可用于深空、近地空间、地球大气和地球表面研究等[25]，静止绳系技术在空间资源开发和空间环境探测方面有其独特的优点和广泛的应用前景，如图 1-3 所示。

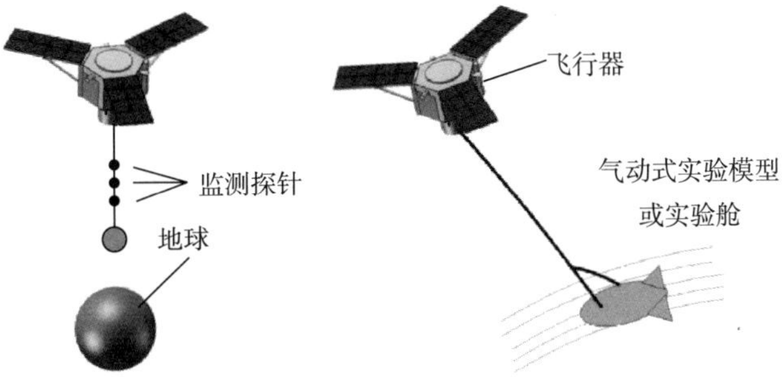

图 1-3 静止绳系系统

（2）空间动量交换绳系系统

空间动量交换绳系系统的特点是：系绳的数量和长度、航天器的数量和质量以及它们的相互位置和指向是经常改变的。该系统由高强度绳索、系绳展开/回收机构及控制平台组成。系统可用于完成航天器的轨道机动而不消耗推进剂，即用系绳把航天器抓住并把它拖走，如图 1-4 所示。

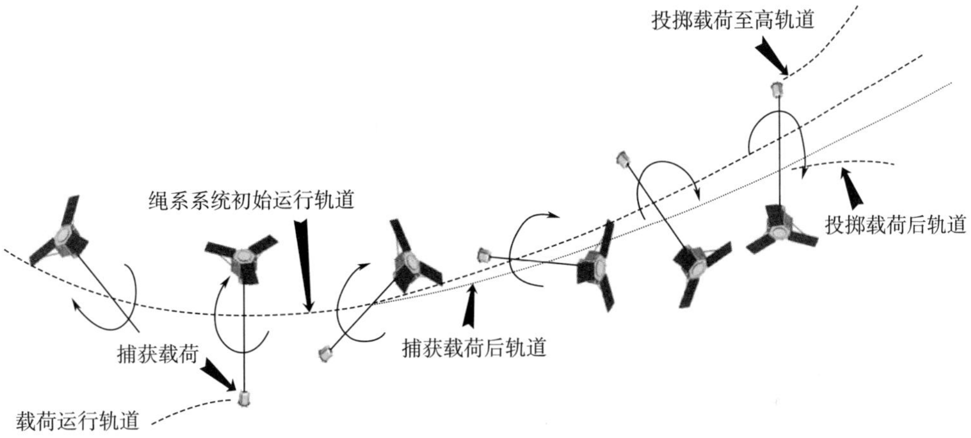

图 1-4 空间动量交换绳系系统

(3) 空间电动力绳系系统

如图 1-5 所示，空间电动力绳系系统高速运动切割地磁力线的同时，绳索一端电子收集器收集等离子层中电子，沿绳索流动到另一端，通过电子发射器将电子送回等离子层，形成闭环电路，从而产生电磁力。利用该系统在轨道上运动的部分动能，可以产生功率为兆瓦量级的电能，可以保持/提升/降低飞行器轨道高度而不必消耗推进剂。

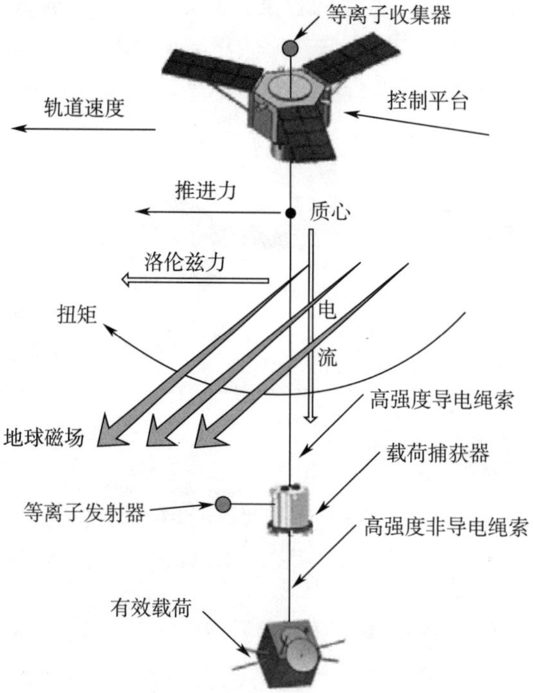

图 1-5　空间电动力绳系系统

(4) 空间绳系机器人系统

如图 1-2 所示，空间绳系机器人是一种利用系绳取代空间机械臂的新型空间机器人。它可以在分离速度、抓捕器推力器、系绳张力等作用下对目标星进行较远距离捕获，然后进行辅助稳定、操作、回收、拖曳等操作。与上述三类空间绳系系统相比，空间绳系机器人的系绳较短，一般仅数百米，更注重对目标星的操作，在抓捕时更多关心抓捕器/目标星的相对位姿控制；在后续更多关心组合体的姿态问题，包括系绳姿态和目标星姿态等；在辅助变轨时，由于系绳较短，采用拖曳变轨方式。按抓捕器的种类，可将空间绳系机器人分为爪式、网式、矛式、机械臂式等多种类型。

1.2.2　空间绳系系统研究计划

空间绳系系统目前处于空间应用的前沿，近几十年来，美国、欧盟、日本等均开展了大量的空间绳系系统相关研究计划，完成了多次空间绳系系统在轨实验。已完成的主要实验情况如表 1-1 所示[26]。

表 1-1　空间绳系系统已完成在轨实验情况

计划/任务	国家/地区	年份	系绳长度	展开长度
GEMINI-11/12	美国	1966	36 m	36 m
TPE-1/2	美国、日本	1980/1981	400 m	38/103 m
CHARGE-1/2/2B	美国、日本	1983/1984/1992	418/426/426 m	418/426/426 m
OEDIPUS-A/C	美国、加拿大	1989/1995	958/1174 m	958/1174 m
TSS-1/1R	美国、意大利	1992/1996	20/19.7 km	268 m/19.7 km
SEDS-1/2	美国	1993/1994	20/20 km	20/20 km
PMG	美国	1993	500 m	500 m
TIPS	美国	1996	4 km	4 km
ATEx	美国	1998	6.05 km	22 m
PICOSAT1.0/1.1	美国	2000	30/30 m	30/30 m
YES2	俄罗斯、欧盟	2007	31.7 km	29 km
KUKAI	日本	2009	5 m	仅几厘米
T-REX	日本、美国	2010	300 m	300 m

1992 年，美国 NASA 和意大利空间局 ASI 合作研制的绳系卫星系统 TSS-1[26]，如图 1-6 所示。该项目采用亚特兰蒂斯号航天飞机作为试验航天器，子卫星为球形，直径 1.6 m，质量 521 kg，试验系绳采用直径 2.54 mm 的导电系绳，以诺梅克斯作为缆芯，一组 10 根涂有氟化乙烯绝缘材料的 34 号铜绞线缠绕在缆芯上，外部采用凯夫拉纤维和诺梅克斯复合编制材料。子卫星携带推力器，用于系绳展开初始阶段姿态控制和速度控制。该系统在轨完成了 12 项科学实验，如电离层低频波测量、电动力特性和无线电物理研究等。

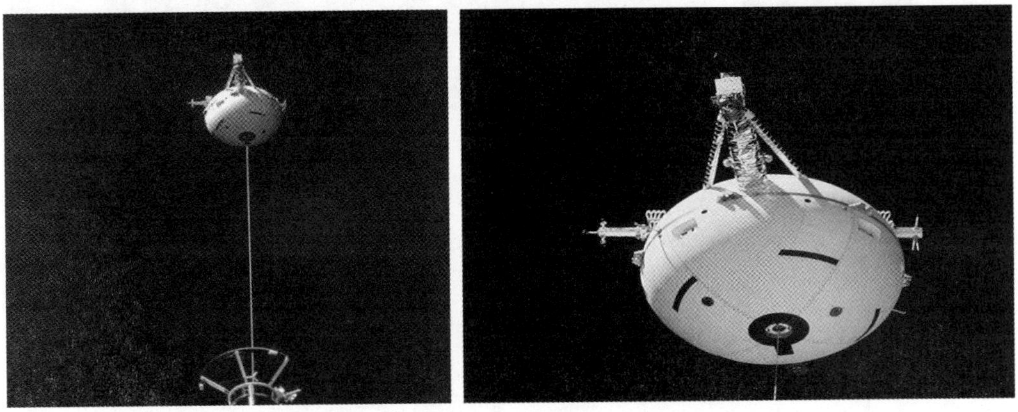

图 1-6　TSS-1 绳系卫星系统

1993 年，美国利用 NASA 马歇尔航天飞行中心（MSFC）研制的小型可扩展的展开系统 SEDS-1 成功地进行了长绳系轨道飞行试验[26]。验证了基于系绳不消耗推进剂而实现载荷返回的能力，同时研究了载荷与系绳分离后的动力学。在轨实验中，系绳展开过程比预想的快且顺利，展开结束时相对速度达到 7 m/s，进而导致一系列的系绳振荡。1994 年，美国又发射了第二颗绳系小卫星 SEDS－2，在轨验证内容包括：反馈控制下展开控制机构的效率、空间系绳长期演化历程等。在轨实验结果表明：末端载荷沿预定轨迹运动且在展开结束段保持平稳，展开结束时，末端载荷沿当地铅垂方向，相对速度不大于 0.02 m/s，振荡幅度也在 4°以内。可惜的是，在入轨 4 天后，由于微流星撞击，导致系绳断裂，试验终止。

2007 年，为了验证系绳动态释放方法在实现在轨载荷返回方面的可行性，由俄罗斯和欧盟联合进行了 YES2 的在轨试验[26-30]。该试验采用了直径 0.5 mm、长度 31.7 km 的不导电系绳，并采用向下释放的方式。首先，系绳缓慢释放至 1.5 km，子星在当地垂线附近摆动；然后停止释放系绳，系绳在当地垂线方向附近小幅振荡；再快速释放系绳，在科氏力作用下，系绳开始偏离当地垂线方向，以大角度向轨道飞行方向摆动；之后，向反方向施加一个减速脉冲，减小子星绝对速度；当子星振荡至当地垂线附近时，脱离系绳并进入大气层。

2009 年，日本 Kagawa 大学研发并首次进行了空间绳系机器人 KUKAI 的在轨验证试验[31-32]。如图 1－7 所示，KUKAI 由母星、子星以及连接两者的 5 m 长的不导电系绳组成，此外子星上还安装一个两自由度的连杆机构，用于控制子星的姿态。母星是一个绳系展开系统，负责系绳展开和子星回收，子星是一个空间绳系机器人系统，通过自身机械臂的运动控制子星的姿态。母星、子星间采用蓝牙通信。该任务主要验证系绳的释放，以及利用连杆控制子星姿态的可行性。遗憾的是，由于机械故障，该任务的系绳仅释放了几厘米。

图 1－7　KUKAI 的模拟释放图

除了上述已经进行在轨验证的项目之外，目前各国正在进行多项空间绳系系统的研究计划。例如：美国 Tether Unlimited（TU）公司研制的小型电动绳系推进系统 μPET，如图 1-8 所示。该系统无需推进剂即可为微小卫星提供轨道提升/降低、倾角变化及姿态保持所需的推力。除此之外，还可作为重力梯度姿态控制单元使用。

图 1-8 微小卫星无推进剂电动绳系推进系统

美国 NASA 支持的 MXER（Momentum－eXchange Electrodynamic Reboost）项目[33-36]设想利用绳索为载荷提供从 LEO 到 GEO 的轨道转移服务，并实现系统本身不消耗推进剂的轨道机动和轨道保持。该项目综合了动量交换绳索、电动绳索应用、绳索轨道提升等多个方面的技术，是绳系卫星相关技术的综合应用和发展前沿。

在考虑目标捕获的空间绳系机器人方面，美国 TU 公司经过研究提出了 GRASP 系统（图 1-9），利用绳索在刚性杆件的支撑下形成一个网状结构，在交会的过程中可靠地抓捕载荷，并利用绳索的柔性特性来缓冲 MXER 系统抓捕和轨道转移过程中所产生的数倍重力加速度。

美国 NASA 支持下的 NIAC（先进概念研究所）于 2002 年提出空间目标捕获方法，图 1-10 所示为其建议的捕获概念，该概念基本上采用一种飞行捕获系统完成对目标的跟踪和捕获。另外，NIAC 还设计了旋转稳定飞网捕获模式，飞网弹出后依靠平台的低速旋转产生向心力打开飞网，而后形成“篮子”状构型，进而捕获目标，如图 1-11 所示。

EADS（欧洲宇航防务集团）的空间运输子公司于 2003 年初提出的 ROGER（同步轨道修复者机器人）项目[37-40]，如图 1-12 所示，引入了空间机动平台＋多功能空间绳系机器人捕获系统的概念。ROGER 采用了两种捕获机构：空间爪和空间网，利用空间系绳实现对失效卫星的捕获任务。图 1-13 为爪式绳系捕获系统。

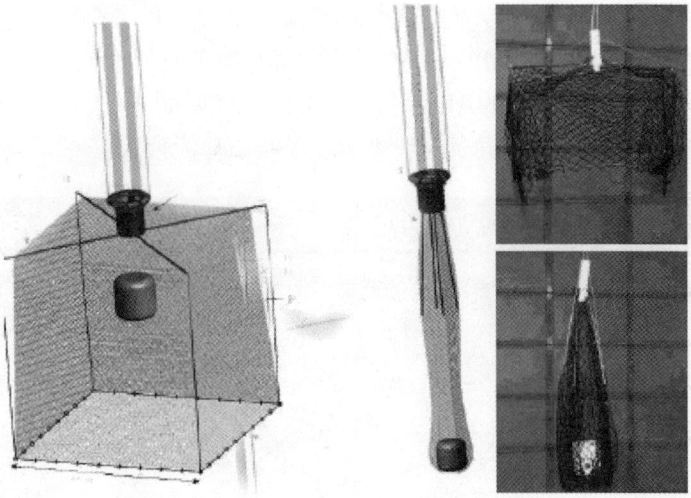

图 1-9　GRASP 项目中的捕获网原型

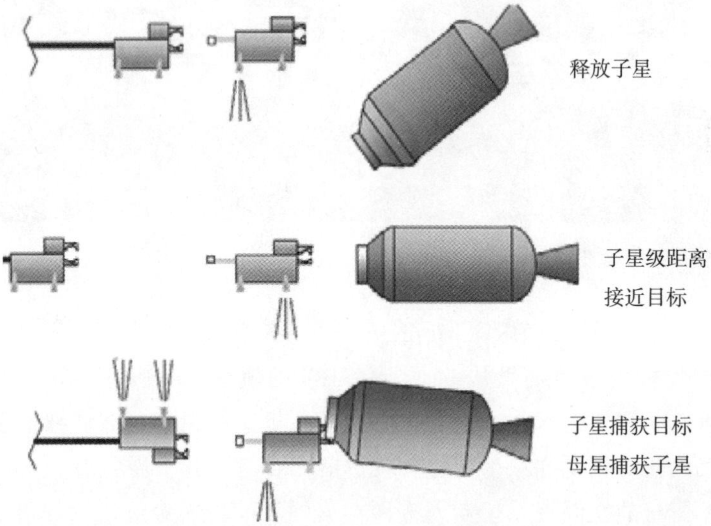

图 1-10　NIAC 在轨目标捕获概念

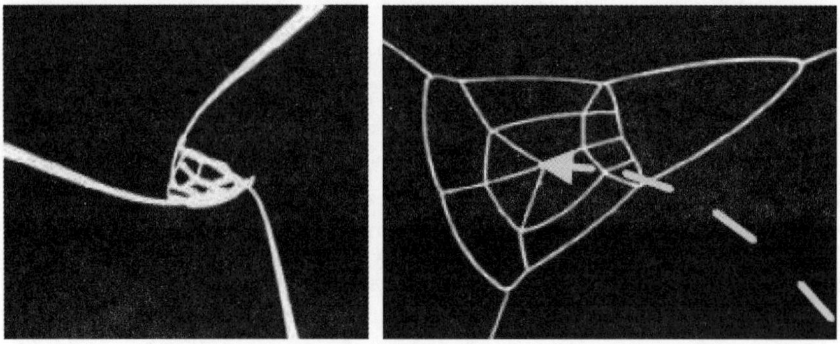

图 1-11　NIAC 旋转稳定飞网

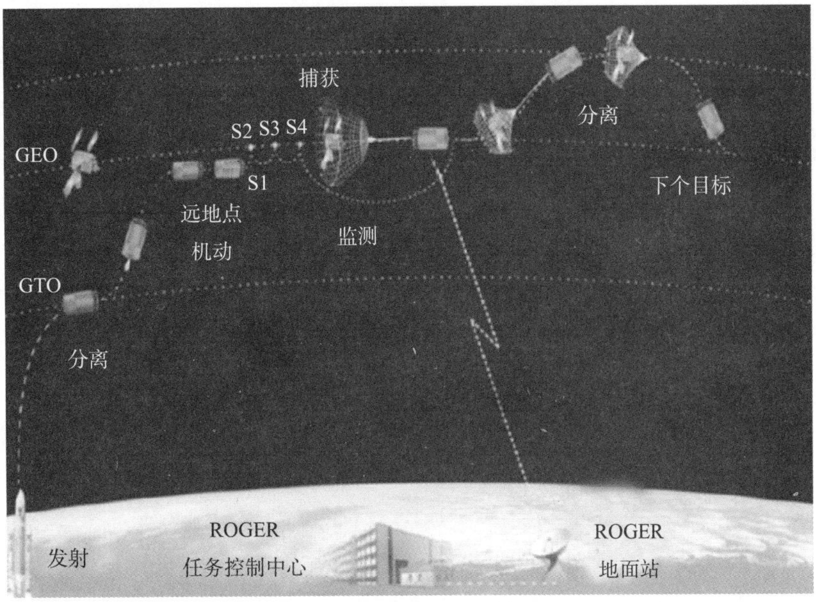

图 1-12 ROGER 演示任务描述

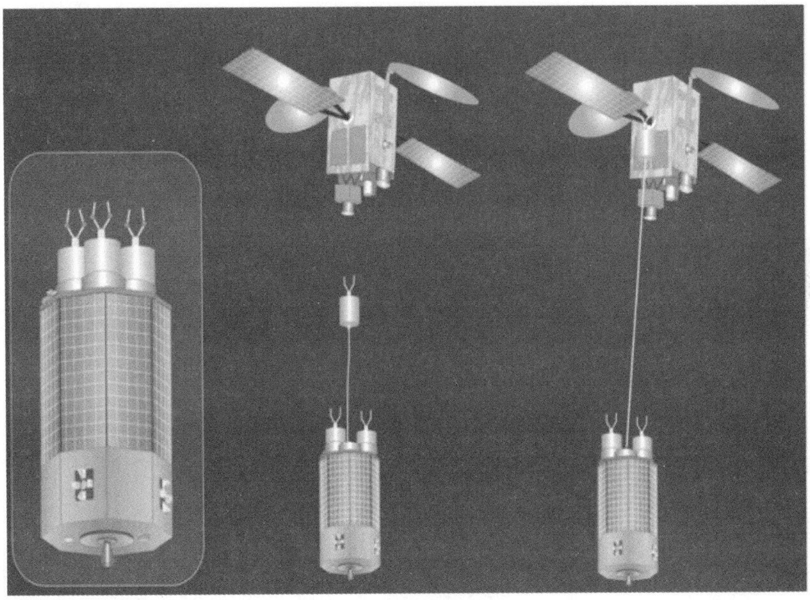

图 1-13 爪式绳系捕获系统

1.3 空间绳系机器人飞行控制研究进展

自齐奥尔科夫斯基在其 1895 年的著作《关于地球和天空的梦想》中提出“赤道通天塔”设想以来，空间绳系系统的研究已经走过了 100 多年的历程。在近年的研究中，Cosmo 和 Lorenzini 合作出版的关于空间绳系系统试验历程及未来应用的专著中，谈到了系绳动力学特性的诸多特殊物理现象，是绳系系统动力学与控制的导论[41]。Beletsky 和 Levin 在其专著中系统回顾了空间绳系系统的各种问题，并总结了全球空间绳系系统动力学与控制的研究经验[42]。Levin 又在其新专著中给出了空间绳系系统动力学建模与分析的新方法，并重点研究了电动力绳的发展[43]。Misra 和 Modi 也在其论文中系统地论述了空间绳系系统动力学与控制的发展[44]。空间绳系机器人系统为刚柔耦合的多体系统，动力学特性复杂，尽管现有研究在空间绳系机器人建模上做了大量的工作，但是至今仍未能建立比较全面的动力学模型，对空间绳系机器人的特性还没有全面的了解；由于柔性系绳的存在，空间绳系机器人在轨任务过程中的控制器设计十分困难。按飞行阶段划分：空间绳系机器人的飞行控制分为：目标逼近控制、目标抓捕控制、辅助稳定控制、拖曳变轨控制四个阶段。下面从动力学建模、各阶段控制等方面分别介绍国内外相关研究进展。

1.3.1 空间绳系机器人动力学建模

空间绳系机器人是一种新型空间机器人系统，其特殊性在于空间系绳的引入。在空间系绳的建模方面[45-47]，20 世纪 60 年代，Garber[48]、Targoff[49] 以及 Crist 和 Eisley[50] 等通过研究发现了轨道上长柔性系绳的横向振动情况，并发现在有些情况下该构型是不稳定的。Beletskii 与 Novikova[51] 考查了由柔性无质量系绳联结二体系统的轨道运动，只有当系绳中有应力时，卫星的运动才受到约束，否则将做自由运动，并且从自由运动向受约束运动转变时，卫星会受到一定的冲击。Austin[51] 及 Chobotov[52] 考虑了两质点由一根绳索联结的情形，Austin[51] 将绳索视为外伸的弹簧，从而获得了非线性面内动力学方程的准确解。Chobotov[52] 研究了重力梯度力激励的绳索连续体的面内纵、横振动，通过线性化使方程得以解耦，最后得到了马瑟型不稳定区，并指出少量黏性阻尼有助于维持运动的稳定。针对两端刚体由一根绳索连结的情况，Anderson[53] 进一步计入绳索质量，分析了系统的三维运动。Stabekis 与 Bainum[54] 则不计绳索质量，专门探讨了阻尼与重力矩对系统的作用。60 年代末、70 年代初，Stuiver 与 Bainum[55-56] 等人详细研究了 TOI（Tethered Orbiting Interferometer）卫星的空间释放展开动力学问题，并提出了控制力的运算法则。1971 年，Kerr 与 Abet[57] 曾考虑了系绳弯曲刚度的影响，结果表明，这对系绳根部及高阶模态较为重要。总体上讲，在初期的研究中，学者们所采用的模型虽然强调了某些特定的基本因素，却大量地忽略了系统本身及环境影响的因素。这样的模型当然不可能很好地反映出系统运行的特性，但也给出了一些基本而重要的结论。例如在通常情况下，系统的姿态运动与轨道运动关联很小，可以认为不存在相互耦合；在系统展开、状态维持及回收三个过程中，展开运动基本稳定，而回收运动则基本上不稳定。上述第一条结论在以后的文献中一直作为基本假设来采用，而第二条结论则表明，对系统运动进行控制是空间绳系系统应用的基础。80 年代至今是绳系卫星系统研究的深入发展阶段，一方面，相关研究人员在 60、70 年代对空间绳系动力学研究初步成果的基础上，开始考虑多方面的影响因素，建立起比较复杂的动力学模型，另一方面，随着计算机技术和偏微分方程数值解法的发展，使得对于复杂动力学模型的求解成为可能。1980 年，Misra 及 Modi [58] 考察了绳系二体系统在一般情况下的释放动力学与回收动力学方程。1990年，加拿大的Lakshmanan等人[60]建立了X自由度的模型，研究了绳系卫星系统在有偏差情况下的动力学与控制问题。1995年，No T. S. 等人[65]通过将柔性绳离散化为一系列由弹簧-阻尼器单元连接起来的质点，建立离散形式的“珠子模型”，从而得到离散形式的系统动力学方程，在此基础上，Banerjee，A. K. 等人[61]通过改变珠子的质量和连接杆的长度，研究了柔性绳展开和回收过程的动力学建模与求解的问题。同年，Euisok Kim[62]等基于牛顿欧拉法建立了柔性绳的动力学模型，然后用Galerkin方法对系统方程进行离散化，并根据仿真的结果分析了绳系系统回收过程中横、纵张力和运动的相互关系。1998年，日本的Matunaga[63]等人在考虑摩擦力条件下系绳和旋转目标航天器碰撞的动力学现象，推导了平面3体和系绳运动的动力学方程。2000年，Rossi[64]和Cochran[65]利用Leray－Schauder定理来分析描述绳系系统运动的偏微分方程，得出在考虑地球扁率和气动力的情况下绳系系统运动周期是否存在和平衡状态的关系。2005年，Mankala等基于微元法建立了柔性绳在使用鼓状绞盘机构进行释放和回收的动力学模型，并采用Ritz法对动力学模型进行了离散化求解[66]。国内方面，崔乃刚、朱仁璋、顾晓勤、于绍华、李强、曹喜滨、郑鹏飞等国内外专家学者开展了大量的研究[67-69]，考虑轨道因素、地球扁率、气动力等多因素的影响建立了各种复杂的系绳模型和系绳振动模型，分析了系绳各个方向振动的特点、振动频率的确定问题、各种干扰对系绳模型的影响以及系绳系统的稳定性问题，针对不同的系绳模型，研究了系绳系统的释放、展开、保持、回收策略[70-72]。但目前的研究对象多是结构跨度很大的十公里级或百公里级空间系绳，系绳的展开一般是沿稳定的平衡方向（梯度方向）进行。空间绳系机器人的系绳长度为百米级，而针对短系绳建模问题，Pernicka研究了短系绳展开后的运动特性[73]，刘莹莹研究了短系绳的快速释放方法[74]，但是他们的研究对象仍是系绳紧绷状态下的快速展开和运动问题，系绳的展开仍是沿重力梯度方向进行。赵国伟[75]、胡仄虹[76]等人以空间绳系机器人为目标，建立了相应的系绳模型，并进行动力学分析。总结上述系绳模型可以发现，以珠子模型、有限元模型为代表的系绳多元模型可以很好地反映系绳的动力学特性。但由于普遍研究长系绳，上述研究均忽略系绳两端绑体的运动。考虑两端绑体的形状与运动特点，Aslanov[77-81]将目标星视为单刚体，将平台星视为质点，将系绳简化为弹簧，建立系统模型，并分析了不同初始状态下的动力学现象，重点分析了系绳弹性的影响。Aslanov还将目标星的挠性部件简化为可弯曲的均匀横梁进行建模，结果表明，应合理选择系绳的自然频率以避免激发目标星的振动。但是，空间绳系机器人两端绑体形状与运动无法忽略，且均可能收放系绳，系绳质量、柔性、弹性均无法忽略，此外两端绑体也有可能是多刚体结构，这造成其动力学建模问题更加复杂。

1.3.2 空间绳系机器人目标星逼近控制

空间绳系机器人的目标星逼近控制包括系绳释放以及抓捕器姿轨控制两部分内容。可以借鉴的很多研究同样来自于传统的空间绳系系统。

Stuart[82]研究了系绳末端捕捉机构在推力器的作用下进行面内机动交会的最少推进剂

和最大交会时间问题，通过系绳末端捕捉机构和空间负载系统在某时刻的位置与速度匹配得出最大交会时间的轨迹，然后减小系绳的张力，使用推力器保持系绳径向上的稳定。Westerhoff[83]运用一种线性控制方法来减小交会过程中的位置误差和速度误差，该研究中假设空间系绳系统处于适当的位置以便于接近交会位置，并使用系绳收放卷轴和电磁力进行动量转移，轨道面外运动通过捕捉机构上的推力器来控制，但没有给出具体的数值仿真结果。Williams[84]等引入非线性后退区间跟踪控制器将系绳末端捕捉机构从任意初始位置控制到一个特定的振动循环中，以此来保证在特定交会时间内进行交会。Williams[85]等研究了三维系绳系统的空间交会和捕捉问题，使用伪线性算法求解出了该问题的最优控制律，得出可以不使用推进剂只使用张力控制就可以达到精确控制的目的，从而进行精确的空间交会和捕捉，Williams[86]等还研究了空间负载轨道和绳系系统轨道之间存在相对倾角时的情况，认为交会条件的选择不是唯一的，而零释放速率的捕捉条件则是有规律的，并且在捕捉过程中系统状态会发生迅速改变。Williams 和 Blanksby[87]使用非线性最优控制设计控制系统，借助系绳上的爬行机构（调节质量）实现捕捉。然而，这个方法仅考虑了系绳振动时的情况。Lorenzini[88]将旋转中的系绳系统的位置和速度误差通过开环控制反馈到空间负载上的吊钩处进行交会控制，但是对交会中所需要的自旋系绳系统构型的设计还不完善。上述任务主要用于远距离交会，而空间绳系机器人的系绳较短，需要研究短系绳状态下协调控制操作机器人逼近目标、抓捕目标过程中的相对目标位姿。

Yuya Nakamura 等[89]提出一种分阶段利用系绳拉力及推力器进行协调控制绳系机器人飞行轨迹的方法，节省了绳系机器人的推进剂消耗，但缺点是没有考虑利用系绳拉力在进行轨迹控制时对绳系机器人姿态的影响；Masahiro Nohmi 等[90,91]提出利用系绳拉力进行协调控制空间绳系机器人的运动，建立了连接点运动与机器人运动之间的耦合模型，在协调控制过程中，通过控制系绳与空间绳系机器人的连接点位置来进行系绳拉力方向的控制，从而保证了对空间绳系机器人运动的准确控制，他还提出利用“系绳＋连杆”的方式协调控制空间机器人的姿态，并做了相关的仿真实验；Godard[92]等提出通过控制两根系绳上辅助质量块的位置协调控制绳系卫星姿态的方法，并提出了在一根系绳发生断裂故障后的协调姿态稳定方法；Osamu Mori[93]等针对卫星在面内的旋转运动，利用系绳张力及推力器设计了一种协调控制方法，这种方法可以显著减少推力器推进剂消耗，还可改善控制精度；Insu Chang 等[94]提出了一种用于机器人系统的自适应协调控制策略，这种策略将主动反馈的参数用于估计协调控制律中的调节参数，机器人系统可以根据这种自适应协调控制方法协调控制自身的运动。此外，Lemke 等[95-97]首先提出尝试利用空间系绳拉力产生的控制力矩控制绳系卫星的姿态，并提出了利用轨道平面内系绳连接点的移动产生所需轨道平面内的控制力矩，并利用一个反作用轮产生并补充另一个方向的控制力矩。Bergamaschi[98]研究了空间系绳的侧向振动与绳系卫星子星轨道平面内的姿态运动之间的耦合关系。Pradhan[99]等建立了考虑空间系绳“阻尼＋弹性”的“平台＋质点子星”模型，并提出了基于反馈线性化和 LQG/LTR 方法的偏移控制（offset control）方法。Modi 等[100]研究了刚性“平台＋子星”结构的绳系卫星系统姿态动力学与控制问题，并考虑了卫星三个方向的运动，将空间系绳定义为考虑质量的"阻尼＋弹性"的柔性模型，并基于李雅普诺夫（Lyapunov）第二理论的偏移姿态控制策略。Williams[101]提出了基于系绳移动点的偏移控制方法，并将其运用于抑制柔性电动力空间系绳的振动。Carlo Menon 和 Claudio Bombardelli[102]研究利用空间系绳实现对自旋绳系卫星系统由于外界干扰力矩造成的姿态变化的控制，能很好地抑制绳系卫星系统的振动且不需要外界控制力矩作用。Krishna Kumar 等[103]提出了一种类似钟摆实现卫星被动姿态机动的控制策略，所涉及的机械装置包括一个从母星释放的通过两根相同的空间系绳相连的子星（配重块），根据母星姿态的简单稳定状态及稳定性的理论分析得出母星处于稳定状态时的条件及姿态，利用这些条件选择控制参数，以预定的控制策略改变两根系绳的长度实现母星的姿态机动及稳定，他还将这种结构运用于在椭圆轨道上运行的卫星的振动控制问题[104]，还利用四根相同的系绳及子星配重块开环控制了母星的滚转和俯仰姿态角[105]。Sangbum Cho 等[106]提出利用可移动系绳点控制卫星的姿态同时保持空间系绳的振动在一定范围内，研究了两种控制律设计方法。为了减少推进剂消耗，Soon - Jo Chung 和 David W. Miller [107]在绳系编队卫星系统中提出一种利用空间系绳和反作用轮的姿态分散控制策略并介绍了物理实验平台，进行了实验验证。F. P. J. Rimrott 等[108]对绳系卫星系统的姿态稳定性进行了讨论，建立了姿态动力学模型并找出了姿态稳定性的条件，将这个条件转化为一个参数，通过增大这个参数的值，稳定性范围就会增大。上述研究成果对空间绳系机器人的目标星逼近控制有很好的借鉴意义。但上述研究多采用姿态、轨道分离设计方式，而空间绳系机器人的姿轨控制很难分开设计。另外，上述研究均假设状态信息已知，但是实际上，限于空间绳系机器人的体积和质量，其携带的传感器较少，一般仅采用双目相机对目标进行测量。在超近距离时，受视场和基线距离限制，测量信息不足，无法提供足够信息，此时的逼近问题需要着重研究。

1.3.3　空间绳系机器人目标星抓捕控制

空间绳系机器人目标抓捕控制研究首先需要进行绳系机器人目标抓捕碰撞的动力学建模与分析。目前机器人碰撞动力学建模，主要有三种方法[109]：冲量动量法、连续碰撞力模型和基于连续介质力学的有限元方法。其中，冲量动量法[110-112]是建立在碰撞物体刚性假设条件下的一种近似理论，假设碰撞过程瞬间完成，利用积分描述碰撞前后的运动学关系；连续碰撞力模型[113-115]假设局部接触变形引起碰撞力，将物体间侵入量和侵入速度作为碰撞力计算参数，计算接触碰撞力；基于连续介质力学的有限元方法[116-118]考虑了碰撞引起的应力波影响。考虑到本文需要研究目标抓捕碰撞的动态过程，因此，连续碰撞力模型比较适合本文的研究。连续碰撞力模型[119]的相关研究主要包括：Brach 提出了线性弹簧阻尼碰撞力模型，引入了阻尼项描述碰撞过程中的能量损失，由于该模型较为简单，诸多学者选择了该模型进行碰撞问题研究，但是该模型在碰撞开始和结束时，碰撞力不连续。Johnson[120]提出了基于 Hertz 接触理论的非线性碰撞接触模型，该模型不包含阻尼项，不能描述碰撞过程中的能量消耗。为了克服弹簧阻尼碰撞力模型的缺点，Lee[121]提出了一种包含非线性阻尼项的碰撞接触模型，该模型在碰撞开始和结束时，碰撞力连续。由于空间系绳的存在，空间绳系机器人目标抓捕过程十分复杂。目前，还没有学者对空间绳系机器人目标抓捕过程动力学进行研究。因此，将借鉴传统机器人目标抓捕动力学相关研究成果，其主要研究现状包括：Yoshida[122]研究了长机械臂的碰撞动力学特性，并因此提出了减小碰撞冲击和支撑结构振动的方法。Yoshida[123]还研究了自由漂浮机器人的碰撞动力学问题，为了描述不同情况下的碰撞大小问题，提出了冲击指数的概念。Cyril[124]研究了负载与空间机器人之间的碰撞对空间机器人抓捕后状态的影响。Huang[125]研究了空间机器人抓捕自由飞行目标的碰撞动力学问题，并且给出了基座速度变化和目标速度变化之间的关系。Chen[126]建立了空间机器人目标抓捕运动学与动力学模型和相应的碰撞检测算法，研究了空间机器人目标抓捕动力学特性。Kövecses[127]研究了抓捕移动目标在抓捕前、抓捕过程中和抓捕后的机器人动力学特性。Mankala[128]研究了绳系飞网系统受到冲击后的动力学特性，其中包含了目标抓捕动力学特性。

在碰撞建模与动力学分析的基础上，国内外很多专家学者对空间目标星抓捕的稳定控制问题进行了研究。另外也有很多空间机器人抓捕稳定控制方面的研究成果可供借鉴。

Wee[129]通过对空间机器人间的接触过程进行动力学建模，证明可以通过优化指标函数的方法减小接触冲力的影响，在此基础上，提出基于机器人构型控制策略，达到碰撞冲击的最小化。Aghili[130]研究了目标动力学参数未知和控制力/控制力矩受限情况下，通过对除相对线速度和相对角速度外的未知参数利用卡尔曼滤波进行估计，设计控制策略，以较快的速度消除目标的转动动量和线动量，实现空间机器人抓捕及抓捕后的稳定控制。Yoshida[131]从复合体动量分配的角度分析了抓捕前后本体姿态的偏离最小问题，利用抓捕过程中的阻抗控制，抓捕后的动量分配控制，提出了抓捕及抓捕后的控制策略。Huang[132]研究了双臂目标抓捕的稳定控制问题，其中一个机械臂用于对目标进行抓捕操作，另外一个机械臂作为平衡臂，利用动力学耦合作用，补偿目标抓捕过程中对本体的扰动，并推导出本体零反作用两臂之间的关系，实现对抓捕过程的协调控制。徐文福[133]同样针对双臂机器人目标抓捕问题，将角动量和线动量分开处理，其中线动量用于设计平衡臂的构型和位置，从而对本体的位置进行保持控制，而角动量用于估计反作用轮产生的期望动量，对本体的姿态进行保持控制；此外，还考虑了移动目标的双臂协调抓捕控制问题。徐文福[134]针对空间机器人目标捕获任务，为提高控制效率并节约推进剂，提出了基座自由漂浮下由空间机械臂自身的控制实现机械臂与基座协调运动的方法，建立了基座自由运动和基座姿态稳定/调整下的目标抓捕、视觉监测、位置跟踪等不同需求下的统一的运动学模型，采用分解运动速度的控制方法实现各种任务下的控制目标。刘厚德[135]采用无损卡尔曼滤波方法对自旋目标运动状态进行预测，提出了单臂自主捕获及双臂协调的运动规划方法，实现对自旋目标的成功捕获。

以上研究重点为抓捕过程中的协调控制，无论采用平衡臂还是动量分配等，其实质为控制策略的研究，以下具体介绍控制器设计研究进展。Luo[136]针对自旋目标的抓捕问题，设计了空间机器人反馈控制方法，保证了空间机器人位置和姿态的控制。McCourt[137]提出了一种基于模型的限制性预测控制方法，实现目标卫星的抓捕控制。王汉磊[138]提出了一种自由漂浮机械臂抓取翻滚目标的自适应控制策略，通过对参数的自适应逐步改善基于模型的控制器的性能，并且提出了一种新的自由漂浮机械臂关节空间自适应控制器。Oki[139]针对非合作目标的抓捕控制问题，结合阻抗控制和惯量分配控制方法，并利用抓捕机械臂的冗余性，进行目标抓捕稳定控制器设计，此外，提出了一种反作用轮控制方法，避免奇异性问题的出现。Aghili[140]提出了基于视觉的动力学不确定自旋目标抓捕方案，利用卡尔曼滤波得到抓捕目标的动力学参数和状态，然后根据得到的抓捕目标信息对机器人末端的抓捕装置运动进行规划，从而得到一个最优的抓捕方式，使得抓捕装置与目标抓捕部位相对速度为零，减小抓捕过程中的碰撞。此外，针对空间机器人目标抓捕过程中的最优控制问题，Aghili[141]针对目标抓捕前阶段，考虑时间消耗和抓捕手末端的速度和加速度等因素，设计了目标函数，对其进行优化，得到机械臂最优运动策略，而在抓捕后阶段，考虑到控制输出力矩有限，得到时间最优的复合体稳定控制律，并通过实验进行了仿真验证。Huang[142]考虑了空间机器人的动力学不确定问题，设计了抓捕鲁棒控制器，然后将其转化为最优控制问题，不确定问题反映在设计的目标函数当中，实现空间机器人的鲁棒控制。Flores[143]针对空间机器人目标抓捕前运动进行了最优控制器设计，通过限制性非线性优化方法确定了最优的时间和相应自旋物体的姿态，然后设计最优控制器使得空间机器人在最优时间内达到预定姿态，并且保持了空间机器人本体的最小扰动。

上述研究大多考虑了空间机器人抓取目标时的瞬间碰撞冲击，且假设碰撞冲击为理想的动量交换，而没有真实地描述空间机器人捕获装置与目标在抓取过程中发生的动态碰撞过程，以及抓捕过程中稳定控制器的设计。而空间绳系机器人目标抓捕过程十分复杂，需要考虑目标抓捕过程中，末端空间绳系机器人与空间系绳的相互耦合影响，以及末端空间绳系机器人与目标的动态碰撞过程。因此，以下将针对空间机器人目标抓捕具体碰撞过程研究，总结相关研究成果。Moosavian[144]研究了多空间机器人目标操作的阻抗控制方法，通过调整控制器中的质量增益矩阵，可以减小外部干扰力的影响。此外，他还针对多臂空间自由漂浮机器人目标抓捕问题[145]，考虑了力跟踪限制问题，设计了力跟踪的多阻抗控制算法，并通过李雅普诺夫理论证明了其稳定性，在外部干扰力和碰撞力的影响下，可成功实现多臂协调移动目标，跟踪期望的运动轨迹。Nikanishi[146]研究了空间机器人抓捕过程中碰撞稳定控制问题，设计了基于阻抗的控制方法。Yoshida[147]研究了漂浮机器人抓捕非合作目标过程中的碰撞控制问题，提出了虚拟质量的概念，用于空间机器人的建模，不同的姿态对应不同的虚拟质量，讨论了抓捕手与目标碰撞的阻抗匹配问题，虚拟质量用于产生与目标的阻抗匹配，实现对抓捕目标的阻抗控制。魏承[148-149]研究了空间机器人捕获漂浮目标的抓取控制问题，提出了"动态抓取域"用于机械臂抓取目标时的控制，同时应用关节主动阻尼控制，以减小抓取碰撞激振对空间机器人冲击的影响。此外，他还对空间机器人捕获漂浮目标的软硬性抓取进行研究[150-151]，引入"动态抓取域"用于机械臂抓取目标时的控制，应用滑模控制及基体姿态控制，以减小抓取碰撞冲击对系统的冲击干扰，滑模面参数表征了机械臂保持及跟踪状态的抗冲击能力，可通过其灵活改变机械臂刚性以获取不同抓取性态。徐秀栋[152]针对空间绳系机器人目标抓捕过程，提出一种操作机械臂主动阻尼控制与利用空间系绳、反作用轮进行基体姿态稳定控制相结合的协同稳定控制方法，但是其空间系绳采用无质量杆模型，无法表现空间系绳柔性摆动对抓捕过程的影响。

1.3.4 空间绳系机器人目标星辅助稳定控制

空间绳系机器人对目标星抓捕后，由于碰撞引起的旋转和目标星本身的自旋，导致抓捕后组合体的姿态不稳定，不施加控制，可能会引起系绳与复合体的缠绕，对后续回收或者拖曳等操作产生不利影响，甚至可能通过系绳对空间平台星产生较大的影响。因此，需要对组合体的姿态进行稳定控制。在这方面，Huang[153]设计了系绳主动拉力与推力器推力协调控制器和基于滑模变结构的全推力控制器，并设计了两种控制器的使用切换条件，两种控制器切换对姿态进行稳定控制，利用系绳拉力进行协调控制，可以有效地节省姿态控制过程中的推进剂消耗。Wang[154]利用空间绳系机械臂对抓捕后复合体进行稳定控制，通过调整机械臂的构型和系绳中的拉力，产生所需的复合体姿态控制力矩，实现抓捕后复合体的协调稳定控制。文浩[155]和陈辉[156]利用可转动连杆机构、王东科[157,158]利用移动系绳点机构[157]和多自由度机械臂[158]改变系绳方向，利用系绳张力矩实现姿态稳定，但均忽略绕系绳旋转方向的姿态，该方向上仍需要推力器进行稳定。针对此问题，王秉亨[159]设计一种可伸缩、旋转的执行机构，基于组合体各惯性主轴间的耦合和欠驱动控制原理，仅利用系绳张力矩稳定目标星三轴姿态。Thai - Chau[160]提出了利用 Magneto Rheological 阻尼器实现自由漂浮机器人对目标抓捕后的稳定控制问题，该阻尼器可以产生可控的阻尼力，通过设计合适的反馈比例控制器，共同实现复合体的稳定控制，但利用该装置所能吸收的复合体初始动能有限。Abiko[161]采用反作用轮吸收抓捕后机器人系统的动量，利用力耦合和动量信息，设计了在线自适应律，对目标动力学参数进行在线估计，从而利用反作用轮快速实现复合体的稳定控制，避免机械臂与自身可能的碰撞。刘厚德[162]针对航天器抓捕后，由于系统质量和动量的改变而导致复合体系统失稳问题，提出了两种基于角动量守恒的协调控制方法：关节阻尼控制和关节函数参数化协调控制。这两种方法通过对各关节和飞轮的速度进行协调规划和控制，实现对系统角动量的管理和再分配，在对目标进行停靠的同时，保证了基座的稳定性。Dimitrov[163]采用耦合惯量矩阵的零空间法，采取偏置动量的方法实现对动量的再分配，达到抓捕后的稳定控制。Nenchev[164]分析了非冗余空间机器人机械臂受到冲击后的稳定控制问题，提出了本体转动运动的零空间法、将整个转动惯量从本体转移到机械臂上的碰撞后控制方案，同时可以减小关节角速度，尽管该文章不是针对抓捕问题，但是研究的问题实质上对研究抓捕后有很大的借鉴作用。Cyril[165]设计了基于反馈线性化的稳定控制器，实现了抓捕后复合体的稳定控制。王明[166]针对姿轨控系统失效的目标航天器姿态控制问题，设计了 SDRE 姿态接管控制器，并通过 $\theta - D$ 求解方法得到 SDRE 控制器的次优控制律，实现服务航天器对目标航天器的姿态接管控制。以上研究成果中，与空间绳系机器人相关的参考文献中利用的系绳模型相比较为简单，不能有效反映空间系绳相关特性，而其余文献均为空间机器人相关研究成果，与空间绳系机器人目标抓捕后稳定控制问题有较大的差别。

空间绳系机器人抓捕目标后，与目标形成抓捕后组合体系统，包括质量、转动惯量等系统参数是未知的，针对参数未知的组合体稳定控制问题，现有的研究主要有：Liang[167]研究了目标动力学未知的不稳定复合体的稳定控制问题，设计了自适应律对复合体不确定动力学参数进行估计，然后设计了基于李雅普诺夫理论的跟踪控制方法，实现了具有动力学不确定特性的抓捕后复合体非线性控制。Nishida[168]研究了抓捕目标转动惯量存在辨识误差情况下的复合体姿态稳定控制，设计了基于关节虚拟控制的稳定控制方法，实现对不稳定目标的稳定控制，并通过实验进行了验证。Oki[169]研究了抓捕后复合体的时间最优稳定控制问题，考虑了抓捕力和力矩的限制、沿机械臂任意方向的稳定操作以及目标的不确定参数问题，提出速度稳定概念，并指出在抓捕不确定性目标的过程中是具备优势的。梁捷[170]针对卫星及空间机器人系统惯性参数均是未知的复杂情况，应用神经网络控制理论和李雅普诺夫稳定性理论，设计了空间机器人抓捕后复合体在捕获碰撞冲击影响下的神经网络控制方案，以达到对捕获卫星的有效控制，其中，高斯径向基函数神经网络控制方案具有不需要测量和反馈载体位置、移动速度与加速度的显著优点。Aghili[171]设计了空间机器人和目标的协调控制策略，空间机器人跟踪最优轨迹的同时，调整自身本体的姿态，得到闭环形式的时间最优机动策略，实现了复合体的稳定控制。他还研究了抓捕后复合体的时间最优稳定控制问题，通过考虑抓捕机械臂所能承受的关节力矩的限制，稳定控制过程中空间机器人本体的姿态要求，协调空间机器人和目标之间的运动，通过最优控制理论和 Pontryagin 准则得到闭环形式的最优控制解，从而实现对复合体姿态的时间最优控制。Bonitz[172]提出了基于力的空间机器人目标阻抗控制方案，利用力测量补偿目标动力学的影响，使用运动学关系计算内部力，从而实现对抓捕目标的操作。Dong[173]分析了抓捕碰撞过程的碰撞冲击对空间机器人的影响，设计了鲁棒自适应控制器，对抓捕后不稳定现象进行控制。Liu[174]针对柔性双臂机器人目标抓捕复合体进行了动力学建模，通过仿真分析得出目标抓捕冲击作用对机器人有较大影响，并且针对该问题设计了 PD 控制器，对抓捕后空间机器人的稳定控制进行了简单验证。

此外，空间站等航天器组合体的稳定控制问题与本文研究的空间绳系机器人目标抓捕后复合体的稳定控制问题有一定的相似性，因此，对空间站组合体的稳定控制问题研究现状进行总结：韦文书[175]针对质量体附着的航天器组合体问题，采用辨识理论估计大范围变化的质量特性参数，研究质量体附着航天器组合体在变轨推进过程中的姿态跟踪耦合控制方法。许涛[176]提出了一种调整推力器方向指向组合体航天器质心的方法，通过辨识组合体的质心，调整推力器的方向使其指向组合体的质心，从而实现组合体航天器的姿态一体化控制。韦文书[177]研究了非合作目标捕获后航天器组合体的自主稳定技术，采用非线性规划方法对质量特性进行了辨识，利用滑模变结构理论设计了非合作目标的控制回路，采用李雅普诺夫理论对系统的稳定性进行了分析。张大伟[178]针对交会对接后航天器组合体控制问题，考虑了执行环节的大冗余条件，提出了基于控制分配的冗余管理方案，其中，设计了二次最优控制器设计模式及均匀管理条件下的执行机构分散协同控制方法，给出了均匀/非均匀条件下执行机构控制分配方案。李鹏奎[179]研究了在轨组合平台的姿态控制问题，提出了分散协同的姿态控制方法，研究了组合平台刚体协同控制的指令分配依据及分配原则，改进了姿态控制系统的飞轮控制律和磁卸载控制律，解决了姿态控制中的章动和进动抑制问题。赵超[180]针对变构型空间站的姿态动力学建模和控制问题，利用拟坐标拉格朗日方法建立了带有挠性附件的固定构型空间站的刚挠耦合数学模型，采用一种分散变结构控制算法对空间站的姿态和挠性结构振动进行了一体化控制。

1.3.5 空间绳系机器人拖曳变轨控制

在拖曳变轨过程中，拖曳组合体间的相对运动与系绳的摆动、径向振动、横侧向振动等相互作用，形成了四种独特的动力学现象。第一种动力学现象是：反弹。当拖曳系绳处于松弛或近松弛状态时，一旦施加变轨推力，系绳将处于张紧状态，系绳张力使变轨航天器和目标星拉向彼此，系绳松弛；这种松紧交替的现象称为“反弹”。Sabatini[181]通过仿真分析发现了这种现象，并指出这种反弹效应具有两大危害：损害系绳使用寿命和增加碰撞风险。Jasper[182,183]运用珠子模型分析反弹的频率特性，指出系绳张力以系统自然频率在张紧与松弛间振荡，并且该频率的一阶近似值与珠子数无关。Mantellato[184]的研究表明在系绳阻尼作用下，该纵向振动是渐近稳定的，并且其振动特征频率与系绳刚度和系统约化质量相关。第二种现象是：摆动。即拖曳变轨过程中，由于变轨推力和系绳方向不平行，系绳会出现的类单摆往复运动。赵国伟[185]和孙亮[186,187]推导了系绳摆动角的一阶近似表达式，分析了组合体系统参数、变轨推力对摆动频率和平衡位置的影响，并发现系绳摆动与横向振动存在耦合关系。赵国伟[75]还发现摆动同时容易激发高阶的振动，扰动平台星和目标星的姿态。Aslanov[188]的研究表明不稳定的摆动平衡位置、轨道偏心率和系绳的纵向振动还会引起系绳摆动的混沌效应。为避免混沌，变轨推力和系绳长度需要满足一定的约束条件。第三种现象是：鞭打。系绳的摆动过程中，由于系绳柔性的影响，系绳会发生弯曲。当再次拉直时，会对平台星或目标星施加较大的干扰力矩。这种现象称为鞭打。Pacheco[189]发现了这种现象，并通过分析得出：利用间歇性的大推力、加入系绳阻尼器能够减少弯曲，可以降低鞭打效应的影响。同时，Pacheco[189]提出利用闭环控制是降低鞭打效应影响的一种有效策略，但并未进行深入研究。第四种现象是：尾摆。即目标星姿态在系绳拉力作用下的周期性振荡。严重时，尾摆还可能引起系绳与目标星的缠绕。Mantellato[184]研究了尾摆、反弹及摆动间的共振现象，发现当反弹频率与摆动频率相等时会激发目标体的尾摆。Aslanov[75,190]分析了系统初始条件和参数对尾摆的影响，并指出松弛系绳会加剧尾摆，甚至导致缠绕。与鞭打效应相同，Pacheco[189]认为间歇性大推力、系绳阻尼器也能降低尾摆效应。

在分析拖曳变轨动力学特性的基础上，国内外专家学者进行了拖曳变轨的轨道设计与控制研究。针对轨道设计问题，目前主要有连续小推力变轨、多次脉冲推力变轨两种方法。Sangbum[191]和王秉亨[192]利用连续小推力进行了拖曳轨道设计工作。通过对拖曳动力学的深入研究，发现小推力变轨时，虽然反弹与鞭打效应较弱，但系绳摆动和尾摆效应增强，导致系绳容易与目标星缠绕。Liu Haitao[193,194]和钟睿[195]等人利用脉冲推力变轨中最为经典的霍曼转移（双脉冲）设计了拖曳轨道及其控制方法，但忽略了推力作用时间。Jasper[182,183]，Zhao Guowei[196]及孟中杰[197]利用多次脉冲优化设计拖曳轨道，且考虑了实际的推力作用时间。但是，上述研究均忽略拖曳系统的大尺度，忽略系绳影响，采用常规刚体假设设计优化轨道，未考虑系绳张力作用下目标星和平台星的分离变轨。

在完成轨道设计后，空间绳系机器人拖曳变轨的难点转换为拖曳过程的防碰撞与防系绳缠绕问题。针对上述难题，国内外多位专家学者进行了深入研究。针对反弹引起的防碰撞问题，Jasper[182,183]利用陷波滤波器对变轨推力进行处理，滤除结构振动频率，降低系绳振动，防止目标星与平台星的碰撞。Linskens[198,199]和Flodin[200]提出在系绳松弛段对平台星的轨道利用额外推力（例如姿控发动机）进行闭环控制，使系绳重新张紧，避免目标星与平台星的碰撞。Cleary[201]提出一种波控制，同样通过平台星的推力（大小、方向）改变，来避免碰撞。针对系绳的摆动抑制问题，赵国伟[185]和Sangbum[191]分别设计了连续小推力变轨下的系绳摆动抑制策略。针对多脉冲推力变轨，钟睿[195]考虑系绳张力下限约束，用直接配点法设计了绳长加速率最优控制律。进一步考虑张力上限约束，刘海涛[202]构造了抑制系绳摆动的绳长收放律和张力控制律。孙亮[187]提出利用欠驱动的系绳张力控制律，跟踪面内平衡角。文浩[203]基于势能成型和阻尼注入理论，提出了仅利用绳长反馈的正向有界张力控制律。但上述的控制律导致系绳频繁收放且摆角振荡收敛。Soltani[204]提出利用模型预测控制设计系绳收放控制律抑制摆动，但计算量极大，无法满足在线控制的需求。孟中杰[197]考虑系绳张力约束和收放约束，提出一种先离线优化后在线控制的思路，利用高斯伪谱法、分层滑模理论、抗饱和方法设计基于系绳收放的欠驱动控制策略。针对目标星姿态稳定（尾摆抑制、防缠绕）方面，Yudintsev[205]提出一种利用改进的悠悠球（Yo-Yo）机构稳定旋转目标，但仅考虑了快速旋转方向的消旋问题。孟中杰[206]利用阻抗控制设计了一种系绳收放控制律，可以快速稳定尾摆，防止系绳与目标星缠绕。

1.4 本书内容介绍

空间绳系机器人具有操作半径大、机动灵活、安全性高等诸多优势，在未来空间在轨服务中拥有十分巨大的应用发展前景。针对空间绳系机器人动力学建模及飞行控制中的研究难题，本书从七个方面进行详细介绍。

第1章对空间绳系机器人飞行控制技术的发展现状进行介绍。第2章介绍了空间绳系机器人的动力学建模及目标逼近控制方法。首先建立了空间绳系机器人动力学模型，然后将逼近过程分为中远距逼近和超近距逼近两个阶段。中远距逼近的任务是以最小代价逼近目标星，超近距逼近的任务是在可能存在的测量信息不完备条件下，实现对目标星的跟踪与进一步逼近，以满足后续抓捕需求。第3章介绍了利用空间绳系机器人的目标星抓捕稳定控制方法。首先建立了空间绳系机器人的动力学模型，然后利用不同的初始条件对抓捕过程进行动力学分析，最后设计基于阻抗的鲁棒自适应抓捕稳定控制器，并进行验证。针对抓捕后的辅助稳定问题，第 4 章到第 6 章分别利用推力器、推力器/系绳协调、仅用系绳三种方式进行辅助稳定控制。其中，第 4 章分别针对推力方向已知、推力方向未知/变化、组合体姿态/系绳状态联合控制三个问题，设计利用推力器的辅助稳定控制系统；第 5 章分别研究了利用系绳张力/推力器协调、系绳张力臂/推力器协调的目标星辅助稳定控制方法；第 6 章考虑目标特性未知情况，分别研究了利用系绳的系绳摆动抑制和目标星姿态稳定控制问题。第 7 章介绍了利用系绳的目标星拖曳变轨控制方法，分别研究了拖曳轨道设计、拖曳过程防缠绕及拖曳过程的组合体位姿稳定控制问题。

第2章　空间绳系机器人的目标逼近控制

空间系绳具有均匀质量、弹性、柔性等特点，且在机器人对目标的逼近过程中，受到地球微重力、轨道摄动等作用，动力学行为十分复杂，控制困难。另外，由于空间绳系机器人的双目相机基线距离受限，而目标星较大，在中远距离时，空间绳系机器人可以实现对目标抓捕部位的位姿测量，为逼近控制提供信息输入。而在超近距离时，无法测量足够的特征点实现三维重建，造成超近距离逼近误差增加。针对上述问题，本章首先建立考虑系绳质量、弹性、柔性的空间绳系机器人的动力学模型，然后设计了利用系绳释放力和推力器的协调逼近控制方法，最后在逼近目标超近距离时，考虑特征点不足造成的测量信息不完整，设计基于直线跟踪的混合伺服方法，实现目标的逼近控制，使空间绳系机器人达到目标抓捕条件。

2.1　空间绳系机器人的动力学模型

空间绳系机器人的典型结构如图2－1所示[207]。在其典型任务中，首先释放空间机器人的抓捕器，充分利用初始速度，抓捕器逼近目标星，然后对目标星实施捕获并进行各种操作。在整个任务过程中，为了避免空间系绳的未知扰动，系绳全程保持微张力。其抓捕器可假设为多刚体结构，不同刚体间可能存在运动。同样，空间平台星由于可能存在机械臂等近距离操作部件，同样可以假设为多刚体结构，无机械臂的单刚体结构平台星可以看做是多刚体结构的特例。另外，系绳可能在平台星、抓捕器端同时存在收放现象。以日本2009年1月23日通过H－2A火箭发射的空间绳系机器人KUKAI为例，其主星（平台星）为单刚体结构，其子星（抓捕器）为双刚体结构，子星的姿态尝试通过双刚体间的运动实现稳定。空间绳系机器人的通用拓扑构型如图2－2所示。

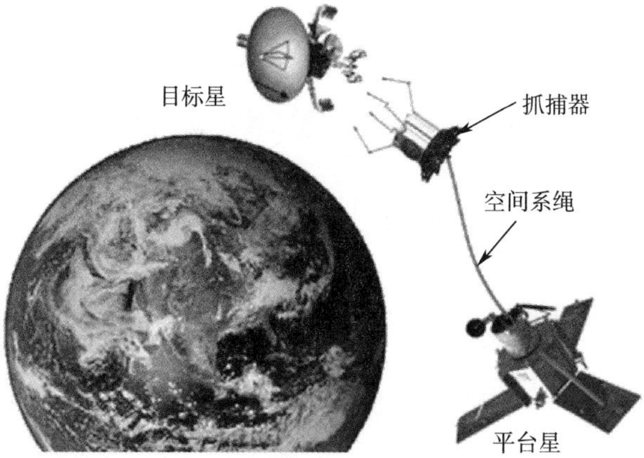

图2－1　空间绳系机器人示意图

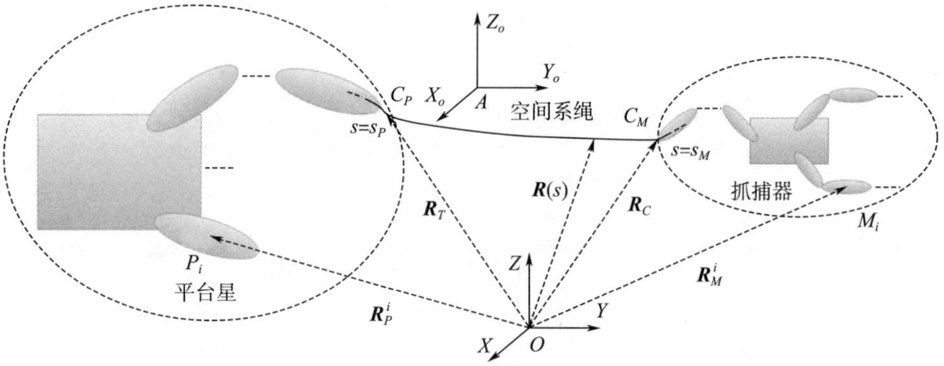

图 2-2　空间绳系机器人通用拓扑结构

假设点 O 是地球的质心，点 A 运行在一个与空间绳系机器人轨道接近的一个开普勒圆轨道上，并且 A 的轨道运动不被绳系机器人的运动影响，其轨道角速度为 $\bar{\omega}$ 。$OXYZ$ 是地心惯性坐标系，并可假设 OXY 平面为空间机器人运行的轨道平面。$AX_oY_oZ_o$ 是轨道平动坐标系，其坐标轴方向与 $OXYZ$ 的坐标轴方向平行。

假设平台星由 n_P 个刚体组成，抓捕器由 n_M 个刚体组成。P_i 为平台星第 i 个刚体的质心，$\boldsymbol{R}_P^i$ 是 P_i 在 $OXYZ$ 坐标系下的位置坐标，$\boldsymbol{\Lambda}_P^i=[\lambda_{P0}^i，\lambda_{P1}^i，\lambda_{P2}^i，\lambda_{P3}^i]$ 为平台星第 i 个刚体相对于 $OXYZ$ 坐标系的姿态四元数。M_i 为抓捕器上第 i 个刚体的质心，$\boldsymbol{R}_M^i$ 为 M_i 在 $OXYZ$ 坐标系下的位置坐标，$\boldsymbol{\Lambda}_M^i=[\lambda_{M0}^i，\lambda_{M1}^i，\lambda_{M2}^i，\lambda_{M3}^i]$ 为抓捕器第 i 个刚体相对于 $OXYZ$ 坐标系的姿态四元数。假设系绳总长度为 L ，未变形自然坐标为 s 。系绳可以从 C_P 点或 C_M 点释放或回收，$s_P(t)$ 和 $s_M(t)$ 分别是 C_P 和 C_M 点的系绳未变形自然坐标，$\boldsymbol{R}_T$ 和 $\boldsymbol{R}_C$ 分别是 C_P 和 C_M 在 $OXYZ$ 坐标系下的位置坐标，$\boldsymbol{R}(s)$ 是系绳上坐标为 s 的微元在 $OXYZ$ 坐标系下的位置坐标。

2.1.1　空间系绳动力学模型

空间系绳是由某种特种纤维，例如凯夫拉纤维编织成的复杂柔性体。其各纤维间的相互作用及运动十分复杂。由于空间绳系机器人中系绳的长度远大于其横截面积，本节在系绳动力学建模时进行如下假设：

1）系绳横截面为圆形且无变形，质量均匀分布，其线密度为定值；

2）仅考虑系绳纵向振动和横侧向振动，忽略系绳的扭转运动；

3）忽略系绳收放机构和存储中系绳的体积。

利用 C_P 点和 C_M 点，系绳的长度可以分为如下三部分。s_P 长度的系绳存储在平台星上，$L-s_M$ 长度的系绳存储在抓捕器上。剩余的 s_M-s_P 长度的系绳分布在平台星和抓捕器之间。这样表达的好处是边界条件可以利用未变形的系绳自然长度描述。

$$\begin{cases}0\leqslant s\leqslant s_P(t)\\ s_P(t)\leqslant s\leqslant s_M(t)\\ s_M(t)\leqslant s\leqslant L\end{cases} \tag{2-1}$$

假设系绳全程处于紧绷状态，其张力可以表示为

$$N = EA(\varepsilon + \alpha\dot{\varepsilon}) \tag{2-2}$$

其中，E 是系绳的抗拉强度，A 为系绳横截面积，α 为阻尼系数，ε 为系绳形变。

$$\varepsilon = \eta - 1 = \left\| \frac{\partial \boldsymbol{R}}{\partial s} \right\| - 1 \tag{2-3}$$

其中，η 为系绳相对伸长量，$\boldsymbol{R}$ 是某系绳微元在坐标系 $OXYZ$ 下的坐标。利用 η 为变量，系绳张力可以表示为

$$N = EA(\eta - 1 + \alpha\dot{\eta}) = N_C(\eta, s) + N_D(\dot{\eta}, s) \tag{2-4}$$

式中，$N_C(\eta, s)$ 表示系绳弹性力，$N_D(\dot{\eta}, s)$ 表示系绳阻尼力。

系绳张力是沿系绳方向的轴向力。利用切向单位矢量 $\boldsymbol{\tau}$ 重新表示系绳张力

$$\boldsymbol{N} = N\boldsymbol{\tau} \tag{2-5}$$

同时，单位矢量 $\boldsymbol{\tau}$ 可以表示为

$$\boldsymbol{\tau} = \frac{1}{\eta}\frac{\partial \boldsymbol{R}}{\partial s} \tag{2-6}$$

在系绳的释放和回收过程中，系绳的无形变坐标 $s = s_P(t)$ 和 $s = s_M(t)$ 随之变化，因此，平台星和目标星的质量也相应变化。假设系绳收放机构的示意图如图 2-3 所示。$N(s_P^+)$ 和 $N(s_P^-)$ 分别是平台星端系绳在收放机构外部和内部的张力，$N(s_M^+)$ 和 $N(s_M^-)$ 分别是抓捕器端系绳在收放机构外部和内部的张力，$\boldsymbol{N}_P$ 和 $\boldsymbol{N}_M$ 是系绳收放机构的控制力，$\boldsymbol{F}$ 是惯性约束力。由于在平台星和抓捕器中存储系绳的体积和速度被忽略，系绳微元需要在收放机构的出口处被加速或减速到需要的值。针对这一问题，引入 Carnot 能量修正项对这一假设造成的能量不守恒现象进行修正。详细的 Carnot 能量修正项在机器人动力学建模中设计。

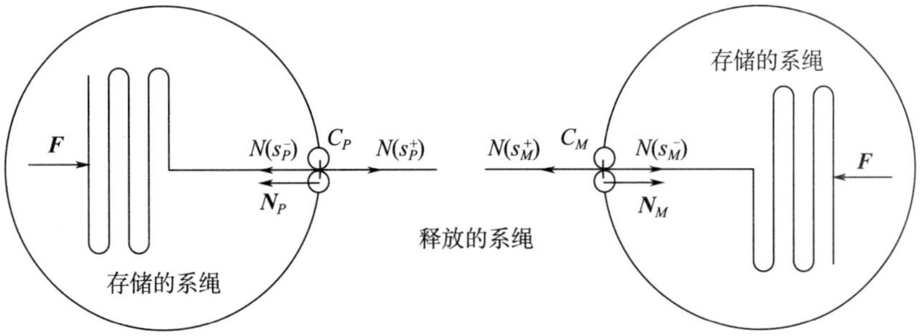

图 2-3　系绳收放机构示意图

2.1.2　空间绳系机器人动力学建模

空间平台星和空间绳系机器人抓捕器的多刚体结构给动力学建模造成了很大的困难。针对这种由多刚体、柔性系绳组成的复杂多体系统，本节利用带拉格朗日乘子的哈密顿原理进行动力学建模。建模的参考坐标系选择为地心惯性系 $OXYZ$ 。

$$\int_{t_0}^{t_1}[\delta(T-V-\boldsymbol{\lambda}^{\mathrm{T}}\boldsymbol{C})+\delta W]\mathrm{d}t=0 \tag{2-7}$$

其中，T 是系统动能，V 是系统势能，λ 是拉格朗日乘子，C 是系统约束，δW 为非保守力的虚功。

系统的动能包括多刚体平台星的平动与转动动能，抓捕器平动与转动动能，在平台星、抓捕器存储系绳的动能，展开系绳的动能五部分。

$$T=\sum_{i=1}^{n_P}\left[\frac{1}{2}m_P^i(\dot{\boldsymbol{R}}_P^{i\mathrm{T}}\dot{\boldsymbol{R}}_P^i)+2\dot{\boldsymbol{\Lambda}}_P^{i\mathrm{T}}\boldsymbol{L}_P^{i\mathrm{T}}\boldsymbol{J}_P^i\boldsymbol{L}_P^i\dot{\boldsymbol{\Lambda}}_P^i\right]+\sum_{i=1}^{n_M}\left[\frac{1}{2}m_M^i(\dot{\boldsymbol{R}}_M^{i\mathrm{T}}\dot{\boldsymbol{R}}_M^i)+2\dot{\boldsymbol{\Lambda}}_M^{i\mathrm{T}}\boldsymbol{L}_M^{i\mathrm{T}}\boldsymbol{J}_M^i\boldsymbol{L}_M^i\dot{\boldsymbol{\Lambda}}_M^i\right]+$$
$$\frac{1}{2}\rho s_P(\dot{\boldsymbol{R}}_{CP}^{\mathrm{T}}\dot{\boldsymbol{R}}_{CP})+\int_{s_P}^{s_M}\frac{1}{2}\rho\,[\dot{\boldsymbol{R}}^{\mathrm{T}}(s)\dot{\boldsymbol{R}}(s)]\,\mathrm{d}s+\frac{1}{2}\rho(L-s_M)(\dot{\boldsymbol{R}}_{CM}^{\mathrm{T}}\dot{\boldsymbol{R}}_{CM}) \tag{2-8}$$

其中，m_K^i，$\boldsymbol{J}_K^i$ 和 $\boldsymbol{L}_K^i(K=P,M)$ 分别是组成平台星、抓捕器的第 i 个刚体的质量、转动惯量和姿态转移矩阵。下标 P 表示平台星，下标 M 表示抓捕器。姿态转移矩阵 $\boldsymbol{L}_K^i(K=P,M)$ 可由下式计算

$$\boldsymbol{L}_K^i=\begin{bmatrix}-\lambda_{K1}^i & \lambda_{K0}^i & \lambda_{K3}^i & -\lambda_{K2}^i\\ -\lambda_{K2}^i & -\lambda_{K3}^i & \lambda_{K0}^i & \lambda_{K1}^i\\ -\lambda_{K3}^i & \lambda_{K2}^i & -\lambda_{K1}^i & \lambda_{K0}^i\end{bmatrix}\quad(K=P,M) \tag{2-9}$$

系统势能同样包括上述五部分的势能。

$$V=\sum_{i=1}^{n_P}\int\Phi(\boldsymbol{R})\,\mathrm{d}m_P^i+\sum_{i=1}^{n_M}\int\Phi(\boldsymbol{R})\,\mathrm{d}m_M^i+\rho s_P\Phi(\boldsymbol{R}_{CP})+$$
$$\rho(L-s_M)\Phi(\boldsymbol{R}_{CM})+\int_{s_P}^{s_M}[\rho\Phi(\boldsymbol{R})+\Pi(\eta,s)]\,\mathrm{d}s \tag{2-10}$$

其中，$\Phi(\ )$ 表示重力势能，$\Pi(\ )$ 表示弹性势能。

$$\Phi(\boldsymbol{R})=-\mu_e\frac{\boldsymbol{R}}{|\boldsymbol{R}|^2} \tag{2-11}$$

$$\Pi(\eta,s)=\int_1^{\eta}N_C(\upsilon,s)\mathrm{d}\upsilon \tag{2-12}$$

空间绳系机器人受到的非保守力有很多种，例如系绳的阻尼力、平台星和抓捕器上的推力、系绳控制力等。假设 $\boldsymbol{F}_P^i$，$\boldsymbol{F}_M^i$，$\boldsymbol{F}_{CP}$，$\boldsymbol{F}_{CM}$，$\boldsymbol{F}_T$ 分别是作用在平台星、抓捕器、C_P 点、C_M 点和系绳上除系绳阻尼之外的非保守力。系统非保守力做的功可以表示为

$$\delta W=\sum_{i=1}^{n_P}(\boldsymbol{F}_P^i\cdot\delta\boldsymbol{R}_P^i+\boldsymbol{Q}_P^i\cdot\delta\boldsymbol{\Lambda}_P^i)+\sum_{i=1}^{n_M}(\boldsymbol{F}_M^i\cdot\delta\boldsymbol{R}_M^i+\boldsymbol{Q}_M^i\cdot\delta\boldsymbol{\Lambda}_M^i)+\boldsymbol{F}_{CP}\cdot\delta\boldsymbol{R}_{CP}^i+\boldsymbol{F}_{CM}\cdot\delta\boldsymbol{R}_{CM}^i+$$
$$\int_{s_P}^{s_M}(-N_D\delta\eta+\boldsymbol{F}_T\cdot\delta\boldsymbol{R})\,\mathrm{d}s+\mathrm{CELT}_P\delta s_P+\mathrm{CELT}_M\delta s_M+N_P\eta(s_P)\delta s_P-N_M\eta(s_M)\delta s_M \tag{2-13}$$

其中，广义力矩 $\boldsymbol{Q}_K^i$（$K=P$，M）可由下式计算得到

$$\boldsymbol{Q}_K^i = 2\boldsymbol{L}_K^{i\mathrm{T}}\boldsymbol{M}_K^i \quad (K=P, M) \tag{2-14}$$

$\boldsymbol{M}_P^i$ 和 $\boldsymbol{M}_M^i$ 分别是作用在平台星和抓捕器上的非保守力矩。Carnot 能量修正项也视为非保守力的虚功的一部分，并由下式计算得到

$$\begin{cases} \mathrm{CELT}_P = \begin{cases} \dfrac{1}{2}\rho \dot{s}_P^2 \eta^2(s_P) - \Pi(s_P) \\ -\dfrac{1}{2}\rho \dot{s}_P^2 \eta(s_P)\,[2-\eta(s_P)] - \Pi(s_P) \end{cases} \\ \mathrm{CELT}_M = \begin{cases} -\dfrac{1}{2}\rho \dot{s}_M^2 \eta^2(s_M) + \Pi(s_M) \\ \dfrac{1}{2}\rho \dot{s}_M^2 \eta(s_M)\,[2-\eta(s_M)] + \Pi(s_M) \end{cases} \end{cases} \tag{2-15}$$

在系统约束方面，空间绳系机器人系统的主要约束方程为

$$\begin{cases} \boldsymbol{C}_p^k(\boldsymbol{R}_p^i, \boldsymbol{\Lambda}_p^i) = \boldsymbol{0} \\ \boldsymbol{C}_M^l(\boldsymbol{R}_M^j, \boldsymbol{\Lambda}_M^j) = \boldsymbol{0} \\ \boldsymbol{R}_{CP} - \boldsymbol{C}_{CP}(\boldsymbol{R}_p^i, \boldsymbol{\Lambda}_p^i) = \boldsymbol{0} \\ \boldsymbol{R}_{CM} - \boldsymbol{C}_{CM}(\boldsymbol{R}_M^i, \boldsymbol{\Lambda}_M^i) = \boldsymbol{0} \\ \boldsymbol{R}_{CP} - \boldsymbol{R}(s_P) = \boldsymbol{0} \\ \boldsymbol{R}_{CM} - \boldsymbol{R}(s_M) = \boldsymbol{0} \end{cases} \quad \begin{pmatrix} i = 1, \cdots, n_P \\ j = 1, \cdots, n_M \\ k = 1, \cdots, n_P^C \\ l = 1, \cdots, n_M^C \end{pmatrix} \tag{2-16}$$

上式中，第一行和第二行分别是平台星、抓捕器的刚体连接约束，第三行和第四行分别是系绳在平台星和抓捕器上收放点的连接约束，第五行和第六行分别是系绳在收放机构两个释放点的连续性约束。另外，在本节的建模中，姿态四元数的单位化约束也看做是系统约束的一部分。

将上述式子代入哈密顿原理的公式，并化简得到空间绳系机器人的动力学模型

$$G_P + G_M + G_T + G_{DR} + G_C = 0 \tag{2-17}$$

$$\begin{aligned} G_P = \int_{t_0}^{t_1} \Bigg\{ \sum_{i=1}^{n_P} \Bigg\{ & \delta\boldsymbol{R}_P^{i\mathrm{T}} \Bigg[-m_P^i \ddot{\boldsymbol{R}}_P^i - \sum_{k=1}^{n_P^C} \left(\frac{\partial \boldsymbol{C}_P^k}{\partial \boldsymbol{R}_P^i}\right)^{\mathrm{T}} \boldsymbol{\lambda}_P^k + \left(\frac{\partial \boldsymbol{C}_{CP}}{\partial \boldsymbol{R}_P^i}\right)^{\mathrm{T}} \boldsymbol{\lambda}_{CP} + \boldsymbol{F}_P^i + \boldsymbol{F}_{P_g}^i \Bigg] + \\ & \delta\boldsymbol{\Lambda}_P^{i\mathrm{T}} \Bigg[-4\boldsymbol{L}_P^{i\mathrm{T}}\boldsymbol{J}_P^i\boldsymbol{L}_P^i\ddot{\boldsymbol{\Lambda}}_P^i - 8\dot{\boldsymbol{L}}_P^{i\mathrm{T}}\boldsymbol{J}_P^i\boldsymbol{L}_P^i\dot{\boldsymbol{\Lambda}}_P^i - \sum_{k=1}^{n_P^C} \left(\frac{\partial \boldsymbol{C}_P^k}{\partial \boldsymbol{\Lambda}_P^i}\right)^{\mathrm{T}} \boldsymbol{\lambda}_P^k + \left(\frac{\partial \boldsymbol{C}_{CP}}{\partial \boldsymbol{\Lambda}_P^i}\right)^{\mathrm{T}} \boldsymbol{\lambda}_{CP} + \boldsymbol{Q}_P^i + \boldsymbol{Q}_{P_g}^i \Bigg] \Bigg\} \Bigg\} \mathrm{d}t \end{aligned}$$

$$\begin{aligned} G_M = \int_{t_0}^{t_1} \Bigg\{ \sum_{i=1}^{n_M} \Bigg\{ & \delta\boldsymbol{R}_M^{i\mathrm{T}} \Bigg[-m_M^i \ddot{\boldsymbol{R}}_M^i - \sum_{k=1}^{n_M^C} \left(\frac{\partial \boldsymbol{C}_M^k}{\partial \boldsymbol{R}_M^i}\right)^{\mathrm{T}} \boldsymbol{\lambda}_M^k + \left(\frac{\partial \boldsymbol{C}_{CM}}{\partial \boldsymbol{R}_M^i}\right)^{\mathrm{T}} \boldsymbol{\lambda}_{CM} + \boldsymbol{F}_M^i + \boldsymbol{F}_{Mg}^i \Bigg] + \\ & \delta\boldsymbol{\Lambda}_M^{i\mathrm{T}} \Bigg[-4\boldsymbol{L}_M^{i\mathrm{T}}\boldsymbol{J}_M^i\boldsymbol{L}_M^i\ddot{\boldsymbol{\Lambda}}_M^i - 8\dot{\boldsymbol{L}}_M^{i\mathrm{T}}\boldsymbol{J}_M^i\boldsymbol{L}_M^i\dot{\boldsymbol{\Lambda}}_M^i - \sum_{k=1}^{n_M^C} \left(\frac{\partial \boldsymbol{C}_M^k}{\partial \boldsymbol{\Lambda}_M^i}\right)^{\mathrm{T}} \boldsymbol{\lambda}_M^k + \left(\frac{\partial \boldsymbol{C}_{CM}}{\partial \boldsymbol{\Lambda}_M^i}\right)^{\mathrm{T}} \boldsymbol{\lambda}_{CM} + \boldsymbol{Q}_M^i + \boldsymbol{Q}_{Mg}^i \Bigg] \Bigg\} \Bigg\} \mathrm{d}t \end{aligned}$$

$$G_T=\int_{t_0}^{t_1}\{\delta\boldsymbol{R}_{CP}^{\mathrm{T}}\{-\rho s_P[\ddot{\boldsymbol{R}}_{CP}+\nabla\Phi(\boldsymbol{R}_{CP})]-\rho\dot{s}_P^2\eta(s_P)\boldsymbol{\tau}(s_P)-\boldsymbol{\lambda}_{CP}-\boldsymbol{\lambda}_{PT}+\boldsymbol{F}_{CP}\}+$$

$$\int_{s_P}^{s_M}\delta\boldsymbol{R}^{\mathrm{T}}\left[-\rho(\ddot{\boldsymbol{R}}+\nabla\Phi)+\boldsymbol{F}_T+\frac{\partial\boldsymbol{n}}{\partial s}\right]\mathrm{d}s+\delta\boldsymbol{R}_{CM}^{\mathrm{T}}\{-\rho(L-s_M)[\ddot{\boldsymbol{R}}_{CM}+\nabla\Phi(\boldsymbol{R}_{CM})]+$$

$$\rho\dot{s}_M^2\eta(s_M)\boldsymbol{\tau}(s_M)-\boldsymbol{\lambda}_{CM}-\boldsymbol{\lambda}_{MT}+\boldsymbol{F}_{CM}\}+\delta\boldsymbol{R}^{\mathrm{T}}(s_P)[\boldsymbol{\lambda}_{PT}+\boldsymbol{n}(s_P)]+$$

$$\delta\boldsymbol{R}^{\mathrm{T}}(s_M)[\boldsymbol{\lambda}_{MT}-\boldsymbol{n}(s_M)]\}\,\mathrm{d}t$$

$$G_{DR}=\int_{t_0}^{t_1}\{[N_{PD}+N_P-N(s_P)]\eta(s_P)\delta s_P+[-N_{MD}-N_M+N(s_M)]\eta(s_M)\delta s_M\}\,\mathrm{d}t$$

$$G_C=\int_{t_0}^{t_1}\{-\delta\boldsymbol{\lambda}_P^{k\mathrm{T}}\boldsymbol{C}_P^k-\delta\boldsymbol{\lambda}_M^{k\mathrm{T}}\boldsymbol{C}_M^k-\delta\boldsymbol{\lambda}_{CP}^{\mathrm{T}}[\boldsymbol{R}_{CP}-\boldsymbol{C}_{CP}(\boldsymbol{R}_P^i,\boldsymbol{\Lambda}_P^i)]-\delta\boldsymbol{\lambda}_{CM}^{\mathrm{T}}[\boldsymbol{R}_{CM}-\boldsymbol{C}_{CM}(\boldsymbol{R}_M^i,\boldsymbol{\Lambda}_M^i)]+$$

$$\delta\boldsymbol{\lambda}_{PT}^{\mathrm{T}}[\boldsymbol{R}_{CP}-\boldsymbol{R}(s_P)]+\delta\boldsymbol{\lambda}_{MT}^{\mathrm{T}}[\boldsymbol{R}_{CM}-\boldsymbol{R}(s_M)]\}\,\mathrm{d}t$$

其中，$\boldsymbol{F}_{Pg}^i$ 和 $\boldsymbol{F}_{Mg}^i$ 分别是平台星和抓捕器的地心引力，$\boldsymbol{Q}_{Pg}^i$ 和 $\boldsymbol{Q}_{Mg}^i$ 分别是平台星和抓捕器的广义重力梯度力矩，N_{PD} 和 N_{MD} 是收放机构在释放和回收过程中的阻尼力。

$$\begin{cases}\boldsymbol{F}_{Pg}^i=\int-\nabla\Phi(\boldsymbol{R})\,\mathrm{d}m_P^i\\ \boldsymbol{F}_{Mg}^i=\int-\nabla\Phi(\boldsymbol{R})\,\mathrm{d}m_M^i\end{cases}\tag{2-18}$$

$$\begin{cases}\boldsymbol{Q}_{Pg}^i=-2\boldsymbol{L}_P^{i\mathrm{T}}\int\boldsymbol{d}(R)\times\nabla\Phi(\boldsymbol{R})\,\mathrm{d}m_P^i\\ Q_{Mg}^i=-2\boldsymbol{L}_M^{i\mathrm{T}}\int\boldsymbol{d}(R)\times\nabla\Phi(\boldsymbol{R})\,\mathrm{d}m_M^i\end{cases}\tag{2-19}$$

$$\begin{cases}N_{PD}=\begin{cases}\rho\dot{s}_P^2\eta(s_P) & \dot{s}_P\leqslant0\ (\text{Deployment})\\ \rho\dot{s}_P^2[\eta(s_P)-1] & \dot{s}_P>0\ (\text{Retrieval})\end{cases}\\ N_{MD}=\begin{cases}\rho\dot{s}_M^2\eta(s_M) & \dot{s}_M>0\ (\text{Deployment})\\ -\rho\dot{s}_M^2[\eta(s_M)-1] & \dot{s}_M\leqslant0\ (\text{Retrieval})\end{cases}\end{cases}\tag{2-20}$$

上面建立的动力学模型是基于地心惯性坐标系建立的，由于空间绳系机器人的系绳长度一般仅为数百米，远远小于地球的半径。当在系绳释放、回收过程中，在地心惯性系下描述的位置变化极小，上述方程在解算时可能是一个病态方程，并将产生较大的求解误差。因此，下面引入轨道平动坐标系 $AX_oY_oZ_o$，避免地球半径远大于系绳长度带来的影响。

设 $\boldsymbol{R}_0$ 为 A 点在 $OXYZ$ 坐标系的位置坐标，$\boldsymbol{r}(s)$ 为系绳微元在 $AX_oY_oZ_o$ 坐标系的位置坐标，则

$$\boldsymbol{R}(s)=\boldsymbol{R}_0+\boldsymbol{r}(s)\tag{2-21}$$

与 $|\boldsymbol{R}(s)|$ 相比，$|\boldsymbol{r}(s)|$ 更接近于系绳长度。在系绳长度变化时，$|\boldsymbol{r}|$ 的变化更加明显。因此，将动力学模型式（2-17）从 $OXYZ$ 坐标系转化到 $AX_oY_oZ_o$ 坐标系，得

$$G_P^o + G_M^o + G_T^o + G_{DR}^o + G_C^o = 0 \tag{2-22}$$

$$G_P^o = \int_{t_0}^{t_1} \left\{ \sum_{i=1}^{n_P} \left\{ \delta \boldsymbol{r}_P^{iT} \left[- m_P^i \ddot{\boldsymbol{r}}_P^i - m_P^i \bar{\omega}^2 \boldsymbol{A}_f \boldsymbol{r}_P^i - \sum_{k=1}^{n_P^C} \left(\frac{\partial \boldsymbol{C}_P^k}{\partial \boldsymbol{r}_P^i} \right)^{\mathrm{T}} \boldsymbol{\lambda}_P^k + \left(\frac{\partial \boldsymbol{C}_{CP}}{\partial \boldsymbol{r}_P^i} \right)^{\mathrm{T}} \boldsymbol{\lambda}_{CP} + \boldsymbol{F}_P^i \right] + \right. \right.$$

$$\delta \boldsymbol{\Lambda}_P^{iT} \left[- 4 \boldsymbol{L}_P^{iT} \boldsymbol{J}_P^i \boldsymbol{L}_P^i \ddot{\boldsymbol{\Lambda}}_P^i - 8 \dot{\boldsymbol{L}}_P^{iT} \boldsymbol{J}_P^i \boldsymbol{L}_P^i \dot{\boldsymbol{\Lambda}}_P^i + 6 \bar{\omega}^2 \boldsymbol{L}_P^{iT} [\boldsymbol{i}_P^i \times (\boldsymbol{I}_P^i \cdot \boldsymbol{i}_P^i)] - \sum_{k=1}^{n_P^C} \left(\frac{\partial \boldsymbol{C}_P^k}{\partial \boldsymbol{\Lambda}_P^i} \right)^{\mathrm{T}} \boldsymbol{\lambda}_P^k + \right.$$

$$\left. \left. \left. \left(\frac{\partial \boldsymbol{C}_{CP}}{\partial \boldsymbol{\Lambda}_P^i} \right)^{\mathrm{T}} \boldsymbol{\lambda}_{CP} + \boldsymbol{Q}_P^i \right] \right\} \right\} \mathrm{d}t$$

$$G_M^o = \int_{t_0}^{t_1} \left\{ \sum_{i=1}^{n_M} \left\{ \delta \boldsymbol{R}_M^{iT} \left[- m_M^i \ddot{\boldsymbol{R}}_M^i - m_M^i \bar{\omega}^2 \boldsymbol{A}_f \boldsymbol{r}_M^i - \sum_{k=1}^{n_M^C} \left(\frac{\partial \boldsymbol{C}_M^k}{\partial \boldsymbol{R}_M^i} \right)^{\mathrm{T}} \boldsymbol{\lambda}_M^k + \left(\frac{\partial \boldsymbol{C}_{CM}}{\partial \boldsymbol{R}_M^i} \right)^{\mathrm{T}} \boldsymbol{\lambda}_{CM} + \boldsymbol{F}_M^i \right] + \right. \right.$$

$$\delta \boldsymbol{\Lambda}_M^{iT} \left[- 4 \boldsymbol{L}_M^{iT} \boldsymbol{J}_M^i \boldsymbol{L}_M^i \ddot{\boldsymbol{\Lambda}}_M^i - 8 \dot{\boldsymbol{L}}_M^{iT} \boldsymbol{J}_M^i \boldsymbol{L}_M^i \dot{\boldsymbol{\Lambda}}_M^i + 6 \bar{\omega}^2 \boldsymbol{L}_M^{iT} [\boldsymbol{i}_M^i \times (\boldsymbol{I}_M^i \cdot \boldsymbol{i}_M^i)] - \sum_{k=1}^{n_M^C} \left(\frac{\partial \boldsymbol{C}_M^k}{\partial \boldsymbol{\Lambda}_M^i} \right)^{\mathrm{T}} \boldsymbol{\lambda}_M^k + \right.$$

$$\left. \left. \left. \left(\frac{\partial \boldsymbol{C}_{CM}}{\partial \boldsymbol{\Lambda}_M^i} \right)^{\mathrm{T}} \boldsymbol{\lambda}_{CM} + \boldsymbol{Q}_M^i \right] \right\} \right\} \mathrm{d}t$$

$$G_T^o = \int_{t_0}^{t_1} \{ \delta \boldsymbol{r}_{CP}^{\mathrm{T}} [- \rho s_P (\ddot{\boldsymbol{r}}_{CP} + \bar{\omega}^2 \boldsymbol{A}_f \boldsymbol{r}_{CP}) - \rho \dot{s}_P^2 \eta(s_P) \boldsymbol{\tau}(s_P) - \boldsymbol{\lambda}_{CP} - \boldsymbol{\lambda}_{PT} + \boldsymbol{F}_{CP}] +$$

$$\int_{s_P}^{s_M} \delta \boldsymbol{r}^{\mathrm{T}} \left[- \rho (\ddot{\boldsymbol{r}} + \bar{\omega}^2 \boldsymbol{A}_f \boldsymbol{r}) + \boldsymbol{F}_T + \frac{\partial \boldsymbol{n}}{\partial s} \right] \mathrm{d}s + \delta \boldsymbol{r}_{CM}^{\mathrm{T}} \{ - \rho (L - s_M) (\ddot{\boldsymbol{r}}_{CM} + \bar{\omega}^2 \boldsymbol{A}_f \boldsymbol{r}_{CM}) +$$

$$\rho \dot{s}_M^2 \eta(s_M) \boldsymbol{\tau}(s_M) - \boldsymbol{\lambda}_{CM} - \boldsymbol{\lambda}_{MT} + \boldsymbol{F}_{CM} \} + \delta \boldsymbol{r}^{\mathrm{T}}(s_P) [\boldsymbol{\lambda}_{PT} + \boldsymbol{n}(s_P)] +$$

$$\delta \boldsymbol{r}^{\mathrm{T}}(s_M) [\boldsymbol{\lambda}_{MT} - \boldsymbol{n}(s_M)] \} \mathrm{d}t$$

$$G_{DR}^o = \int_{t_0}^{t_1} \{ [N_{PD} + N_P - N(s_P)] \eta(s_P) \delta s_P + [- N_{MD} - N_M + N(s_M)] \eta(s_M) \delta s_M \} \mathrm{d}t$$

$$G_C^o = \int_{t_0}^{t_1} \{ - \delta \boldsymbol{\lambda}_P^{k\mathrm{T}} \boldsymbol{C}_P^k (\boldsymbol{r}_P^i, \boldsymbol{\Lambda}_P^i) - \delta \boldsymbol{\lambda}_M^{k\mathrm{T}} \boldsymbol{C}_M^k (\boldsymbol{r}_M^i, \boldsymbol{\Lambda}_M^i) - \delta \boldsymbol{\lambda}_{CP}^{\mathrm{T}} [\boldsymbol{r}_{CP} - \boldsymbol{C}_{CP} (\boldsymbol{r}_P^i, \boldsymbol{\Lambda}_P^i)] -$$

$$\delta \boldsymbol{\lambda}_{CM}^{\mathrm{T}} [\boldsymbol{r}_{CM} - \boldsymbol{C}_{CM} (\boldsymbol{r}_M^i, \boldsymbol{\Lambda}_M^i)] + \delta \boldsymbol{\lambda}_{PT}^{\mathrm{T}} [\boldsymbol{r}_{CP} - \boldsymbol{r}(s_P)] + \delta \boldsymbol{\lambda}_{MT}^{\mathrm{T}} [\boldsymbol{r}_{CM} - \boldsymbol{r}(s_M)] \} \mathrm{d}t$$

其中，$\boldsymbol{A}_f$ 是与真近点角 f 相关的转移矩阵

$$\boldsymbol{A}_f = \begin{bmatrix} 1 - 3\cos^2 f & -3\sin f \cos f & 0 \\ -3\sin f \cos f & 1 - 3\sin^2 f & 0 \\ 0 & 0 & 1 \end{bmatrix} \tag{2-23}$$

2.1.3　空间绳系机器人动力学模型离散化

通过推导，上节得到了空间绳系机器人在地心惯性系 $OXYZ$ 和轨道平动系 $AX_oY_oZ_o$ 下的动力学模型。但上述模型仍无法直接用于数值计算，本节利用有限元方法对推导的模型进行离散化，推导得到可用于数值求解的离散化模型。

在系绳释放或回收过程中，系绳长度不断变化，传统的有限元离散方法较难处理。因此，本节将系绳长度求解域转化为单位区间，以形成避免与时间相关的有限元离散法。设计无量纲变量 $\bar{s}$ 为

$$\bar{s}=\frac{s-s_P}{s_M-s_P}\in[0,1] \tag{2-24}$$

则

$$\begin{cases}\boldsymbol{r}=\bar{\boldsymbol{r}}\\ \dfrac{\partial\boldsymbol{r}}{\partial s}=\dfrac{1}{l}\bar{\boldsymbol{r}}'\\ \dfrac{\partial\boldsymbol{r}}{\partial t}=\dot{\bar{\boldsymbol{r}}}+\bar{\boldsymbol{r}}'(1-\bar{s})\dfrac{\dot{l}}{l}\\ \dfrac{\partial^2\boldsymbol{r}}{\partial s^2}=\dfrac{1}{l^2}\bar{\boldsymbol{r}}''\\ \dfrac{\partial^2\boldsymbol{r}}{\partial t^2}=\ddot{\bar{\boldsymbol{r}}}+2(1-\bar{s})\dfrac{\dot{l}}{l}\dot{\bar{\boldsymbol{r}}}'+(1-\bar{s})^2\dfrac{\dot{l}^2}{l^2}\bar{\boldsymbol{r}}''+(1-\bar{s})\dfrac{\ddot{l}}{l}\bar{\boldsymbol{r}}'-(1-\bar{s})\dfrac{2\dot{l}^2}{l^2}\bar{\boldsymbol{r}}'\end{cases} \tag{2-25}$$

其中，$l=s_M-s_P$ 表示展开的系绳长度。(′) 表示对 $\bar{s}$ 的偏导数。

利用 $n+1$ 个节点将求解区间 [0, 1] 等分成 n 份，并选择一阶的差值函数

$$\begin{cases}\varphi_{i1}=i-n\bar{s}\\ \varphi_{i2}=n\bar{s}-i+1\end{cases} \tag{2-26}$$

表征系绳部分的 G_T^o 可以离散化为

$$\begin{aligned}G_T^o\approx\int_{t_0}^{t_1}\{&\delta\boldsymbol{r}_{CP}^{\mathrm{T}}[-\rho s_P(\ddot{\boldsymbol{r}}_{CP}+\bar{\omega}^2\boldsymbol{A}_f\boldsymbol{r}_{CP})-\rho\dot{s}_P^2\eta(s_P)\boldsymbol{\tau}(s_P)-\boldsymbol{\lambda}_{CP}-\boldsymbol{\lambda}_{PT}+\boldsymbol{F}_{CP}]+\\ &\delta\bar{\boldsymbol{r}}^{n\mathrm{T}}\left\{-\rho\left[\boldsymbol{M}_1\ddot{\bar{\boldsymbol{r}}}^n+2\frac{\dot{l}}{l}\boldsymbol{M}_2\dot{\bar{\boldsymbol{r}}}^n+\left(\frac{\ddot{l}}{l}-\frac{2\dot{l}^2}{l^2}\right)\boldsymbol{M}_2\bar{\boldsymbol{r}}^n+\bar{\omega}^2\boldsymbol{M}_1\hat{\boldsymbol{A}}_f\bar{\boldsymbol{r}}^n\right]+\boldsymbol{F}_T^n+\boldsymbol{M}_3\bar{\boldsymbol{n}}^n+\boldsymbol{B}\begin{bmatrix}\boldsymbol{\lambda}_{PT}\\ \boldsymbol{\lambda}_{MT}\end{bmatrix}\right\}+\\ &\delta\boldsymbol{r}_{CM}^{\mathrm{T}}\{-\rho(L-s_M)(\ddot{\boldsymbol{r}}_{CM}+\bar{\omega}^2\boldsymbol{A}_f\boldsymbol{r}_{CM})+\rho\dot{s}_M^2\eta(s_M)\boldsymbol{\tau}(s_M)-\boldsymbol{\lambda}_{CM}-\boldsymbol{\lambda}_{MT}+\boldsymbol{F}_{CM}\}\}\,\mathrm{d}t\end{aligned} \tag{2-27}$$

其中

$$\begin{cases}\bar{\boldsymbol{r}}^n=[\bar{\boldsymbol{r}}_0^n\quad\bar{\boldsymbol{r}}_1^n\quad,\cdots,\quad\bar{\boldsymbol{r}}_{n-1}^n\quad\bar{\boldsymbol{r}}_n^n]_{3(n+1)}^{\mathrm{T}}\\ \bar{\boldsymbol{n}}^n=[\bar{\boldsymbol{n}}_1^n\quad\bar{\boldsymbol{n}}_2^n\quad,\cdots,\quad\bar{\boldsymbol{n}}_{n-1}^n\quad\bar{\boldsymbol{n}}_n^n]_{3n}^{\mathrm{T}}\end{cases},\ \boldsymbol{F}_T^n=\begin{bmatrix}\int_0^h\boldsymbol{F}_T\varphi_{11}\mathrm{d}s\\ \int_0^h\boldsymbol{F}_T\varphi_{12}\mathrm{d}s+\int_h^{2h}\boldsymbol{F}_T\varphi_{21}\mathrm{d}s\\ \vdots\\ \int_{(n-2)h}^{(n-1)h}\boldsymbol{F}_T\varphi_{(n-1)2}\mathrm{d}s+\int_{(n-1)h}^{nh}\boldsymbol{F}_T\varphi_{n1}\mathrm{d}s\\ \int_{(n-1)h}^{nh}\boldsymbol{F}_T\varphi_{n2}\mathrm{d}s\end{bmatrix}_{3(n+1)}$$

$$\hat{\boldsymbol{A}}_f = \begin{bmatrix} \boldsymbol{A}_f & & & \\ & \boldsymbol{A}_f & & \\ & & \ddots & \\ & & & \boldsymbol{A}_f \end{bmatrix}_{3(n+1)\times 3(n+1)}, B(i,j) = \begin{cases} 1 & 1 \leqslant i \leqslant 3, i = j \\ 1 & i = 3n-3+j, 4 \leqslant j \leqslant 6 \\ 0 & \text{others} \end{cases}$$

$$\begin{cases} \boldsymbol{M}_1 = [M_{1\_ij}]_{3(n+1)\times 3(n+1)} & \boldsymbol{M}_2 = [M_{2\_ij}]_{3(n+1)\times 3(n+1)} \\ \boldsymbol{M}_3 = [M_{3\_ij}]_{3(n+1)\times 3n} & \boldsymbol{B} = [B_{ij}]_{3(n+1)\times 6} \end{cases}, M_3(i,j) = \begin{cases} 1 & i = j \\ -1 & i = j+3 \end{cases},$$

$$M_1(i,j) = \begin{cases} \dfrac{1}{3n} & \begin{cases} i = j \\ 1 \leqslant j \leqslant 3 \end{cases} \text{and} \begin{cases} i = j \\ n-2 \leqslant j \leqslant n \end{cases} \\ \dfrac{2}{3n} & \begin{cases} i = j \\ 4 \leqslant j \leqslant n-3 \end{cases} \\ \dfrac{1}{6n} & \begin{cases} i = j-3 \\ 4 \leqslant j \leqslant n \end{cases} \text{and} \begin{cases} i = j+3 \\ 1 \leqslant j \leqslant n-3 \end{cases} \\ 0 & \text{others} \end{cases},$$

$$M_2(i,j) = \begin{cases} \dfrac{1}{6n} - \dfrac{1}{2} & i = j, 1 \leqslant i \leqslant 3 \\ -\dfrac{1}{6n} & i = j, 4 \leqslant i \leqslant n-3 \\ \dfrac{1}{6n} & i = j, n-2 \leqslant i \leqslant n \\ \dfrac{1}{2} - \left(\dfrac{k}{2} - \dfrac{1}{3}\right)\dfrac{1}{n} & i = j-3, 3k-2 \leqslant i \leqslant 3k, 1 \leqslant k \leqslant n \\ \left(\dfrac{k}{2} - \dfrac{1}{6}\right)\dfrac{1}{n} - \dfrac{1}{2} & i = j+3, 3k-2 \leqslant i \leqslant 3k, 1 \leqslant k \leqslant n \\ 0 & \text{others} \end{cases}$$

按照上述方法，对空间绳系机器人的动力学模型式（2－22）离散化，得到下列模型。

1）平台星的动力学模型

$$\begin{cases} m_P^i \ddot{\boldsymbol{r}}_P^i + m_P^i \bar{\omega}^2 \boldsymbol{A}_f \boldsymbol{r}_P^i + \sum\limits_{k=1}^{n_P^C} \left(\dfrac{\partial \boldsymbol{C}_P^k}{\partial \boldsymbol{r}_P^i}\right)^{\mathrm{T}} \boldsymbol{\lambda}_P^k - \left(\dfrac{\partial \boldsymbol{C}_{CP}}{\partial \boldsymbol{r}_P^i}\right)^{\mathrm{T}} \boldsymbol{\lambda}_{CP} = \boldsymbol{F}_P^i \\ 4\boldsymbol{L}_P^{i\mathrm{T}} \boldsymbol{J}_P^i \boldsymbol{L}_P^i \ddot{\boldsymbol{\Lambda}}_P^i + 8\dot{\boldsymbol{L}}_P^{i\mathrm{T}} \boldsymbol{J}_P^i \boldsymbol{L}_P^i \dot{\boldsymbol{\Lambda}}_P^i - 6\bar{\omega}^2 \boldsymbol{L}_P^{i\mathrm{T}} [\boldsymbol{i}_P^i \times (\boldsymbol{I}_P^i \cdot \boldsymbol{i}_P^i)] + \\ \quad \sum\limits_{k=1}^{n_P^C} \left(\dfrac{\partial \boldsymbol{C}_P^k}{\partial \boldsymbol{\Lambda}_P^i}\right)^{\mathrm{T}} \boldsymbol{\lambda}_P^k - \left(\dfrac{\partial \boldsymbol{C}_{CP}}{\partial \boldsymbol{\Lambda}_P^i}\right)^{\mathrm{T}} \boldsymbol{\lambda}_{CP} = \boldsymbol{Q}_P^i \\ \boldsymbol{C}_P^k(\boldsymbol{r}_P^i, \boldsymbol{\Lambda}_P^i) = \boldsymbol{0} \quad k = 1, \cdots, n_P^C \end{cases} \quad i = 1, \cdots, n_P \tag{2-28}$$

2）抓捕器的动力学模型

$$\begin{cases} m_M^j \ddot{\boldsymbol{r}}_M^j + m_M^j \bar{\omega}^2 \boldsymbol{A}_f \boldsymbol{r}_M^j + \sum_{k=1}^{n_M^C} \left(\dfrac{\partial \boldsymbol{C}_M^k}{\partial \boldsymbol{R}_M^i}\right)^{\mathrm{T}} \boldsymbol{\lambda}_M^k - \left(\dfrac{\partial \boldsymbol{C}_{CM}}{\partial \boldsymbol{R}_M^i}\right)^{\mathrm{T}} \boldsymbol{\lambda}_{CM} = \boldsymbol{F}_M^j \\ 4\boldsymbol{L}_M^{j\mathrm{T}} \boldsymbol{J}_M^j \boldsymbol{L}_M^j \ddot{\boldsymbol{\Lambda}}_M^j + 8\dot{\boldsymbol{L}}_M^{j\mathrm{T}} \boldsymbol{J}_M^j \boldsymbol{L}_M^j \dot{\boldsymbol{\Lambda}}_M^j - 6\bar{\omega}^2 \boldsymbol{L}_M^{j\mathrm{T}} [\boldsymbol{i}_M^j \times (\boldsymbol{I}_M^j \cdot \boldsymbol{i}_M^j)] + \qquad j = 1,\cdots,n_M \\ \quad \sum_{k=1}^{n_M^C} \left(\dfrac{\partial \boldsymbol{C}_M^k}{\partial \boldsymbol{\Lambda}_M^i}\right)^{\mathrm{T}} \boldsymbol{\lambda}_M^k - \left(\dfrac{\partial \boldsymbol{C}_{CM}}{\partial \boldsymbol{\Lambda}_M^i}\right)^{\mathrm{T}} \boldsymbol{\lambda}_{CM} = \boldsymbol{Q}_M^j \\ \boldsymbol{C}_M^k(\boldsymbol{r}_M^j, \boldsymbol{\Lambda}_M^j) = \boldsymbol{0} \quad k = 1,\cdots,n_M^C \end{cases} \tag{2-29}$$

3）存储系绳的动力学模型

$$\begin{cases} \rho s_P(\ddot{\boldsymbol{r}}_{CP} + \bar{\omega}^2 \boldsymbol{A}_f \boldsymbol{r}_{CP}) + \rho \dot{s}_P^2 \eta(s_P) \boldsymbol{\tau}(s_P) + \boldsymbol{\lambda}_{CP} + \boldsymbol{\lambda}_{PT} = \boldsymbol{F}_{CP} \\ \rho(L - s_M)(\ddot{\boldsymbol{r}}_{CM} + \bar{\omega}^2 \boldsymbol{A}_f \boldsymbol{r}_{CM}) - \rho \dot{s}_M^2 \eta(s_M) \boldsymbol{\tau}(s_M) + \boldsymbol{\lambda}_{CM} + \boldsymbol{\lambda}_{MT} = \boldsymbol{F}_{CM} \\ \boldsymbol{r}_{CP} - \boldsymbol{C}_{CP}(\boldsymbol{r}_p^i, \boldsymbol{\Lambda}_p^i) = \boldsymbol{0} \\ \boldsymbol{r}_{CM} - \boldsymbol{C}_{CM}(\boldsymbol{r}_M^i, \boldsymbol{\Lambda}_M^i) = \boldsymbol{0} \end{cases} \tag{2-30}$$

4）展开系绳的动力学模型

$$\begin{cases} \rho l \left[\boldsymbol{M}_1 \ddot{\bar{\boldsymbol{r}}}^n + 2\dfrac{\dot{l}}{l} \boldsymbol{M}_2 \dot{\bar{\boldsymbol{r}}}^n + \left(\dfrac{\ddot{l}}{l} - \dfrac{2\dot{l}^2}{l^2}\right) \boldsymbol{M}_2 \bar{\boldsymbol{r}}^n + \bar{\omega}^2 \boldsymbol{M}_1 \hat{\boldsymbol{A}}_f \bar{\boldsymbol{r}}^n \right] - \boldsymbol{B} \begin{bmatrix} \boldsymbol{\lambda}_{PT} \\ \boldsymbol{\lambda}_{MT} \end{bmatrix} = \boldsymbol{F}_T^n + \boldsymbol{M}_3 \bar{\boldsymbol{n}}^n \\ \bar{\boldsymbol{n}}_i^n = \dfrac{EA}{l} \left[|\bar{\boldsymbol{r}}'_i| - l + \alpha \left(\dfrac{\bar{\boldsymbol{r}}'_i \cdot \dot{\bar{\boldsymbol{r}}}'_i}{|\bar{\boldsymbol{r}}'_i|} - \dfrac{\dot{l}}{l} |\bar{\boldsymbol{r}}'_i| \right) \right] \dfrac{\bar{\boldsymbol{r}}'_i}{|\bar{\boldsymbol{r}}'_i|} \\ \boldsymbol{r}_{CP} - \bar{\boldsymbol{r}}_0^n = \boldsymbol{0} \\ \boldsymbol{r}_{CM} - \bar{\boldsymbol{r}}_n^n = \boldsymbol{0} \end{cases} \tag{2-31}$$

5）系绳收放控制机构的动力学模型

$$\begin{cases} N_{PD} + N_P - N_1^n = 0 \\ -N_{MD} - N_M + N_n^n = 0 \end{cases} \tag{2-32}$$

6）虚拟条件：用于姿态描述的单位四元数约束

$$\begin{cases} \boldsymbol{\Lambda}_P^{i\mathrm{T}} \boldsymbol{\Lambda}_P^i - 1 = 0 \qquad i = 1,\cdots,n_P \\ \boldsymbol{\Lambda}_M^{j\mathrm{T}} \boldsymbol{\Lambda}_M^j - 1 = 0 \qquad j = 1,\cdots,n_M \end{cases} \tag{2-33}$$

式（2-28）～式（2-33）即为空间绳系机器人可用于数值求解的离散化动力学模型。在数值求解过程中，首先将所有的系统约束方程和虚拟条件，例如：$\boldsymbol{C}_P^k(r_P^i, \boldsymbol{\Lambda}_P^i) = \boldsymbol{0}$，$\boldsymbol{\Lambda}_P^{i\mathrm{T}} \boldsymbol{\Lambda}_P^i - 1 = 0$，$\boldsymbol{r}_{CP} - \boldsymbol{C}_{CP}(\boldsymbol{r}_p^i, \boldsymbol{\Lambda}_p^i) = \boldsymbol{0}$ 和 $\boldsymbol{r}_{CP} - \bar{\boldsymbol{r}}_0^n = \boldsymbol{0}$ 等，对系统状态求二次微分，然后将二次微分项和拉格朗日乘子项移到方程左边，其余项移到方程右边，将方程转化为传统的微分方程形式。最后利用纽马克 $-\beta$ 预估，并采用 Newton－Raphson 法进行迭代校正，实现对动力学模型的高效求解。具体的求解细节可以参考文献［208］。

在上述动力学模型中，平台星、抓捕器均为多刚体结构，且系绳可从两者间释放回收。利用有限元模型，系绳的质量、弹性、柔性被充分考虑。随着系绳单元的增加，系绳模型无限接近真实的系绳。在广义力方面，推力、刚体间连接杆件的驱动力/力矩、轨道摄动均可以通过 $\boldsymbol{F}_P^i, \boldsymbol{Q}_P^i, (i=1,\cdots,n_P), \boldsymbol{F}_M^i, \boldsymbol{Q}_M^i, (i=1,\cdots,n_M), \boldsymbol{F}_{CP}, \boldsymbol{F}_{CM}$ 等表示。系绳上受到的外力，例如，电动力绳的洛伦兹力、轨道摄动可以用 $\boldsymbol{F}_T^n$ 表示。实际上，本节建立的空间绳系机器人的动力学模型是一个较为通用的动力学模型，一方面，很多双星系绳系统均可以通过设置参数直接应用本模型。例如，日本发射的 KUKAI 空间绳系机器人，可以设置 $n_P=1$，$n_M=2$ 直接实现其动力学模型。另一方面，针对不同需求，本模型也可以通过设置参数满足要求。例如，设置系绳微元数 $n=1$，即为忽略系绳柔性；设置$EA\to\infty$，即为忽略系绳弹性；直接去掉 $\boldsymbol{\Lambda}_P^i$ 相关项，即为忽略平台星姿态。

2.1.4　空间绳系机器人动力学模型验证

在建立空间绳系机器人动力学模型的基础上，本节对模型进行验证。验证分为两部分，首先是与现有文献的对比，然后是与实际在轨实验数据的对比。

选择 M. Krupa 等人发表在 Nonlinear Dynamics 中的模型[208]作为基准，将对象简化为该文献的两端单刚体形式，得到动力学模型为

$$
\begin{aligned}
G=\int_{t_0}^{t_1}\Bigg\{&\int_{s_P}^{s_M}\{[-\rho(\ddot{\boldsymbol{R}}+\nabla\Phi)+\boldsymbol{F}_T]\cdot\delta\boldsymbol{R}-\boldsymbol{n}\cdot\delta\boldsymbol{R}'\}\,\mathrm{d}s+\\
&\left\{\begin{array}{l}[\rho\dot{s}_P^2\eta^2(s_P)+N_P\eta(s_P)-N(s_P)\eta(s_P)]\delta s_P\\ [\rho\dot{s}_P^2\eta(s_P)[\eta(s_P)-1]+N_P\eta(s_P)-N(s_P)\eta(s_P)]\delta s_P\end{array}\right.+\\
&\left\{\begin{array}{l}[-\rho\dot{s}_M^2\eta^2(s_M)-N_M\eta(s_M)]\delta s_M\\ [\rho\dot{s}_M^2\eta(s_M)\,[\eta(s_M)-1]-N_M\eta(s_M)]\delta s_M\end{array}\right.+\\
&[-m_P[\ddot{\boldsymbol{R}}_P^i+\nabla\Phi(\boldsymbol{R})]-\rho s_P[\ddot{\boldsymbol{R}}_P+\nabla\Phi(\boldsymbol{R}_P)]-\rho\dot{s}_P^2\eta(s_P)\boldsymbol{\tau}(s_P)+(\boldsymbol{F}_{CP}+\boldsymbol{F}_P)-\boldsymbol{\lambda}_{PT}]\cdot\delta\boldsymbol{R}_P+\\
&[-m_M[\ddot{\boldsymbol{R}}_M+\nabla\Phi(\boldsymbol{R})]-\rho(L-s_M)\,[\ddot{\boldsymbol{R}}_M+\nabla\Phi(\boldsymbol{R}_M)]+\rho\dot{s}_M^2\eta(s_M)\boldsymbol{\tau}(s_M)+(\boldsymbol{F}_{CM}+\boldsymbol{F}_M)-\boldsymbol{\lambda}_{MT}]\cdot\delta\boldsymbol{R}_M+\\
&[-4\boldsymbol{L}_P^{\mathrm{T}}\boldsymbol{J}_P\boldsymbol{L}_P\ddot{\boldsymbol{\Lambda}}_P-8\dot{\boldsymbol{L}}_P^{\mathrm{T}}\boldsymbol{J}_P\boldsymbol{L}_P\dot{\boldsymbol{\Lambda}}_P+\boldsymbol{Q}_P-2m_P\boldsymbol{L}_P^{\mathrm{T}}[\boldsymbol{d}(\boldsymbol{R})\times\nabla\Phi(\boldsymbol{R})]-2\boldsymbol{\Lambda}_P\boldsymbol{\lambda}_{P\Lambda}]\cdot\delta\boldsymbol{\Lambda}_P^{\mathrm{T}}+\\
&[-4\boldsymbol{L}_M^{\mathrm{T}}\boldsymbol{J}_M\boldsymbol{L}_M\ddot{\boldsymbol{\Lambda}}_M-8\dot{\boldsymbol{L}}_M^{\mathrm{T}}\boldsymbol{J}_M\boldsymbol{L}_M\dot{\boldsymbol{\Lambda}}_M+\boldsymbol{Q}_M-2m_M\boldsymbol{L}_M^{\mathrm{T}}[\boldsymbol{d}(\boldsymbol{R})\times\nabla\Phi(\boldsymbol{R})]-2\boldsymbol{\Lambda}_M\boldsymbol{\lambda}_{M\Lambda}]\cdot\delta\boldsymbol{\Lambda}_M^{\mathrm{T}}+\\
&[\boldsymbol{\lambda}_{PT}+\boldsymbol{n}(s_P)]\cdot\delta\boldsymbol{R}(s_P)+[\boldsymbol{\lambda}_{MT}-\boldsymbol{n}(s_M)]\cdot\delta\boldsymbol{R}(s_M)+[\boldsymbol{R}_{CP}-\boldsymbol{R}(s_P)]\delta\boldsymbol{\lambda}_{PT}+[\boldsymbol{R}_{CM}-\boldsymbol{R}(s_M)]\delta\boldsymbol{\lambda}_{MT}+\\
&[\boldsymbol{\Lambda}_P^{\mathrm{T}}\boldsymbol{\Lambda}_P-1]\cdot\delta\boldsymbol{\lambda}_{P\Lambda}+[\boldsymbol{\Lambda}_M^{\mathrm{T}}\boldsymbol{\Lambda}_M-1]\cdot\delta\boldsymbol{\lambda}_{M\Lambda}\Bigg\}\,\mathrm{d}t=0
\end{aligned}
\tag{2-34}
$$

与该参考文献中的模型相比，两者的不同仅在表达形式，本节的模型采用四元数表示姿态，而该文献中采用旋转角表达姿态。通过对比，初步验证了本节模型的正确性。

然后是与真实的在轨实验数据对比。小型可扩展展开系统（Small Expendable Deployment System，SEDS）计划是美国 NASA 支持的一项空间绳系卫星验证计划，它于 1993 年 3 月 29 日和 1994 年 3 月 9 日分别发射了 SEDS－1 和 SEDS－2 两颗空间绳系卫星，并进行了空间实验。当时，虽然美、苏联、日本等完成了多个绳系卫星实验，但公开空间系绳在轨实验数据的仅有 SEDS－1。SEDS－1 任务的目标是验证空间系绳的自由释放能力。主要任务过程是从主星上弹射并主要依靠重力梯度释放 20 km 长的系绳。参考文献

[209] 公开了 SEDS－1 的在轨实验数据，包括系绳的释放长度、释放速度两部分内容。可以看出：2 000 s 时，系绳展开长度大约为 2.10 km，释放速度约为 1.2 m/s；4 000 s 时，系绳展开长度大约为 12.54 km，释放速度为 11.3 m/s。在 4 518 s 时，施加制动力，因此，系绳释放速度快速下降。在 SEDS－1 任务中，系统仅在主星端具有系绳释放机构，且两端绑体可假设为质点。因此，$\boldsymbol{\Lambda}_P^i$ 和 $\boldsymbol{\Lambda}_M^i$ 均不存在，$n_P=n_M=1$，$s_M=L$。动力学模型简化为

$$\begin{cases} m_P\ddot{\boldsymbol{r}}_P+m_P\bar{\omega}^2\boldsymbol{A}_f\boldsymbol{r}_P-\boldsymbol{\lambda}_{CP}=\boldsymbol{F}_P \\ m_M\ddot{\boldsymbol{R}}_M+m_M\bar{\omega}^2\boldsymbol{A}_f\boldsymbol{r}_M^i-\boldsymbol{\lambda}_{CM}=\boldsymbol{F}_M \\ \boldsymbol{r}_{CP}=\boldsymbol{r}_P \quad \boldsymbol{r}_{CM}=\boldsymbol{r}_M \\ \rho s_P(\ddot{\boldsymbol{r}}_{CP}+\bar{\omega}^2\boldsymbol{A}_f\boldsymbol{r}_{CP})+\rho\dot{s}_P^2\eta(s_P)\boldsymbol{\tau}(s_P)+\boldsymbol{\lambda}_{CP}+\boldsymbol{\lambda}_{PT}=\boldsymbol{F}_{CP} \\ \boldsymbol{\lambda}_{CM}+\boldsymbol{\lambda}_{MT}=\boldsymbol{F}_{CM} \\ \rho l\left[\boldsymbol{M}_1\ddot{\bar{\boldsymbol{r}}}^n+2\dfrac{\dot{l}}{l}\boldsymbol{M}_2\dot{\bar{\boldsymbol{r}}}^n+\left(\dfrac{\ddot{l}}{l}-\dfrac{2\dot{l}^2}{l^2}\right)\boldsymbol{M}_2\bar{\boldsymbol{r}}^n+\bar{\omega}^2\boldsymbol{M}_1\hat{\boldsymbol{A}}_f\bar{\boldsymbol{r}}^n\right]-\boldsymbol{B}\begin{bmatrix}\boldsymbol{\lambda}_{PT}\\ \boldsymbol{\lambda}_{MT}\end{bmatrix}=\boldsymbol{F}_T^n+\boldsymbol{M}_3\bar{\boldsymbol{n}}^n \\ \bar{\boldsymbol{n}}_i^n=\dfrac{EA}{l}\left[|\bar{\boldsymbol{r}}'_i|-l+\alpha\left(\dfrac{\bar{\boldsymbol{r}}'_i\cdot\dot{\bar{\boldsymbol{r}}}'_i}{|\bar{\boldsymbol{r}}'_i|}-\dfrac{\dot{l}}{l}|\bar{\boldsymbol{r}}'_i|\right)\right]\dfrac{\bar{\boldsymbol{r}}'_i}{|\bar{\boldsymbol{r}}'_i|} \\ \boldsymbol{r}_{CP}=\bar{\boldsymbol{r}}_0^n \quad \boldsymbol{r}_{CM}=\bar{\boldsymbol{r}}_n^n \quad \rho\dot{s}_P^2\eta(s_P)+N_P-N_1^n=0 \end{cases} \tag{2-35}$$

由于系绳是无控展开的，同时，忽略轨道摄动

$$\boldsymbol{F}_P=\boldsymbol{F}_M=\boldsymbol{F}_{CP}=\boldsymbol{F}_{CM}=\boldsymbol{F}_T^n=0 \tag{2-36}$$

按照 SEDS—1 任务设置其他仿真参数，如表 2－1 所示。

表 2－1 SEDS－1 实验任务仿真参数

参数	初值
质量	1 000 kg（平台星），25 kg（子星/抓捕器）
轨道高度	7 00 km
系绳直径	0.75 mm
初值释放速度	1.6 m/s，径向释放
释放阻力	$0.03+0.001\dot{l}^2$ N

由于 4 518 s 的制动力未知，因此，仅对前 4 000 s 的系绳释放过程进行仿真。仿真结果如图 2－4～图 2－6 所示。图 2－4 是地心惯性系下的 SEDS－1 仿真轨迹，由于系绳一致在轨道面内释放，图中仅显示轨道 OXY 平面。可以看出，系绳方向一致近似指向质心，符合飞行实验结果。图 2－5 是轨道平动系下的 SEDS－1 仿真轨迹，可以看出：系绳长度一直在增加，在 4 000 s 时，主星（平台星）的位置为 [－0.26，－0.22] km，子星（抓捕器）的位置为 [10.67，6.11] km。图 2－6 是系绳释放长度、释放速度的对比图。可以看出，仿真结果与 SEDS－1 实验任务的真实飞行数据十分接近。在 2 000 s 和 4 000 s，

系绳长度约为 2.1 km 和 12.9 km，释放速度分别约为 1.3 m/s 和 11.1 m/s。仿真结果与实验结果体现了很好的一致性。两者的细微差别可能是由于释放阻力的不同。在仿真中，将释放阻力设为 $0.03+0.001\dot{l}^2$ N，但在实际任务中，释放阻力包括静摩擦和动摩擦两部分，十分复杂且时变。通过上述仿真对比，验证了本节模型的准确性。

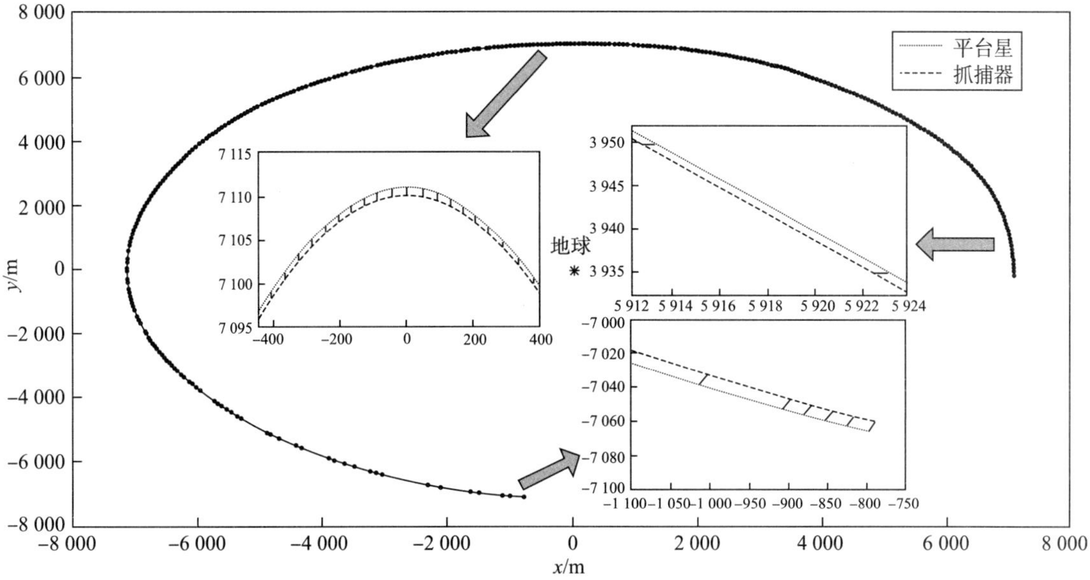

图 2-4　地心惯性系下的 SEDS-1 释放仿真轨迹

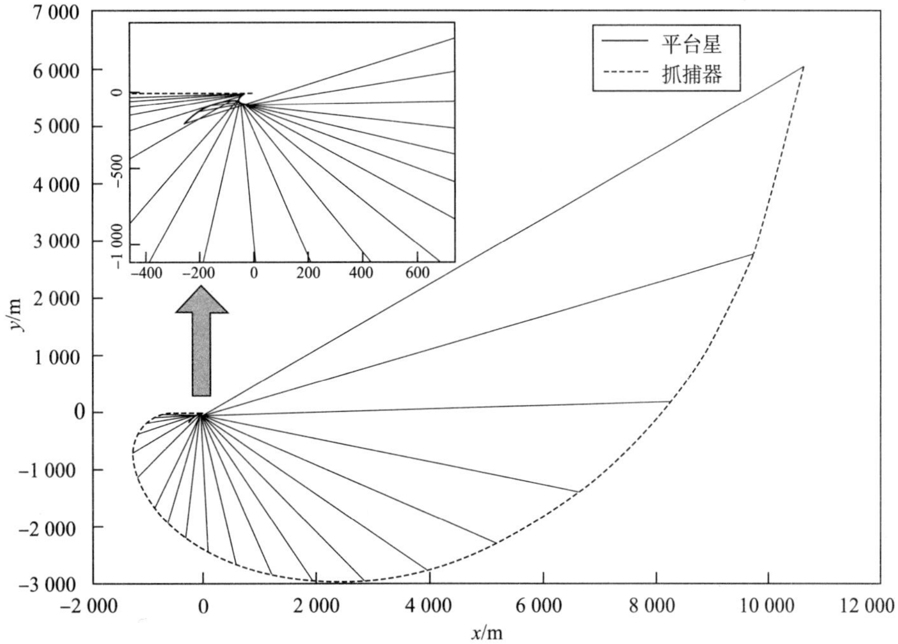

图 2-5　轨道平动系下的 SEDS-1 释放仿真轨迹

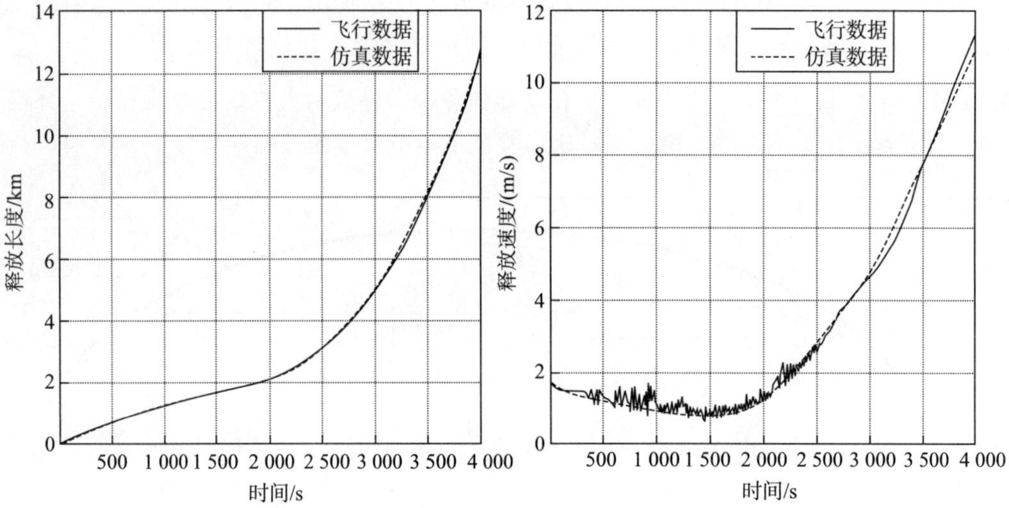

图 2-6　SEDS-1 实验任务仿真对比

2.2　空间绳系机器人的中远距离逼近控制

空间绳系机器人的操作距离一般为数百米，中远距离指与目标抓捕部位距离大于2 m。在此阶段，空间绳系机器人可以测量自身的绝对位姿信息及目标的相对距离信息。此阶段的任务是以较小的代价逼近至目标附近[210-215]。针对此问题，本节在建立的空间绳系机器人动力学模型的基础上，设计一种利用系绳释放力和推力器的协调逼近控制方法。

2.2.1　空间绳系机器人逼近动力学任务分析

首先假设系绳仅可在平台星处释放/回收，由于中远距离逼近时，抓捕器间刚体无相对运动，可假设平台星和抓捕器均为单刚体结构。对上述模型进行简化，即可得到中远距离逼近的动力学模型。针对上述模型，为实现最小代价逼近，首先利用 hp 自适应伪谱算法规划出逼近过程的最优轨迹；然后将得到的最优轨迹作为基准，对动力学模型进行线性化；最后利用邻域最优控制算法设计闭环控制器，从而实现对于理想轨迹的跟踪。控制器的结构如图 2-7 所示。

以轨道面内逼近为例，将空间绳系机器人系统的逼近问题看作最优控制问题：寻找控制变量 $\boldsymbol{u}(t) \in \mathbf{R}^4$，在满足约束条件的情况下，使得消耗的工质达到最少。对于空间绳系机器人系统，由于系绳的释放/回收机构消耗的主要是平台所储存的电能，因此在分析系统工质消耗时只需要考虑另外三个控制量，于是其性能指标可以写为

$$J = \frac{1}{2}\int_0^{t_f} (u_2^2 + u_3^2 + d_M^2 u_4^2)\,\mathrm{d}t \tag{2-37}$$

式中，u_2 和 u_3 表征面内轨道控制推力，u_4 表征面内姿态控制推力，d_M 表示力臂的长度。在运动约束方面，空间绳系机器人系统在逼近过程中需要满足动力学约束条件

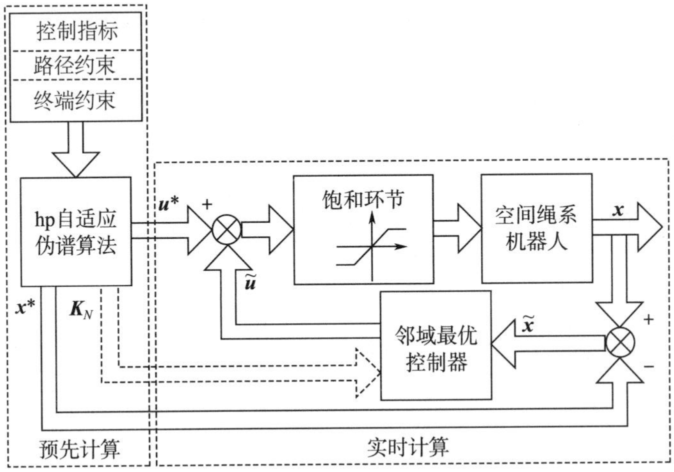

图 2-7　空间绳系机器人中远距离逼近控制器

$$\dot{\boldsymbol{x}} = \boldsymbol{F}(\boldsymbol{x}, \boldsymbol{u}) \tag{2-38}$$

由于释放机构的性能及推力器的上限等因素的限制，系统的控制变量 $\boldsymbol{u}(t)$ 需要满足约束

$$\boldsymbol{u}_{\min} \leqslant \boldsymbol{u}(t) \leqslant \boldsymbol{u}_{\max} \tag{2-39}$$

另外，由于初始状态及末端交会条件的限制，系统还需要满足边界约束条件

$$\boldsymbol{x}(0) = \boldsymbol{x}_0, \boldsymbol{x}(t_f) = \boldsymbol{x}_f \tag{2-40}$$

针对式（2-37）～式（2-40）所构成的复杂最优控制问题，我们采用 hp 自适应伪谱算法求解最优轨迹[216]。

hp 自适应伪谱算法对经典的 Gauss 伪谱算法和有限元法进行了结合，相对传统的 Gauss 伪谱算法，它在求解复杂的非光滑问题时，精度更高且收敛速度更快。考虑到空间绳系机器人系统在逼近过程中，系绳的释放加速度和末端抓捕器的推力都有可能发生突变，因此本文采用 hp 自适应伪谱算法求解最省工质逼近问题。

针对式（2-37）～式（2-40）构成复杂的最优控制问题，hp 自适应伪谱算法首先将时域区间分为若干段，并在每段上选取一定数量的 Legendre-Gauss 点作为配点，然后在每个单元上利用 Lagrange 多项式逼近系统的状态变量和控制变量，并通过插值函数的微分和被积函数的高斯积分来近似系统的状态微分和性能指标，从而将连续的最优控制问题转化为离散的非线性规划问题，最后通过使用自适应的配点调整策略和相关的规划求解算法求解离散后的非线性规划问题，从而实现对于最优控制问题的求解。由上面的分析可知，hp 自适应伪谱算法主要包括以下两个部分。

（1）Legendre-Gauss-Radau 离散

通过 $K+1$ 个节点（$0=t_0<\cdots<t_K=T$）将最优控制问题在 $t\in[0, T]$ 上分为 K 个单元，对于任意单元 k，通过式（2-41）将时间区间由 $t\in[t_{k-1}, t_k]$ 转换到 $\tau\in[-1, 1]$

$$\tau=\frac{2}{t_k-t_{k-1}}\left(t-\frac{t_k+t_{k-1}}{2}\right) \tag{2-41}$$

于是系统的性能指标可以转换为

$$J=\sum_{k=1}^{K}\frac{t_k-t_{k-1}}{2}\int_{-1}^{1}g\left[\boldsymbol{x}^{(k)}(\tau),\boldsymbol{u}^{(k)}(\tau),\tau\right]\mathrm{d}\tau \tag{2-42}$$

系统的动力学约束可以转换为

$$\frac{\mathrm{d}\boldsymbol{x}^{(k)}(\tau)}{\mathrm{d}\tau}=\frac{t_k-t_{k-1}}{2}F\left[\boldsymbol{x}^{(k)}(\tau),\boldsymbol{u}^{(k)}(\tau),\tau\right] \tag{2-43}$$

同理可以完成对于路径约束条件和边界约束条件的转换，另外，这样的分段还引入了内点约束

$$x^{(k-1)}(1)=\boldsymbol{x}^{(k)}(-1)\quad(k=1,\cdots,K) \tag{2-44}$$

在任意单元 k 上选取 N_k 个 LG 点，并使用分段的起始点 $\tau=-1$ 和所选取的 LG 点构造 N_k+1 阶 Lagrange 插值多项式，于是有

$$\boldsymbol{x}^{(k)}(\tau)\approx\boldsymbol{X}^{(k)}(\tau)=\sum_{j=0}^{N_k}\boldsymbol{X}_j^{(k)}L_j^{(k)}(\tau) \tag{2-45}$$

$$\boldsymbol{u}^{(k)}(\tau)\approx\boldsymbol{U}^{(k)}(\tau)=\sum_{j=0}^{N_k}\boldsymbol{U}_j^{(k)}L_j^{(k)}(\tau) \tag{2-46}$$

其中

$$L_j^{(k)}(\tau)=\prod_{\substack{i=0\\ i\neq j}}^{N_k}\frac{\tau-\tau_i^{(k)}}{\tau_j^{(k)}-\tau_i^{(k)}}$$

于是系统的性能指标可以进一步离散为

$$J=\sum_{k=1}^{K}\frac{t_k-t_{k-1}}{2}\left\{\sum_{j=1}^{N_k}w_j^{(k)}g\left[\boldsymbol{X}_j^{(k)},\boldsymbol{U}_j^{(k)},\tau_j^{(k)}\right]\right\} \tag{2-47}$$

式中，$w_j^{(k)}$ 表示 Gauss 权重。系统的动力学约束可以离散为

$$\sum_{j=0}^{N_k}\boldsymbol{X}_j^{(k)}\boldsymbol{D}_{ij}^{(k)}-\frac{t_k-t_{k-1}}{2}\boldsymbol{F}(\boldsymbol{X}_i^{(k)},\boldsymbol{U}_i^{(k)},\tau)=\boldsymbol{0} \tag{2-48}$$

式中，$i=1$，2，…，N_k，矩阵 $\boldsymbol{D}$ 满足

$$D_{ij}^{(k)}=\frac{\mathrm{d}}{\mathrm{d}\tau}\dot{L}_j^{(k)}(\tau_i^{(k)})\quad\begin{pmatrix}i=1,\cdots,N_k\\ j=1,\cdots,N_k+1\end{pmatrix}$$

另外，任意单元 k 上的终端状态可以近似为

$$\boldsymbol{X}^{(k)}(1)=\boldsymbol{X}^{(k)}(-1)+\frac{t_k-t_{k-1}}{2}\sum_{i=1}^{N_k}w_i^{(k)}\boldsymbol{F}_i^{(k)} \tag{2-49}$$

将式（2-45）、式（2-46）、式（2-49）代入系统的路径约束、边界约束和内点约束，从而可以将系统的路径约束条件和终端约束条件离散为

$$\boldsymbol{C}\left[\boldsymbol{X}_j^{(k)},\boldsymbol{U}_j^{(k)},\tau_j^{(k)}\right]\leqslant 0 \tag{2-50}$$

$$\boldsymbol{\Phi}\left[\boldsymbol{X}_0^{(1)},\cdots,\boldsymbol{X}_{NK}^{(K)}\right]=0 \tag{2-51}$$

式中，$k=1,\cdots,K$，$j=1,\cdots,N_k$。在完成对于指标函数和系统约束的 LGR 离散后，连续的最优控制问题就转化为了离散的非线性规划问题。

（2）hp 自适应配点调整

对于任意的单元 k，选取相邻两个配点的中点，令

$$\hat{\boldsymbol{\tau}}^{(k)}=\left[\frac{\tau_0^{(k)}+\tau_1^{(k)}}{2},\cdots,\frac{\tau_{N_k-1}^{(k)}+\tau_{N_k}^{(k)}}{2}\right] \tag{2-52}$$

并根据式（2－45）和式（2－46）计算系统的状态矢量矩阵 $\hat{\boldsymbol{X}}^{(k)}\in\mathbf{R}^{N_k\times n}$ 和控制矢量矩阵 $\hat{\boldsymbol{U}}^{(k)}\in\mathbf{R}^{N_k\times n}$，定义中点残差矩阵 $\hat{\boldsymbol{R}}_1$ 和 $\hat{\boldsymbol{R}}_2$

$$\hat{\boldsymbol{R}}_1=\left|\hat{\boldsymbol{D}}^{(k)}\hat{\boldsymbol{X}}^{(k)}-\boldsymbol{F}\left[\hat{\boldsymbol{X}}^{(k)},\hat{\boldsymbol{U}}^{(k)},\hat{\boldsymbol{\tau}}^{(k)}\right]\right|\in\mathbf{R}^{N_k\times n} \tag{2-53}$$

$$\hat{\boldsymbol{R}}_2=\boldsymbol{C}\left[\hat{\boldsymbol{X}}^{(k)},\hat{\boldsymbol{U}}^{(k)},\hat{\boldsymbol{\tau}}^{(k)}\right]\in\mathbf{R}^{N_k\times q} \tag{2-54}$$

式中，n、m 和 q 分别表示状态变量、控制变量和路径约束的维数。

定义单元 k 上的残差 $e^{(k)}$ 为

$$e^{(k)}=\max\{\max(\hat{\boldsymbol{R}}_1),\max(\hat{\boldsymbol{R}}_2)\} \tag{2-55}$$

取矩阵 $\hat{\boldsymbol{R}}_1$ 每一行的最大值组成列矢量 $\hat{\boldsymbol{r}}^{(k)}$，引入规范化残差矢量 $\hat{\boldsymbol{\beta}}^{(k)}$

$$\hat{\boldsymbol{\beta}}^{(k)}=\frac{\hat{\boldsymbol{r}}^{(k)}}{r^{(k)}} \tag{2-56}$$

式中，算术平均值 $r^{(k)}$ 满足

$$r^{(k)}=\left(\sum_{i=1}^{N_k}r_i^{(k)}\right)/N_k$$

并按下面的步骤进行自适应的配点调整：

1）若 $e^{(k)}$ 小于设定的阈值，则不进行调整；

2）若 $e^{(k)}$ 大于设定的阈值，且 $e^{(k)}$ 为矩阵 $\hat{\boldsymbol{R}}_2$ 中的元素，则在不满足路径约束处重新分段；

3）若 $e^{(k)}$ 大于设定的阈值，$e^{(k)}$ 为矩阵 $\hat{\boldsymbol{R}}_1$ 中的元素，且 $\hat{\boldsymbol{\beta}}^{(k)}$ 中元素的数量级相近，则通过增加单元内的配点数来减小误差；

4）若 $e^{(k)}$ 大于设定的阈值，$e^{(k)}$ 为矩阵 $\hat{\boldsymbol{R}}_1$ 中的元素，且 $\hat{\boldsymbol{\beta}}^{(k)}$ 中元素的数量级相差较大，则在最大元素对应的点处重新进行分段。

2.2.2　中远距离逼近的邻域最优控制器设计

虽然利用 hp 自适应伪谱算法能够求解得到逼近过程的最优轨迹（$\boldsymbol{x}^*,\boldsymbol{u}^*$），但由于各种干扰的存在，空间绳系机器人系统的实际运动轨迹必然会与理想的最优轨迹存在偏差，为了避免控制系统误差的累积，本节设计了闭环的邻域最优控制器来对控制偏差进行抑制，对理想轨迹进行跟踪。

以 hp 自适应伪谱算法求解的最优轨迹（$\boldsymbol{x}^*,\boldsymbol{u}^*$）为基准，可将空间绳系机器人系统的

实际状态 $\boldsymbol{x}$ 和控制量 $\boldsymbol{u}$ 写为

$$\begin{cases}\boldsymbol{x}=\boldsymbol{x}^{*}+\tilde{\boldsymbol{x}}\\ \boldsymbol{u}=\boldsymbol{u}^{*}+\boldsymbol{K}\tilde{\boldsymbol{u}}\end{cases} \tag{2-57}$$

式中，$\tilde{\boldsymbol{x}}$ 和 $\tilde{\boldsymbol{u}}$ 分别表示微小的状态偏差和对应的偏差控制量。由于系绳柔性特性的限制，因此释放/回收机构的控制力 N_P 必须为正，这将给邻域最优问题的求解及控制力的分配带来极大的困难，所以为了方便对邻域最优问题进行求解，本节只选取了四个控制量中的三个来进行偏差控制，故式（2-57）中

$$\tilde{\boldsymbol{u}}=[\tilde{u}_2 \quad \tilde{u}_3 \quad \tilde{u}_4]^{\mathrm{T}},\boldsymbol{K}=\begin{bmatrix}\boldsymbol{0}\\ \boldsymbol{I}_3\end{bmatrix}$$

式中，$\boldsymbol{I}_3$ 表示 3×3 的单位矩阵。

任意时间段 $t\in[t_0,t_1]\subseteq[0,T]$ 的邻域最优控制问题可表达为：求解偏差控制量 $\tilde{\boldsymbol{u}}$，使得控制系统的性能指标最小

$$J=\int_{t_0}^{t_1}\frac{1}{2}(\bar{\boldsymbol{u}}^{*}+\tilde{\boldsymbol{u}})^{\mathrm{T}}\boldsymbol{R}(\bar{\boldsymbol{u}}^{*}+\tilde{\boldsymbol{u}})\,\mathrm{d}t \tag{2-58}$$

式中

$$\bar{\boldsymbol{u}}^{*}=[u_2^{*} \quad u_3^{*} \quad u_4^{*}]^{\mathrm{T}},\boldsymbol{R}=\mathrm{diag}(1,1,d_M)$$

同时，满足状态方程和边界条件

$$\begin{cases}\dot{\tilde{\boldsymbol{x}}}=\boldsymbol{A}(t)\tilde{\boldsymbol{x}}+\boldsymbol{B}(t)\tilde{\boldsymbol{u}}\\ \tilde{\boldsymbol{x}}(t_0)=\boldsymbol{x}(t_0)-\boldsymbol{x}^{*}(t_0)\\ \tilde{\boldsymbol{x}}(t_1)=\boldsymbol{0}\end{cases} \tag{2-59}$$

式中，$\boldsymbol{A}(t)$ 为 6×6 的矩阵，$\boldsymbol{B}(t)$ 为 6×3 的矩阵，且

$$\boldsymbol{A}(t)=\frac{\partial \boldsymbol{F}}{\partial \boldsymbol{x}},\boldsymbol{B}(t)=\frac{\partial \boldsymbol{F}}{\partial \bar{\boldsymbol{u}}}$$

而对于控制量的约束，为了使得问题便于求解，在邻域最优控制中一般不予考虑。

线性最优控制问题式（2-58）、式（2-59）为含约束的泛函极值问题，可采用 Lagrange 乘子法将其转化为无约束的泛函极值问题。为此，引入 Hamilton 函数

$$H=\frac{1}{2}(\bar{\boldsymbol{u}}^{*}+\tilde{\boldsymbol{u}})^{\mathrm{T}}\boldsymbol{R}(\bar{\boldsymbol{u}}^{*}+\tilde{\boldsymbol{u}})+\boldsymbol{\lambda}^{\mathrm{T}}(\boldsymbol{A}\tilde{\boldsymbol{x}}+\boldsymbol{B}\tilde{\boldsymbol{u}}) \tag{2-60}$$

式中，$\boldsymbol{\lambda}\in\mathbf{R}^6$ 为邻域最优控制问题的协态矢量。通过变分计算可得协态方程为

$$\dot{\tilde{\boldsymbol{\lambda}}}=-\frac{\partial H}{\partial \boldsymbol{x}}=-\boldsymbol{A}^{\mathrm{T}}\tilde{\boldsymbol{\lambda}} \tag{2-61}$$

以及满足 $\partial H/\partial \boldsymbol{u}=0$ 的最优控制输入为

$$\tilde{\boldsymbol{u}}=-\boldsymbol{R}^{-1}\boldsymbol{B}^{\mathrm{T}}(t)\tilde{\boldsymbol{\lambda}}-\bar{\boldsymbol{u}}^{*} \tag{2-62}$$

根据最优性的必要条件可知，最优解满足方程

$$\begin{cases}\dot{\tilde{\boldsymbol{x}}}=\boldsymbol{A}(t)\tilde{\boldsymbol{x}}-\boldsymbol{B}(t)\boldsymbol{R}^{-1}\boldsymbol{B}^{\mathrm{T}}(t)\tilde{\boldsymbol{\lambda}}-\boldsymbol{B}(t)\bar{\boldsymbol{u}}^{*}\\ \dot{\tilde{\boldsymbol{\lambda}}}=-\boldsymbol{A}^{\mathrm{T}}\tilde{\boldsymbol{\lambda}}\end{cases} \tag{2-63}$$

和边界条件

$$\begin{cases}\tilde{\boldsymbol{x}}(t_0)=\boldsymbol{x}(t_0)-\boldsymbol{x}^*(t_0)\\ \tilde{\boldsymbol{x}}(t_1)=\boldsymbol{0}\end{cases} \tag{2-64}$$

式（2-63）、式（2-64）构成了线性的两点边值问题，可以通过 Legendre 伪谱算法进行求解。

为了便于进行离散求解，引入归一化的时间变量 τ ，令

$$\tau=\frac{1}{t_1-t_0}[2t-(t_0+t_1)] \tag{2-65}$$

使用 τ 代替 t 并对式（2-63）、式（2-64）进行改写可得

$$\begin{cases}\dfrac{\mathrm{d}\hat{\boldsymbol{x}}}{\mathrm{d}\tau}=\dfrac{t_1-t_0}{2}(\boldsymbol{A}\hat{\boldsymbol{x}}-\boldsymbol{B}\boldsymbol{R}^{-1}\boldsymbol{B}^{\mathrm{T}}\hat{\boldsymbol{\lambda}}-\boldsymbol{B}\hat{\boldsymbol{u}}^*)\\ \dfrac{\mathrm{d}\hat{\boldsymbol{\lambda}}}{\mathrm{d}\tau}=-\dfrac{t_1-t_0}{2}\boldsymbol{A}^{\mathrm{T}}\hat{\boldsymbol{\lambda}}\\ \hat{\boldsymbol{x}}(-1)=\tilde{\boldsymbol{x}}(t_0)\\ \hat{\boldsymbol{x}}(1)=\boldsymbol{0}\end{cases} \tag{2-66}$$

式中，$\hat{\boldsymbol{x}}(\tau)=\tilde{\boldsymbol{x}}(t)$，$\hat{\boldsymbol{\lambda}}(\tau)=\tilde{\boldsymbol{\lambda}}(t)$，$\hat{\boldsymbol{u}}^*(\tau)=\bar{\boldsymbol{u}}^*(t)$ 。

采用 Legendre-Gauss-Lobatto（LGL）点作为插值离散点，设 L_N 为区间 $[-1,\ 1]$ 上的 N 阶 Legendre 多项式，$P_N=\{\tau_0,\ \cdots,\ \tau_N\}$ 为 $[-1,\ 1]$ 内按递增顺序排列的 N 阶 LGL 点集，其中，$\tau_0=-1$，$\tau_N=1$，τ_1，$\cdots$，τ_{N-1} 为多项式 $\dot{L}_N$ 的根。于是，系统的状态变量 $\hat{\boldsymbol{x}}$ 和协态变量 $\hat{\boldsymbol{\lambda}}$ 可插值近似为

$$\begin{cases}\hat{\boldsymbol{x}}(\tau)\approx\hat{\boldsymbol{x}}^N(\tau)=\sum\limits_{l=0}^{N}\hat{\boldsymbol{x}}(\tau_l)\phi_l(\tau)\\ \hat{\boldsymbol{\lambda}}(\tau)\approx\hat{\boldsymbol{\lambda}}^N(\tau)=\sum\limits_{l=0}^{N}\hat{\boldsymbol{\lambda}}(\tau_l)\phi_l(\tau)\end{cases} \tag{2-67}$$

式中

$$\phi_l(\tau)=\frac{1}{N(N+1)L_N(\tau_l)}\frac{(\tau^2-1)\dot{L}_N(\tau)}{\tau-\tau_l}$$

同时，在 LGL 点 τ_k 处状态变量微分 $\mathrm{d}\hat{\boldsymbol{x}}/\mathrm{d}\tau$ 和协态变量微分 $\mathrm{d}\hat{\boldsymbol{\lambda}}/\mathrm{d}\tau$ 也可以利用插值多项式近似为

$$\begin{cases}\dfrac{\mathrm{d}\hat{\boldsymbol{x}}(\tau_k)}{\mathrm{d}\tau}\approx\sum\limits_{l=0}^{N}\hat{\boldsymbol{x}}(\tau_l)\dfrac{\mathrm{d}\phi_l(\tau_k)}{\mathrm{d}\tau}=\sum\limits_{l=0}^{N}D_{kl}\hat{\boldsymbol{x}}(\tau_l)\\ \dfrac{\mathrm{d}\hat{\boldsymbol{\lambda}}(\tau_k)}{\mathrm{d}\tau}\approx\sum\limits_{l=0}^{N}\hat{\boldsymbol{\lambda}}(\tau_l)\dfrac{\mathrm{d}\phi_l(\tau_k)}{\mathrm{d}\tau}=\sum\limits_{l=0}^{N}D_{kl}\hat{\boldsymbol{\lambda}}(\tau_l)\end{cases} \tag{2-68}$$

式中，$\boldsymbol{D}$ 表示 $(N+1)\times(N+1)$ 维的矩阵，它满足

$$\boldsymbol{D} \stackrel{\text{def}}{=} [D_{kl}] = \begin{cases} \dfrac{L_N(\tau_k)}{L_N(\tau_l)} \cdot \dfrac{1}{\tau_k - \tau_l} & k \neq l \\ -\dfrac{N(N+1)}{4} & k = l = 0 \\ \dfrac{N(N+1)}{4} & k = l = N \\ 0 & \text{otherwise} \end{cases}$$

其中，$k=0$ 和 $l=0$ 分别表示微分矩阵 $\boldsymbol{D}$ 的第一行和第一列，本文的其他矩阵也采用相同的记法。

将式（2-68）代入式（2-66）并进行整理可得

$$\begin{cases} \boldsymbol{M}_{xx}\boldsymbol{X} + \boldsymbol{M}_{x\lambda}\boldsymbol{\Lambda} = \boldsymbol{U} \\ \boldsymbol{M}_{\lambda\lambda}\boldsymbol{\Lambda} = \boldsymbol{0} \\ \boldsymbol{P}\boldsymbol{X} = \boldsymbol{0} \end{cases} \tag{2-69}$$

其中，$\boldsymbol{X}$、$\boldsymbol{\Lambda}$ 和 $\boldsymbol{U}$ 为 $6(N+1)$ 维的列矢量，满足

$$\boldsymbol{X} = [\hat{\boldsymbol{x}}^{\mathrm{T}}(\tau_0), \hat{\boldsymbol{x}}^{\mathrm{T}}(\tau_1), \cdots, \hat{\boldsymbol{x}}^{\mathrm{T}}(\tau_N)]^{\mathrm{T}}$$

$$\boldsymbol{\Lambda} = [\hat{\boldsymbol{\lambda}}^{\mathrm{T}}(\tau_0), \hat{\boldsymbol{\lambda}}^{\mathrm{T}}(\tau_1), \cdots, \hat{\boldsymbol{\lambda}}^{\mathrm{T}}(\tau_N)]^{\mathrm{T}}$$

$$\boldsymbol{U} = [\hat{\boldsymbol{u}}^{*\mathrm{T}}(\tau_0), \hat{\boldsymbol{u}}^{*\mathrm{T}}(\tau_1), \cdots, \hat{\boldsymbol{u}}^{*\mathrm{T}}(\tau_N)]^{\mathrm{T}}$$

矩阵 $\boldsymbol{M}_{xx}$、$\boldsymbol{M}_{x\lambda}$ 和 $\boldsymbol{M}_{\lambda\lambda}$ 均为 $6(N+1)\times 6(N+1)$ 维的分块矩阵，其分块满足

$$[\boldsymbol{M}_{xx}]_{ij} = \begin{cases} D_{ij}\boldsymbol{I}_6 & i \neq j \\ D_{ij}\boldsymbol{I}_6 - \dfrac{t_1 - t_0}{2}\boldsymbol{A}(\tau_i) & i = j \end{cases}$$

$$[\boldsymbol{M}_{x\lambda}]_{ij} = \begin{cases} \boldsymbol{0}_{6\times 6} & i \neq j \\ \dfrac{t_1 - t_0}{2}\boldsymbol{B}(\tau_i)\boldsymbol{R}^{-1}\boldsymbol{B}(\tau_i)^{\mathrm{T}} & i = j \end{cases}$$

$$[\boldsymbol{M}_{\lambda\lambda}]_{ij} = \begin{cases} D_{ij}\boldsymbol{I}_6 & i \neq j \\ D_{ij}\boldsymbol{I}_6 + \dfrac{t_1 - t_0}{2}\boldsymbol{A}^{\mathrm{T}}(\tau_i) & i = j \end{cases}$$

$\boldsymbol{P}$ 为 $6\times 6(N+1)$ 维的矩阵，满足

$$\boldsymbol{P} = [\boldsymbol{0}_{6\times 6}, \cdots, \boldsymbol{0}_{6\times 6}, \boldsymbol{I}_6]$$

将式（2-69）写为矩阵形式可得

$$\boldsymbol{V}\boldsymbol{Z} = \boldsymbol{Y} \tag{2-70}$$

式中

$$\boldsymbol{V} = \begin{bmatrix} \boldsymbol{M}_{xx} & \boldsymbol{M}_{x\lambda} \\ \boldsymbol{0} & \boldsymbol{M}_{\lambda\lambda} \\ \boldsymbol{P} & \boldsymbol{0} \end{bmatrix}, \boldsymbol{Z} = \begin{bmatrix} \boldsymbol{X} \\ \boldsymbol{\Lambda} \end{bmatrix}, \boldsymbol{Y} = \begin{bmatrix} \boldsymbol{U} \\ \boldsymbol{0}_{6(N+1)\times 1} \\ \boldsymbol{0}_{6\times 1} \end{bmatrix}$$

由于 $\hat{\boldsymbol{x}}(\tau_0)$ 已知，于是将矩阵 $\boldsymbol{V}$ 分成可得

$$\boldsymbol{V}_0\hat{\boldsymbol{x}}(\tau_0) + \boldsymbol{V}_e\boldsymbol{Z}_e = \boldsymbol{Y}$$

式中，$\boldsymbol{V}_0$ 和 $\boldsymbol{V}_e$ 分别表示矩阵 $\boldsymbol{V}$ 的前 6 列和其他所有列，列矢量 $\boldsymbol{Z}_e$ 表示矢量 $\boldsymbol{Z}$ 的后 $12(N+1)$ 行。由式（2-71）求解 $\boldsymbol{Z}_e$ 的最小二乘解为

$$\boldsymbol{Z}_e=(\boldsymbol{V}_e^{\mathrm{T}}\boldsymbol{V}_e)^{-1}\boldsymbol{V}_e^{\mathrm{T}}[\boldsymbol{Y}-\boldsymbol{V}_0\hat{\boldsymbol{x}}(\tau_0)] \tag{2-72}$$

由式（2-72）可以计算得到 $\hat{\boldsymbol{\lambda}}(\tau_0)$，将传统的邻域最优控制代入式（2-62）即可得到 t_0 时刻的控制量 $\tilde{\boldsymbol{u}}(t_0)$。但由于伪谱算法仅仅是通过插值多项式对系统的真实状态进行近似，与系统的真实状态存在一定差距，因此本文在计算过程中发现在 $\hat{\boldsymbol{x}}(\tau_0)=\boldsymbol{0}$ 时，$\tilde{\boldsymbol{u}}(t_0)\neq\boldsymbol{0}$，这将给跟踪过程带来一定程度的系统偏差，所以为了避免出现这一跟踪误差，构造中间变量 $\hat{\boldsymbol{Z}}_e$

$$\hat{\boldsymbol{Z}}_e\overset{\mathrm{def}}{=}\boldsymbol{Z}_e-\boldsymbol{Z}_e\big|_{\hat{\boldsymbol{x}}(\tau_0)=\boldsymbol{0}}=-(\boldsymbol{V}_e^{\mathrm{T}}\boldsymbol{V}_e)^{-1}\boldsymbol{V}_e^{\mathrm{T}}\boldsymbol{V}_0\hat{\boldsymbol{x}}(\tau_0) \tag{2-73}$$

取出中间变量 $\hat{\boldsymbol{Z}}_e$ 的 $6N+1\sim 6N+6$ 行可得

$$\boldsymbol{\lambda}(\tau_0)=-\boldsymbol{K}_\lambda\hat{\boldsymbol{x}}(\tau_0) \tag{2-74}$$

式中，系数矩阵 $\boldsymbol{K}_\lambda$ 表示矩阵 $(\boldsymbol{V}_e^{\mathrm{T}}\boldsymbol{V}_e)^{-1}\boldsymbol{V}_e^{\mathrm{T}}\boldsymbol{V}_0$ 的 $6N+1\sim 6N+6$ 行。定义系数矩阵 $\boldsymbol{K}_N$，令

$$\boldsymbol{K}_N(t_0)\overset{\mathrm{def}}{=}\boldsymbol{R}^{-1}\boldsymbol{B}^{\mathrm{T}}(t_0)\boldsymbol{K}_\lambda \tag{2-75}$$

则控制量 $\tilde{\boldsymbol{u}}(t_0)$ 可以表示为

$$\tilde{\boldsymbol{u}}(t_0)=\boldsymbol{K}_N(t_0)\tilde{\boldsymbol{x}}(t_0) \tag{2-76}$$

传统的邻域最优控制将 t_0 设置为系统当前运行的时刻 t，将 t_1 设置为系统的终止时刻 t_f，将式（2-62）计算得到的偏差控制量 $\tilde{\boldsymbol{u}}(t)$ 代入式（2-57），从而得到当前时刻的控制量 $\boldsymbol{u}(t)$。虽然根据最优性原理，这种方式可以保证所求得的控制为最省推进剂的控制，但在系统运行的初始阶段，一方面由于 LGL 点数目的限制使得式（2-67）中的近似状态与系统的真实状态有较大差异，会造成控制精度的下降，另一方面由于 t_1-t_0 过大会使得邻域最优控制器对于偏差的响应速度过慢，为了克服这一缺点，使得邻域最优控制器的性能更加平缓，本文引入滑动时间窗口，令

$$t_1=\min\{t_0+T(t_0),t_f\} \tag{2-77}$$

式中，$T(t_0)$ 表示滑动窗口的宽度，在实时控制过程中，可以通过调节 T 来调整系统的性能，从而使系统具有更强的适应性。

在完成最优轨迹（$\boldsymbol{x}^*$，$\boldsymbol{u}^*$）的计算之后，对于任意时刻 t_0，由式（2-77）计算得到对应的右端时刻 t_1，便可由式（2-75）计算出对应的 $\boldsymbol{K}_N(t_0)$ 矩阵。采用这种方式便可以在实时闭环控制之前计算出一系列时刻对应的 $\boldsymbol{K}_N$ 矩阵，而在进行实时控制时，只需要通过插值计算便得到当前时刻的 $\boldsymbol{K}_N$ 矩阵，从而避免了传统方法对于 $(\boldsymbol{V}_e^{\mathrm{T}}\boldsymbol{V}_e)^{-1}$ 的计算，保证了实时性的要求。

2.2.3　仿真分析

设某一空间绳系机器人系统运行在轨道高度为 500 km 的圆形轨道上，其末端抓捕器

的质量为 10 kg，转动惯量为 1 kg·m^2，系绳的线密度为 0.004 5 kg/m，系绳点 C 与质心 B 之间的距离为 0.3 m，姿态控制器的力臂为 0.2 m，释放/回收机构控制力的范围为 [0，500] mN，推力器能够提供的最大推力为 300 mN。末端抓捕机构的理想初始状态矢量为 $[1, 0, 0, 1, 0, 0]^T$，逼近过程结束时的理想状态矢量为 $[141.421\,4, 0.785\,4, 0, 0, 0, 0]^T$，逼近过程的持续时间为 200 s。另外，为了防止闭环控制系统进入深度饱和状态，在利用 hp 自适应伪谱算法进行求解时，将推力器的最大推力设置为 200 mN，从而为偏差控制留下了一定的执行空间。

为了验证闭环控制系统对于各种误差和扰动的抑制能力，本章选取了以下三个算例进行计算：

算例 1 初始状态受到扰动，实际初始状态与理想初始状态存在偏差，设定实际初始状态为：$\boldsymbol{x}(0)=[0.9, -0.017\,5, -0.017\,5, 1, 0, 0]^T$。

算例 2 推力器存在±10 mN 的死区，并存在幅度为 20 mN 均匀分布的随机扰动，其初始状态与算例 1 相同。

算例 3 初始状态与算例 1 相同，但在逼近过程中，由于受到空间某些干扰因素的影响，使得末端执行机构的速度及姿态角速度发生突变，设突变发生的时刻为 50 s。

图 2-8 给出了利用 hp 自适应伪谱算法求得到的理想控制量 $\boldsymbol{u}^*$，由图可知，在 180 s 之前控制量的变化非常平缓，但在 180 s 之后，由于近距离减速和姿态调整的需要，控制量发生了比较剧烈的变化，而这必然将会给后续的闭环偏差控制带来困难。

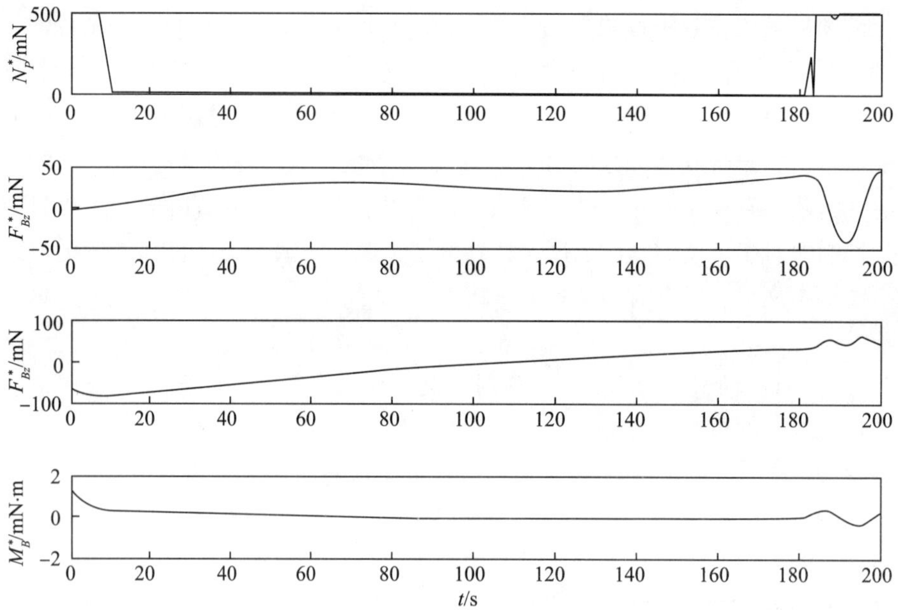

图 2-8 最优轨迹对应的理想控制量

图 2-9（a）和图 2-9（b）分别给出了算例 1 和算例 2 求解得到的末端抓捕器的运动轨迹，图中箭头表示了抓捕器 x 轴的指向，$T=10$ 和 $T=200$ 分别表示将滑动时间窗口的

宽度设为 10 s 和 200 s 的情况，由于逼近过程的持续时间为 200 s，因此 $T=200$ 对应的是未引入滑动时间窗口的传统邻域控制。另外，图 2-10 和图 2-11 分别给出了算例 1 中状态偏差的变化曲线和偏差控制量的变化曲线，图 2-12 和图 2-13 分别给出了算例 2 中状态偏差的变化曲线和偏差控制量的变化曲线。

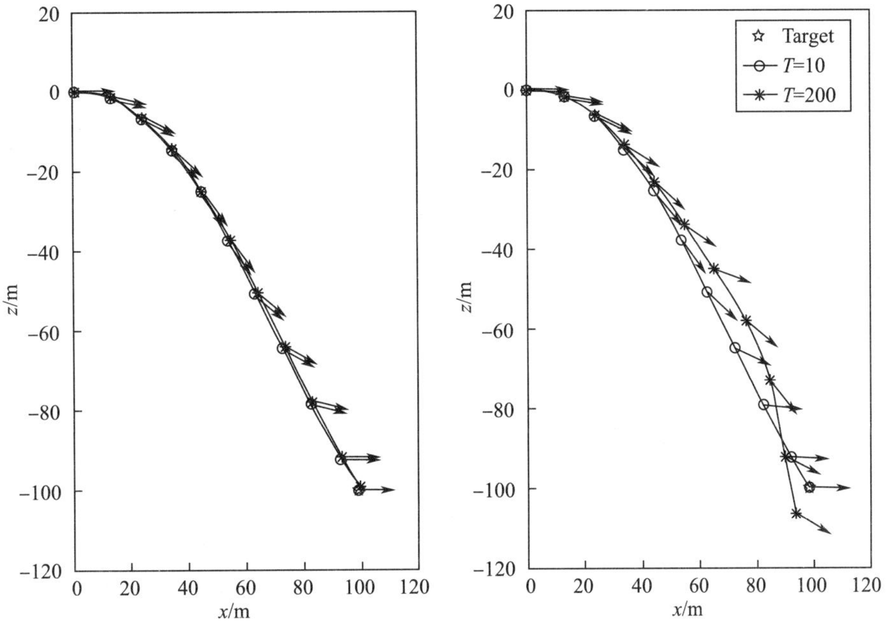

(a) 算例1　　(b) 算例2

图 2-9　抓捕器的运动轨迹

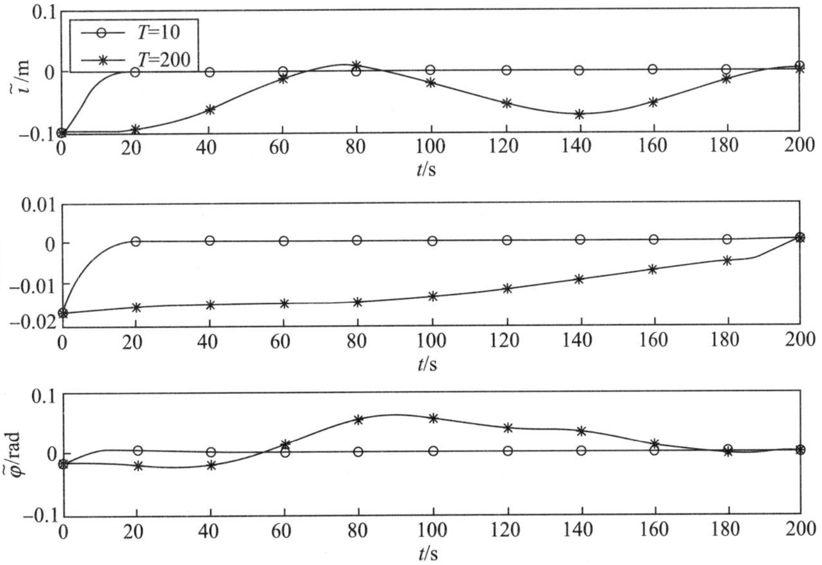

图 2-10　算例 1 中状态偏差的变化曲线

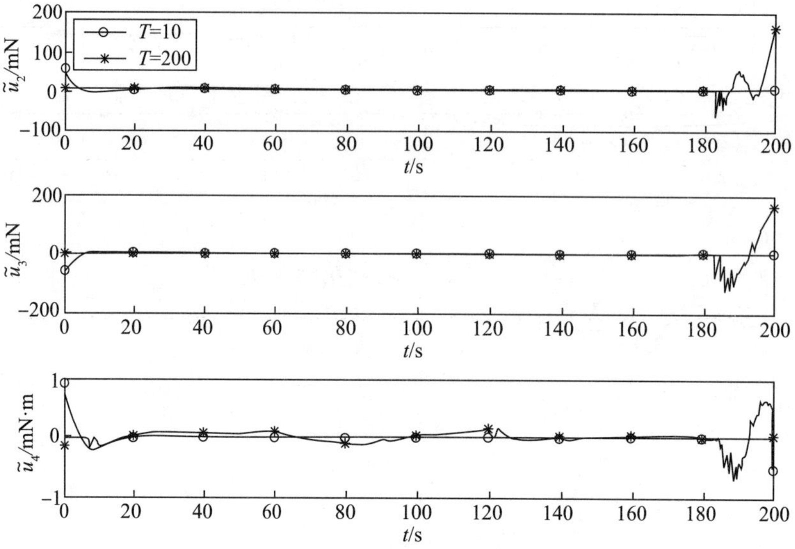

图 2－11　算例 1 计算得到的偏差控制量

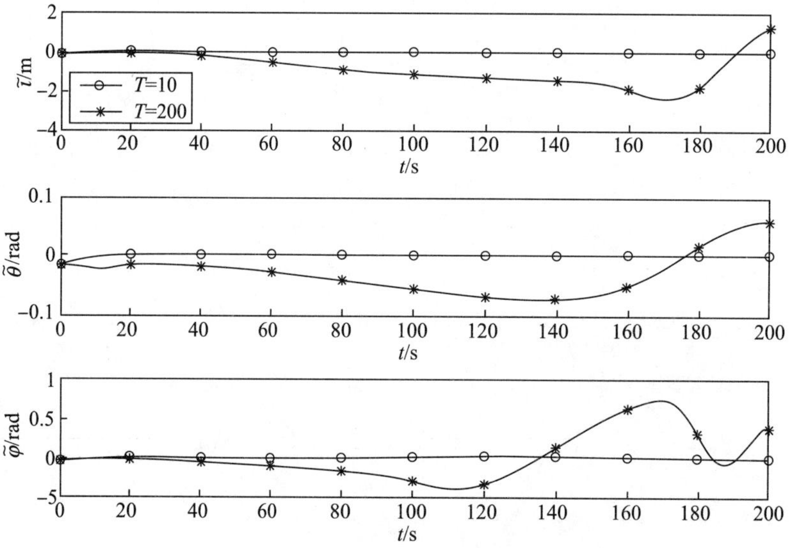

图 2－12　算例 2 中状态偏差的变化曲线

由图 2－9（a）、图 2－10 和图 2－11 可知，虽然在未考虑执行机构误差的情况下，传统的邻域控制也能实现对于逼近过程的有效控制，但由于邻域控制的时间域过长，导致了控制器对于偏差的响应速度过慢，同时由于插值误差的存在，使得偏差控制量在理想控制量剧烈变化时（180 s 之后）发生了剧烈的振荡，而引入滑动时间窗口之后，控制器对于偏差的响应速度大大加快，同时计算得到的偏差控制量也更加平缓。

由图 2－9（b）和图 2－12 可知，在考虑执行机构误差的情况下，由于控制误差的积累，传统的邻域最优控制并不能实现对于逼近过程的有效控制，进一步观察图 2－13 可知，传统的邻域最优控制在 180 s 之后由于误差的积累和插值偏差导致了控制器的发散，

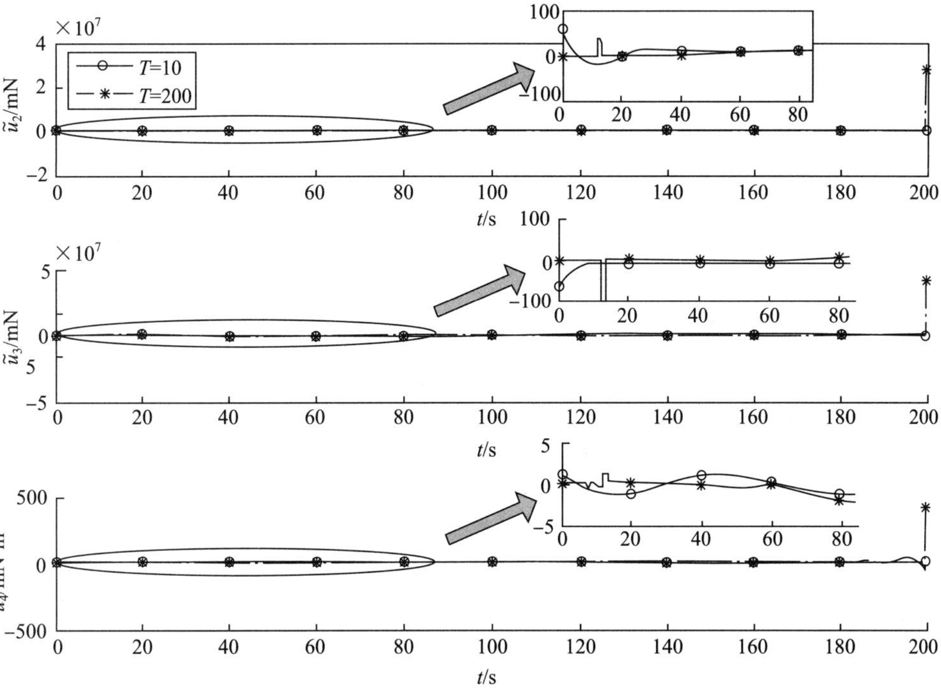

图 2-13　算例 2 计算得出的偏差控制量

而在引入滑动时间窗口后，不仅在考虑执行机构误差的情况下实现了对于空间绳系机器人逼近过程的有效控制，提高了系统的控制精度，而且避免了偏差控制量的振荡，保证了逼近过程的平稳性。图 2-14 给出了算例 3 计算得出的状态偏差变化曲线（$T=10$），由图可知，在空间绳系机器人系统受到剧烈冲击后，本章设计的闭环控制系统能够实现对于状态偏差的有效抑制。

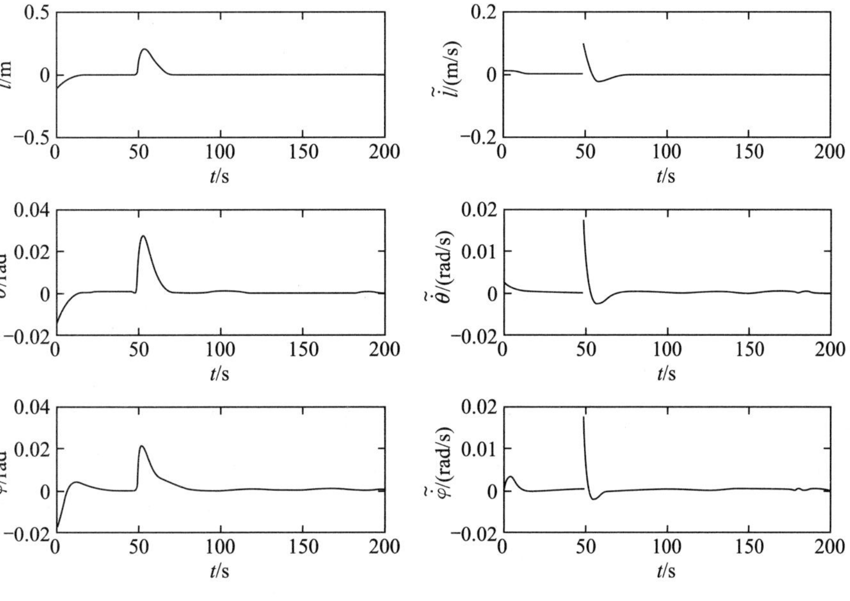

图 2-14　算例 3 中状态偏差的变化曲线

2.3 空间绳系机器人的超近距离逼近控制

在空间绳系机器人的操作任务中，目标星的可捕获位置：太阳能帆板支架的尺寸一般较大。在超近距逼近过程（2 m 以内）中，支架可能充满相机视场，造成图像特征信息不足，相对位姿信息无法测量。针对这种测量信息不完整的逼近控制问题，本章利用帆板支架边缘线图像特征与误差较大的平台测量信息，提出一种基于直线跟踪的混合视觉伺服控制方法。

2.3.1 帆板支架边缘线观测模型

在空间绳系机器人超近距逼近时，特征点无法满足三维重建需要，而帆板支架边缘线却可以利用 Hough 变换或梯度法方便地进行检测。本节利用相机的成像原理，建立帆板支架边缘线的成像模型。建模中用到的坐标系为抓捕器本体系（$O_GX_GY_GZ_G$），抓捕点坐标系 $O_ZX_ZY_ZZ_Z$，相机坐标系 $O_CX_CY_CZ_C$，CCD 坐标系 $O_DY_DZ_D$。其中抓捕点坐标系的 $O_ZY_ZZ_Z$ 面为帆板支架平面，CCD 坐标系为成像后的平面坐标系。

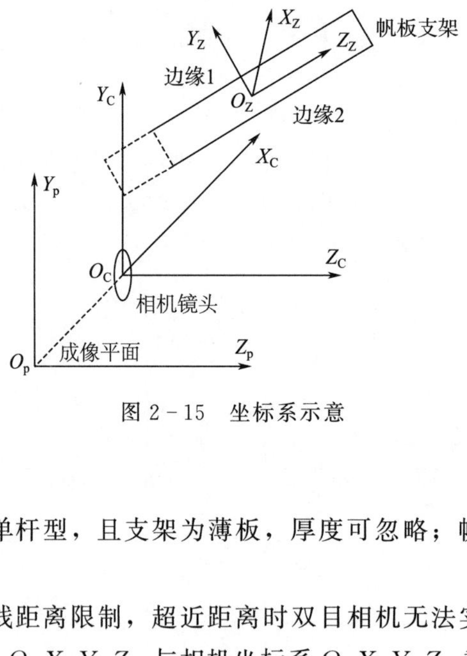

图 2-15 坐标系示意

首先进行如下假设：

1）假设帆板支架为单杆型，且支架为薄板，厚度可忽略；帆板支架长度方向充满相机视场。

2）由于双目相机基线距离限制，超近距离时双目相机无法实现三维重建，仅可采用单目测量。抓捕器本体系 $O_GX_GY_GZ_G$ 与相机坐标系 $O_CX_CY_CZ_C$ 重合。

首先推导空间点成像模型。相机成像模型包括小孔成像模型、内参数模型、外参数模型三部分。设 r 为焦距，利用透视投影原理，推导空间点 (x_i, y_i, z_i) 的小孔成像模型为

$$\begin{bmatrix} x_i' \\ y_i' \\ z_i' \end{bmatrix} = \begin{bmatrix} -r \\ -ry_i/x_i \\ -rz_i/x_i \end{bmatrix} \tag{2-78}$$

相机的内参模型表征将成像平面映射到图像平面，忽略镜头畸变，相机内参模型为

$$\begin{bmatrix} u \\ v \\ 1 \end{bmatrix} = \begin{bmatrix} a_x & & u_0 \\ & a_y & v_0 \\ & & 1 \end{bmatrix} \begin{bmatrix} y_i{}' \\ z_i{}' \\ 1 \end{bmatrix} \tag{2-79}$$

(u_0, v_0) 为光轴中心线与图像平面交点的坐标。a_x，a_y 分别表示成像平面到图像平面在 X 轴和 Y 轴方向的放大系数。一般的，$a_x = a_y$ 。

相机的外参模型表征相机坐标系与参考坐标系的坐标变换。设参考坐标系为操作端机器人本体系。基于前文假设，目标在参考坐标系下坐标为

$$[x_{Gi}, y_{Gi}, z_{Gi}]^{T} = [x_i, y_i, z_i]^{T} \tag{2-80}$$

下面建立空间直线成像模型。忽略相机畸变，空间直线的成像仍为直线。从空间直线上选择两个特征点，利用相机成像模型计算投影点，进而可计算成像直线的斜率。

$$k = \frac{u_2 - u_1}{v_2 - v_1} = \frac{a_x (y_2{}' - y_1{}')}{a_y (z_2{}' - z_1{}')} = \frac{-y_2 x_1 + y_1 x_2}{-z_2 x_1 + z_1 x_2} \tag{2-81}$$

设该空间直线与相机系 $O_C X_C Y_C$ 平面交点为 $(x_{i0}, y_{i0}, 0)$，则其成像直线与 $O_D Y_D$ 轴的交点为

$$b = -r a_x \frac{y_{i0}}{x_{i0}} + u_0 \tag{2-82}$$

由于帆板支架长度方向充满抓捕器的相机（手眼相机）视场。假设抓捕点坐标系原点处于相机坐标系 $\boldsymbol{X}_M = (x_c, y_c, z_c)^T$ 处。利用“3—2—1”姿态旋转方式，抓捕点坐标系到相机坐标系的坐标转换矩阵如下式所示。$\boldsymbol{A}_{TC}$ 为抓捕点坐标系到相机坐标系的姿态旋转矩阵。s() 和 c() 分别表示正弦和余弦函数。

$$\boldsymbol{T}_{TC} = \begin{bmatrix} \boldsymbol{A}_{TC} & \boldsymbol{X}_M \\ \boldsymbol{0} & 1 \end{bmatrix} = \begin{bmatrix} c\beta c\alpha & c\beta s\alpha & -s\beta & x_c \\ -c\gamma s\alpha + s\gamma s\beta c\alpha & c\gamma c\alpha + s\gamma s\beta s\alpha & s\gamma c\beta & y_c \\ s\gamma s\alpha + c\gamma s\beta c\alpha & -s\gamma c\alpha + c\gamma s\beta s\alpha & c\gamma c\beta & z_c \\ 0 & 0 & 0 & 1 \end{bmatrix} \tag{2-83}$$

从帆板支架两条边缘线上各选择两个虚拟的特征点，并将其转化到相机坐标系下，如表 2-2 所示。其中，帆板支架宽度为 $2L$，a 为不为零的任意值。

表 2-2　虚拟特征点坐标

	特征点	抓捕点坐标系	相机坐标系
帆板边缘线 1	特征点 1	$\begin{bmatrix} 0 \\ L \\ 0 \end{bmatrix}$	$\begin{bmatrix} x_c + L c\beta s\alpha \\ y_c + L(c\alpha c\gamma + s\alpha s\beta s\gamma) \\ z_c - L(c\alpha s\gamma - c\gamma s\alpha s\beta) \end{bmatrix}$
	特征点 2	$\begin{bmatrix} 0 \\ L \\ a \end{bmatrix}$	$\begin{bmatrix} x_c - a s\beta + L c\beta s\alpha \\ y_c + L(c\alpha c\gamma + s\alpha s\beta s\gamma) + a c\beta s\gamma \\ z_c + a c\beta c\gamma - L(c\alpha s\gamma - c\gamma s\alpha s\beta) \end{bmatrix}$

续表

	特征点	抓捕点坐标系	相机坐标系
帆板边缘线 2	特征点 3	$\begin{bmatrix} 0 \\ -L \\ 0 \end{bmatrix}$	$\begin{bmatrix} x_c - L\mathrm{c}\beta\mathrm{s}\alpha \\ y_c - L(\mathrm{c}\alpha\mathrm{c}\gamma + \mathrm{s}\alpha\mathrm{s}\beta\mathrm{s}\gamma) \\ z_c + L(\mathrm{c}\alpha\mathrm{s}\gamma - \mathrm{c}\gamma\mathrm{s}\alpha\mathrm{s}\beta) \end{bmatrix}$
	特征点 4	$\begin{bmatrix} 0 \\ -L \\ a \end{bmatrix}$	$\begin{bmatrix} x_c - a\mathrm{s}\beta - L\mathrm{c}\beta\mathrm{s}\alpha \\ y_c - L(\mathrm{c}\alpha\mathrm{c}\gamma + \mathrm{s}\alpha\mathrm{s}\beta\mathrm{s}\gamma) + a\mathrm{c}\beta\mathrm{s}\gamma \\ z_c + L(\mathrm{c}\alpha\mathrm{s}\gamma - \mathrm{c}\gamma\mathrm{s}\alpha\mathrm{s}\beta) + a\mathrm{c}\beta\mathrm{c}\gamma \end{bmatrix}$

令虚拟特征点 2、4 在相机系下 Z 向坐标为零，可方便求解两条帆板支架边缘线与相机系 $O_C X_C Y_C$ 平面的交点。

帆板边缘线 1 与相机系 $O_C X_C Y_C$ 平面交点为

$$\begin{bmatrix} x_c + \dfrac{z_c \sin\beta + L(\mathrm{s}\alpha\mathrm{c}\gamma - \mathrm{c}\alpha\mathrm{s}\beta\mathrm{s}\gamma)}{\mathrm{c}\beta\mathrm{c}\gamma} \\ y_c + \dfrac{L\mathrm{c}\alpha - z_c\mathrm{s}\gamma}{\mathrm{c}\gamma} \\ 0 \end{bmatrix}$$

帆板边缘线 2 与相机系 $O_C X_C Y_C$ 平面交点为

$$\begin{bmatrix} x_c + \dfrac{z_c \mathrm{s}\beta - L(\mathrm{s}\alpha\mathrm{c}\gamma - \mathrm{c}\alpha\mathrm{s}\beta\mathrm{s}\gamma)}{\mathrm{c}\beta\mathrm{c}\gamma} \\ y_c - \dfrac{L\mathrm{c}\alpha + z_c\mathrm{s}\gamma}{\mathrm{c}\gamma} \\ 0 \end{bmatrix}$$

利用空间直线成像模型可方便地推导帆板支架边缘线成像模型，如表 2－3 所示。

表 2－3　帆板支架边缘线成像模型

	k	b
帆板边缘线 1	$\dfrac{x_c\mathrm{c}\beta\mathrm{s}\gamma + y_c\mathrm{s}\beta + L(\mathrm{s}\alpha\mathrm{s}\gamma + \mathrm{c}\alpha\mathrm{c}\gamma\mathrm{s}\beta)}{x_c\mathrm{c}\beta\mathrm{c}\gamma + z_c\mathrm{s}\beta + L(\mathrm{c}\gamma\mathrm{s}\alpha - \mathrm{c}\alpha\mathrm{s}\beta\mathrm{s}\gamma)}$	$\dfrac{-ra_x\mathrm{c}\beta(y_c\mathrm{c}\gamma - z_c\mathrm{s}\gamma + L\mathrm{c}\alpha)}{x_c\mathrm{c}\beta\mathrm{c}\gamma + z_c\mathrm{s}\beta + L(\mathrm{s}\alpha\mathrm{c}\gamma - \mathrm{c}\alpha\mathrm{s}\beta\mathrm{s}\gamma)} + u_0$
帆板边缘线 2	$\dfrac{x_c\mathrm{c}\beta\mathrm{s}\gamma + y_c\mathrm{s}\beta - L(\mathrm{s}\alpha\mathrm{s}\gamma + \mathrm{c}\alpha\mathrm{c}\gamma\mathrm{s}\beta)}{z_c\mathrm{s}\beta + x_c\mathrm{c}\beta\mathrm{c}\gamma - L(\mathrm{c}\gamma\mathrm{s}\alpha - \mathrm{c}\alpha\mathrm{s}\beta\mathrm{s}\gamma)}$	$\dfrac{-ra_x\mathrm{c}\beta(y_c\mathrm{c}\gamma - z_c\mathrm{s}\gamma - L\mathrm{c}\alpha)}{x_c\mathrm{c}\beta\mathrm{c}\gamma + z_c\mathrm{s}\beta - L(\mathrm{s}\alpha\mathrm{c}\gamma - \mathrm{c}\alpha\mathrm{s}\beta\mathrm{s}\gamma)} + u_0$

2.3.2　目标星超近距离逼近模型

空间绳系机器人逼近过程中，抓捕器是研究的核心。以抓捕器为对象，建立相对位姿模型。建模中用到目标轨道系 $O_T X_T Y_T Z_T$，为推导方便，进行如下假设：

1）目标位于圆轨道，且仅受地心引力，目标轨道系 $O_T X_T Y_T Z_T$ 与抓捕点坐标系 $O_Z X_Z Y_Z Z_Z$ 重合；

2）空间绳系机器人的抓捕器与目标的相对姿态布里恩角（3—2—1 旋转）$\in [-90°, 90°]$；

3）抓捕器本体系与其惯性主轴重合，转动惯量 I 为 $\mathrm{diag}(I_x, I_y, I_z)$；控制力、力矩由自身携带的推力器提供，将系绳拉力、拉力矩视为干扰。

首先建立空间绳系机器人抓捕器与目标抓捕部位的相对姿态模型，其相对姿态动力学方程为

$$\boldsymbol{I}\dot{\boldsymbol{\omega}}+[\boldsymbol{\omega}^{\times}]\boldsymbol{I}\boldsymbol{\omega}=\boldsymbol{M}+\boldsymbol{D} \tag{2-84}$$

其中，$\boldsymbol{\omega}=[\omega_x\quad \omega_y\quad \omega_z]^{\mathrm{T}}$ 为抓捕器与目标相对角速度；$\boldsymbol{M}=[M_x\quad M_y\quad M_z]^{\mathrm{T}}$ 为控制力矩；$\boldsymbol{D}$ 为干扰力矩，以系绳拉力矩干扰为主。系绳拉力矩为

$$\boldsymbol{D}_T=\boldsymbol{L}_T\times\boldsymbol{T}_T \tag{2-85}$$

其中，$\boldsymbol{T}_T$ 为系绳拉力，$\boldsymbol{L}_T$ 为拉力臂，均与抓捕器/目标间相对姿态无显性关系。忽略其余姿态干扰，$\boldsymbol{D}=\boldsymbol{D}_T$ 。

空间绳系机器人的抓捕器与目标的相对姿态运动学方程为（3—2—1 旋转）

$$\begin{cases}\dot{\alpha}=(\omega_z\cos\gamma+\omega_y\sin\gamma)\sec\beta\\ \dot{\beta}=\omega_y\cos\gamma-\omega_z\sin\gamma\\ \dot{\gamma}=\omega_x+(\omega_z\cos\gamma+\omega_y\sin\gamma)\tan\beta\end{cases} \tag{2-86}$$

其中，α，β，γ 为相对姿态的布里恩角。

然后建立抓捕器与目标抓捕部位的相对位置模型。由于抓捕器与目标星相对距离为米级，远小于轨道半径，利用 Hill 方程，忽略非线性项，建立目标轨道系下空间绳系机器人抓捕器与目标相对位置的动力学方程为

$$\begin{cases}\ddot{x}-2n\dot{z}=a_x+a_{Tx}\\ \ddot{y}+n^2y=a_y+a_{Ty}\\ \ddot{z}+2n\dot{x}-3n^2z=a_z+a_{Tz}\end{cases} \tag{2-87}$$

x，y，z 为目标与机器人抓捕器相对位置在抓捕器轨道系下的分量；a_x，a_y，a_z，a_{Tx}，a_{Ty}，a_{Tz} 分别为控制力、系绳拉力产生的加速度在目标轨道系下的分量；n 为轨道运动角速度。

加速度与控制力的关系为

$$\begin{bmatrix}a_x\\ a_y\\ a_z\end{bmatrix}=[\boldsymbol{A}_{\mathrm{GT}}]\begin{bmatrix}F_{x\_\mathrm{C}}/m\\ F_{y\_\mathrm{C}}/m\\ F_{z\_\mathrm{C}}/m\end{bmatrix} \tag{2-88}$$

其中，m 为抓捕器质量；F_{x_C}，F_{y_C}，F_{z_C} 为控制力在抓捕器本体系下的分量；$\boldsymbol{A}_{\mathrm{GT}}$ 为抓捕器本体系到目标轨道系的姿态旋转矩阵。

$$\boldsymbol{A}_{\mathrm{GT}}=\boldsymbol{A}_{\mathrm{CT}}=\boldsymbol{A}_{\mathrm{TC}}^{\mathrm{T}} \tag{2-89}$$

目标抓捕点在相机系下位置为 $\boldsymbol{X}_{\mathrm{M}}=(x_c,\ y_c,\ z_c)^{\mathrm{T}}$，抓捕器在目标轨道系下位置为 $\boldsymbol{X}_{\mathrm{T}}=(x,\ y,\ z)^{\mathrm{T}}$。其相互关系为

$$\begin{bmatrix}x\\ y\\ z\\ 1\end{bmatrix}=\boldsymbol{T}_{\mathrm{TG}}\begin{bmatrix}0\\ 0\\ 0\\ 1\end{bmatrix}=\boldsymbol{T}_{\mathrm{TC}}\begin{bmatrix}0\\ 0\\ 0\\ 1\end{bmatrix} \tag{2-90}$$

化简得

$$\begin{bmatrix} x_c \\ y_c \\ z_c \end{bmatrix} = \boldsymbol{A}_{\text{TC}} \begin{bmatrix} x \\ y \\ z \end{bmatrix} \tag{2-91}$$

2.3.3 基于直线跟踪的混合视觉伺服控制

空间绳系机器人的抓捕手爪位于抓捕器前端，且具备环抱能力，能够将帆板支架抱住并锁紧。设抓捕手爪操作面为相机系 $X_C O_C Y_C$ 平面，抓捕器与目标抓捕点坐标系的相对姿态控制需求为：

1）绕 Y 轴旋转的布里恩角 β 为零；

2）绕 Z 轴旋转的布里恩角 γ 为零。

3）绕 X 轴旋转的布里恩角 α 可为任意角度；

在相对位置控制方面，假设 X 向为抓捕器逼近方向，Z 向为帆板支架延伸方向，抓捕器与目标抓捕点坐标系的相对位置控制需求为：

1）X 向依靠发射速度逼近，程序控制；

2）Z 向相对位移 z 无控；

3）Y 向相对位移 y 为零。

在超近距逼近时，机器人抓捕器与操作对象具有六个自由度，而视觉系统仅能获得帆板支架的两条边缘线信息，量测信息不完备，很难通过量测信息设计状态观测器观测系统状态。因此，基于位置的视觉伺服模式不适用。分析帆板支架边缘线成像与机器人/目标相对状态关系，如图 2-16 所示。可以看出：边缘线成像的斜率近似表征了姿态角 γ 信息，两条线的斜率差近似表征姿态角 β 信息，b_1+b_2 近似表征 Y 向位移信息。对比控制需求，发现量测信息仍不完备，仅依赖图像的视觉伺服模式也不适用。

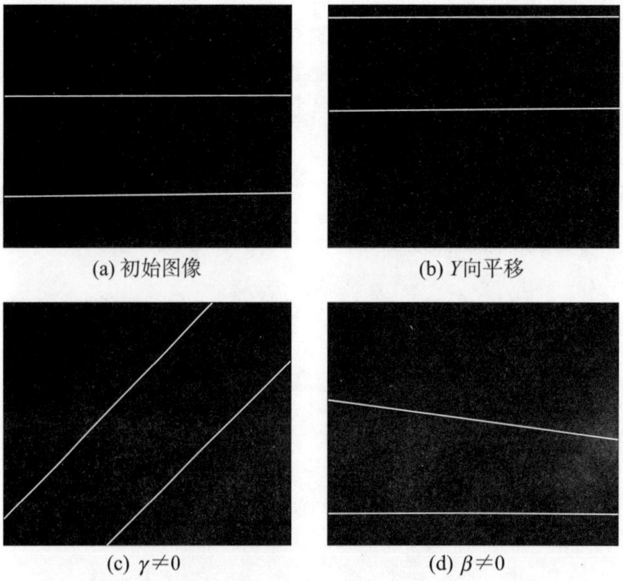
(a) 初始图像　(b) Y向平移　(c) $\gamma\neq0$　(d) $\beta\neq0$

图 2-16 不同状态下的帆板支架边缘线成像[217]

在抓捕器超近距逼近目标时，基座距目标较远，对抓捕器/目标的相对位姿测量精度较差，这也是本节需利用安装于抓捕器上的手眼相机进行直线跟踪视觉伺服的主要原因。但是，在必须控制而手眼相机又无法获取信息的姿态 α 通道，利用基座全局相机精度较差的信息进行稳定也是一种可行的方案。为减少对基于直线视觉伺服的干扰，将基于位置的姿态 α 通道视觉伺服作为内环系统。

依据控制需求，将无需反馈控制的 X 向、Z 向位移分离，选择系统状态为：$[\omega_x,\omega_y,\omega_z,\beta,\gamma,\dot{y},y]$，系统状态方程为

$$\begin{cases}\dot{\boldsymbol{\omega}}=\boldsymbol{I}^{-1}(-[\boldsymbol{\omega}^{\times}]\boldsymbol{I\omega}+\boldsymbol{M}+\boldsymbol{D}_T)\\ \dot{\alpha}=(\omega_z\cos\gamma+\omega_y\sin\gamma)\sec\beta\\ \dot{\beta}=\omega_y\cos\gamma-\omega_z\sin\gamma\\ \dot{\gamma}=\omega_x+(\omega_z\cos\gamma+\omega_y\sin\gamma)\tan\beta\\ \dot{y}=\dot{y}\\ \ddot{y}=-n^2y-\dfrac{F_{y\_C}(\cos\gamma\cos\alpha+\sin\gamma\sin\beta\sin\alpha)}{m}-a_{Dy}\end{cases}\tag{2-92}$$

其中，a_{Dy} 为 Y 向干扰加速度

$$a_{Dy}=a_{Ty}+\frac{F_{x\_C}\cos\beta\sin\alpha}{m}+\frac{F_{z\_C}(\cos\gamma\sin\beta\sin\alpha-\sin\gamma\cos\alpha)}{m}\tag{2-93}$$

可用的量测值为帆板支架边缘线图像信息（k_1,b_1,k_2,b_2）以及基座全局相机具有较大测量误差的相对姿态角 α 信息。设计超近距视觉伺服控制器为[217]

$$\begin{cases}M_x=-p_1k_1-p_2\dot{k}_1\\ M_y=-p_3(k_1-k_2)-p_4(\dot{k}_1-\dot{k}_2)\\ F_y=-p_7(b_1+b_2-2u_0)-p_8(\dot{b}_1+\dot{b}_2)\end{cases}\tag{2-94}$$

$$M_z=-p_5\alpha-p_6\dot{\alpha}\tag{2-95}$$

其中，$p_1\sim p_8$ 均为正数。在控制优先级上，首先利用基于位置的视觉伺服方法稳定系统的 ω_z 与 α，由于基座测量误差较大，α 很难稳定于 0，实际稳定状态 α_e 与测量误差有关；然后利用基于图像的视觉伺服方法稳定系统的其余状态。视觉伺服框图如图 2-17 所示。

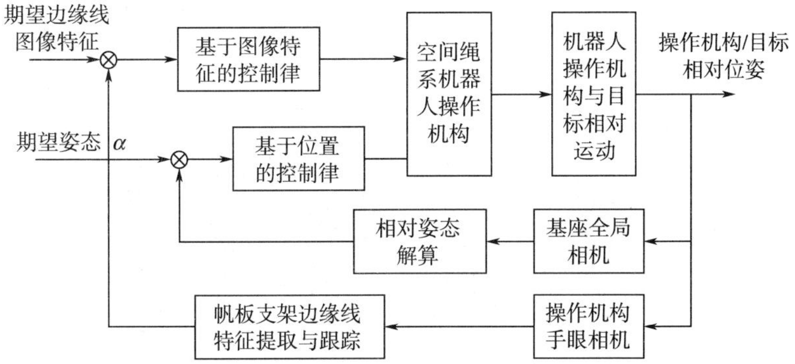

图 2-17　空间绳系机器人超近距逼近视觉伺服控制[217]

按照设计的控制器优先级，首先进行基于位置的视觉伺服部分稳定性证明。将控制器式（2-95）代入模型，选择 $\boldsymbol{X}_\alpha=[\omega_z,\alpha]$，利用李雅普诺夫第一法证明系统稳定性。其雅可比矩阵为

$$J\,|_{\boldsymbol{X}_\alpha}=\begin{bmatrix}-\dfrac{p_6\cos\gamma}{I_z\cos\beta} & -\dfrac{p_5}{I_z}\\ \dfrac{\cos\gamma}{\cos\beta} & 0\end{bmatrix}$$

雅可比矩阵特征值为

$$\frac{-p_6\cos\gamma\pm\sqrt{p_6^2\cos^2\gamma-4I_zp_5\cos\beta\cos\gamma}}{2I_z\cos\beta}$$

显而易见，各特征值均具有负实部，系统是渐近稳定的。但由于基座测量信息误差较大，基于位置的视觉伺服不能将 $\boldsymbol{X}_\alpha$ 稳定在零点，而仅能稳定在 $[0,\alpha_e]$，α_e 与基座测量误差有关。

下面对基于图像的视觉伺服部分进行稳定性证明。控制器中导数项为

$$\begin{cases}\dot{k}_1=\dfrac{\partial k_1}{\partial x}\dot{x}+\dfrac{\partial k_1}{\partial y}\dot{y}+\dfrac{\partial k_1}{\partial z}\dot{z}+\dfrac{\partial k_1}{\partial \alpha}\dot{\alpha}+\dfrac{\partial k_1}{\partial \beta}\dot{\beta}+\dfrac{\partial k_1}{\partial \gamma}\dot{\gamma}\\ \dot{k}_2=\dfrac{\partial k_2}{\partial x}\dot{x}+\dfrac{\partial k_2}{\partial y}\dot{y}+\dfrac{\partial k_2}{\partial z}\dot{z}+\dfrac{\partial k_2}{\partial \alpha}\dot{\alpha}+\dfrac{\partial k_2}{\partial \beta}\dot{\beta}+\dfrac{\partial k_2}{\partial \gamma}\dot{\gamma}\\ \dot{b}_1=\dfrac{\partial b_1}{\partial x}\dot{x}+\dfrac{\partial b_1}{\partial y}\dot{y}+\dfrac{\partial b_1}{\partial z}\dot{z}+\dfrac{\partial b_1}{\partial \alpha}\dot{\alpha}+\dfrac{\partial b_1}{\partial \beta}\dot{\beta}+\dfrac{\partial b_1}{\partial \gamma}\dot{\gamma}\\ \dot{b}_2=\dfrac{\partial b_2}{\partial x}\dot{x}+\dfrac{\partial b_2}{\partial y}\dot{y}+\dfrac{\partial b_2}{\partial z}\dot{z}+\dfrac{\partial b_2}{\partial \alpha}\dot{\alpha}+\dfrac{\partial b_2}{\partial \beta}\dot{\beta}+\dfrac{\partial b_2}{\partial \gamma}\dot{\gamma}\end{cases}$$

将上式及控制器与观测模型代入状态方程，并写成传统非线性形式：$\boldsymbol{X}=\boldsymbol{f}(\boldsymbol{X},\boldsymbol{t})$。状态变量 $\boldsymbol{X}=[\omega_x,\omega_y,\beta,\gamma,\dot{y},y]$，同样利用李雅普诺夫第一法进行稳定性证明。在超近距逼近过程中，平衡点为 $\boldsymbol{X}_e=[0,0,0,0,0,0]$，将模型在平衡点 $\boldsymbol{X}_e$ 展开

$$\dot{\boldsymbol{X}}=\frac{\partial\boldsymbol{f}}{\partial\boldsymbol{X}}(\boldsymbol{X}-\boldsymbol{X}_e)+\boldsymbol{R}(\boldsymbol{X})$$

$$\left.\frac{\partial\boldsymbol{f}}{\partial\boldsymbol{X}}\right|_{\boldsymbol{X}=\boldsymbol{X}_e}=\begin{bmatrix}-\dfrac{p_2}{I_x} & 0 & -\dfrac{p_1(L\,\mathrm{c}\alpha+x\,\mathrm{s}\alpha)}{I_x(L\,\mathrm{s}\alpha-x\,\mathrm{c}\alpha)} & -\dfrac{p_1}{I_x} & 0 & 0\\ 0 & -\dfrac{p_4}{I_y} & X_{24} & 0 & 0 & 0\\ 0 & 1 & 0 & 0 & 0 & 0\\ 1 & 0 & 0 & 0 & 0 & 0\\ 0 & 0 & 0 & 0 & 0 & 1\\ 0 & 0 & 0 & 0 & X_{76} & X_{77}\end{bmatrix}$$

$$
\begin{cases}
X_{24}=\dfrac{2Lp_3x}{I_y(x^2c^2\alpha-L^2s^2\alpha)} \\
X_{76}=-n^2+2rc\alpha\left(\dfrac{p_6x(L^2s^2\alpha+x^2c^2\alpha)}{m(L^2s^2\alpha-x^2c^2\alpha)^2}+\dfrac{p_7\dot{x}(L^4s^4\alpha+6L^2x^2c^2\alpha s^2\alpha+x^4c^4\alpha)}{(L^2s^2\alpha-x^2c^2\alpha)^3}\right) \\
X_{77}=\dfrac{2p_7rxc\alpha(L^2s^2\alpha+x^2c^2\alpha)}{m(x^2c^2\alpha-L^2s^2\alpha)^2}
\end{cases}
$$

显而易见，X_{24}，X_{76}，X_{77} 均为独立变量。求解雅可比矩阵的特征值为

$$
\begin{bmatrix}
(-p_2\pm\sqrt{p_2^2-4I_xp_1})/2I_x \\
(-p_4\pm\sqrt{p_4^2+4X_{24}I_y^2})/2I_y \\
(X_{77}\pm\sqrt{X_{77}^2+4X_{76}})/2
\end{bmatrix}
$$

由于 p_i 均为正数，若 $X_{24}<0$，$X_{76}<0$，$X_{77}<0$，则各特征值均具有负实部。系统在平衡状态 $\boldsymbol{X}_e$ 是渐近稳定的，且稳定性与 $\boldsymbol{R}(\boldsymbol{X})$ 无关。

在空间绳系机器人抓捕器沿目标轨道系切向逼近目标，逼近过程 $x<0$，$\dot{x}>0$。

若 $(x^2\cos^2\alpha-L^2\sin^2\alpha)>0$

$$
\begin{cases}
\dfrac{p_7\dot{x}(L^4\sin^4\alpha+6L^2x^2\cos^2\alpha\sin^2\alpha+x^4\cos^4\alpha)}{(L^2\sin^2\alpha-x^2\cos^2\alpha)^3}<0 \\
\dfrac{n^2}{2r\cos\alpha}+\dfrac{-p_6x(L^2\sin^2\alpha+x^2\cos^2\alpha)}{m(L^2\sin^2\alpha-x^2\cos^2\alpha)^2}>0
\end{cases}
\tag{2-96}
$$

则，$X_{24}<0$，$X_{76}<0$，$X_{77}<0$。

因此，控制器在平衡点渐近稳定的充分条件为

$$
|\alpha|<\arctan\frac{|x|}{L}
$$

操作结构越接近目标，稳定条件对 α 限制越严格。而 $\min(|x|)$ 即为抓捕器机械手的捕获范围 L_x，L_x 越小，α 要求越严格。而 L_x 一般至少大于两倍的被捕获目标宽度。以 L_x 等于被捕获目标宽度为例

$$
|\alpha|<\arctan\frac{\min|x|}{L}=\arctan\frac{2L}{L}=63.44^\circ
$$

虽然基座测量误差较大，但在控制器作用下，仍可以满足上述条件。

2.3.4　实验分析

为验证设计的视觉伺服控制系统的有效性，进行实验分析。相机选择 VS-902H，像素 752（H）×582（V），视场 65.5°（H）×51.4°（V），焦距 5 mm，经过标定，忽略畸变，内参矩阵为

$$
\begin{bmatrix}
758.942 & & 306.03 \\
 & 760.149 & 269.26 \\
 & & 1
\end{bmatrix}
$$

帆板支架边缘线特征提取选择梯度法。仿真初始参数选择如表 2-4 所示。

表 2-4 实验初始参数

状态	状态初值
$[x_0, \dot{x}_0, z_0, \dot{z}_0]$	[−3 m, 0.15 m/s, 0.1 m, 0 m/s]
$[y_0, \dot{y}_0]$	[0.5 m, 0.03 m/s]
$[\alpha_0, \beta_0, \gamma_0]$	[5°, 30°, 50°]
$[\omega_{x0}, \omega_{y0}, \omega_{z0}]$	[0(°)/s, 0 (°)/s, 0 (°)/s]
$2L$	0.1 m
m	10 kg
$[I_x, I_y, I_z]$	[0.05, 0.1, 0.1] kg·m^2
n	0.001 1/s

设基座 α 角测量的常值误差为 15°，随机偏差为 ±2°。基于位置视觉伺服部分控制周期为 1 Hz，基于图像视觉伺服部分控制周期为 4 Hz，并利用差分代替控制器中的微分项。系绳拉力干扰及其力臂为

$$\begin{cases} F_{Tx} \in [30\ \text{mN}, 60\ \text{mN}] \\ F_{Ty} \in [-30\ \text{mN}, 30\ \text{mN}] \\ F_{Tz} \in [-30\ \text{mN}, 30\ \text{mN}] \\ [l_{Tx}, l_{Ty}, l_{Tz}] = [0\ \text{m}, 0.1\ \text{m}, 0.1\ \text{m}] \end{cases}$$

控制器参数选择为

$$[p_1, p_2, p_3, p_4, p_5, p_6, p_7, p_8] = [1, 1, 5, 5, 0.01, 0.02, 10, 100]$$

控制力、力矩分别限幅 [−0.2, 0.2]N、[−0.02, 0.02]N·m，抓捕器抓捕范围为 0.2 m，仿真与实验结果如图 2-18～图 2-21 所示。

图 2-18 和图 2-19 是帆板支架两条边缘线所成像直线的参数。可以看出：在控制器

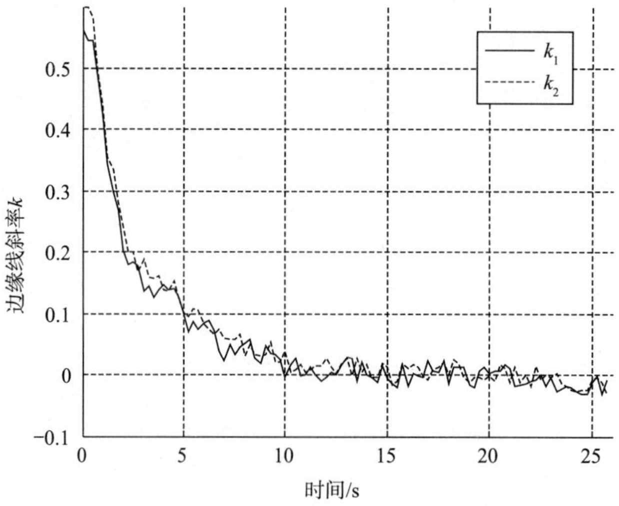

图 2-18 边缘线成像斜率 k

作用下，两条直线斜率均逼近零，两条直线参数 b 的平均值接近内参矩阵的参数 u_0。图 2－20 和图 2－21 是空间绳系机器人抓捕器与操作对象帆板支架的相对位姿。可以看出，在考虑控制频带、力/力矩限幅等因素时，在设计的超近距视觉伺服控制方法下，抓捕器与操作部位相对位姿能够满足操作需求。在相对位置方面，在系绳拉力影响下，逼近方向（x 向）减速逼近至目标－0.2 m 处，而 y 向偏差在控制系统作用下，从初始的 1 m 减少至 0 m 附近。在相对姿态方面，基于直线跟踪的控制器将 β，γ 从初始的 30°，40°稳定控制至 0°附近；基于基座较大的测量误差信息的控制器能够将 α 稳定在一定范围内。

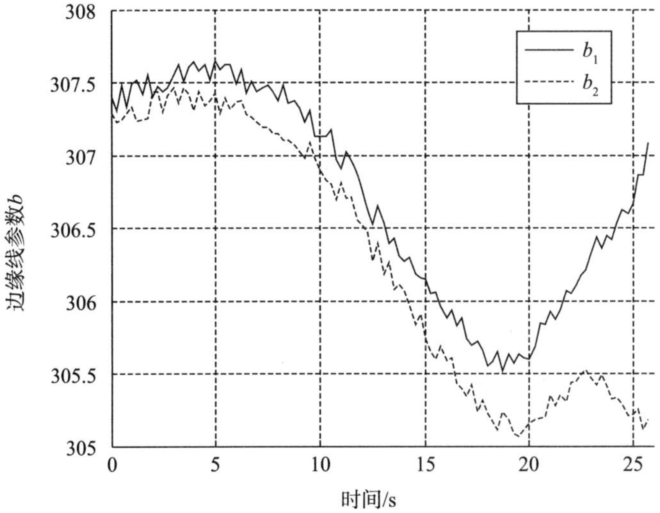

图 2－19　边缘线成像参数 b

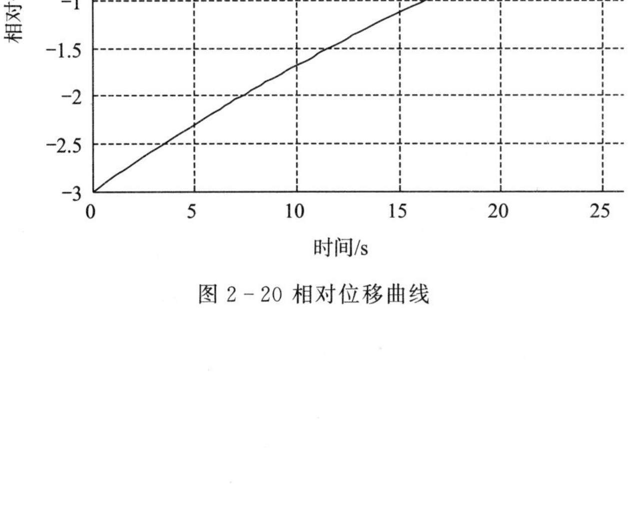

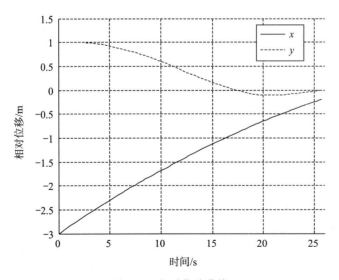

图 2－20 相对位移曲线

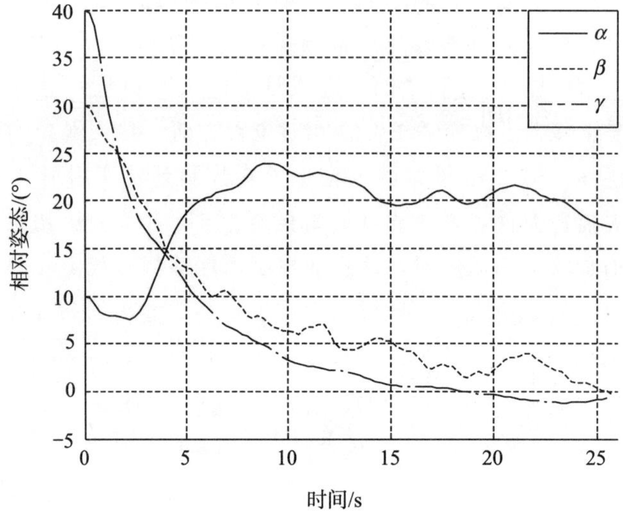

图 2-21 相对姿态曲线

2.4 小结

针对空间绳系机器人的目标逼近控制问题，本章首先建立了空间绳系机器人动力学模型，然后将逼近过程分为中远距逼近和超近距逼近两个阶段。中远距逼近的任务是以最小代价逼近目标星，超近距逼近的任务是在可能存在的测量信息不完备条件下，实现对目标星的跟踪与进一步逼近，满足后续抓捕需求。

1）空间绳系机器人是一个由多刚体和柔性系绳组成的复杂组合体系统，针对其动力学建模问题，充分考虑平台星、抓捕器的多刚体结构，系绳的质量、弹性、柔性等因素，利用哈密顿原理和拉格朗日乘子建立了动力学模型，并利用有限元对系绳进行离散化，建立可用于仿真解算的动力学模型。通过与 SEDS-1 的真实在轨试验数据对比，验证了推导模型的准确性。

2）在中远距离逼近时，针对最小代价逼近停靠目标的需求，在利用 hp 自适应伪谱算法规划最优逼近轨迹的基础上，设计逼近过程的邻域最优控制器。为了进一步提高邻域最优控制器的精度和响应速度，在传统的邻域最优控制方法中引入了滑动时间窗口的概念，保证机器人沿着理想最优轨迹逼近目标，结果表明：逼近控制器能够实现对于初始状态偏差、执行机构死区与随机干扰和外力冲击扰动的有效抑制，沿最优轨迹逼近目标星。

3）在超近距逼近时，由于相机视场及基线距离的限制，帆板支架可能充满相机视场，而造成图像特征信息不足，相对位姿信息无法测量。针对这种测量信息不完整的逼近控制问题，在建立机器人视觉系统非线性量测模型的基础上，基于帆板支架边缘线图像特征与误差较大的基座测量信息，提出一种基于直线跟踪的混合视觉伺服控制方法。结果表明：在仅能获得帆板支架边缘线图像信息的情况下，设计的超近距逼近控制方法能够保证空间绳系机器人稳定到达目标卫星的帆板支架处，并满足捕获条件。

第3章　空间绳系机器人的目标抓捕稳定控制

空间绳系机器人逼近至待抓捕目标，对目标进行抓捕操作时，操作手不可避免地与目标发生碰撞，碰撞力和碰撞力矩会对空间绳系机器人的抓捕操作产生影响，同时也会改变目标的状态。由于空间绳系机器人自身动力学高度耦合，使得空间绳系机器人目标抓捕更加复杂。本节首先利用建立的空间绳系机器人动力学模型，结合目标星动力学模型，建立抓捕碰撞模型，进行抓捕动力学分析，然后，在了解碰撞影响的前提下，实现目标抓捕的稳定控制。

3.1　空间绳系机器人目标抓捕动力学分析

在完成空间绳系机器人动力学建模的基础上，本节主要进行抓捕动力学分析。首先建立目标星的动力学模型，然后建立抓捕器、目标星碰撞模型，最后进行仿真分析，分析不同系绳单元、不同控制模式等的影响，为抓捕稳定控制奠定基础。

3.1.1　空间目标星动力学模型

空间绳系机器人的目标抓捕及碰撞过程相对较短，因此，在空间平台轨道坐标系下，建立简化的目标动力学方程为

$$\begin{cases} m_t \ddot{x}_t = f_{tx} \\ m_t \ddot{y}_t = f_{ty} \\ m_t \ddot{z}_t = f_{tz} \end{cases} \tag{3-1}$$

其中，$(x_t \quad y_t \quad z_t)^{\mathrm{T}} \in \mathbf{R}^3$ 为目标在平台轨道坐标系的位置，$(f_{tx} \quad f_{ty} \quad f_{tz})^{\mathrm{T}} \in \mathbf{R}^3$ 为目标所受到的外力，在本文中主要为空间绳系机器人抓捕过程中的碰撞接触力。

同时，假设目标星为刚体，建立目标星姿态动力学方程为

$$\boldsymbol{I}_t \dot{\boldsymbol{\omega}}_t = -\boldsymbol{\omega}_t^{\times} \boldsymbol{I}_t \boldsymbol{\omega}_t + \boldsymbol{T}_t \tag{3-2}$$

其中，$\boldsymbol{\omega}_t = (\omega_{tx} \quad \omega_{ty} \quad \omega_{tz})^{\mathrm{T}} \in \mathbf{R}^3$ 为目标绝对角速度在本体坐标系下的分量；$\boldsymbol{I}_t \in \mathbf{R}^{3\times 3}$ 为目标星转动惯量矩阵；$\boldsymbol{T}_t \in \mathbf{R}^3$ 为目标星姿态控制力矩，在本节中主要指碰撞产生的碰撞力矩；$\boldsymbol{\omega}_t^{\times}$ 为矢量叉乘运算的反对称矩阵

$$\boldsymbol{\omega}_t^{\times} = \begin{bmatrix} 0 & -\omega_{t3} & \omega_{t2} \\ \omega_{t3} & 0 & -\omega_{t1} \\ -\omega_{t2} & \omega_{t1} & 0 \end{bmatrix}$$

利用修正罗德里格斯（MRP）参数描述目标星的姿态运动方程

$$\dot{\boldsymbol{\sigma}}_t = \boldsymbol{G}(\boldsymbol{\sigma}_t)\boldsymbol{\omega}_t \tag{3-3}$$

其中，$\boldsymbol{\sigma}_t = [\sigma_{t1} \quad \sigma_{t2} \quad \sigma_{t3}]^{\mathrm{T}} \in \mathbf{R}^3$，矩阵 $\boldsymbol{G}(\boldsymbol{\sigma})$ 定义如下

$$\boldsymbol{G}(\boldsymbol{\sigma}_t) = \frac{1}{4}[(1-\boldsymbol{\sigma}_t^{\mathrm{T}}\boldsymbol{\sigma}_t)I + 2\boldsymbol{\sigma}_t^{\times} + 2\boldsymbol{\sigma}_t\boldsymbol{\sigma}_t^{\mathrm{T}}] \tag{3-4}$$

此处的 $\boldsymbol{I}$ 为 3×3 单位矩阵。

空间平台轨道坐标系到目标星本体坐标系转化矩阵为

$$\boldsymbol{R}_t = \boldsymbol{I}_3 - \frac{4(1-\sigma_t{}^2)}{(1+\sigma_t{}^2)^2}[\boldsymbol{\sigma}_t^{\times}] + \frac{8}{(1+\sigma_t^2)^2}[\boldsymbol{\sigma}_t^{\times}]^2 \tag{3-5}$$

为便于后续分析，利用简明的欧拉角 φ_t（滚转角）、θ_t（俯仰角）、ψ_t（偏航角）（1—2—3 旋转）对姿态进行表示

$$\boldsymbol{R}_t = \begin{bmatrix} \cos\psi_t\cos\theta_t & \cos\psi_t\sin\theta_t\sin\varphi_t + \sin\psi_t\cos\varphi_t & -\cos\psi_t\sin\theta_t\cos\varphi_t + \sin\psi_t\sin\varphi_t \\ -\sin\psi_t\cos\theta_t & -\sin\psi_t\sin\theta_t\sin\varphi_t + \cos\psi_t\cos\varphi_t & \sin\psi_t\sin\theta_t\cos\varphi_t + \cos\psi_t\sin\varphi_t \\ \sin\theta_t & -\cos\theta_t\sin\varphi_t & \cos\theta_t\cos\varphi_t \end{bmatrix} \tag{3-6}$$

从式（3-6）可得到欧拉角分别为

$$\begin{cases} \theta_t = \arcsin[\boldsymbol{R}_t(3,1)] \\ \phi_t = \arctan\left[-\dfrac{\boldsymbol{R}_t(3,2)}{\boldsymbol{R}_t(3,3)}\right] \\ \psi_t = \arctan\left[-\dfrac{\boldsymbol{R}_t(2,1)}{\boldsymbol{R}_t(1,1)}\right] \end{cases} \tag{3-7}$$

从欧拉姿态角到修正罗德里格斯参数的转化步骤如下：

在已知欧拉姿态角的情况下利用式（3-6）求得转化矩阵 $\boldsymbol{R}_t$，从而可以得到旋转角 α_0 和欧拉轴 $\boldsymbol{e} = (e_x \quad e_y \quad e_z)^{\mathrm{T}}$

$$\begin{cases} \cos\alpha = (\boldsymbol{R}_{t11} + \boldsymbol{R}_{t22} + \boldsymbol{R}_{t33} - 1)/2 \\ e_x = (\boldsymbol{R}_{t23} - \boldsymbol{R}_{t32})/(2\sin\alpha_0) \\ e_y = (\boldsymbol{R}_{t31} - \boldsymbol{R}_{t13})/(2\sin\alpha_0) \\ e_z = (\boldsymbol{R}_{t12} - \boldsymbol{R}_{t21})/(2\sin\alpha_0) \end{cases} \tag{3-8}$$

根据修正罗德里格斯参数的定义，可以得到相应的 $\boldsymbol{\sigma}_t$ 为

$$\boldsymbol{\sigma}_t = \tan\frac{\alpha}{4}\boldsymbol{e} \tag{3-9}$$

3.1.2 空间绳系机器人/目标碰撞模型

空间绳系机器人的抓捕操作手一般是单双爪组成的三指结构，如图 3-1 所示[218]。为了便于分析，将其简化为图 3-2，单爪 $a_0a_1a_2$、双爪 $b_0b_1b_2$、双爪 $c_0c_1c_2$ 分别安装于空间绳系机器人的前端。单爪 $a_0a_1a_2$ 可以绕关节 a_0 和 a_1 旋转，a_0a_1 与空间绳系机器人前表面的夹角为 γ_1，a_0a_1 和 a_1a_2 之间的夹角为 γ_2，长度分别为 l_1 和 l_2。双爪 $b_0b_1b_2$ 可以绕 b_0 和 b_1 旋转，b_0b_1 和空间绳系机器人前表面的夹角为 γ_3，b_0b_1 和 b_1b_2 之间的夹角为 γ_4，

长度分别为 l_3 和 l_4。双爪 $c_0c_1c_2$ 可以绕 c_0 和 c_1 旋转，c_0c_1 和空间绳系机器人前表面的夹角为 γ_5，c_0c_1 和 c_1c_2 之间的夹角为 γ_6，长度分别为 l_5 和 l_6。双爪 $b_0b_1b_2$ 和 $c_0c_1c_2$ 可以使抓捕操作手更牢固地抓紧目标，$b_0b_1b_2$ 和 $c_0c_1c_2$ 的长度相等，即 $l_3=l_5$、$l_4=l_6$，抓捕的过程中转动角度保持同步，即 $\gamma_3=\gamma_5$，$\gamma_4=\gamma_6$。任务过程中，同时合拢单爪与双爪，对目标进行抓捕。另外，假设被捕获目标星上有一杆状抓捕部件 t_1t_2，空间绳系机器人抓捕器的任务是对该杆状抓捕部件 t_1t_2 进行稳定抓捕。

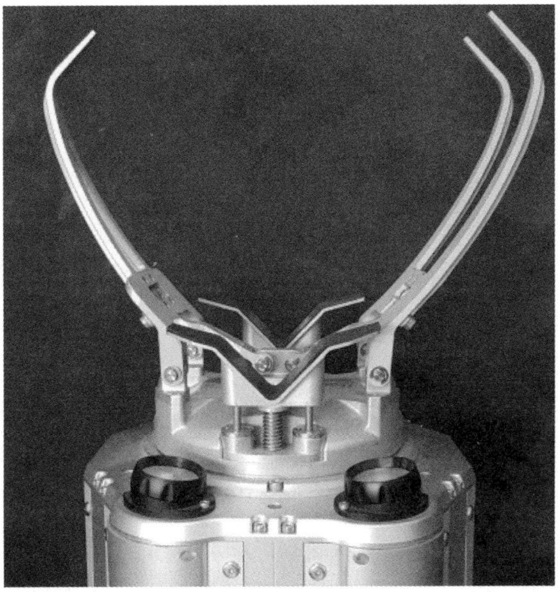

图 3-1　典型的空间绳系机器人抓捕操作手示意

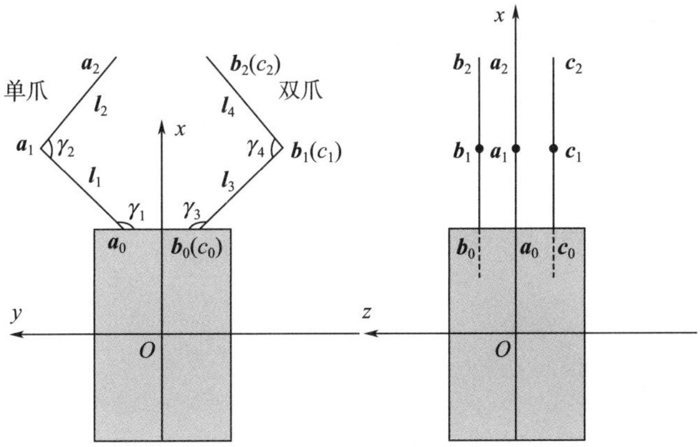

图 3-2　空间绳系机器人抓捕操作手结构图

空间绳系机器人抓捕操作手的有效范围为直线 a_0a_1、a_1a_2、b_0b_1、b_1b_2、c_0c_1 及 c_1c_2 所形成的抓捕包络。当操作手实施抓捕操作时，单爪和双爪在闭合至一定角度时便与目标发生碰撞，空间绳系机器人及目标在相互碰撞力作用下状态便会发生变化。

抓捕时的碰撞检测可基于空间异面直线距离求解原理进行。基本的碰撞检测步骤为[218]：

第 1 步 在 t 时刻，根据操作机器人的位置和姿态，结合抓捕操作手单爪及双爪旋转角度及几何尺寸，确定手爪上端点 a_0、a_1、a_2、b_0、b_1、b_2、c_0、c_1、c_2 的空间坐标；根据目标的位置和姿态，确定抓捕部件端点 t_1、t_2 的空间坐标。

第 2 步 求解操作手单爪 a_0a_1 及 a_1a_2 及双爪 b_0b_1、b_1b_2、c_0c_1 及 c_1c_2 的直线方程；求解待抓捕部件 t_1t_2 的直线方程。

第 3 步 分别求解异面直线 a_0a_1、a_1a_2、b_0b_1、b_1b_2、c_0c_1 及 c_1c_2 与 t_1t_2 的距离 $r_\perp$（r_{a01}、r_{a12}、r_{b01}、r_{b12}、r_{c01}、r_{c12}），同时得出各自直线上的垂足。

第 4 步 比较各直线与 t_1t_2 之间的距离 $r_\perp$ 与 r_1+r_2 的大小（假设操作手爪横截面和目标抓捕部位横截面均为圆形，其半径分别为 r_1 和 r_2），若 $r_\perp<r_1+r_2$，且垂足同时位于 t_1t_2 和抓捕操作手各直线段内，则可判断发生碰撞，垂足即为碰撞点。若同时得出多条直线满足碰撞条件，则说明抓捕操作手与目标抓捕部位存在多点碰撞，在后续碰撞力及碰撞力矩计算时，须求所有碰撞力及碰撞力矩之和。

在碰撞过程建模方面，采用赫兹接触力模型对碰撞过程进行描述。由碰撞检测算法可知，得到 $r_\perp$，满足 $r_\perp<r_1+r_2$，且垂足位于 t_1t_2 和抓捕操作手的某直线段内，这时可判定操作手爪与目标抓捕部位发生碰撞。设抓捕操作手上的垂足（碰撞点）为 n_r 和目标抓捕部位上的垂足（碰撞点）为 n_t，则作用在空间绳系机器人的碰撞力 $\boldsymbol{F}_\mathrm{rt}$ 为

$$\boldsymbol{F}_\mathrm{rt}=k_\mathrm{g}\mid\delta\mid\boldsymbol{n}+k_\mathrm{c}\dot{\delta}\boldsymbol{n} \tag{3-10}$$

其中 k_g 为接触碰撞刚性系数，与接触物体的弹性模量有关，表征接触物体的外在固有属性；k_c 为接触碰撞阻尼系数，表征碰撞时能量的耗散情况；$\delta=r_\perp-(r_1+r_2)$，$\dot{\delta}$ 为 δ 的变化率，$\boldsymbol{n}=(\boldsymbol{n}_\mathrm{r}-\boldsymbol{n}_\mathrm{t})/\mid n_\mathrm{r}-n_\mathrm{t}\mid$ 为作用在目标上碰撞力的方向矢量。

假设抓捕操作手的碰撞点与空间绳系机器人质心之间的相对位置矢量为 $\boldsymbol{d}_\mathrm{r}$，则碰撞力产生的碰撞力矩为

$$\boldsymbol{T}_\mathrm{rt}=\boldsymbol{d}_\mathrm{r}\times\boldsymbol{F}_\mathrm{rt} \tag{3-11}$$

作用在目标上的碰撞力与 $\boldsymbol{F}_\mathrm{tr}$ 大小相等，方向相反，即 $\boldsymbol{F}_\mathrm{rt}=-\boldsymbol{F}_\mathrm{tr}$。同理，假设目标的碰撞点与目标质心之间的相对距离为 $\boldsymbol{d}_\mathrm{t}$，则碰撞力对目标的碰撞力矩为

$$\boldsymbol{T}_\mathrm{tr}=\boldsymbol{d}_\mathrm{t}\times\boldsymbol{F}_\mathrm{tr} \tag{3-12}$$

3.1.3 空间绳系机器人/目标碰撞分析

本节将对空间绳系机器人目标抓捕碰撞过程进行动力学分析，主要分析抓捕过程中模型段数对仿真精度的影响，系绳控制方式、抓捕初始相对线速度和相对角速度等因素对碰撞过程的影响。空间绳系机器人的动力学模型需要对 2.1 节中的模型进行对应简化，将平台星视为刚体，并忽略空间绳系机器人抓捕操作手的质量。

仿真初始条件：空间平台星运行于圆轨道上，轨道角速度为 $\dot{\nu}=0.001\ 033$ rad/s。待抓捕目标质量为 $m_t=1\ 000$ kg，转动惯量为 $\boldsymbol{I}_t=\mathrm{diag}(40,\ 50,\ 40)$ kg·m^2。空间绳系机器

人质量为 20 kg，转动惯量为 diag（0.2，0.3，0.3）$kg \cdot m^2$，空间系绳线密度为 0.005 kg/m。空间绳系机器人操作手长度 $l_1=l_3=0.25$ m，$l_2=l_4=0.20$ m。碰撞过程中，接触碰撞刚性系数 $k_g=500$ N/m，接触碰撞阻尼系数 k_c 取为 0。

3.1.3.1　系绳分段对抓捕碰撞过程仿真精度影响分析

以空间绳系机器人轨道面内目标抓捕碰撞过程为例进行仿真分析，初始时刻，待抓捕目标位于空间平台前（0，202.4）m 处，相对速度（0，0）m/s，初始姿态角 ψ_t 为 −33°，姿态角速度 $\dot{\psi}_t$ 为 1.5（°）/s，待抓捕杆状部位位于目标本体坐标系（0.005，−2）m 处，直径为 0.1 m。空间绳系机器人初始时刻位于空间平台轨道坐标系（−1.047，200.247）m 处，初始姿态角 ψ 为 90°，姿态角速度 $\dot{\psi}$ 为 2（°）/s，空间系绳连接点在空间绳系机器人本体坐标系下偏置矢量为（0.25，0）m。

初始时刻操作手爪角度为 $\gamma_1=\gamma_3=90°$，$\gamma_2=\gamma_4=120°$，抓捕过程中，关节角度 γ_1 和 γ_3 以 1.5（°）/s 的速度合拢，而 γ_2、γ_4 保持不变。分别针对 5 到 45 个系绳分段单元进行仿真分析，仿真结果如图 3-3～图 3-4 所示。

图 3-3 为在不同段数情况下，空间绳系机器人的姿态碰撞变化曲线。可以看出，在大约 2.5 s 经历碰撞后，不同段数情况下的姿态 ψ 变化曲线产生了较大的差别，其中当 $n=5$、10、15 时，末端姿态角相互误差分别为 0.135 3°和 0.130 8°；当 $n>15$ 时，随着段数的增加，相互之间的误差明显地减小，其中 $n=40$ 和 $n=45$ 之间的误差仅为 0.018 6°。图 3-4 为相应的空间绳系机器人的质心位置变化曲线，同样可以看出，随着段数的增加，碰撞后的质心位置变化曲线之间的误差逐渐减小。以上仿真结果说明随着模型离散段数的增加，整个模型的仿真精度逐渐提高，最后逐渐逼近真实值附近。但随着段数的增加，计算时间大大增加。因此，可以根据需要调整系绳分段数。

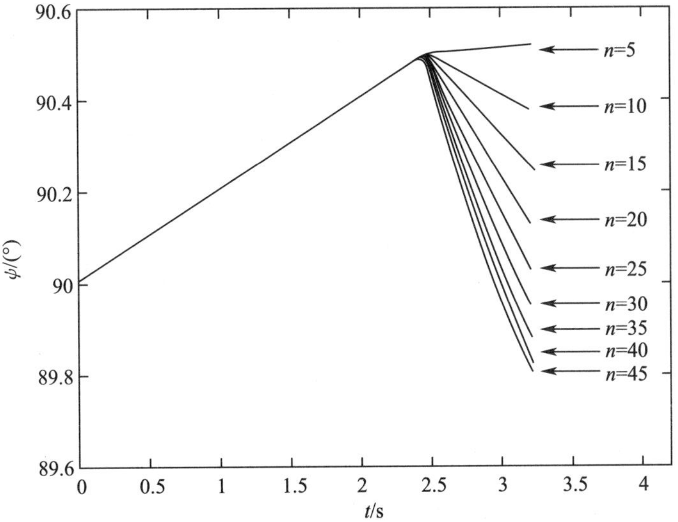

图 3-3　不同段数情况下空间绳系机器人姿态变化曲线

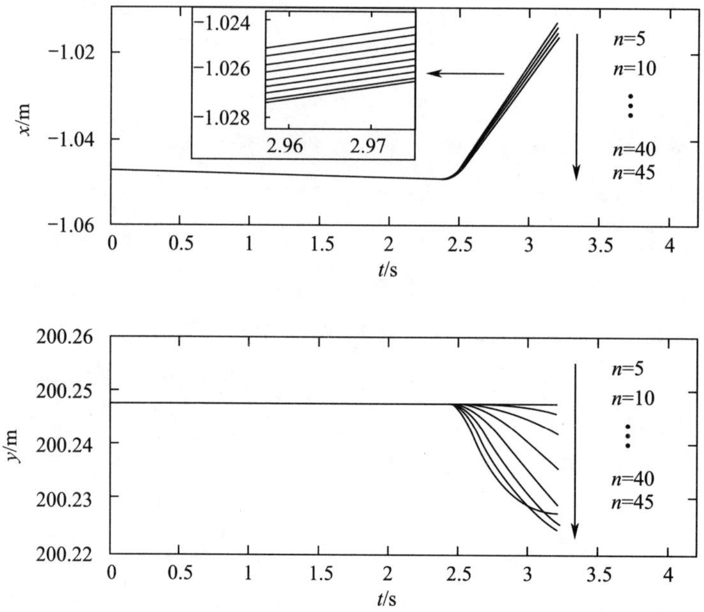

图 3-4　不同段数情况下空间绳系机器人质心位置变化曲线

3.1.3.2　系绳控制模式对抓捕碰撞过程影响分析

抓捕过程中系绳的控制模式有两种：系绳拉直模式和系绳自由模式。系绳拉直模式即当空间绳系机器人逼近到预定抓捕位置，对目标抓捕前，通过主动系绳控制等方式紧绷系绳，保持系绳近似为一条直线，减小系绳摆动；相反，系绳自由模式为空间系绳在目标抓捕前，不采取任何主动控制方式，系绳自由摆动。本节分别分析系绳拉直模式和系绳自由模式对空间绳系机器人目标抓捕过程的影响。

同样以空间绳系机器人轨道面内目标抓捕碰撞过程为例进行仿真分析，初始时刻，待抓捕目标位于空间平台前（0，202.4）m 处，相对速度（0，0）m/s，初始姿态角 φ_t 为 $-33°$，姿态角速度 $\dot{\varphi}_t$ 为 0（°）/s,待抓捕部位位于目标本体坐标系（0.005，−2）m 处，直径为 0.1 m。空间绳系机器人位于轨道面内，沿−V−bar 方向对目标进行抓捕。空间绳系机器人初始时刻位于空间平台轨道坐标系（−1.057，200.247）m 处，初始姿态角 φ 为 90°，姿态角速度 $\dot{\varphi}$ 为 0.2（°）/s,空间系绳连接点在空间绳系机器人本体坐标下偏置矢量为（0.25，0）m，空间系绳段数 n 取为 16。初始时刻操作手爪角度为 $\gamma_1=\gamma_3=90°$，$\gamma_2=\gamma_4=120°$，抓捕过程中，关节角度 γ_1 和 γ_3 以 1.5（°）/s 的速度合拢，γ_2 和 γ_4 保持不变。仿真结果如图 3-5～图 3-18 所示。

图 3-5 为空间绳系机器人目标抓捕过程中姿态角变化对比，可以看出，空间系绳自由模式下，姿态角 φ 在抓捕碰撞过程中，最大为 93.03°，最小为 65.22°；而空间系绳拉直模式下，φ 最大为 93.63°，最小为 90.3°。和空间系绳自由模式相比，空间系绳拉直模式下 φ 的波动范围更小，碰撞过程对姿态产生的影响更小。图 3-6 为空间绳系机器人姿态角速度变化对比，空间系绳自由模式下，角速度 $\dot{\varphi}$ 最大为−13.2（°）/s；空间系绳拉直模式

下，角速度 $\dot{\psi}$ 最大为－0.25（°）/s，自由模式下的姿态角变化更加剧烈。结合以上结果可知，空间系绳自由模式下，目标抓捕碰撞过程中，姿态角变化范围更大，而且更加剧烈，这是由于空间系绳在自由模式下，空间系绳的摆动对空间绳系机器人抓捕过程中的姿态产生了较大影响；相反，空间系绳拉直模式下，由于在目标抓捕操作前，已经采取主动措施保持系绳近似为一条直线，减小系绳摆动，因此，空间系绳对抓捕过程中的姿态角影响较小。

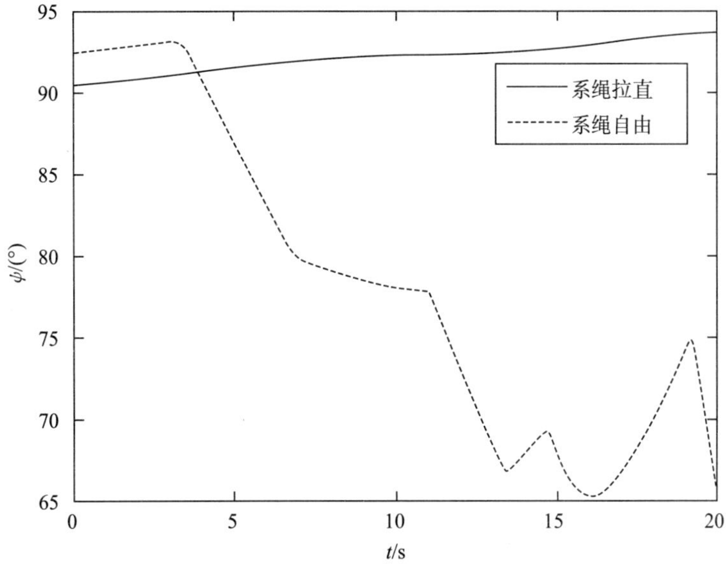

图 3－5　空间绳系机器人姿态角变化曲线

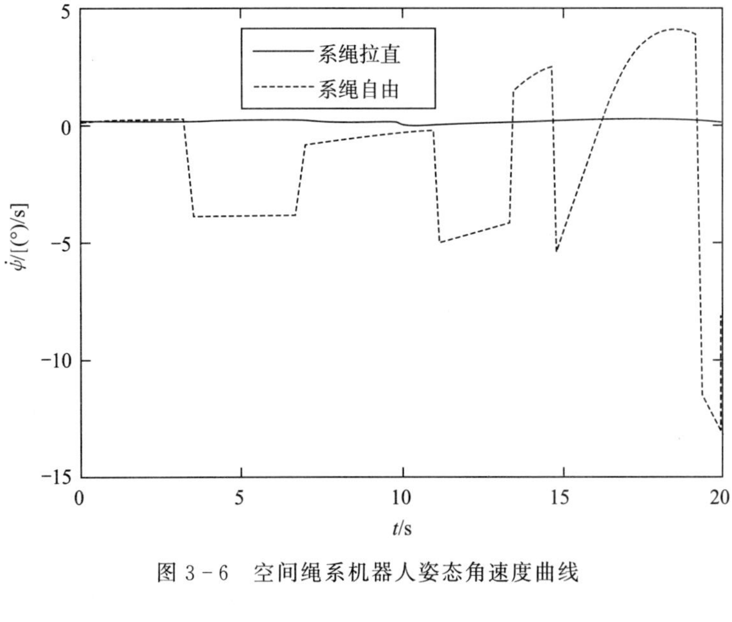

图 3－6　空间绳系机器人姿态角速度曲线

图 3－7 为空间绳系机器人目标抓捕过程中质心位置仿真结果对比。从仿真结果可以看出，空间系绳自由模式下，x 方向和 y 方向的质心位置偏差最大分别为－0.15 m 和 0.14 m；空间系绳拉直模式下，x 方向和 y 方向的质心位置偏差最大分别为 0.16 m 和－0.02 m。可以看出，空间系绳自由模式下的质心位置变化总体更大，说明系绳摆动对空间绳系机器人目标抓捕过程中的位置同样产生了较大的影响。

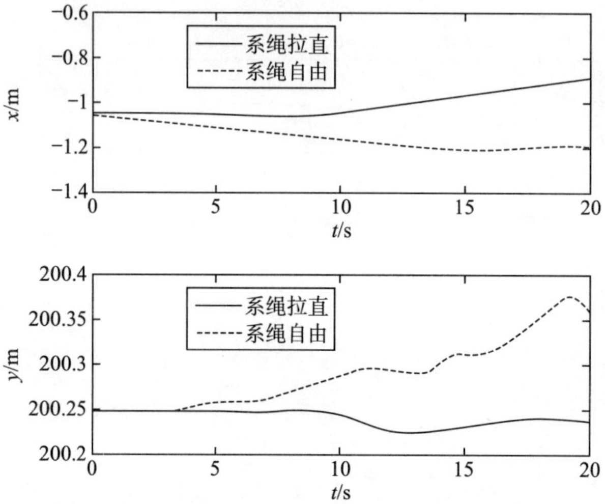

图 3－7　空间绳系机器人质心位置变化曲线

图 3－8～图 3－11 为空间绳系机器人操作手爪在合拢、目标抓捕过程中碰撞力变化曲线。抓捕过程前期，主要由 $a_0a_1a_2$、$b_0b_1b_2$ 和 $c_0c_1c_2$ 的连杆 a_1a_2、b_1b_2 和 c_1c_2 受力，a_1a_2、b_1b_2 和 c_1c_2 提供较大的抓捕包络，将目标合拢在抓捕包络内；随着操作手爪的合拢，在抓捕过程后期，主要由 a_0a_1、b_0b_1 和 c_0c_1 受力。图 3－12 和图 3－13 分别为空间绳系机器人总碰撞力曲线和总碰撞力矩曲线。

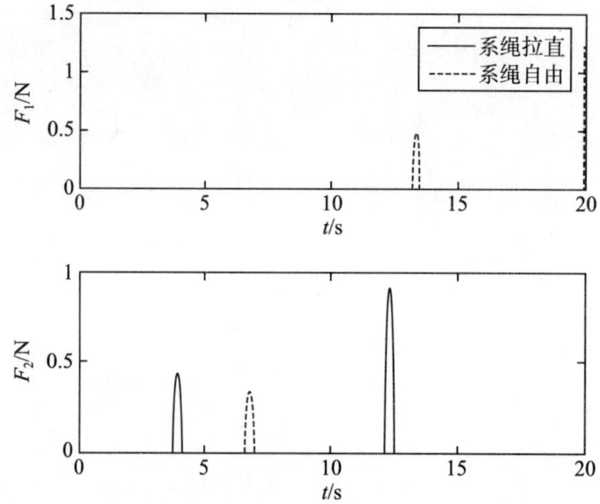

图 3－8　空间绳系机器人操作手爪单爪 $a_0a_1a_2$ 碰撞力曲线

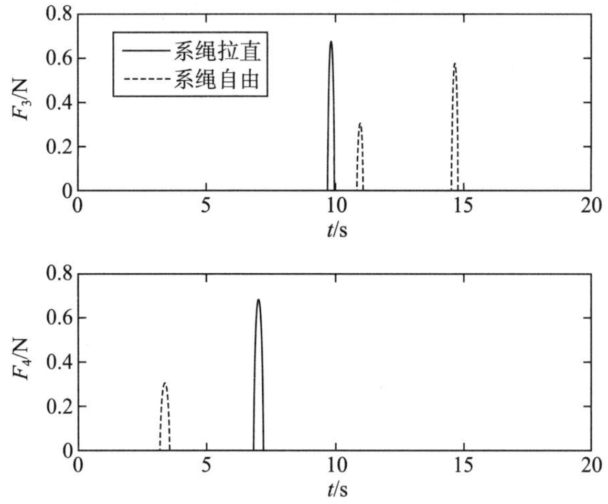

图 3－9　空间绳系机器人操作手爪双爪 $b_0b_1b_2$ 碰撞力曲线

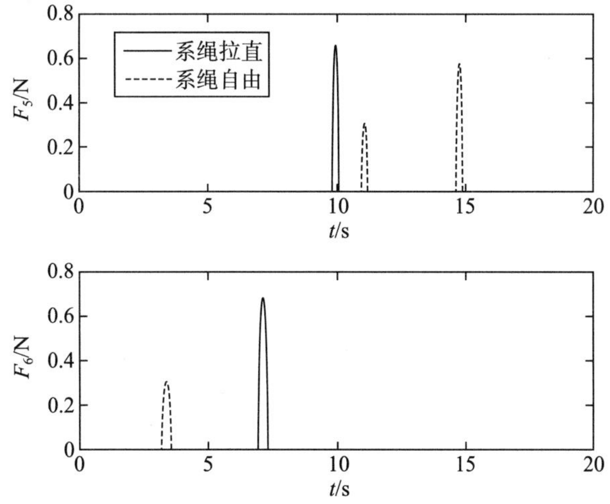

图 3－10　空间绳系机器人操作手爪双爪 $c_0c_1c_2$ 碰撞力曲线

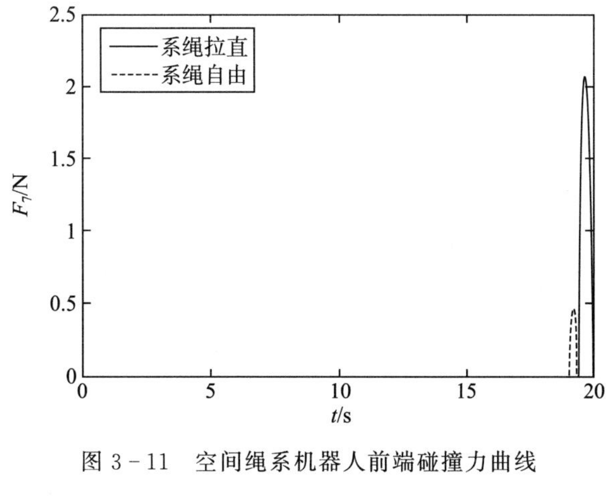

图 3－11　空间绳系机器人前端碰撞力曲线

图 3－14 和图 3－15 为空间绳系机器人抓捕过程中目标姿态角变化曲线，分别以修正罗德里格斯参数和欧拉姿态角表示，图 3－16 为相应的姿态角速度变化曲线。从仿真结果可以看出，空间绳系机器人抓捕过程中，在空间系绳拉直模式下，姿态角 σ_3 最大变化为 0.025，相应的欧拉姿态角 ψ 最大变化 5.7°，姿态角速度最大为－0.55（°）/s；而空间系绳自由模式下，姿态角 σ_3 最大变化为 0.08，相应的欧拉姿态角 ψ 最大变化为 1.5°，姿态角速度最大为－0.21（°）/s。可见系绳拉直模式比自由模式下，抓捕碰撞过程对目标姿态影响更大。主要原因是拉直模式下，空间系绳近似拉直，空间绳系机器人在目标抓捕过程中，空间系绳有可能出现绷紧，这时空间系绳相对于空间绳系机器人是一种约束，阻碍了其运动。与自由模式相比，空间绳系机器人的运动受到限制，则碰撞力更大（图 3－12），因此，碰撞对目标的姿态影响也更大。

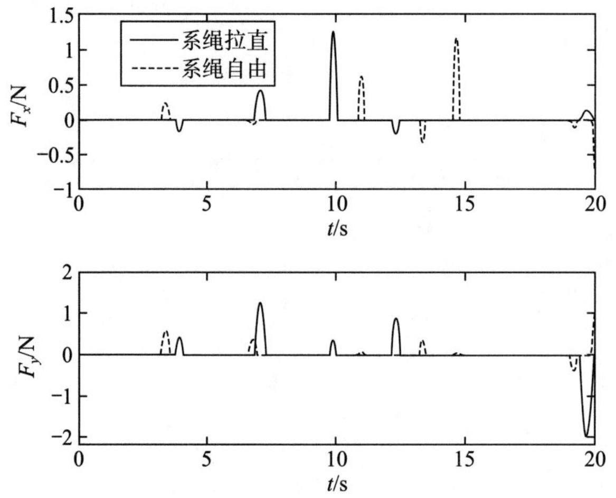

图 3－12　空间绳系机器人总碰撞力曲线

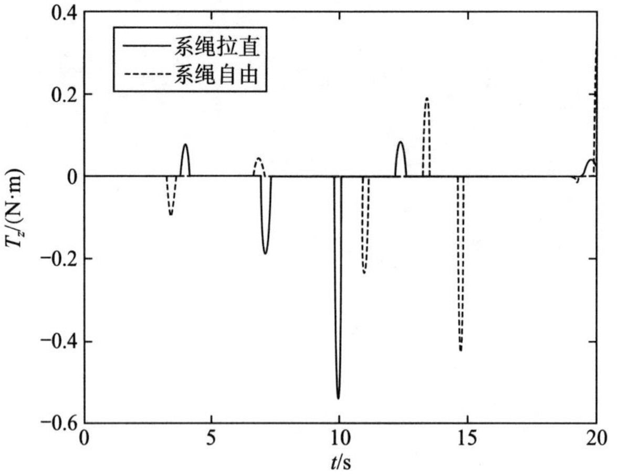

图 3－13　空间绳系机器人总碰撞力矩曲线

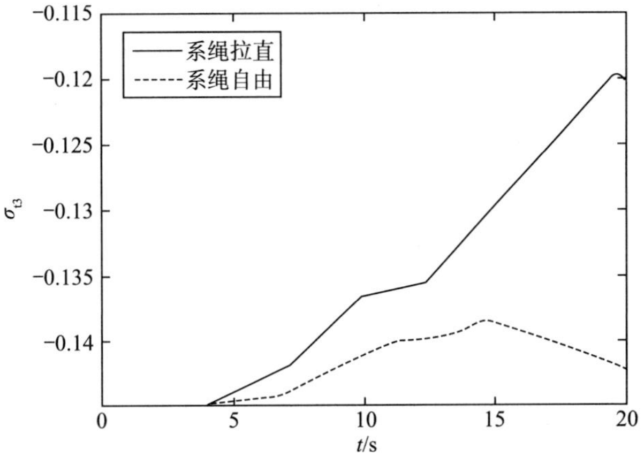

图 3 - 14　抓捕目标修正罗德里格斯参数姿态角变化曲线

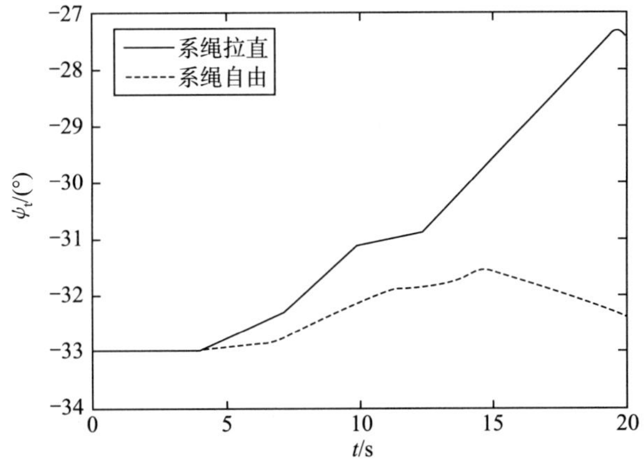

图 3 - 15　抓捕目标欧拉姿态角变化曲线

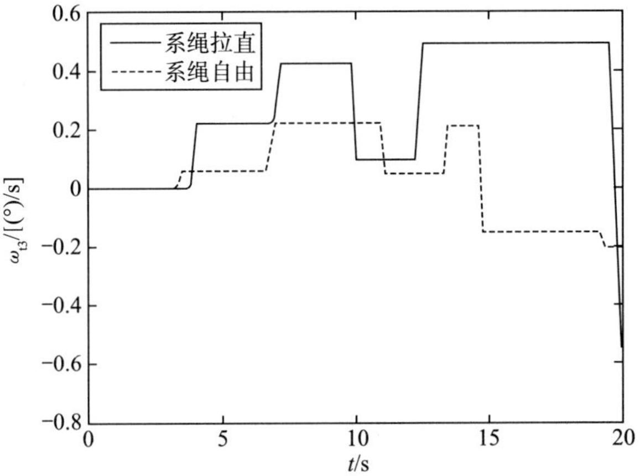

图 3 - 16　抓捕目标姿态角速度变化曲线

图 3－17 是空间绳系机器人抓捕过程中目标位置变化曲线，图 3－18 是对应的空间绳系机器人抓捕过程中目标线速度变化曲线，同理可以看出，空间系绳拉直模式下，碰撞过程对目标的位置影响也更大。

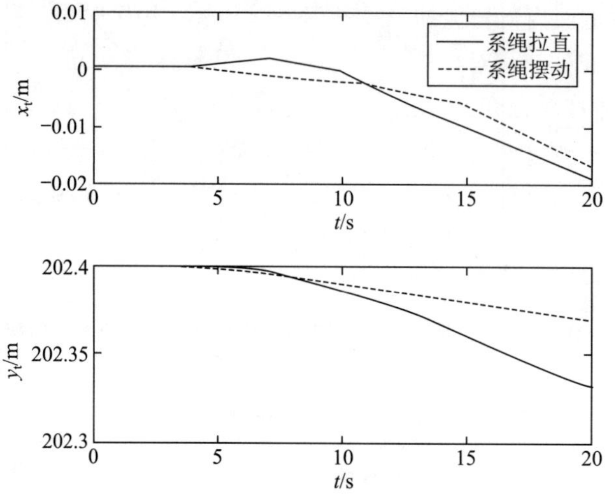

图 3－17　抓捕目标位置变化曲线

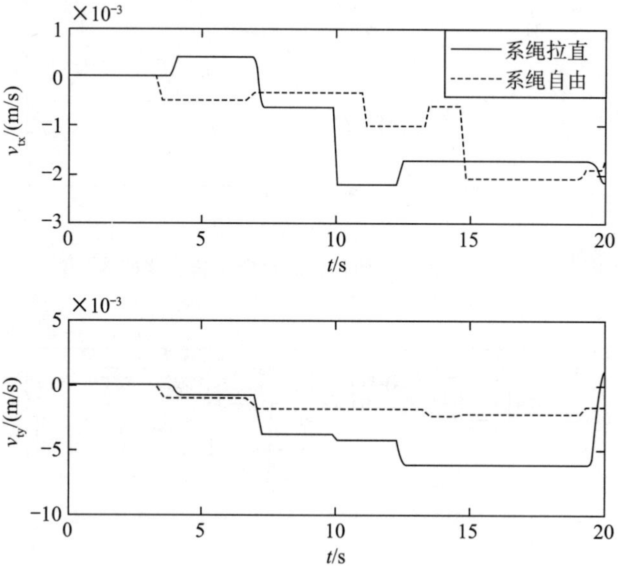

图 3－18　抓捕目标线速度变化曲线

综上所述，系绳自由模式下，系绳摆动会对抓捕过程中空间绳系机器人位置和姿态产生较大的影响；而采取系绳拉直模式，可以有效减小系绳摆动对空间机器人位置和姿态的影响。因此，在对目标进行抓捕前，可主动控制系绳，使其尽量处于拉直状态，从而减小目标抓捕过程中系绳对机器人位置和姿态的影响。

3.1.3.3　初始相对线速度对抓捕碰撞过程影响分析

与传统的交会对接不同，空间绳系机器人的目标抓捕是一个同位置不同速度的碰撞抓捕过程。抓捕前必然残余一定的相对线速度，本节主要分析残余相对线速度的影响。仍以空间绳系机器人轨道面内目标抓捕碰撞过程进行分析，初始时刻，待抓捕目标位于空间平台前（0，202.4）m 处，相对速度（0，0）m/s，初始姿态角 ψ_t 为－33°，姿态角速度 $\dot{\psi}_t$ 为 0（°）/s,待抓捕杆状部位位于目标本体坐标系（0.005，－2）m 处，直径为 0.1 m。空间绳系机器人位于轨道面内，沿－V－bar 方向对目标进行抓捕。空间绳系机器人初始时刻位于空间平台轨道坐标系（－1.057，200.247）m 处，初始姿态角 ψ 为 92.4°，姿态角速度 $\dot{\psi}$ 为 0.5（°）/s,空间系绳连接点在空间绳系机器人本体坐标系下偏置矢量为（0.25，0）m，空间系绳段数 n 取为 16。初始时刻操作手爪角度为 $\gamma_1=\gamma_3=90°$，$\gamma_2=\gamma_4=120°$，抓捕过程中，关节角度 γ_1 和 γ_3 以 1.5（°）/s 的速度合拢，γ_2 和 γ_4 保持不变。分别选取相对线速度为 1 cm/s、1.5 cm/s、3 cm/s 三种情况进行分析。

图 3－19～图 3－21 分别为相对线速度 1 cm/s、1.5 cm/s、3 cm/s 三种情况的抓捕过程示意，绿色曲线为目标运动轨迹、红色曲线为操作手爪单爪合拢轨迹、蓝色曲线为操作手爪双爪合拢轨迹，均是在空间绳系机器人本体坐标系下的表示。可以看出相对速度 1 cm/s 和 1.5 cm/s 两种情况下，空间绳系机器人均能成功对目标进行抓捕，而相对速度为 3 cm/s 时，经过碰撞反弹后，出了操作手爪抓捕包络，导致目标抓捕失败。

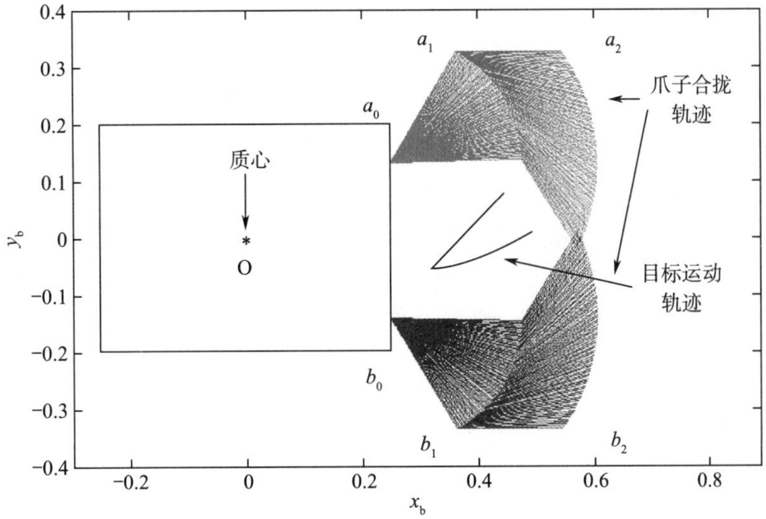

图 3－19　残余 1 cm/s 速度下抓捕过程曲线

图 3－22 为空间绳系机器人目标抓捕过程中姿态角 ψ 变化对比曲线。可以看出，当速度误差为 1 cm/s 时，姿态角 ψ 最小为 93.4°，最大为 98.1°，变化幅度为 4.7°；当速度误差为 1.5 cm/s 时，姿态角 ψ 最小为 92.4°，最大为 116.4°，变化幅度为 24°；当速度误差为 3 cm/s 时，目标出了抓捕包络，由于与目标之间的碰撞，导致其姿态处于失控状态，从初始的 90°，到结束时变化到了－136.4°。可以看出，相对速度越大，目标抓捕过程中，

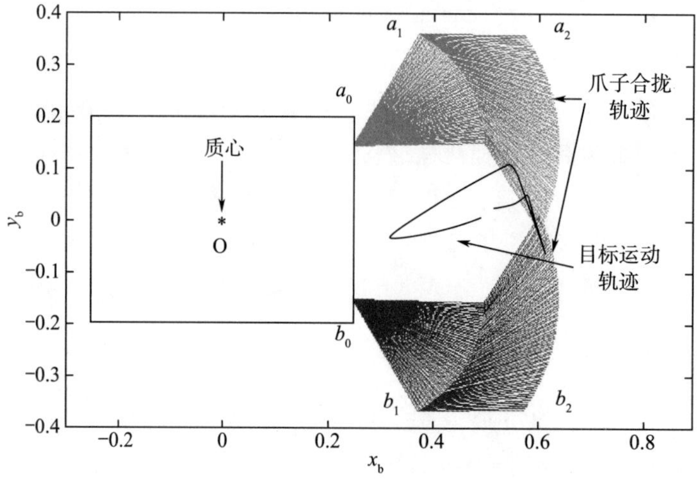

图 3-20　残余 1.5 cm/s 速度下抓捕过程曲线

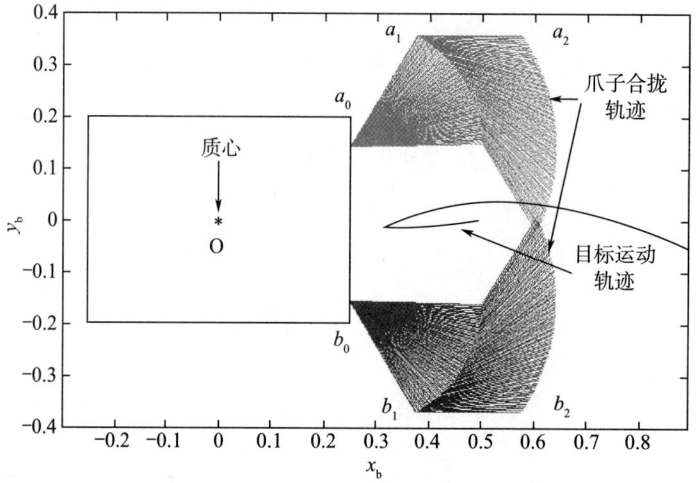

图 3-21　残余 3 cm/s 速度下抓捕过程曲线

姿态影响越大；当相对速度达到一定值时，目标脱离抓捕包络，导致目标抓捕失败。图 3-23 为空间绳系机器人姿态角速度仿真结果对比。可以看到，相对速度为 1.5 cm/s 时的角速度变化曲线明显比相对速度为 1 cm/s 的角速度变化曲线变化幅值更大，变化更加剧烈，这可以一定程度反映出目标抓捕过程中的碰撞频率；此外，可以看出当相对速度为 3 cm/s 时，姿态角速度从初始的 0.5（°）/s 变化到2.1（°）/s,处于失稳状态。

图 3-24 为空间绳系机器人质心位置变化对比。由于沿－V－bar 方向对目标进行抓捕，因此从 y 方向仿真结果可以看出，当相对速度为 1 cm/s 和 1.5 cm/s 时，由于操作手爪能够及时合拢，完成对目标的抓捕，尽管经过了碰撞，但是 y 方向的质心位置基本稳定在 200.42 m 附近；而当相对速度为 3 cm/s 时，明显可以看出，碰撞之后，空间绳系机器人沿与目标相反的方向运动，目标脱离操作手爪抓捕包络，导致抓捕失败。

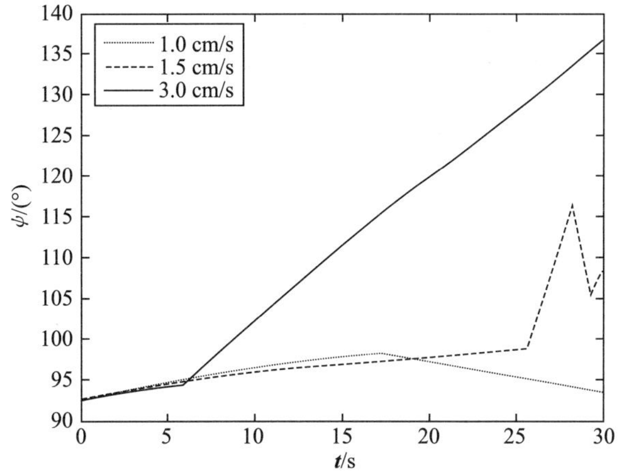

图 3-22　空间绳系机器人姿态角变化曲线

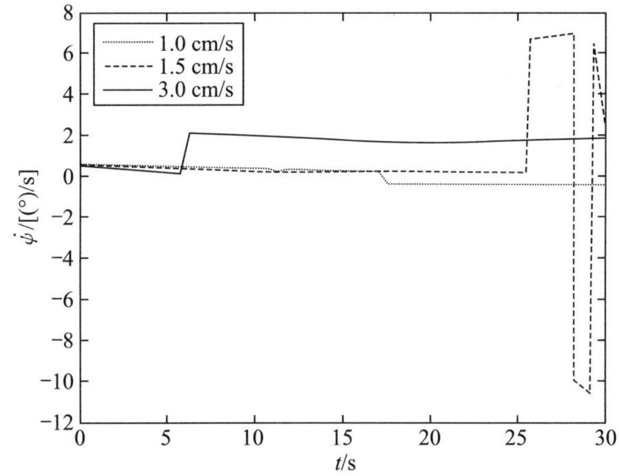

图 3-23　空间绳系机器人姿态角速度曲线

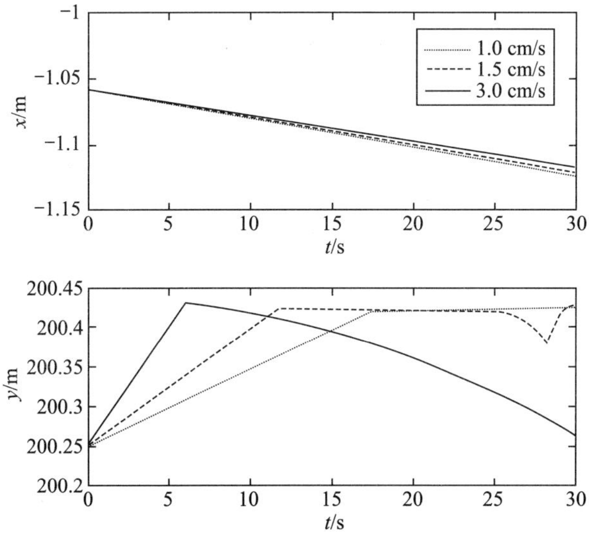

图 3-24　空间绳系机器人质心位置变化曲线

图 3-25～图 3-28 为空间绳系机器人操作手爪在合拢、目标抓捕过程中的碰撞力变化曲线。图 3-29 为空间绳系机器人总碰撞力曲线，图 3-30 为空间绳系机器人总碰撞力矩曲线。图 3-31 和图 3-32 为空间绳系机器人抓捕过程中目标姿态角变化曲线，分别以修正罗德里格斯参数和欧拉姿态角表示，图 3-33 为相应的姿态角速度变化曲线。从仿真结果可以看出，当速度误差为 1 cm/s 时，目标姿态角 σ_3 最大变化至－0.168，对应的欧拉姿态角为－37.86°；当速度误差为 1.5 cm/s 时，目标姿态角 σ_3 最大变化至－0.183，对应的欧拉姿态角为－41.5°。可见，当速度误差越大，对目标的姿态影响越大。当速度误差为 0.05 m/s 时，目标脱离了操作手爪抓捕包络，由于碰撞，导致目标以－1.07（°）/s 的角速度旋转。

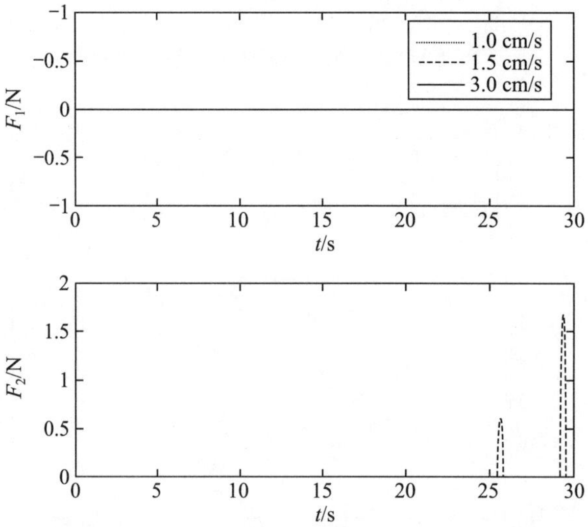

图 3-25　空间绳系机器人操作手爪单爪 $a_0a_1a_2$ 碰撞力曲线

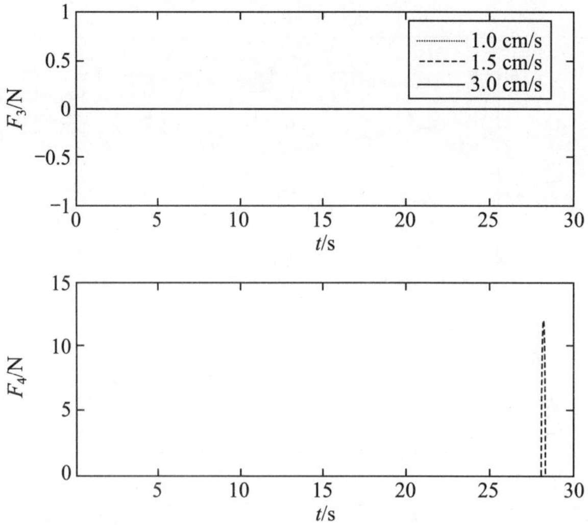

图 3-26　空间绳系机器人操作手爪双爪 $b_0b_1b_2$ 碰撞力曲线

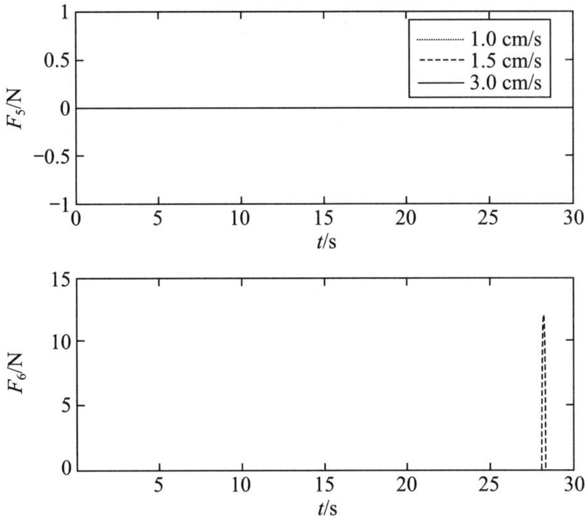

图 3-27　空间绳系机器人操作手爪双爪 $c_0c_1c_2$ 碰撞力曲线

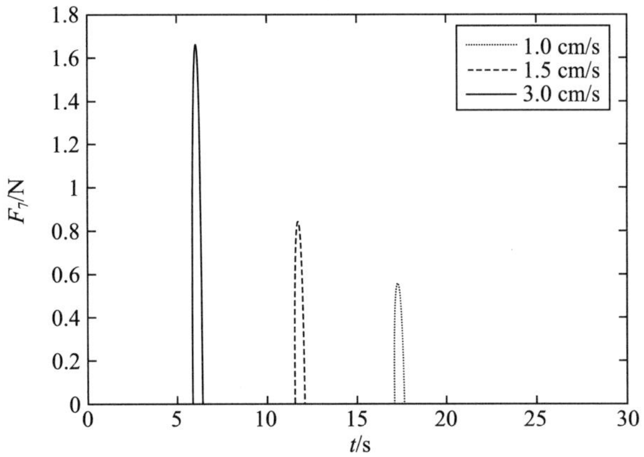

图 3-28　空间绳系机器人前端碰撞力曲线

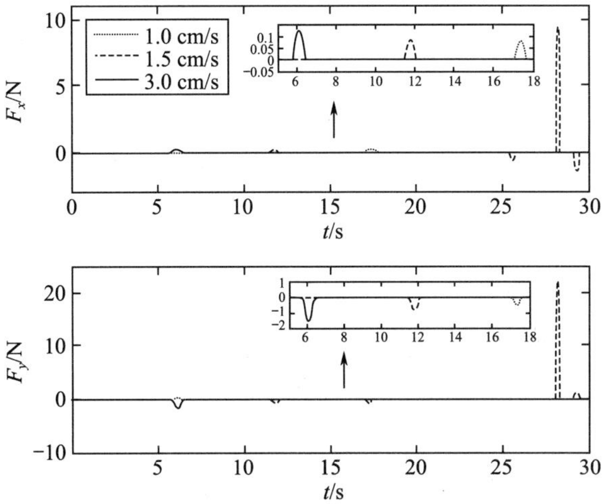

图 3-29　空间绳系机器人总碰撞力曲线

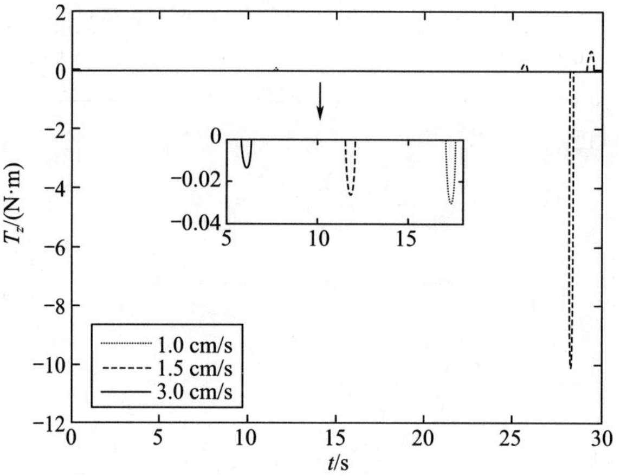

图 3-30　空间绳系机器人总碰撞力矩曲线

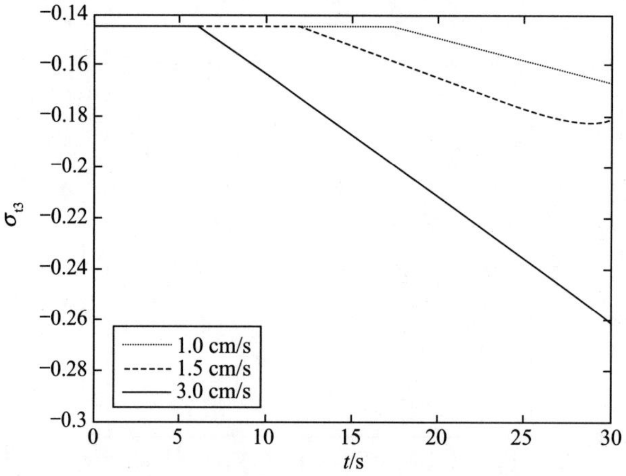

图 3-31　抓捕目标修正罗德里格斯参数姿态角变化曲线

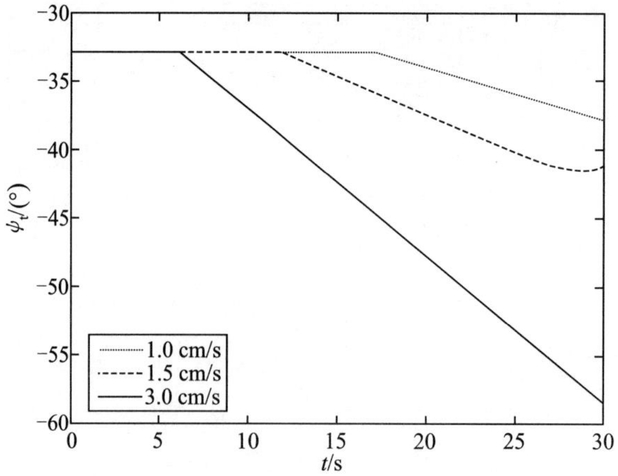

图 3-32　抓捕目标欧拉姿态角变化曲线

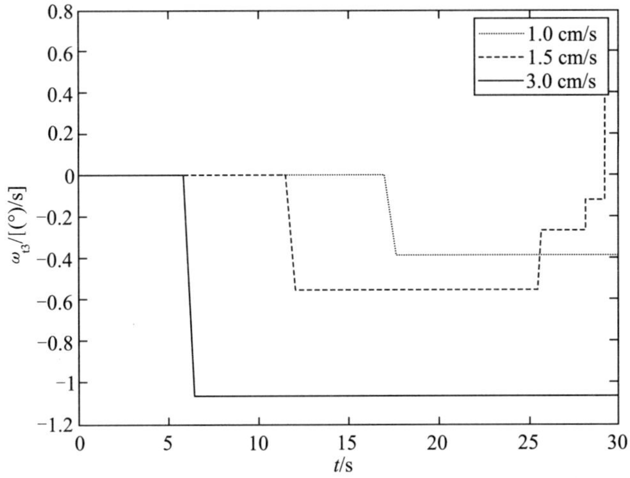

图 3－33　抓捕目标姿态角速度变化曲线

图 3－34 和图 3－35 分别为空间绳系机器人抓捕过程中目标位置和线速度变化曲线。从仿真结果可以看出，当相对速度为 1 cm/s 时，x 方向和 y 方向位置相对于原始位置，最大偏离至－0.004 m 和 202.445 m；当相对速度为 1.5 cm/s 时，x 方向和 y 方向位置相对于原始位置，最大偏离至－0.005 m 和 202.47 m。可见，相对速度越大，对目标的位置影响越大；当相对速度增加至 3 cm/s 时，目标脱离抓捕手爪包络，y 方向以 0.6 cm/s 的速度运动。从目标位置和姿态在抓捕碰撞过程中的变化曲线可以看出，一旦抓捕失败，直接进行二次抓捕可能更加困难。需要后退，重新实施逼近抓捕。

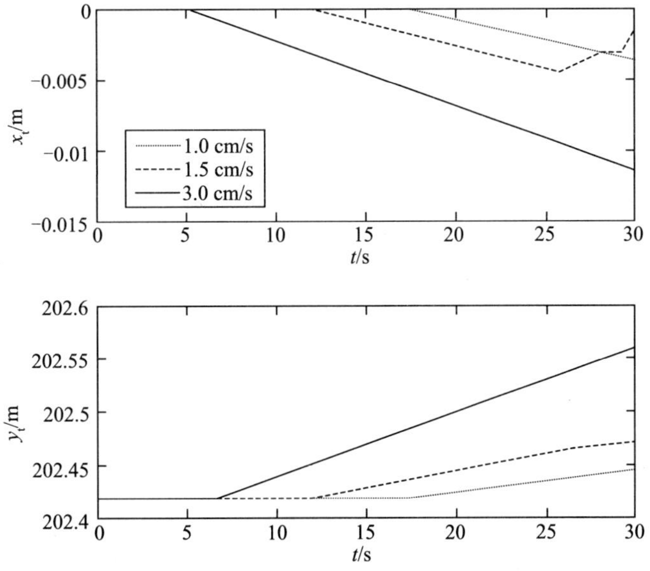

图 3－34　抓捕目标位置变化曲线

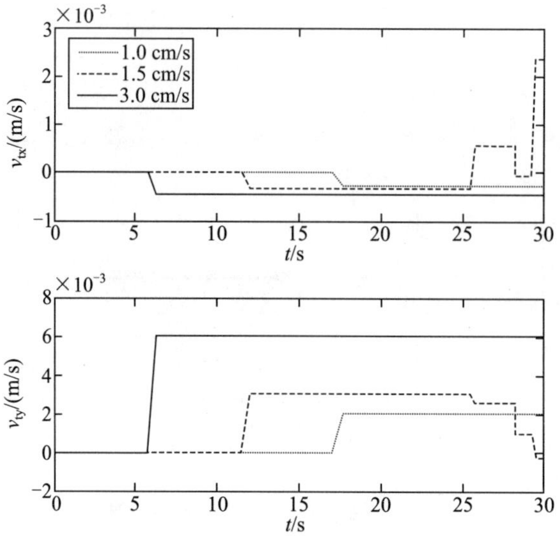

图 3-35 抓捕目标线速度变化曲线

综上所述，可以看出：在抓捕初始时刻，空间绳系机器人与目标之间相对线速度过大，会导致目标在抓捕过程中，脱离操作手爪抓捕包络，导致抓捕任务的失败。因此，一方面，在目标抓捕前，可通过控制，减小空间绳系机器人与目标之间的相对线速度至一定范围内（对于本节示例，相对线速度小于 1.5 cm/s）；另一方面，可通过主动控制，减小相对线速度的影响，保持目标抓捕过程中空间绳系机器人位置和姿态的稳定。

3.1.3.4 初始相对角速度对抓捕碰撞过程影响分析

由于空间绳系机器人在对目标抓捕前不可避免地残余一定的相对角速度。本节针对不同的相对转动角速度误差进行分析，同样以空间绳系机器人轨道面内目标抓捕碰撞过程为例。初始时刻，待抓捕目标位于空间平台前（0，202.42）m 处，相对速度（0，0）m/s，初始姿态角 ψ_t 为−33°，姿态角速度 $\dot{\psi}_t$ 为 0（°）/s，待抓捕杆状部位位于目标本体坐标系（0.005，−2）m 处，直径为 0.1 m。空间绳系机器人位于轨道面内，沿−V−bar 方向对目标进行抓捕。空间绳系机器人初始时刻位于空间平台轨道坐标系（−1.057，200.247）m 处，初始姿态角 ψ 为 90°，空间系绳连接点在空间绳系机器人本体坐标下偏置矢量为（0.25，0）m，空间系绳段数 n 取为 16。初始时刻操作手爪角度为 $\gamma_1=\gamma_3=150°$，$\gamma_2=\gamma_4=120°$，抓捕过程中，关节角度 γ_1 和 γ_3 以 1.5（°）/s 的速度合拢，γ_2 和 γ_4 保持不变。选取 $\dot{\psi}$ 分别为 0.5（°）/s、1.0（°）/s、1.5（°）/s 三种情况进行分析。

图 3-36～图 3-38 分别为 $\dot{\psi}=0.5$（°）/s、1.0（°）/s、1.5（°）/s 三种情况的抓捕仿真结果示意图，绿色曲线为目标运动轨迹、红色曲线为操作手爪单爪合拢轨迹、蓝色曲线为操作手爪双爪合拢轨迹，均是在空间绳系机器人本体坐标系下的表示。可以看出速度误差 $\dot{\psi}=0.5$（°）/s、1.0（°）/s 两种情况下，空间绳系机器人均能成功对目标进行抓捕，而 $\dot{\psi}=1.5$（°）/s 时，与操作手爪碰撞后，目标出了操作手爪抓捕包络，导致目标抓捕失败。

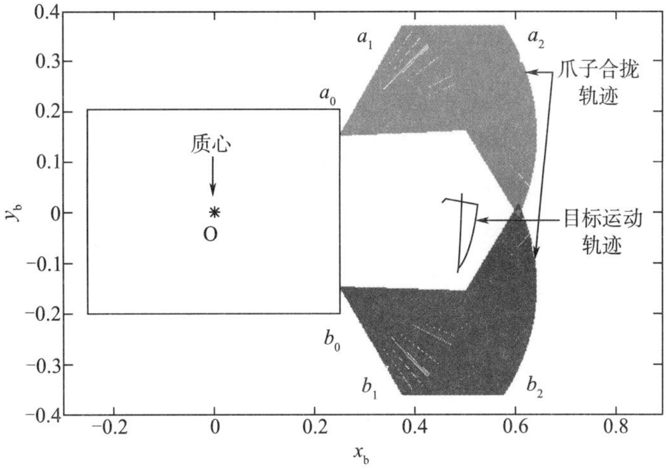

图 3-36　0.5（°）/s 残余角速度下的抓捕过程曲线

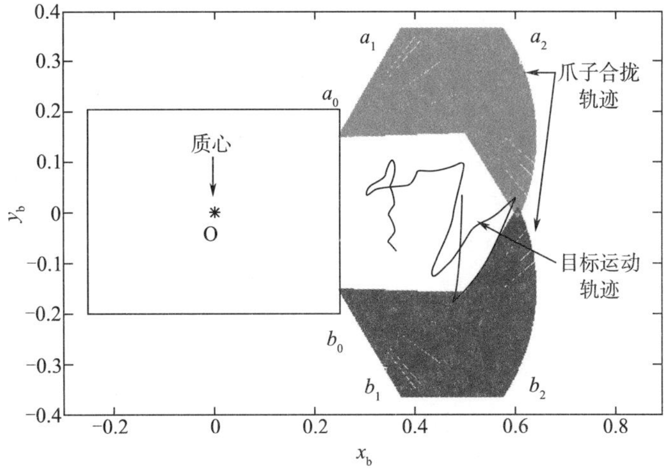

图3-37　1（°）/s 残余角速度下的抓捕过程曲线

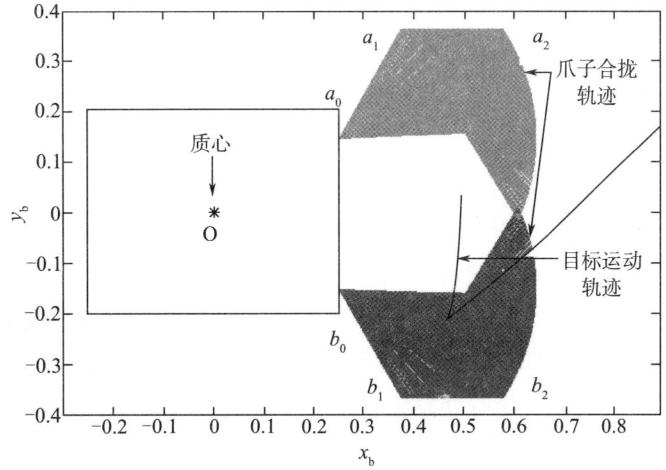

图3-38　1.5（°）/s 残余角速度下的抓捕过程曲线

图3- 39 为空间绳系机器人目标抓捕过程中姿态角 ψ 变化对比。可以看出，当相对角速度为 0.5（°）/s 时，姿态角 ψ 最大变化至 104.7°；当相对角速度为 1.0（°）/s 时，姿态角 ψ 最大变化至 115.4°；当相对角速度为 1.5（°）/s 时，由于碰撞，目标出了抓捕包络。可以看出，相对角速度越大，空间绳系机器人姿态角变化范围越大，变化越剧烈；当相对角速度达到一定值时，目标出了抓捕包络，导致目标抓捕失败。图 3 - 40 为空间绳系机器人姿态角速度对比。

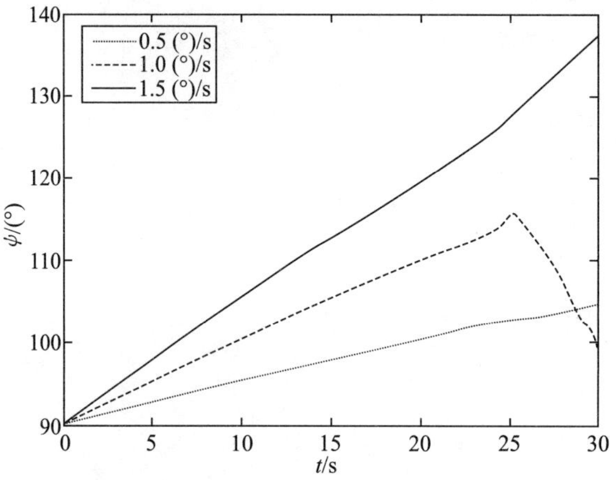

图 3 - 39　空间绳系机器人姿态角变化曲线

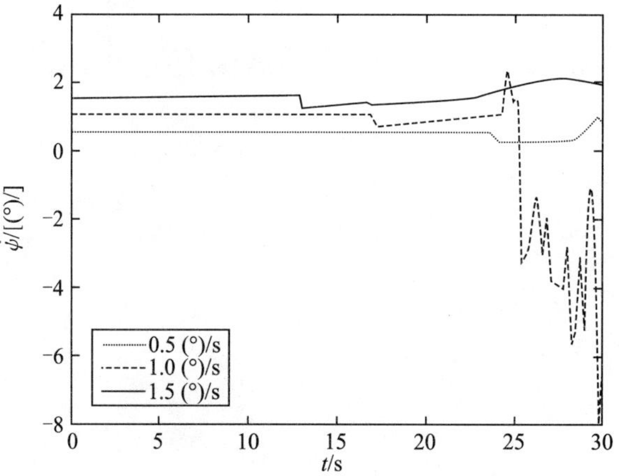

图 3 - 40　空间绳系机器人姿态角速度曲线

图 3 - 41 为空间绳系机器人质心位置变化曲线。可以看出，当相对角速度为 0.5（°）/s 时，质心位置 x 方向和 y 方向最大偏离至－0.92 m 和 200.2 m；当相对角速度为 1.0（°）/s 时，质心位置 x 方向和 y 方向最大偏离至－0.76 m 和 200.19 m；而当相对角速度为 1.5（°）/s 时，目标脱离操作手爪抓捕包络。可以看出，相对角速度越大，质心位置偏离越大；当相对角速度误差增大到一定程度会因为目标出操作手爪抓捕包络，导致抓捕任务的失败。

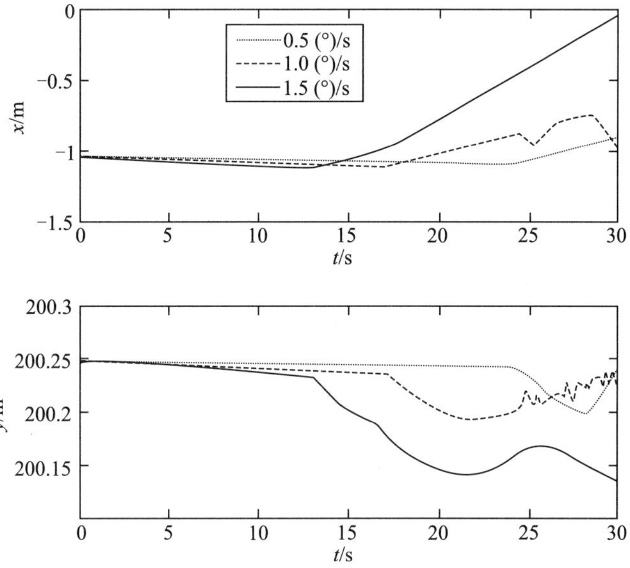

图 3 - 41　空间绳系机器人质心位置变化曲线

图 3 - 42～图 3 - 45 为空间绳系机器人操作手爪在合拢、目标抓捕过程中的碰撞力变化曲线。可以看出，相对角速度越大，抓捕过程中的碰撞力越大，碰撞发生更加频繁。图 3 - 46 为空间绳系机器人总碰撞力曲线，图 3 - 47 为空间绳系机器人总碰撞力矩曲线。图 3 - 48 和图 3 - 49 为空间绳系机器人抓捕过程中目标姿态角变化曲线，分别以修正罗德里格斯参数和欧拉姿态角表示，图 3 - 50 为相应的姿态角速度变化曲线。图 3 - 51 和图 3 - 52 分别为空间绳系机器人抓捕过程中目标位置变化曲线和线速度变化曲线。

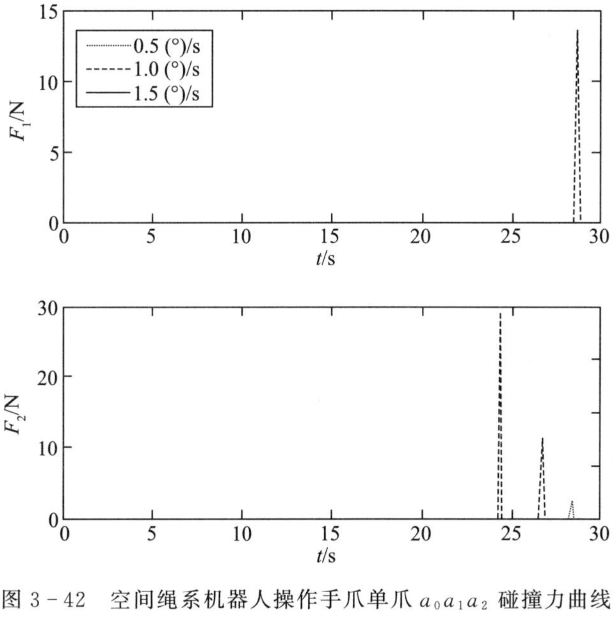

图 3 - 42　空间绳系机器人操作手爪单爪 $a_0a_1a_2$ 碰撞力曲线

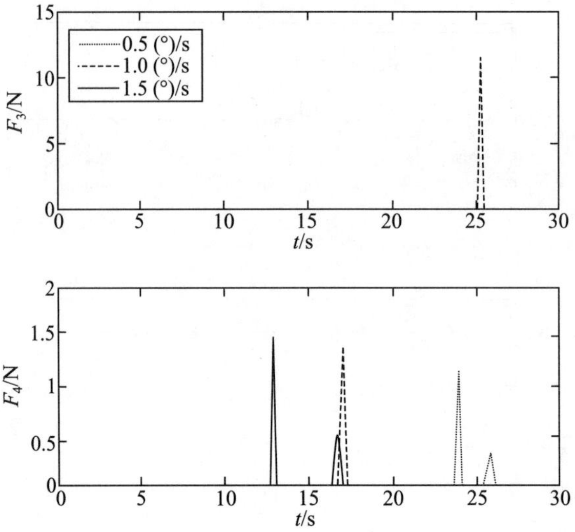

图 3-43 空间绳系机器人操作手爪双爪 $b_0b_1b_2$ 碰撞力曲线

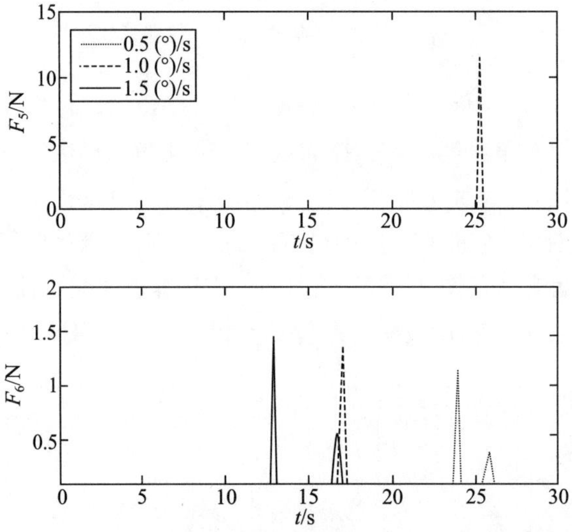

图 3-44 空间绳系机器人操作手爪双爪 $c_0c_1c_2$ 碰撞力曲线

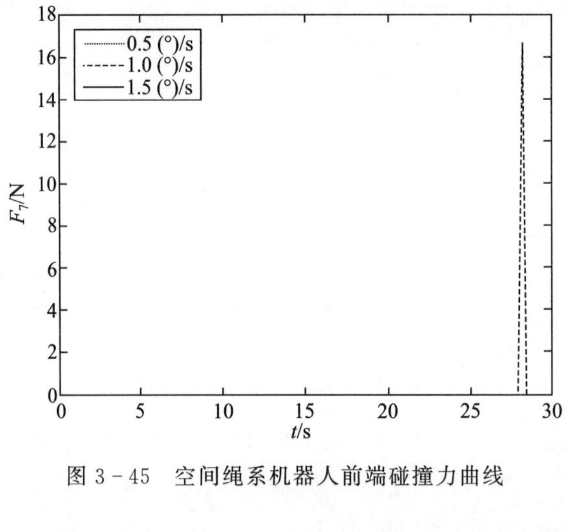

图 3-45 空间绳系机器人前端碰撞力曲线

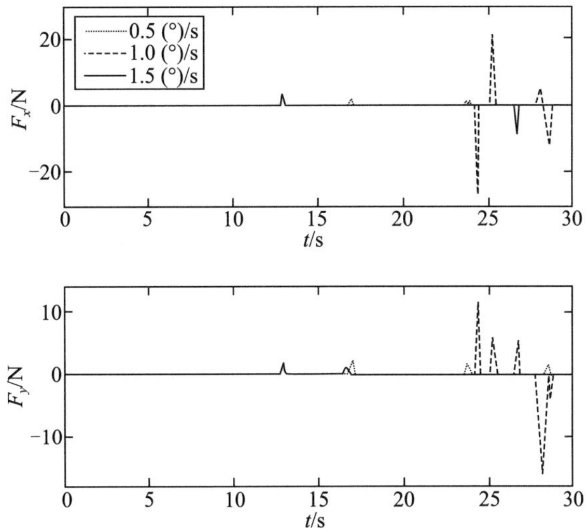

图 3-46　空间绳系机器人总碰撞力曲线

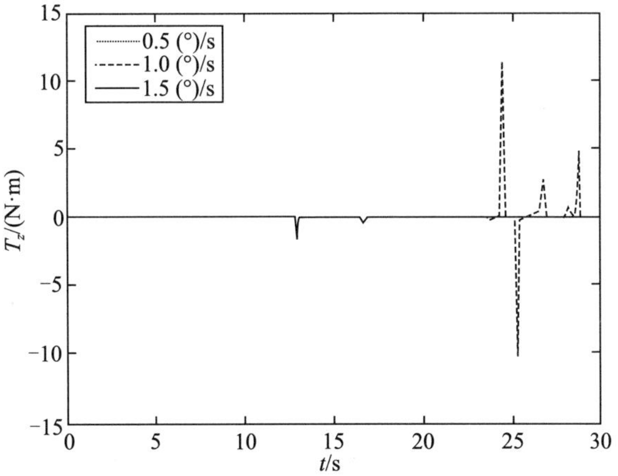

图 3-47　空间绳系机器人总碰撞力矩曲线

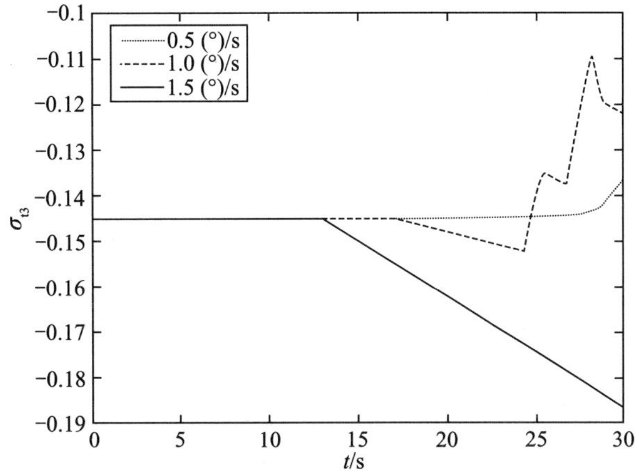

图 3-48　抓捕目标修正罗德里格斯参数姿态角变化曲线

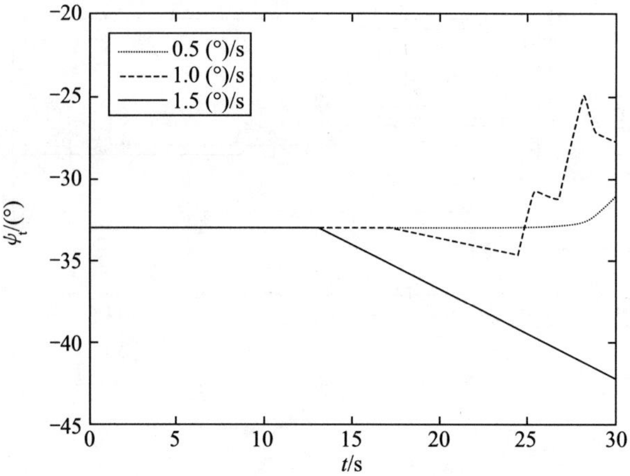

图 3-49　抓捕目标欧拉姿态角变化曲线

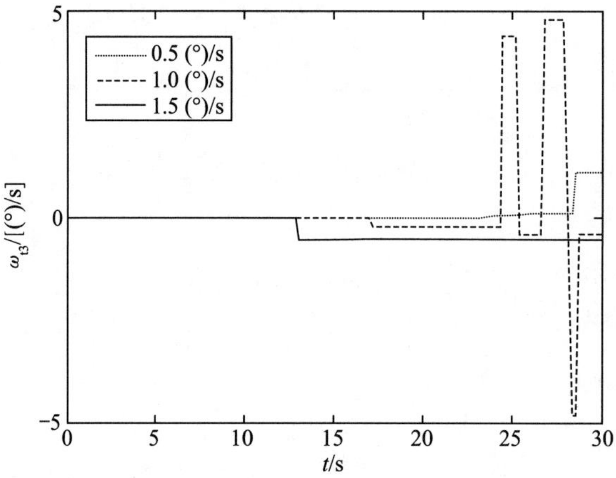

图 3-50　抓捕目标姿态角速度变化曲线

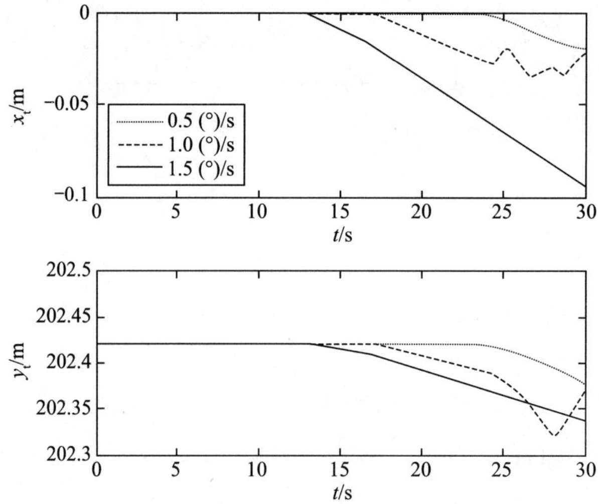

图 3-51　抓捕目标位置变化曲线

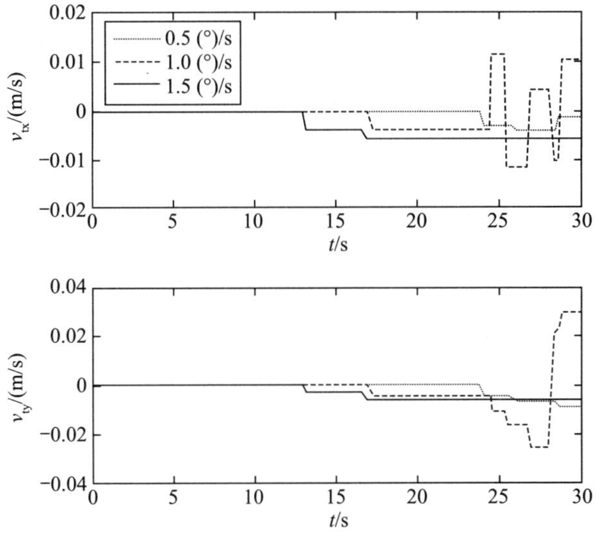

图 3-52　抓捕目标线速度变化曲线

综上所述，在抓捕初始时刻，若空间绳系机器人与目标之间相对角速度过大，会导致目标在抓捕过程中，脱离操作手爪抓捕包络，导致抓捕任务的失败。同理，一方面，在目标抓捕前，可考虑通过控制，减小空间绳系机器人与目标之间的相对角速度至一定范围内（对于本节示例，相对角速度小于 1 (°) /s）；另一方面，可通过主动控制，减小相对角速度的影响，保持目标抓捕过程中空间绳系机器人位置和姿态的稳定。

3.2　空间绳系机器人目标抓捕稳定控制

从上节的分析可以看出，目标抓捕过程中，空间系绳的摆动会对目标抓捕过程中绳系机器人的位置和姿态产生影响；目标抓捕时残余的相对线速度和相对角速度，会使得整个抓捕过程由于碰撞而变得不稳定，甚至会导致抓捕任务失败。此外，抓捕目标自身可能的自旋，会导致整个抓捕过程更加困难。因此，设计合适的目标抓捕控制方法，保证空间绳系机器人在目标抓捕过程中的稳定，是本节主要考虑和解决的问题。

3.2.1　空间绳系机器人目标抓捕模型

以轨道面内抓捕为例，空间绳系机器人的目标抓捕示意如图 3-53 所示[218,219]。其中，$OXYZ$ 为地球惯性坐标系，$oxyz$ 为空间平台轨道坐标系，$O_b x_b y_b z_b$ 为空间绳系机器人本体坐标系。A 为系绳连接点，$\boldsymbol{d}$ 为系绳点矢量。在抓捕任务过程中，空间绳系机器人合拢操作手爪，对目标杆状抓捕部位进行抓捕。由于在目标抓捕过程中，空间系绳不需要较大长度的回收与释放，空间绳系机器人的系绳单元数不再变化，抓捕过程的位置变化通过最后一段系绳单元的变化来体现。对推导的动力学模型进行简化，并设 $\boldsymbol{\xi} = (l_n \quad \alpha_n \quad \beta_n \quad \varphi \quad \theta \quad \psi)^{\mathrm{T}}$，则空间绳系机器人矩阵形式的动力学方程为

$$M\ddot{\xi} + N\xi + G = Q + \tau \tag{3-13}$$

其中，M 为空间绳系机器人惯量矩阵；G 与轨道角速度 ω 有关，为地球重力作用项；Q 为广义控制力矢量，其中 l_n、α_n 和 β_n 对应的广义控制力通过空间绳系机器人自身推力器实现；$\tau = \tau(l_1, \cdots, l_{n-1}, \alpha_1, \cdots, \alpha_{n-1}, \beta_1, \cdots, \beta_{n-1})$ 为空间系绳与末端空间绳系机器人状态量的耦合项。

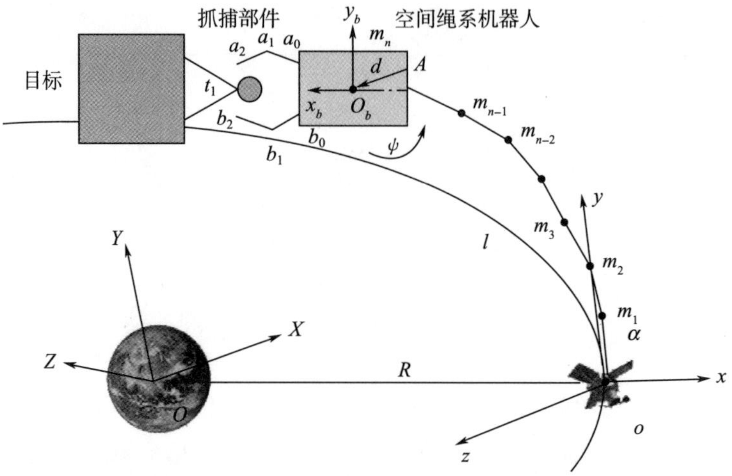

图 3-53　空间绳系机器人目标抓捕示意图

通过对矩阵形式的空间绳系机器人动力学方程（3-13）的分析，可以发现以下特点。

1）空间绳系机器人惯量矩阵 M 是正定矩阵；

2）矩阵 $\dot{M} - 2N$ 为斜对称矩阵，其具有以下性质

$$\chi^{T}(\dot{M} - 2N)\chi = 0 \tag{3-14}$$

其中 χ 为任意六维列矢量，N 可以通过参考文献［220］中给出的方法选择。

3.2.2　基于阻抗控制的抓捕鲁棒自适应控制

针对空间绳系机器人目标抓捕稳定控制问题，并考虑目标抓捕碰撞、系绳干扰、模型不确定性等因素，设计目标抓捕控制器，其中，阻抗控制器作为外环，鲁棒自适应位置控制器作为内环。

3.2.2.1　外环阻抗控制器设计

阻抗控制是机器人操作控制中一种十分有效的控制方法，通过调节机器人的机械阻抗，从而调节末端机构的位置和末端机构与环境之间的接触碰撞力之间的动态关系。阻抗控制的接触力大小，由末端机构的参考位置、环境位置、环境刚度共同决定。阻抗控制器中的阻抗由两部分组成，分别为末端机构物理上内在阻抗和利用主动控制引起的阻抗。末端机构物理上内在阻抗是不变的，阻抗控制的目标是通过选择主动控制参数实现理想的目标阻抗。根据空间绳系机器人目标抓捕过程模型及控制需求等特点，本节采用基于位置的阻抗控制方法。主要思路是：通过空间绳系机器人操作手爪上的力/力矩传

感器，测量得到碰撞产生的碰撞力 $\boldsymbol{F}_e$，并将该信息反馈给阻抗控制器，阻抗控制器产生一个位置修正量 $\boldsymbol{e}=(\boldsymbol{e}_x, \boldsymbol{e}_y)^{\mathrm{T}}$，由于本节所采用空间绳系机器人操作手爪有 6 个连杆，外加前端面，因此有 7 个阻抗控制滤波器（如图 3-54 所示）[219]，其采用的修正量满足以下关系式

$$\boldsymbol{M}_d\ddot{\boldsymbol{e}}_i+\boldsymbol{B}_d\dot{\boldsymbol{e}}_i+\boldsymbol{K}_d\boldsymbol{e}_i=-\boldsymbol{F}_{ei}\quad i=1,2,\cdots,7 \tag{3-15}$$

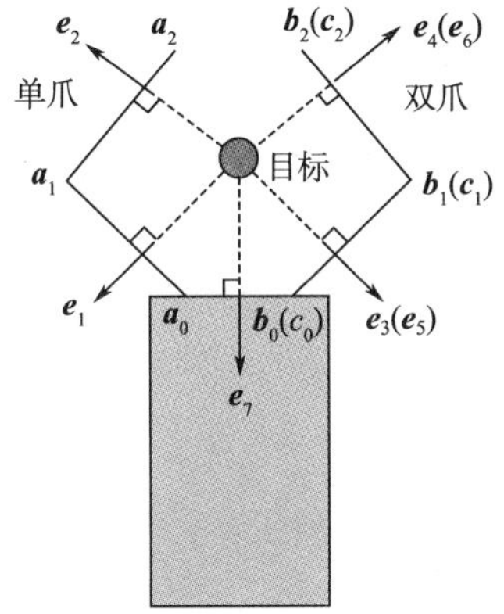

图 3-54　空间绳系机器人碰撞力示意图

在频域中，阻抗函数可以表示为以下形式

$$\boldsymbol{e}_i(\boldsymbol{s})=\frac{-\boldsymbol{F}_{ei}}{\boldsymbol{M}_d\boldsymbol{s}^2+\boldsymbol{B}_d\boldsymbol{s}+\boldsymbol{K}_d} \tag{3-16}$$

空间绳系机器人位置修正量 $\boldsymbol{e}_i$ 得到以后，与预先设定的期望参考运动轨迹 $\boldsymbol{x}_r$ 相加，可以得到修正后的期望参考运动轨迹 $\boldsymbol{x}_d$，即

$$\boldsymbol{x}_d=\boldsymbol{x}_r+\sum_{i=1}^{7}\boldsymbol{e}_i \tag{3-17}$$

当空间绳系机器人未与待抓捕目标产生碰撞，即 $\boldsymbol{F}_e=\boldsymbol{0}$ 时，$\boldsymbol{e}_i=\boldsymbol{0}$，这时 $\boldsymbol{x}_d=\boldsymbol{x}_r$，空间绳系机器人按照预先设定的期望参考运动轨迹运动。

基于位置的空间绳系机器人阻抗控制框图如图 3-55 所示[218,219]。

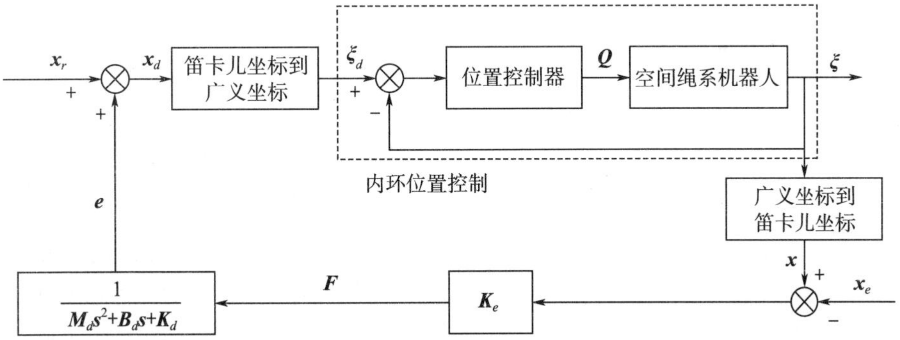

图 3-55　基于位置的空间绳系机器人阻抗控制方法

在阻抗控制方法中，$\boldsymbol{M}_d$ 是空间绳系机器人理想的惯量矩阵，对有大加速度的高速运动或会产生冲力的运动有较大作用；$\boldsymbol{B}_d$ 是空间绳系机器人理想阻尼矩阵，对中速运动或存在较强干扰的运动有较大作用；$\boldsymbol{K}_d$ 是空间绳系机器人理想刚度矩阵，对平衡状态附近的低速运动有较大作用。

3.2.2.2 内环位置控制器设计

在阻抗控制的基础上，需要设计内环的位置控制器。在内环控制器设计时，需要考虑系绳干扰、模型不确定性等因素。在考虑这些干扰和不确定因素时，空间绳系机器人动力学模型可表示为

$$(\boldsymbol{M}_0+\Delta\boldsymbol{M})\ddot{\boldsymbol{\xi}}+(\boldsymbol{N}_0+\Delta\boldsymbol{N})\dot{\boldsymbol{\xi}}+(\boldsymbol{G}_0+\Delta\boldsymbol{G})=\boldsymbol{Q}+\boldsymbol{\tau} \tag{3-18}$$

其中，$\boldsymbol{M}_0$、$\boldsymbol{N}_0$ 和 $\boldsymbol{G}_0$ 为系统矩阵的标称值，$\Delta\boldsymbol{M}$、$\Delta\boldsymbol{N}$ 和 $\Delta\boldsymbol{G}$ 为系统不确定性矩阵，并且满足以下关系式

$$\begin{cases}\boldsymbol{M}=\boldsymbol{M}_0+\Delta\boldsymbol{M}\\ \boldsymbol{N}=\boldsymbol{N}_0+\Delta\boldsymbol{N}\\ \boldsymbol{G}=\boldsymbol{G}_0+\Delta\boldsymbol{G}\end{cases} \tag{3-19}$$

其中，$\boldsymbol{M}$、$\boldsymbol{N}$ 和 $\boldsymbol{G}$ 为系统实际矩阵。

设空间绳系机器人状态跟踪误差为

$$\boldsymbol{e}=\boldsymbol{\xi}_d-\boldsymbol{\xi} \tag{3-20}$$

其中，$\boldsymbol{\xi}_d$ 为期望的系统状态。

定义误差函数为

$$\boldsymbol{r}=\dot{\boldsymbol{e}}+\boldsymbol{\Lambda}\boldsymbol{e}=\dot{\boldsymbol{\xi}}_d-\dot{\boldsymbol{\xi}}+\boldsymbol{\Lambda}\boldsymbol{e} \tag{3-21}$$

其中，$\boldsymbol{\Lambda}$ 为对称正定矩阵。

则系统误差方程为

$$\begin{aligned}\boldsymbol{M}_0\dot{\boldsymbol{r}}&=\boldsymbol{M}_0(\ddot{\boldsymbol{e}}+\boldsymbol{\Lambda}\dot{\boldsymbol{e}})=\boldsymbol{M}_0(\ddot{\boldsymbol{\xi}}_d-\ddot{\boldsymbol{\xi}}+\boldsymbol{\Lambda}\dot{\boldsymbol{e}})\\&=\boldsymbol{M}_0(\ddot{\boldsymbol{\xi}}_d+\boldsymbol{\Lambda}\dot{\boldsymbol{e}})+\boldsymbol{N}_0(\dot{\boldsymbol{\xi}}_d+\boldsymbol{\Lambda}\boldsymbol{e})-\boldsymbol{N}_0\boldsymbol{r}+\boldsymbol{G}_0+\boldsymbol{\rho}-\boldsymbol{Q}-\boldsymbol{\tau}\end{aligned} \tag{3-22}$$

系统误差动力学方程可写为

$$\boldsymbol{M}_0\dot{\boldsymbol{r}}+\boldsymbol{N}_0\boldsymbol{r}=\boldsymbol{M}_0(\ddot{\boldsymbol{\xi}}_d+\boldsymbol{\Lambda}\dot{\boldsymbol{e}})+\boldsymbol{N}_0(\dot{\boldsymbol{\xi}}_d+\boldsymbol{\Lambda}\boldsymbol{e})+\boldsymbol{G}_0+\boldsymbol{\rho}-\boldsymbol{Q}-\boldsymbol{\tau} \tag{3-23}$$

其中，$\boldsymbol{\rho}=\Delta\boldsymbol{M}\ddot{\boldsymbol{\xi}}+\Delta\boldsymbol{N}\dot{\boldsymbol{\xi}}+\Delta\boldsymbol{G}$ 为系统不确定项。

空间绳系机器人系统误差动力学方程含有不确定项，需要对不确定项进行补偿控制，提高系统的控制性能。RBF 神经网络由于其良好的曲线拟合（逼近）特性，受到诸多学者的关注，被广泛应用于模型不确定性的控制问题中。本节采用 RBF 神经网络对系统模型不确定性 $\boldsymbol{\rho}$ 进行估计。设计的基于神经网络的鲁棒自适应控制器为[218,219]

$$\boldsymbol{Q}=\boldsymbol{K}\boldsymbol{r}+\boldsymbol{M}_0(\ddot{\boldsymbol{\xi}}_d+\boldsymbol{\Lambda}\dot{\boldsymbol{e}})+\boldsymbol{N}_0(\dot{\boldsymbol{\xi}}_d+\boldsymbol{\Lambda}\boldsymbol{e})+\boldsymbol{G}_0+\hat{\boldsymbol{\rho}}+\boldsymbol{\eta} \tag{3-24}$$

其中，$\hat{\boldsymbol{\rho}}$ 为空间绳系机器人模型不确定性估计，$\boldsymbol{\eta}$ 为系统的鲁棒项。

将控制器式（3-24）代入系统误差动力学方程（3-23），则可以得到

$$\boldsymbol{M}_0\dot{\boldsymbol{r}} = -\boldsymbol{N}_0\boldsymbol{r} - \boldsymbol{K}\boldsymbol{r} + \tilde{\boldsymbol{\rho}} + \boldsymbol{\delta} - \boldsymbol{\eta} - \boldsymbol{\tau} \tag{3-25}$$

其中，$\boldsymbol{\delta}$ 为神经网络自适应估计产生的误差。

系统不确定项 $\boldsymbol{\rho} = \Delta\boldsymbol{M}\ddot{\boldsymbol{\xi}} + \Delta\boldsymbol{N}\dot{\boldsymbol{\xi}} + \Delta\boldsymbol{G}$，$\ddot{\boldsymbol{\xi}}$ 是系统状态 $\dot{\boldsymbol{\xi}}$ 和 $\boldsymbol{\xi}$ 的函数，因此 $\boldsymbol{\rho} = \boldsymbol{\rho}(\dot{\boldsymbol{\xi}}, \boldsymbol{\xi})$，因为 RBF 神经网络的输入量为 $\dot{\boldsymbol{\xi}}$ 和 $\boldsymbol{\xi}$，$\boldsymbol{\rho}$ 的估计值 $\hat{\boldsymbol{\rho}}$ 利用神经网络可以表示为

$$\hat{\boldsymbol{\rho}} = \hat{\boldsymbol{\Theta}}^{\mathrm{T}}\boldsymbol{\Phi}_\rho \tag{3-26}$$

其中，$\hat{\boldsymbol{\Theta}}$ 为 RBF 神经网络输出权值，$\boldsymbol{\Phi}_\rho$ 为径向基函数输出值，通常采用高斯函数作为径向基函数

$$\boldsymbol{\Phi}_{\rho i}(\boldsymbol{Y}) = \exp\left(-\frac{\|\boldsymbol{Y} - \boldsymbol{C}_i\|^2}{2{\sigma_i}^2}\right) \tag{3-27}$$

其中，$\boldsymbol{Y}$ 为神经网络输入矢量，$\boldsymbol{C}_i$ 为第 i 个隐含层基函数的中心矢量，σ_i 为第 i 个隐含层基函数的宽度。

则设计的权值 $\hat{\boldsymbol{\Theta}}$ 自适应更新律为

$$\dot{\hat{\boldsymbol{\Theta}}} = \boldsymbol{F}_\rho\boldsymbol{\Phi}_\rho\boldsymbol{r}^{\mathrm{T}} - k_\rho\boldsymbol{F}_\rho\|\boldsymbol{r}\|\hat{\boldsymbol{\Theta}} \tag{3-28}$$

其中，$\boldsymbol{F}_\rho$ 为任意正定矩阵，$k_\rho > 0$ 为设计参数。

RBF 神经网络在对空间绳系机器人模型不确定性进行估计时，存在估计误差 $\tilde{\boldsymbol{\rho}}$。同时，考虑到系绳干扰 $\boldsymbol{\tau}$ 的影响，设计 $\boldsymbol{\eta}$ 对估计误差 $\tilde{\boldsymbol{\rho}}$ 和系绳干扰 $\boldsymbol{\tau}$ 的影响进行抑制，设计 $\boldsymbol{\eta}$ 为

$$\boldsymbol{\eta} = (\eta_{\tilde{\rho}} + \eta_\tau)\cdot\mathrm{sgn}(\boldsymbol{r}) \tag{3-29}$$

其中，sgn(·) 为符号函数，$\eta_{\tilde{\rho}}$ 为 RBF 神经网络估计误差 $\tilde{\boldsymbol{\rho}}$ 的上界，η_τ 为空间系绳干扰 $\boldsymbol{\tau}$ 的上界。此外，在空间绳系机器人目标抓捕前，主动控制系绳，使其处于拉直状态，减小空间系绳干扰对空间绳系机器人位置和姿态的影响。

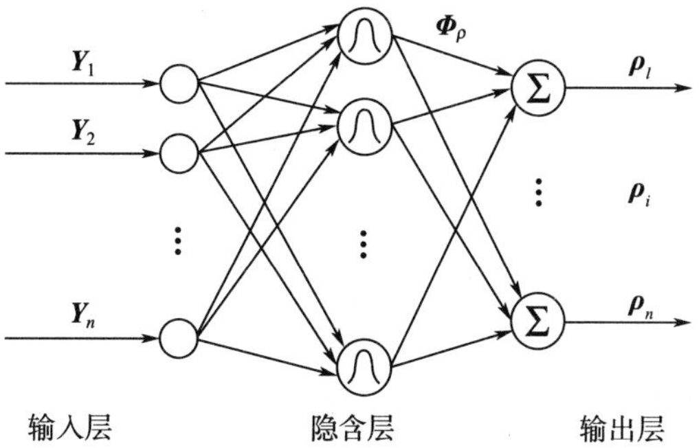

图 3-56　RBF 神经网络基本结构图

为了减小控制器中因符号函数存在产生的振动，利用饱和函数取代符号函数。

$$\operatorname{sat}(\boldsymbol{r}_i,\varepsilon)=\begin{cases}1 & \boldsymbol{r}_i>\varepsilon\\ \dfrac{\boldsymbol{r}_i}{\varepsilon} & -\varepsilon<\boldsymbol{r}_i<\varepsilon\\ -1 & \boldsymbol{r}_i<-\varepsilon\end{cases}$$

其中 $i=1$，2，3，ε 为一正小数。

下面推导空间绳系机器人的期望轨迹。设平台轨道系下的目标待抓捕部位的位置为 x_r，速度为 $\dot{x}_r$。控制目标为控制绳系机器人的位置，使得目标待抓捕部位进入操作手爪抓捕包络，最终与操作手爪抓捕中心重合，完成对目标的有效抓捕合拢。

设利用阻抗控制修正后的目标待抓捕部位期望位置为 $\boldsymbol{x}_d$，空间绳系机器人操作手爪抓捕中心位置由空间系绳长度 l_n、面内角 α_n、面外角 β_n，空间绳系机器人姿态角 φ、θ 和 ψ 决定。因此，首先根据抓捕任务的不同，确定期望抓捕姿态角 φ_d、θ_d、ψ_d，然后通过计算，确定期望系绳长度 l_{nd}、面内角 α_{nd}、面外角 β_{nd}。l_{nd}、α_{nd} 和 β_{nd} 的具体计算步骤如下。

设操作手爪抓捕中心在其本体坐标系下位置为 $\boldsymbol{h}$，系绳连接点在本体坐标系下为 $\boldsymbol{d}_b$，则抓捕中心与系绳连接点在本体坐标下相对位置为 $\boldsymbol{d}_b+\boldsymbol{h}$。因此，期望抓捕中心位置 $\boldsymbol{x}_d$ 与 ψ_r、l_r 和 α_r 之间的关系可表示为

$$\boldsymbol{x}_d=\boldsymbol{R}(\varphi_d,\theta_d,\psi_d)(\boldsymbol{d}_b+\boldsymbol{h})+\boldsymbol{l}_{nd}(l_{nd},\alpha_{nd},\beta_{nd})+\boldsymbol{r}_{n-1} \tag{3-30}$$

由方程（3-30）可以计算得到 $\boldsymbol{l}_{nd}$ 为

$$\boldsymbol{l}_{nd}(l_{nd},\alpha_{nd},\beta_{nd})=\boldsymbol{x}_d-\boldsymbol{R}(\varphi_d,\theta_d,\psi_d)(\boldsymbol{d}_b+\boldsymbol{h})-\boldsymbol{r}_{n-1} \tag{3-31}$$

空间系绳的位置 $\boldsymbol{l}_{nd}$ 可以表示为

$$\boldsymbol{l}_{nd}=\begin{pmatrix}l_{nd}\cos\alpha_{nd}\cos\beta_{nd}\\ l_{nd}\sin\alpha_{nd}\cos\beta_{nd}\\ l_{nd}\sin\beta_{nd}\end{pmatrix}$$

则可以确定系绳长度与面内角的期望值为

$$\begin{cases}l_{nd}=\|\boldsymbol{l}_{nd}\|\\ \alpha_{nd}=\arctan\left(\dfrac{l_{nd2}}{l_{nd1}}\right)\\ \beta_{nd}=\arcsin\left(\dfrac{l_{nd3}}{l_{nd}}\right)\end{cases}$$

其中，l_{nd1}、l_{nd2} 和 l_{nd3} 分别为 $\boldsymbol{l}_{nd}$ 的三个分量。

下面进行稳定性证明。选取 Lyapunov 函数为

$$V=\frac{1}{2}\boldsymbol{r}^{\mathrm{T}}\boldsymbol{M}_0\boldsymbol{r}+\frac{1}{2}\operatorname{tr}(\widetilde{\boldsymbol{\Theta}}^{\mathrm{T}}\boldsymbol{F}_\rho^{-1}\widetilde{\boldsymbol{\Theta}}) \tag{3-32}$$

由于惯量矩阵 $\boldsymbol{M}_0$ 为正定矩阵，$\boldsymbol{F}_\rho$ 为选取的任意正定矩阵，因此 $V\geqslant 0$。

对式（3-32）两边求导可以得到

$$\dot{V}=\boldsymbol{r}^{\mathrm{T}}\boldsymbol{M}_0\dot{\boldsymbol{r}}+\frac{1}{2}\boldsymbol{r}^{\mathrm{T}}\dot{\boldsymbol{M}}_0\boldsymbol{r}+\operatorname{tr}(\widetilde{\boldsymbol{\Theta}}^{\mathrm{T}}\boldsymbol{F}_\rho^{-1}\dot{\widetilde{\boldsymbol{\Theta}}}) \tag{3-33}$$

将方程（3－23）和设计的控制器（3－24）代入式（3－33）可以得到

$$\dot{V}=\boldsymbol{r}^{\mathrm{T}}\boldsymbol{M}_0\dot{\boldsymbol{r}}+\frac{1}{2}\boldsymbol{r}^{\mathrm{T}}\dot{\boldsymbol{M}}_0\boldsymbol{r}+\mathrm{tr}(\tilde{\boldsymbol{\Theta}}^{\mathrm{T}}\boldsymbol{F}_{\rho}^{-1}\dot{\tilde{\boldsymbol{\Theta}}})$$

$$=\boldsymbol{r}^{\mathrm{T}}[-\boldsymbol{N}_0\boldsymbol{r}+\boldsymbol{M}_0(\ddot{\boldsymbol{\xi}}_d+\boldsymbol{\Lambda}\dot{\boldsymbol{e}})+\boldsymbol{N}_0(\dot{\boldsymbol{\xi}}_d+\boldsymbol{\Lambda}\boldsymbol{e})+\boldsymbol{G}_0+\boldsymbol{\rho}-\boldsymbol{Q}+\boldsymbol{\delta}-\boldsymbol{\tau}]+\frac{1}{2}\boldsymbol{r}^{\mathrm{T}}\dot{\boldsymbol{M}}_0\boldsymbol{r}+\mathrm{tr}(\tilde{\boldsymbol{\Theta}}^{\mathrm{T}}\boldsymbol{F}_{\rho}^{-1}\dot{\tilde{\boldsymbol{\Theta}}})$$

$$=\boldsymbol{r}^{\mathrm{T}}(-\boldsymbol{N}_0\boldsymbol{r}-\boldsymbol{K}\boldsymbol{r}+\tilde{\boldsymbol{\rho}}-\boldsymbol{\eta}+\boldsymbol{\delta}-\boldsymbol{\tau})+\frac{1}{2}\boldsymbol{r}^{\mathrm{T}}\dot{\boldsymbol{M}}_0\boldsymbol{r}+\mathrm{tr}(\tilde{\boldsymbol{\Theta}}^{\mathrm{T}}\boldsymbol{F}_{\rho}^{-1}\dot{\tilde{\boldsymbol{\Theta}}})$$

$$=\boldsymbol{r}^{\mathrm{T}}(-\boldsymbol{K}\boldsymbol{r}+\tilde{\boldsymbol{\rho}}-\boldsymbol{\eta}+\boldsymbol{\delta}-\boldsymbol{\tau})+\frac{1}{2}\boldsymbol{r}^{\mathrm{T}}(\dot{\boldsymbol{M}}_0-2\boldsymbol{N}_0)\boldsymbol{r}+\mathrm{tr}(\tilde{\boldsymbol{\Theta}}^{\mathrm{T}}\boldsymbol{F}_{\rho}^{-1}\dot{\tilde{\boldsymbol{\Theta}}})$$

由于 $(\dot{\boldsymbol{M}}_0-2\boldsymbol{N}_0)$ 为斜对称矩阵，因此 $\frac{1}{2}\boldsymbol{r}^{\mathrm{T}}(\dot{\boldsymbol{M}}_0-2\boldsymbol{N}_0)\boldsymbol{r}=0$，式（3－34）可以变为

$$\dot{V}=-\boldsymbol{r}^{\mathrm{T}}\boldsymbol{K}\boldsymbol{r}+\boldsymbol{r}^{\mathrm{T}}(\tilde{\boldsymbol{\rho}}-\boldsymbol{\eta}+\boldsymbol{\delta}-\boldsymbol{\tau})+\mathrm{tr}(\tilde{\boldsymbol{\Theta}}^{\mathrm{T}}\boldsymbol{F}_{\rho}^{-1}\dot{\tilde{\boldsymbol{\Theta}}})\tag{3-35}$$

由于 $\tilde{\boldsymbol{\Theta}}=\boldsymbol{\Theta}-\hat{\boldsymbol{\Theta}}$，因此有 $\dot{\tilde{\boldsymbol{\Theta}}}=-\dot{\hat{\boldsymbol{\Theta}}}$，代入式（3－35）可得

$$\dot{V}=-\boldsymbol{r}^{\mathrm{T}}\boldsymbol{K}\boldsymbol{r}+\boldsymbol{r}^{\mathrm{T}}(\tilde{\boldsymbol{\rho}}-\boldsymbol{\eta}+\boldsymbol{\delta}-\boldsymbol{\tau})-\mathrm{tr}(\tilde{\boldsymbol{\Theta}}^{\mathrm{T}}\boldsymbol{F}_{\rho}^{-1}\dot{\hat{\boldsymbol{\Theta}}})\tag{3-36}$$

将自适应更新律（3－28）代入可得

$$\begin{aligned}\dot{V}&=-\boldsymbol{r}^{\mathrm{T}}\boldsymbol{K}\boldsymbol{r}+\boldsymbol{r}^{\mathrm{T}}(\tilde{\boldsymbol{\rho}}-\boldsymbol{\eta}+\boldsymbol{\delta}-\boldsymbol{\tau})-\mathrm{tr}[\tilde{\boldsymbol{\Theta}}^{\mathrm{T}}\boldsymbol{F}_{\rho}^{-1}(\boldsymbol{F}_{\rho}\boldsymbol{\Phi}_{\rho}\boldsymbol{r}^{\mathrm{T}}-k_{\rho}\boldsymbol{F}_{\rho}\|\boldsymbol{r}\|\hat{\boldsymbol{\Theta}})]\\&=-\boldsymbol{r}^{\mathrm{T}}\boldsymbol{K}\boldsymbol{r}+\boldsymbol{r}^{\mathrm{T}}(\tilde{\boldsymbol{\rho}}-\boldsymbol{\eta}+\boldsymbol{\delta}-\boldsymbol{\tau})-\mathrm{tr}[\tilde{\boldsymbol{\Theta}}^{\mathrm{T}}(\boldsymbol{\Phi}_{\rho}\boldsymbol{r}^{\mathrm{T}}-k_{\rho}\|\boldsymbol{r}\|\hat{\boldsymbol{\Theta}})]\\&=-\boldsymbol{r}^{\mathrm{T}}\boldsymbol{K}\boldsymbol{r}+\boldsymbol{r}^{\mathrm{T}}(\tilde{\boldsymbol{\rho}}-\boldsymbol{\eta}+\boldsymbol{\delta}-\boldsymbol{\tau})-\mathrm{tr}[\tilde{\boldsymbol{\Theta}}^{\mathrm{T}}\boldsymbol{\Phi}_{\rho}\boldsymbol{r}^{\mathrm{T}})-\mathrm{tr}[\tilde{\boldsymbol{\Theta}}^{\mathrm{T}}(-k_{\rho}\|\boldsymbol{r}\|\hat{\boldsymbol{\Theta}})]\\&=-\boldsymbol{r}^{\mathrm{T}}\boldsymbol{K}\boldsymbol{r}+\boldsymbol{r}^{\mathrm{T}}(\tilde{\boldsymbol{\rho}}-\boldsymbol{\eta}+\boldsymbol{\delta}-\boldsymbol{\tau})-\boldsymbol{r}^{\mathrm{T}}(\tilde{\boldsymbol{\Theta}}^{\mathrm{T}}\boldsymbol{\Phi}_{\rho})+\mathrm{tr}[\tilde{\boldsymbol{\Theta}}^{\mathrm{T}}(k_{\rho}\|\boldsymbol{r}\|\hat{\boldsymbol{\Theta}})]\\&=-\boldsymbol{r}^{\mathrm{T}}\boldsymbol{K}\boldsymbol{r}+\boldsymbol{r}^{\mathrm{T}}(-\boldsymbol{\eta}+\boldsymbol{\delta}-\boldsymbol{\tau})+k_{\rho}\|\boldsymbol{r}\|\cdot\mathrm{tr}[\tilde{\boldsymbol{\Theta}}^{\mathrm{T}}(\boldsymbol{\Theta}-\tilde{\boldsymbol{\Theta}})]\end{aligned}\tag{3-37}$$

$\mathrm{tr}[\tilde{\boldsymbol{\Theta}}^{\mathrm{T}}(\boldsymbol{\Theta}-\tilde{\boldsymbol{\Theta}})]$ 满足以下性质

$$\mathrm{tr}[\tilde{\boldsymbol{\Theta}}^{\mathrm{T}}(\boldsymbol{\Theta}-\tilde{\boldsymbol{\Theta}})]=(\tilde{\boldsymbol{\Theta}},\boldsymbol{\Theta})_F-\|\tilde{\boldsymbol{\Theta}}\|_F^2\leqslant\|\tilde{\boldsymbol{\Theta}}\|_F\cdot\|\boldsymbol{\Theta}\|_F-\|\tilde{\boldsymbol{\Theta}}\|_F^2\leqslant\|\tilde{\boldsymbol{\Theta}}\|_F(\boldsymbol{\Theta}_{\max}-\|\tilde{\boldsymbol{\Theta}}\|_F)\tag{3-38}$$

考虑到鲁棒项（3－29）有

$$\boldsymbol{r}^{\mathrm{T}}(-\boldsymbol{\eta}+\boldsymbol{\delta}-\boldsymbol{\tau})=\boldsymbol{r}^{\mathrm{T}}[-(\eta_{\tilde{\rho}}+\eta_{\tau})\cdot\mathrm{sgn}(\boldsymbol{r})+\boldsymbol{\delta}-\boldsymbol{\tau}]\leqslant 0\tag{3-39}$$

将式（3－38）和式（3－39）代入式（3－37），可以得到

$$\dot{V}\leqslant-\boldsymbol{K}_{\max}\|\boldsymbol{r}\|^2+k_{\rho}\|\boldsymbol{r}\|\cdot\|\tilde{\boldsymbol{\Theta}}\|_F(\boldsymbol{\Theta}_{\max}-\|\tilde{\boldsymbol{\Theta}}\|_F)\tag{3-40}$$

要 $\dot{V}\leqslant 0$，需要满足 $\boldsymbol{K}_{\max}\|\boldsymbol{r}\|\geqslant k_{\rho}\cdot\|\tilde{\boldsymbol{\Theta}}\|_F(\boldsymbol{\Theta}_{\max}-\|\tilde{\boldsymbol{\Theta}}\|_F)$，由于

$$\|\tilde{\boldsymbol{\Theta}}\|_F(\boldsymbol{\Theta}_{\max}-\|\tilde{\boldsymbol{\Theta}}\|_F)=-\left(\|\tilde{\boldsymbol{\Theta}}\|_F-\frac{\boldsymbol{\Theta}_{\max}}{2}\right)^2+\frac{\boldsymbol{\Theta}_{\max}{}^2}{4}\leqslant\frac{\boldsymbol{\Theta}_{\max}{}^2}{4}\tag{3-41}$$

只需要满足 $\boldsymbol{K}_{\max}\|\boldsymbol{r}\|\geqslant k_{\rho}\frac{\boldsymbol{\Theta}_{\max}{}^2}{4}$，选取合适的参数 $\boldsymbol{K}$ 和 k_{ρ} 即可满足 $\dot{V}\leqslant 0$，因此，设计的空间绳系机器人控制器（3－24）可保证目标抓捕过程中的稳定控制。

空间绳系机器人内环位置控制器如图 3-57 所示。

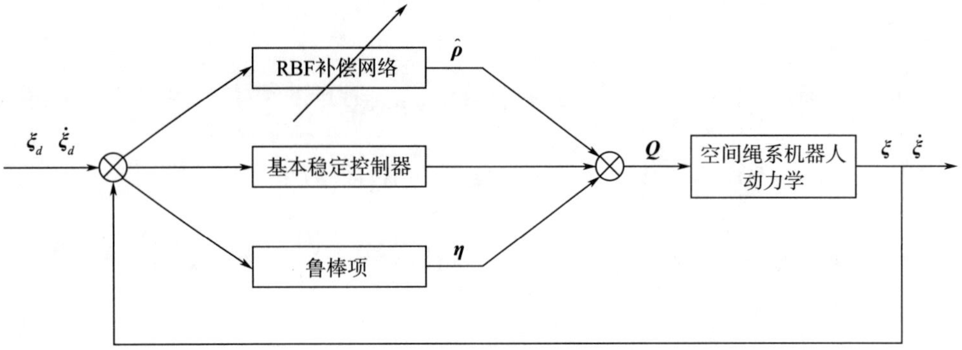

图 3-57 空间绳系机器人内环位置控制器框图

3.2.3 仿真分析

本节对设计的抓捕稳定控制器进行验证。设置初始条件为：空间平台运行于圆轨道上，轨道角速度为 ω =0.001 033 rad/s，空间绳系机器人标称质量为 25 kg，实际质量为 20 kg；标称转动惯量为 0.36 kg·m^2（绕 z 轴），实际转动惯量为 0.3 kg·m^2；系绳连接点位置量 d_y 的标称值为 0.3 m，实际值为 0.25 m。待抓捕目标质量为 m_t =500 kg，转动惯量 40 kg·m^2（绕 z 轴）。

初始时刻，待抓捕目标位于空间平台前（0，202.4）m 处，初始姿态角−33°，初始姿态角速度为 0.02 rad/s，即以 1（°）/s 慢速自旋，待抓捕杆状部位位于后方（0.005，−2）m 处，直径为 0.1 m。空间绳系机器人初始姿态角 ψ 为 90°，初始角速度 $\dot{\psi}$ 为 0.2（°）/s；空间系绳单元数 n 为 16，初始系绳长度 l_n 为 12.5 m，绳长变化率 $\dot{l}$ 为 0.01 m/s；初始面内角 α_n 为 90°，面内角速度 $\dot{\alpha}$ 为 0（°）/s。空间绳系机器人沿 y 轴方向，位于目标后方，沿−V−bar 方向对目标进行抓捕。

空间绳系机器人操作手长度 $l_1=l_3=0.25$ m，$l_2=l_4=0.20$ m，初始时刻操作爪子角度为 $\gamma_1=\gamma_3=120°$，$\gamma_2=\gamma_4=120°$，抓捕过程中，关节角度 γ_1 和 γ_3 以 2（°）/s 的速度合拢至58°，而 γ_2、γ_4 保持不变。碰撞过程中，接触碰撞刚性系数 k_g =500 N/m，接触碰撞阻尼系数 k_c 取为 0。

在对设计的目标抓捕稳定控制器进行验证时，与去除其中自适应项的控制器进行对比，两种控制器的初始条件与控制器参数均相同。详细仿真结果如图 3-58～图 3-75 所示。

图 3-58 为空间绳系机器人姿态角 ψ 的跟踪控制对比曲线，其中第一幅图为本节设计的空间绳系机器人目标抓捕鲁棒自适应控制方法仿真结果，第二幅图为无鲁棒自适应目标抓捕控制仿真结果。从仿真结果可以看出，两种控制方法均能实现对目标的跟踪控制，其中鲁棒自适应稳定控制的收敛时间大概为 40 s，而无鲁棒自适应控制收敛时间大概为 70 s，收敛时间比前者多 30 s。图 3-59 为姿态角跟踪误差变化曲线，可以看出，鲁棒自

适应稳定控制的超调量最大为 1.8°，而无鲁棒自适应控制的超调量达到 6.7°，比前者大 4.9°，并且在控制过程中，姿态的振荡比前者更加剧烈。

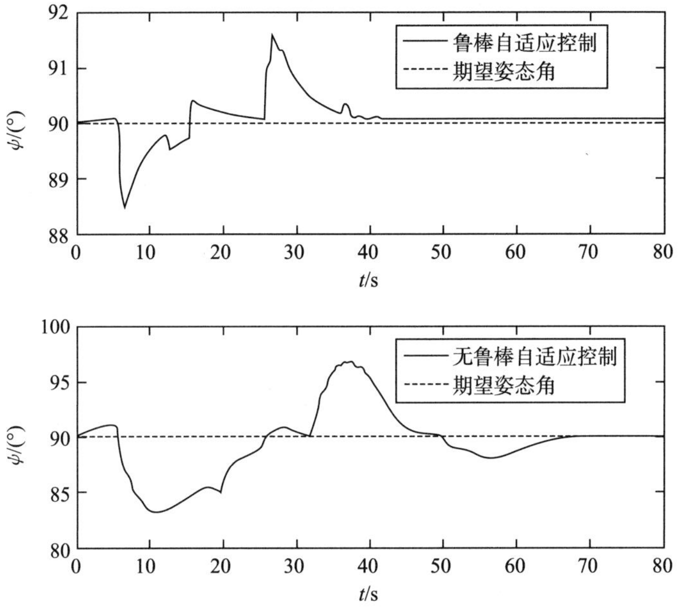

图 3-58　姿态角 ψ 跟踪控制曲线

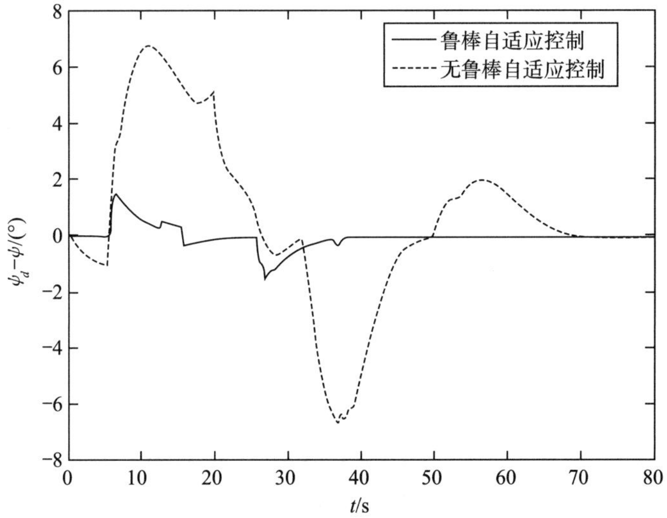

图 3-59　姿态角跟踪误差变化曲线

图 3-60 为空间绳系机器人系绳面内角 α_n 跟踪控制曲线，从仿真结果可以看出，鲁棒自适应稳定控制能够实现对期望面内角的跟踪。图 3-61 为面内角跟踪误差变化曲线，可以看出，鲁棒自适应稳定控制的收敛时间大概为 60 s，误差最终保持在±0.1°以内，对于本算例中采用的操作手爪是可以接受的；鲁棒自适应算法的超调量为－0.75°，而无鲁棒自适应控制算法超调量为－1.15°，本节设计的鲁棒控制算法超调量更小。

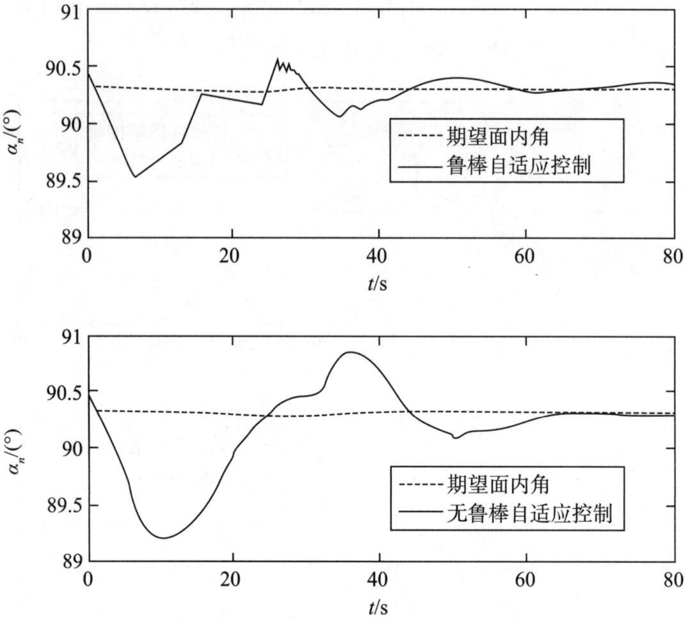

图 3 - 60　面内角 α_n 跟踪控制曲线

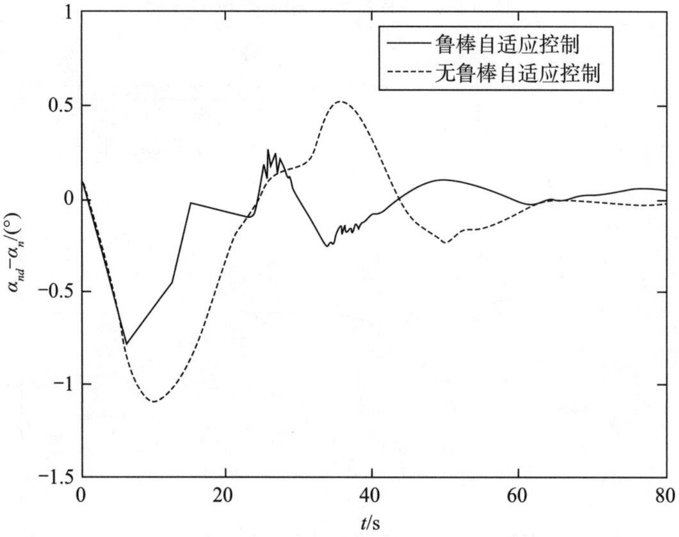

图 3 - 61　面内角跟踪误差变化曲线

图 3 - 62 为空间系绳长度 l_n 跟踪控制曲线，从仿真结果可以明显可以，两种控制方法均能实现对 l_n 的跟踪控制，收敛时间基本一致，大约为 70 s。图 3 - 63 为系绳长度跟踪误差变化曲线，可以看出，l_n 的跟踪误差最终保持在了±2 cm 以内，同样对于本仿真算例中采用的操作手爪是可以接受的。图 3 - 64 为定义的误差函数 $\boldsymbol{r}$ 变化曲线。图 3 - 65 为空间绳系机器人姿态角速度、面内角速度和系绳长度变化率曲线。

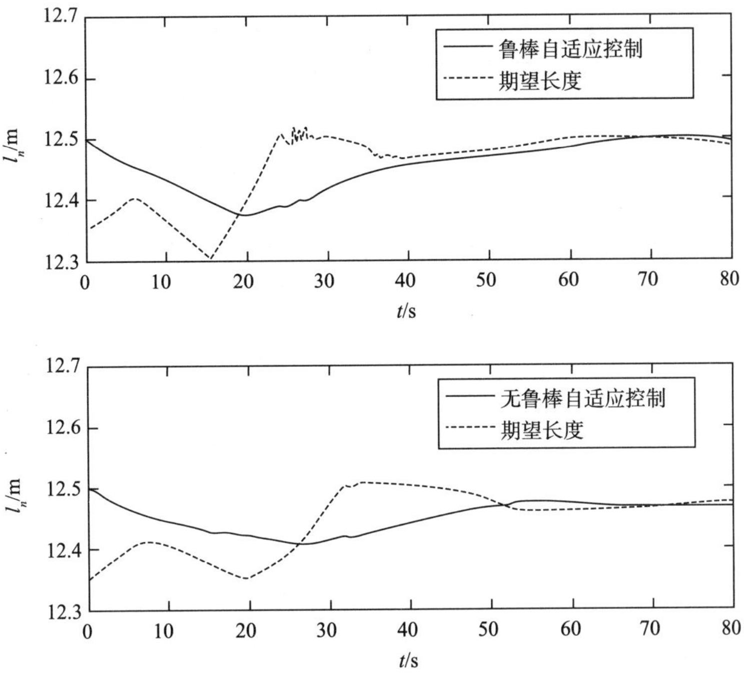

图 3－62　系绳长度 l_n 跟踪控制曲线

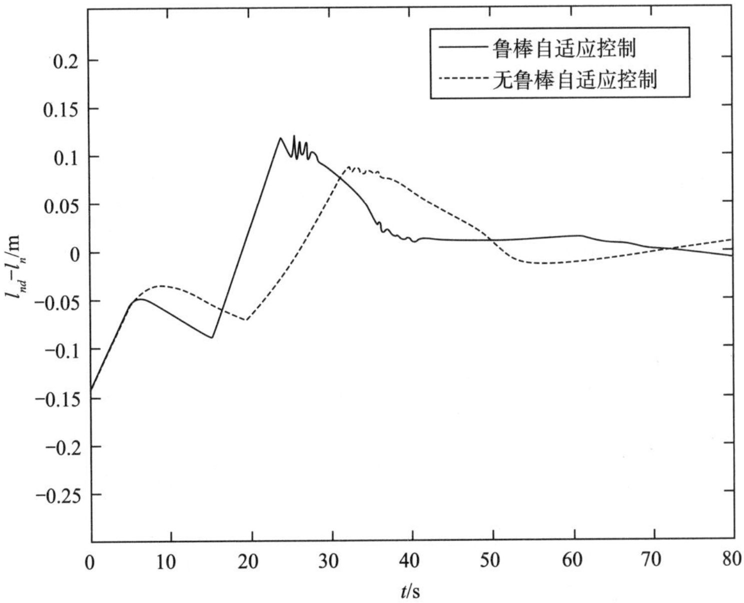

图 3－63　系绳长度跟踪误差变化曲线

图 3－66～图 3－69 为空间绳系机器人目标抓捕过程中操作手爪的碰撞力曲线。图 3－70 为空间绳系机器人目标抓捕过程中总碰撞力曲线，图 3－71 为空间绳系机器人目标抓捕过程中总碰撞力矩曲线。图 3－72 为目标抓捕过程中空间绳系机器人控制输入曲线。

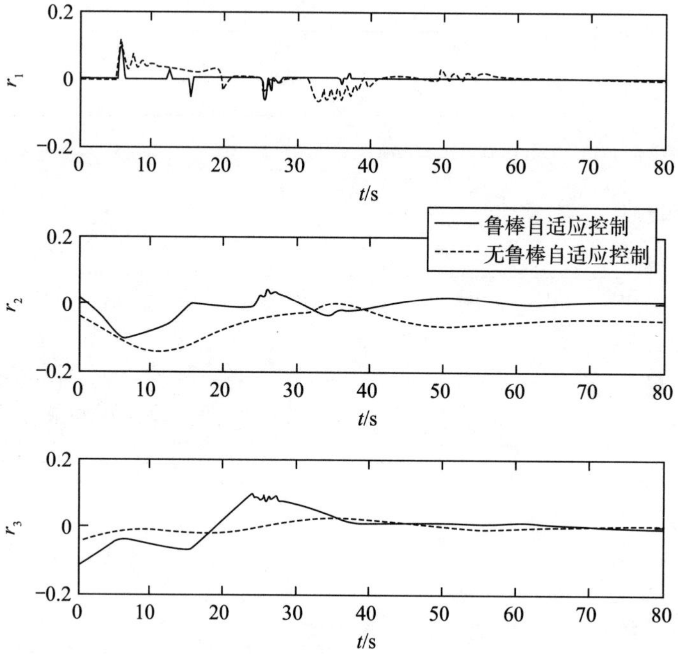

图 3-64　误差函数 $\boldsymbol{r}$ 变化曲线

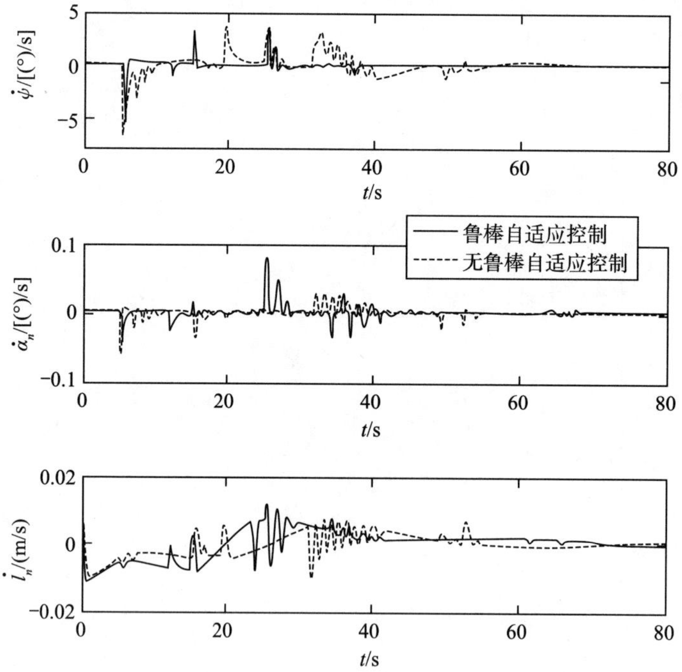

图 3-65　姿态角速度、面内角速度和系绳长度变化率曲线

图 3-73～图 3-74 为空间绳系机器人目标抓捕稳定控制过程中，目标姿态变化曲线，其中，前者为利用修正罗德里格斯参数表示的姿态角，而后者为欧拉角表示的目标姿态角。图 3-75 为空间绳系机器人目标抓捕稳定控制过程中，目标的轨道面内位置变化曲线。

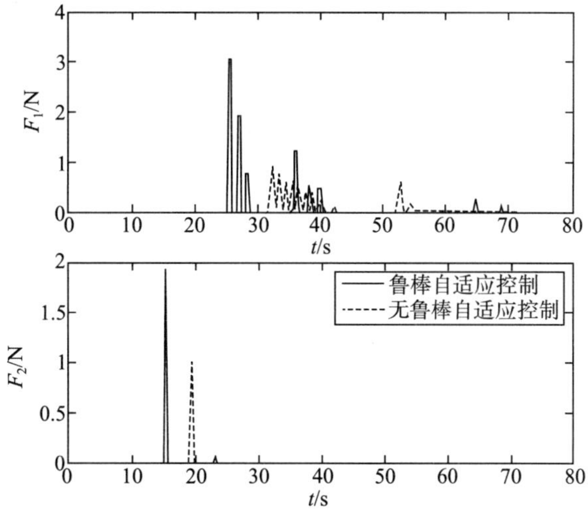

图 3 - 66　空间绳系机器人操作手爪单爪 $a_0a_1a_2$ 碰撞力曲线

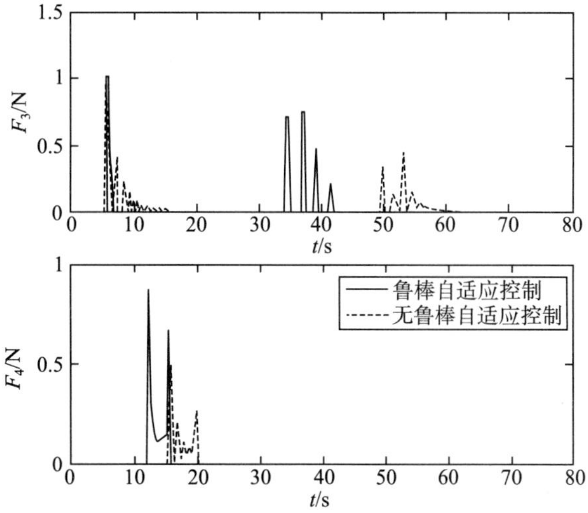

图 3 - 67　空间绳系机器人操作手爪双爪 $b_0b_1b_2$ 碰撞力曲线

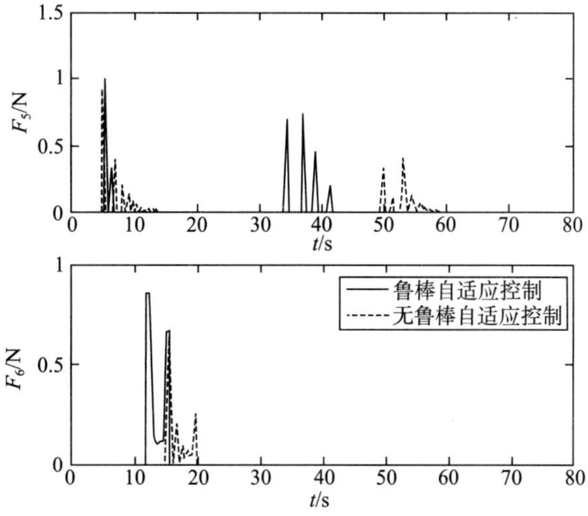

图 3 - 68　空间绳系机器人操作手爪双爪 $c_0c_1c_2$ 碰撞力曲线

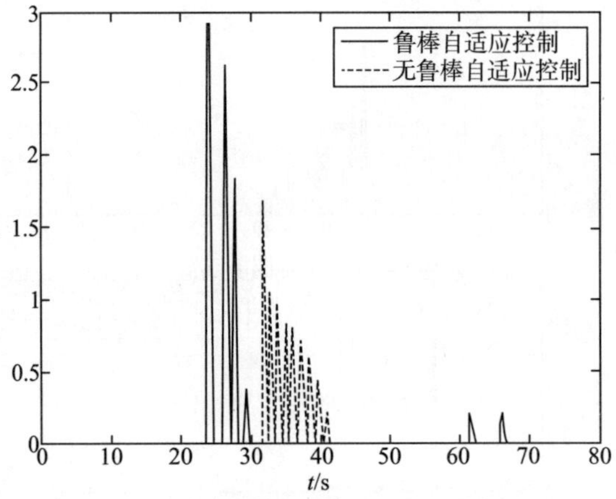

图 3-69　空间绳系机器人前端碰撞力曲线

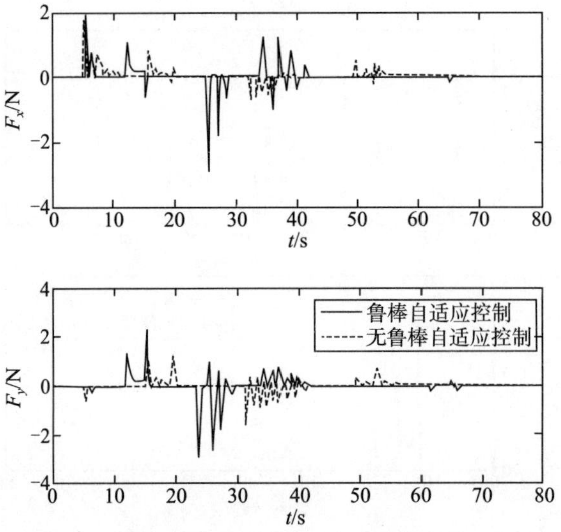

图 3-70　空间绳系机器人总碰撞力曲线

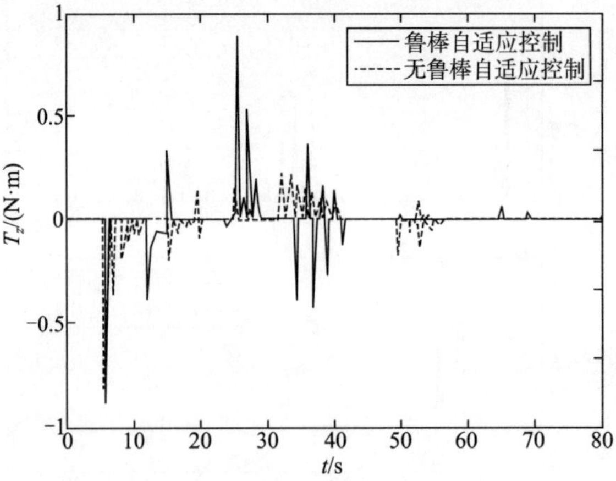

图 3-71　空间绳系机器人总碰撞力矩曲线

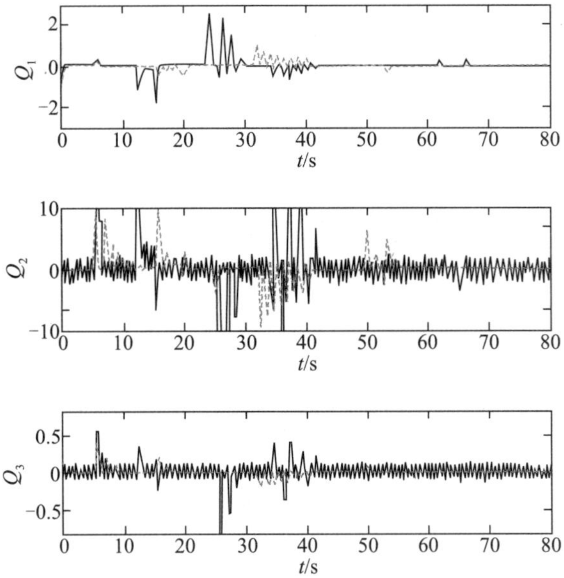

图 3-72 目标抓捕稳定控制输入曲线

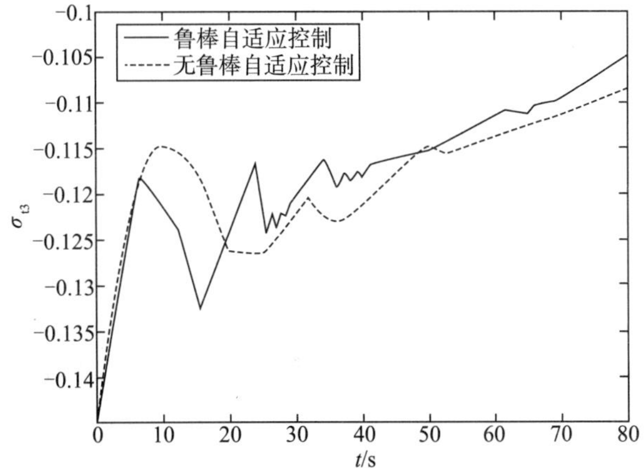

图 3-73 抓捕目标修正罗德里格斯参数变化曲线

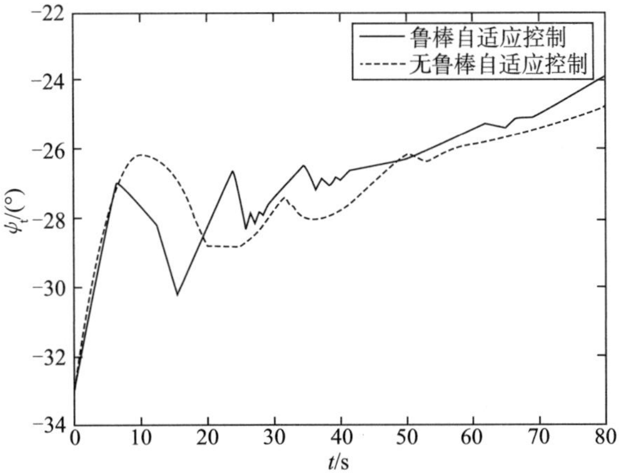

图 3-74 抓捕目标欧拉姿态角变化曲线

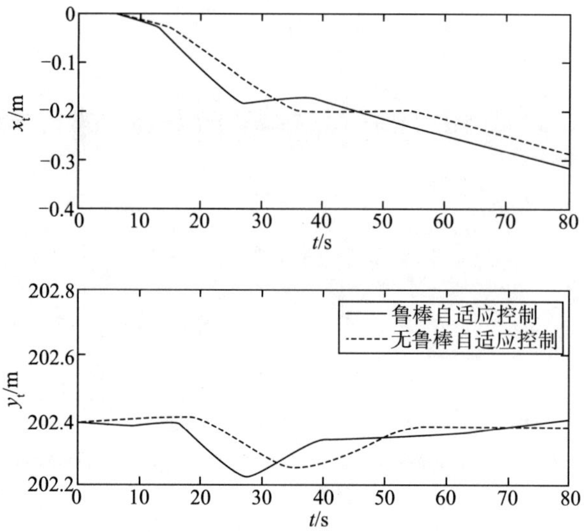

图 3-75　抓捕目标位置变化曲线

3.3　小结

针对空间绳系机器人的目标抓捕稳定控制问题，本章首先建立了空间绳系机器人的动力学模型，然后利用不同的初始条件对抓捕过程进行动力学分析，最后设计基于阻抗的鲁棒自适应抓捕稳定控制器，并进行验证。

1）在建立抓捕碰撞模型的基础上，对系绳单元数、系绳控制方式、残余线速度、残余角速度等因素进行分析。系绳单元数的影响分析表明，随着单元数的增加，误差逐步降低，但仿真时间大大增加；系绳控制方式的影响分析表明，在抓捕前采用系绳紧绷方式可以有效降低系绳的影响；残余线速度和残余角速度的分析表明，残余相对线速度/角速度较大时，抓捕可能会失败，需要通过主动控制，降低其影响。

2）针对目标抓捕的主动稳定控制问题，基于阻抗控制原理，设计基于位置的阻抗控制方法；针对空间绳系机器人的模型不确定性问题，利用神经网络对不确定性进行估计补偿，设计鲁棒项对空间系绳干扰和神经网络估计误差的影响进行抑制，在此基础上设计空间绳系机器人目标抓捕鲁棒自适应稳定控制器，并进行验证。结果表明，鲁棒自适应控制方法可以有效地对不确定性进行补偿，控制过程中超调量更小，收敛时间更短，并且控制精度更高，可以实现对目标抓捕的稳定控制。

在对目标完成稳定抓捕后，由于目标星自身的残余速度、抓捕碰撞等因素，空间绳系机器人与目标组成的组合体存在旋转角速度。如果不施加控制，空间系绳可能会与目标发生缠绕，严重影响后续回收、拖曳等操作，甚至威胁空间平台星的安全，需要在后续工作中研究抓捕后复合体的稳定控制问题。

第 4 章　利用推力器的空间目标星辅助稳定控制

在对目标完成抓捕后，空间绳系机器人与目标星组成的组合体存在旋转角速度，若不施加控制，将产生极为严重的后果。针对此难题，本章主要利用空间绳系机器人抓捕器上的推力器对组合体进行辅助稳定控制。本章首先考虑到控制约束、系绳振荡和外部干扰，提出了一种快速终端滑模控制方法，对组合体姿态实现辅助稳定控制；然后考虑抓捕碰撞后推力器的方向未知性以及抓捕不牢固出现的推力方向摆动，提出一种自适应控制与推力鲁棒分配相结合的控制方法，充分利用空间绳系机器人的推力器，实现目标星的辅助姿态稳定；最后，针对目前研究中均忽略系绳的问题，将系绳加入组合体系统，并考虑动力学参数未知、执行器饱和等因素，设计基于动态逆的自适应稳定控制方法，同时实现对组合体姿态、系绳长度、摆角等状态的控制。

4.1　空间绳系机器人/目标星组合体快速稳定控制

4.1.1　空间绳系机器人/目标星组合体动力学模型

在抓捕目标完成后，抓捕器与目标星形成刚性连接，空间绳系机器人与目标星形成组合体，如图 4－1 所示[221]。$OXYZ$ 是地心惯性坐标系。平台轨道坐标系 $oxyz$ 的原点位于平台星的质心位置。x 轴从地心指向平台星的质心，y 轴沿着当地水平线，z 轴符合右手正交坐标系的定义。$O_b x_b y_b z_b$ 表示组合体本体坐标系，其原点 O_b 位于组合体的质心。l 表示从空间平台到系绳连接处的系绳长度。α 和 β 分别是面内角和面外角。A 是系绳连接点，$\boldsymbol{d}_1$ 表示从 A 点到空间平台质心的对应位置矢量。

组合体的动力学方程为

$$(\boldsymbol{J}_0 + \Delta \boldsymbol{J})\dot{\boldsymbol{\omega}} + \boldsymbol{\omega}^{\times}(\boldsymbol{J}_0 + \Delta \boldsymbol{J})\boldsymbol{\omega} = \boldsymbol{\tau} + \boldsymbol{d} + \boldsymbol{T}_L \tag{4-1}$$

其中，$\boldsymbol{\omega} = [\omega_1 \quad \omega_2 \quad \omega_3]^{\mathrm{T}} \in \mathbf{R}^3$ 为组合体的绝对角速度。$\boldsymbol{J}_0 \in \mathbf{R}^{3\times3}$ 是组合体转动惯量矩阵的标称值；$\Delta\boldsymbol{J} \in \mathbf{R}^{3\times3}$ 表示转动惯量矩阵的不确定部分；$\boldsymbol{\tau}$ 是由推力器和系绳产生的控制力矩，$\boldsymbol{d} \in \mathbf{R}^{3\times1}$ 是由于微重力、太阳辐射等引起的外部扰动力矩，$\boldsymbol{T}_L \in \mathbf{R}^{3\times1}$ 是系绳张力力矩。

$\boldsymbol{\omega}^{\times}$ 为 $\boldsymbol{\omega}$ 的斜对称矩阵，可表示为

$$\boldsymbol{\omega}^{\times} = \begin{bmatrix} 0 & -\omega_3 & \omega_2 \\ \omega_3 & 0 & -\omega_1 \\ -\omega_2 & \omega_1 & 0 \end{bmatrix} \tag{4-2}$$

姿态动力学方程（4－1）可改写为

$$\boldsymbol{J}_0 \dot{\boldsymbol{\omega}}_e = \boldsymbol{\tau} - \boldsymbol{\omega}^{\times}\boldsymbol{J}_0\boldsymbol{\omega} - \boldsymbol{J}_0\dot{\boldsymbol{\omega}}_d + \boldsymbol{T}_L + \bar{\boldsymbol{d}} \tag{4-3}$$

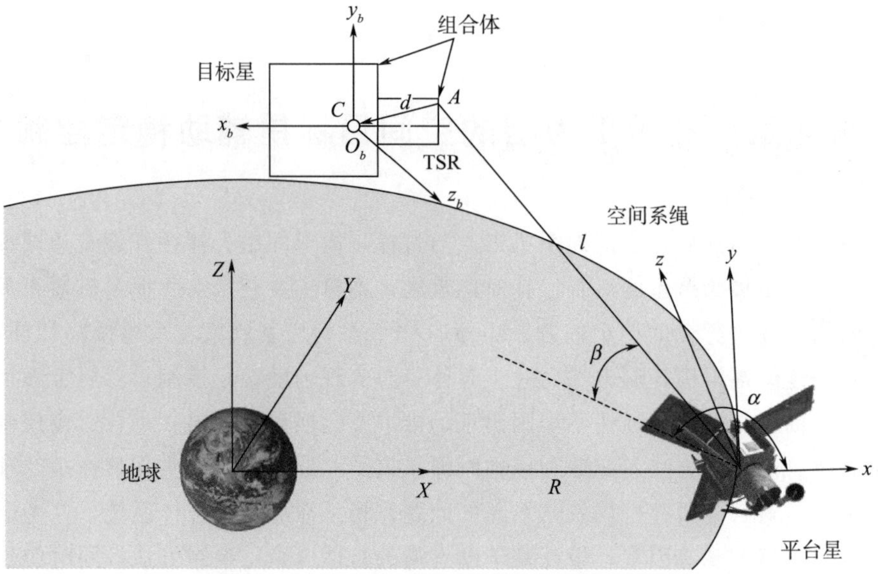

图 4-1 空间绳系机器人/目标星组合体示意图

$\bar{\boldsymbol{d}}=-\boldsymbol{\omega}^{\times}\Delta\boldsymbol{J}\boldsymbol{\omega}-\Delta\boldsymbol{J}\dot{\boldsymbol{\omega}}+\boldsymbol{d}$ 是有界、连续的总扰动，假设其满足 $\|\bar{\boldsymbol{d}}\|\leqslant\alpha^{*}$。为了避免姿态描述中的奇异性问题，采用修正罗德里格斯参数（MRP）来描述抓捕后的组合体姿态运动学模型

$$\dot{\boldsymbol{\sigma}}=\boldsymbol{G}(\boldsymbol{\sigma})\boldsymbol{\omega} \tag{4-4}$$

其中，$\boldsymbol{\sigma}=[\sigma_1\quad\sigma_2\quad\sigma_3]^{\mathrm{T}}\in\mathbf{R}^3$，$\boldsymbol{G}(\boldsymbol{\sigma})=(1/4)\ [(1-\boldsymbol{\sigma}^{\mathrm{T}}\boldsymbol{\sigma})\boldsymbol{E}_3+2\boldsymbol{\sigma}^{\times}+2\boldsymbol{\sigma}\boldsymbol{\sigma}^{\mathrm{T}}]$，$\boldsymbol{E}_3$ 是单位矩阵，$\boldsymbol{\sigma}^{\times}$ 是 $\boldsymbol{\sigma}$ 的斜对称矩阵。从惯性坐标系到组合体本体坐标系的变换矩阵 $\boldsymbol{R}(\boldsymbol{\sigma})$ 表示如下

$$\boldsymbol{R}(\boldsymbol{\sigma})=\boldsymbol{E}_3-\frac{4(1-\boldsymbol{\sigma}^{\mathrm{T}}\boldsymbol{\sigma})}{(1+\boldsymbol{\sigma}^{\mathrm{T}}\boldsymbol{\sigma})^2}\boldsymbol{\sigma}^{\times}+\frac{8}{(1+\boldsymbol{\sigma}^{\mathrm{T}}\boldsymbol{\sigma})^2}(\boldsymbol{\sigma}^{\times})^2 \tag{4-5}$$

抓捕后组合体的姿态误差 $\boldsymbol{\sigma}_{\mathrm{e}}$ 和角速度误差 $\boldsymbol{\omega}_{\mathrm{e}}$ 定义如下

$$\begin{cases}\dot{\boldsymbol{\sigma}}_{\mathrm{e}}=G(\boldsymbol{\sigma}_{\mathrm{e}})\boldsymbol{\omega}_{\mathrm{e}}\\ \boldsymbol{\omega}_{\mathrm{e}}=\boldsymbol{\omega}-\boldsymbol{R}(\boldsymbol{\sigma}_{\mathrm{e}})\boldsymbol{\omega}_{\mathrm{d}}\end{cases} \tag{4-6}$$

其中，$\boldsymbol{\omega}_{\mathrm{d}}$ 表示组合体的期望角速度，$\boldsymbol{R}(\boldsymbol{\sigma}_{\mathrm{e}})$ 表示从期望坐标系到本体坐标系的变换矩阵。$\boldsymbol{R}(\boldsymbol{\sigma})$ 表示从惯性坐标系到本体坐标系的转换矩阵，$\boldsymbol{R}(\boldsymbol{\sigma}_{\mathrm{d}})$ 表示从惯性坐标系到期望坐标系的转换矩阵，$\boldsymbol{R}(\boldsymbol{\sigma}_{\mathrm{e}})$ 的表达式如下

$$\boldsymbol{R}(\boldsymbol{\sigma}_{\mathrm{e}})=\boldsymbol{R}(\boldsymbol{\sigma})\ [\boldsymbol{R}(\boldsymbol{\sigma}_{\mathrm{d}})]^{\mathrm{T}} \tag{4-7}$$

其中 $\boldsymbol{\sigma}_{\mathrm{d}}$ 表示所需的 MRP 参数。

下面建立系绳张力力矩 $\boldsymbol{T}_L$ 的模型。根据参考文献［222］，当系绳长度远大于平台星和组合体尺寸时，系绳连接点的偏移可忽略。此时，空间系绳的运动方程可表示为

$$\begin{cases}\alpha''=2(1+\alpha')\ [\beta'\tan\beta-(\Upsilon'/\Upsilon)]-3\sin\alpha\cos\alpha+Q_{\alpha}/(m^{*}\Upsilon^2L_r^2\cos^2\Omega)\\ \beta''=-2(\Upsilon'/\Upsilon)\beta'-[(1+\alpha')^2+3\cos^2\alpha]\sin\beta\cos\beta+Q_{\beta}/(m^{*}\Upsilon^2L_r^2\Omega^2)\\ \Lambda''=(m^{*}/\bar{m})\Upsilon[(1+\alpha')^2\cos^2\beta+\beta'^2+3\cos^2\alpha\cos^2\beta-1]-F_l/(\bar{m}\Omega^2L_r)\end{cases} \tag{4-8}$$

其中，α 表示系绳面内角，β 是系绳面外角，$\Upsilon = l/L_r$ 为系绳无量纲长度，L_r 指系绳自然长度，l 为系绳实际长度，Q_α 为广义的面内角控制力，Q_β 为广义的面外角控制力，F_L 是系绳的张力，Ω 是轨道角速度，m_1，m_2 和 $m_l = \rho l$ 分别表示卫星平台的质量、捕获后组合体的质量和系绳的质量。m^* 和 $\bar{m}$ 是系统的等效质量。

$$m^* = [m_1 m_2 + m_l(m_1 + m_2)/3 + m_l^2/12]/(m_1 + m_2 + m_l)$$

$$\bar{m} = m_1(m_1 + m_2)/(m_1 + m_2 + m_l)$$

在本节中，初步认为系绳张力不可控，将系绳张力矩作为干扰，在组合体姿态辅助稳定控制过程中，仅通过安装在空间绳系机器人上的多个推力器实现。

系绳张力可表示为

$$F_L = m^* \Omega^2 L_r \Upsilon [(1+\alpha')^2 \cos^2\beta + \beta'^2 + 3\cos^2\alpha \cos^2\beta - 1] \tag{4-9}$$

由系绳张力 F_L 引起的系绳扭矩 $\boldsymbol{T}_l$ 可表示为

$$\boldsymbol{T}_l = \boldsymbol{d}_1^\times (\boldsymbol{R}(\boldsymbol{\sigma}) \boldsymbol{R}_{o\_l}^{-1} \ [m^* \Omega^2 L_r \Upsilon [(1+\alpha')^2 \cos^2\beta + \beta'^2 + 3\cos^2\alpha \cos^2\beta - 1] \quad 0 \quad 0]^{\mathrm{T}}) \tag{4-10}$$

其中，$\boldsymbol{d}_1$ 为组合体质心到系绳连接点的矢量，$\boldsymbol{R}_{o-l}$ 为从轨道坐标系到空间系绳坐标系的坐标转换矩阵。

$$\boldsymbol{R}_{o-l} = \begin{bmatrix} \cos\alpha & 0 & -\sin\alpha \\ \sin\alpha\sin\beta & \cos\beta & \cos\alpha\sin\beta \\ \sin\alpha\cos\beta & -\sin\beta & \cos\alpha\cos\beta \end{bmatrix} \tag{4-11}$$

4.1.2　基于快速终端滑模的组合体姿态控制器设计

针对组合体姿态快速稳定问题，本节设计一种基于终端滑模的快速稳定控制器，如图 4-2 所示。该控制器利用反步法思想，分别设计了组合体姿态跟踪的外环控制器和角速度跟踪的内环控制器[221]。

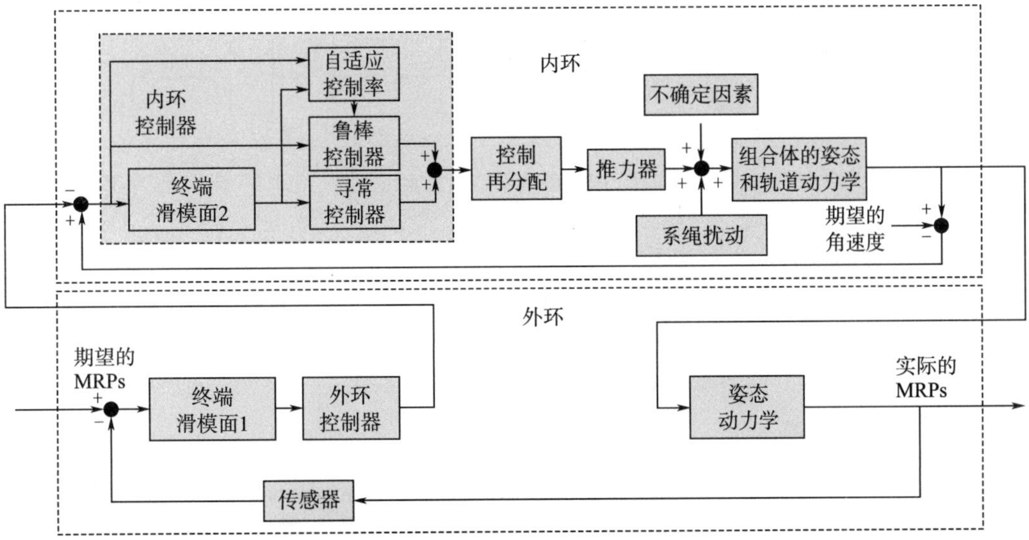

图 4-2　基于终端滑模的快速稳定控制器

首先介绍姿态跟踪的外环控制器设计。引入了一个新的变量 $\boldsymbol{z}_1=\boldsymbol{\sigma}_e-\boldsymbol{\chi}_1$，并设计快速终端滑模面为

$$\boldsymbol{S}_{Ou}=\boldsymbol{z}_1+\boldsymbol{D}_1\int_0^t \boldsymbol{z}_1\mathrm{d}\tau+\boldsymbol{D}_2\int_0^t |\boldsymbol{z}_1|^q \operatorname{sgn}(\boldsymbol{z}_1)\mathrm{d}\tau \tag{4-12}$$

$0.5<q<1$，$\boldsymbol{D}_1=\operatorname{diag}\{d_{11},\ d_{12},\ d_{13}\}$，$\boldsymbol{D}_2=\operatorname{diag}\{d_{21},\ d_{22},\ d_{23}\}$ 为设计的滑模面参数。其中，$d_{1i}>0$，$d_{2i}>0(i=1,\ 2,\ 3)$。

$$|\boldsymbol{z}_1|^p\operatorname{sgn}(\boldsymbol{z}_1)=[|\boldsymbol{z}_{11}|^p\operatorname{sgn}(\boldsymbol{z}_{11}),|\boldsymbol{z}_{12}|^p\operatorname{sgn}(\boldsymbol{z}_{12}),|\boldsymbol{z}_{13}|^p\operatorname{sgn}(\boldsymbol{z}_{13})]^{\mathrm{T}}$$

根据动力学模型，设计虚拟控制律为

$$\boldsymbol{\omega}_c^0=-\boldsymbol{G}^{-1}(\boldsymbol{\sigma}_e)\ [\eta\operatorname{sgn}(\boldsymbol{S}_{Ou})+\boldsymbol{G}(\boldsymbol{\sigma}_e)(\boldsymbol{\chi}_2+\boldsymbol{z}_2)+\boldsymbol{a}_1\boldsymbol{\chi}_1+\boldsymbol{D}_1\boldsymbol{z}_1+\boldsymbol{D}_2\ |\boldsymbol{z}_1|^q\operatorname{sgn}(\boldsymbol{z}_1)] \tag{4-13}$$

下面介绍内环控制器的设计。线性滤波器可以用来消去虚拟控制量对时间的导数，并补偿角速度约束和控制输入约束的影响。定义线性滤波器为

$$\begin{cases}\dot{\boldsymbol{\chi}}_1=-\boldsymbol{a}_1\boldsymbol{\chi}_1+\boldsymbol{G}(\boldsymbol{\sigma}_e)(\boldsymbol{\omega}_c-\boldsymbol{\omega}_c^0)\\ \dot{\boldsymbol{\chi}}_2=-\boldsymbol{a}_2\boldsymbol{\chi}_2+(J_0-\boldsymbol{\delta\delta}^{\mathrm{T}})^{-1}(\boldsymbol{\tau}-\boldsymbol{\tau}^0)\end{cases} \tag{4-14}$$

其中，$\boldsymbol{a}_1$ 和 $\boldsymbol{a}_2$ 是对称正定矩阵，$\boldsymbol{\omega}_c^0$ 和 $\boldsymbol{\tau}^0$ 为设计的虚拟控制量，$\boldsymbol{\omega}_c$ 是经过限幅等非线性约束后的虚拟控制量，$\boldsymbol{\tau}$ 是实际的控制力矩。

跟踪误差可表示为

$$\begin{cases}\boldsymbol{z}_1=\boldsymbol{\sigma}_e-\boldsymbol{\chi}_1\\ \boldsymbol{z}_2=\boldsymbol{\omega}_e-\boldsymbol{\omega}_c-\boldsymbol{\chi}_2\end{cases} \tag{4-15}$$

ω_{ci}^0 和 τ_i^0 经过如图 4-3 所示的滤波器后，得到 ω_{ci} 和 τ_i。

$$\begin{cases}\ddot{\omega}_{ci}=\omega_{n1}^2[\operatorname{sat}(\omega_{ci}^0)-\omega_{ci}]-2\boldsymbol{\xi}_1\omega_{n1}\dot{\omega}_{ci}\\ \ddot{\tau}_{ci}=\omega_{n2}^2[\operatorname{sat}(\tau_i^0)-\tau_i]-2\boldsymbol{\xi}_2\omega_{n2}\dot{\tau}_{ci},i=1,2,3\end{cases} \tag{4-16}$$

$\boldsymbol{\xi}_1$ 和 $\boldsymbol{\xi}_2$ 是设计的滤波器固有频率，ω_{n1} 和 ω_{n2} 是滤波器阻尼系数，ω_{ci}^0，$\tau_i^0(i=1,\ 2,\ 3)$ 是滤波器的输入信号，ω_{ci}，$\tau_i(i=1,\ 2,\ 3)$ 是滤波器的输出状态。

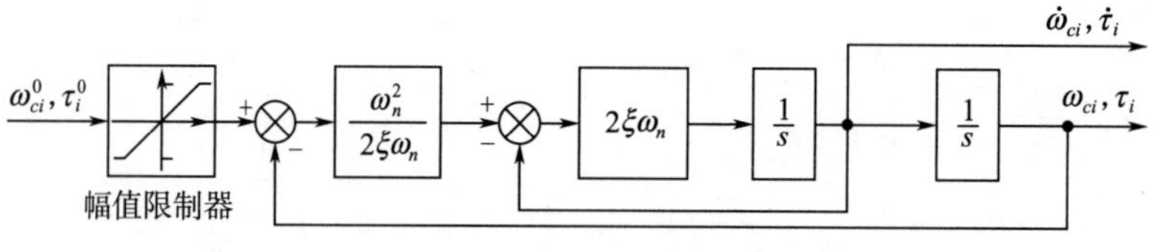

图 4-3 强制限制幅值的约束滤波器

内环控制器的目的是使角速度 $\boldsymbol{\omega}_e$ 跟踪设计的虚拟控制量 $\boldsymbol{\omega}_c$。引入 $\boldsymbol{z}_2=\boldsymbol{\omega}_e-\boldsymbol{\omega}_c$，并将式（4-6），式（4-14）和式（4-15）代入式（4-3），相应的动力学误差表达为

$$\boldsymbol{J}_0\dot{\boldsymbol{z}}_2=\boldsymbol{\tau}^0-\boldsymbol{\omega}^{\times}\boldsymbol{J}_0\boldsymbol{\omega}-\boldsymbol{J}_0[\boldsymbol{R}(\boldsymbol{\sigma}_e)\dot{\boldsymbol{\omega}}_d-\boldsymbol{\omega}_e^{\times}\boldsymbol{R}(\boldsymbol{\sigma}_e)\boldsymbol{\omega}_d]-\boldsymbol{J}_0\dot{\boldsymbol{\omega}}_c+\boldsymbol{J}_0\boldsymbol{a}_2\boldsymbol{\chi}_2+\bar{\boldsymbol{d}} \tag{4-17}$$

设计快速终端滑模面为

$$\boldsymbol{S}_{In}=\boldsymbol{z}_2+\boldsymbol{K}_1\int_0^t \boldsymbol{z}_2\mathrm{d}\tau+\boldsymbol{K}_2\int_0^t |\boldsymbol{z}_2|^p\operatorname{sgn}(\boldsymbol{z}_2)\mathrm{d}\tau \tag{4-18}$$

$\boldsymbol{S}_{In}=[S_{In1},S_{In2},S_{In3}]^{\mathrm{T}}$，$|\boldsymbol{z}_2|^p\operatorname{sgn}(\boldsymbol{z}_2)=[|\boldsymbol{z}_{21}|^p\operatorname{sgn}(\boldsymbol{z}_{21}),|\boldsymbol{z}_{22}|^p\operatorname{sgn}(\boldsymbol{z}_{22}),|\boldsymbol{z}_{23}|^p\operatorname{sgn}(\boldsymbol{z}_{23})]^{\mathrm{T}}$。

$0.5 < p < 1$，$\boldsymbol{K}_1 = \mathrm{diag}\{k_{11}, k_{12}, k_{13}\}$ 和 $\boldsymbol{K}_2 = \mathrm{diag}\{k_{21}, k_{22}, k_{23}\}$ 为设计的滑模面参数，k_{1i}，$k_{2i}\,(i = 1,2,3)$ 是任意的正常数。

设计终端滑模控制律 $\boldsymbol{\tau}^0$ 为

$$\boldsymbol{\tau}^0 = \boldsymbol{\tau}_{\mathrm{norm}} + \boldsymbol{\tau}_{\mathrm{com}} \tag{4-19}$$

$$\begin{cases} \boldsymbol{\tau}_{\mathrm{norm}} = \boldsymbol{\omega}^{\times} \boldsymbol{J}_0 \omega + \boldsymbol{J}_0 [\boldsymbol{R}(\boldsymbol{\sigma}_e) \dot{\boldsymbol{\omega}}_d - \boldsymbol{\omega}_e{}^{\times} \boldsymbol{R}(\boldsymbol{\sigma}_e) \boldsymbol{\omega}_d] + \boldsymbol{J}_0 \dot{\boldsymbol{\omega}}_c \\ \qquad - \boldsymbol{J}_0 \boldsymbol{a}_2 \boldsymbol{\chi}_2 - \boldsymbol{J}_0 \boldsymbol{K}_1 \boldsymbol{z}_2 - \boldsymbol{J}_0 \boldsymbol{K}_2 \, |\boldsymbol{z}_2|^p \mathrm{sgn}(\boldsymbol{z}_2) \\ \boldsymbol{\tau}_{\mathrm{com}} = -\hat{\boldsymbol{\alpha}}^{\mathrm{T}} \hat{\boldsymbol{\alpha}} \boldsymbol{S}_{In} - \dfrac{\varepsilon^2}{4} \boldsymbol{S}_{In} - \dfrac{\boldsymbol{S}_{In}}{\|\boldsymbol{S}_{In}\|^2} \left[h\,(\boldsymbol{S}_{In}^{\mathrm{T}} \boldsymbol{J}_0 \boldsymbol{S}_{In})^{1/2} + \|\hat{\boldsymbol{\alpha}}\| + \dfrac{1}{4\varepsilon} \sum_{i=1}^{3} |\hat{\boldsymbol{\alpha}}_i| \right] \end{cases} \tag{4-20}$$

设计参数自适应规律为

$$\dot{\hat{\alpha}}_i = \begin{cases} r\,|S_{Ini}| + \sqrt{r}h & |z_{1i}| > \zeta \\ 0 & |z_{1i}| \leqslant \zeta \end{cases} \tag{4-21}$$

在完成控制器设计的基础上，进行控制器的稳定性和有限时间收敛性证明。主要证明思路是首先证明内滑模面的有限时间收敛性，然后证明跟踪误差 $\boldsymbol{z}_2$ 的有限时间收敛性，再证明外环滑模面的有限时间收敛性，最后，证明系统姿态跟踪误差 $\boldsymbol{\sigma}_{\mathrm{e}}$ 的有限时间收敛性。在证明之前，介绍三个引理。

引理 1[223]　如果 $p \in (0, 1)$，$\boldsymbol{x} = [x_1, x_2, \cdots, x_n]^{\mathrm{T}} \in \mathbf{R}^n$，则以下不等式成立

$$\sum_{i=1}^{n} |x_i|^{1+p} \geqslant \left(\sum_{i=1}^{n} |x_i|^2 \right)^{\frac{1+p}{2}} \tag{4-22}$$

引理 2[224]　设对于任意给定的初始条件 $x(0) = x_0$，平衡点 $x = 0$ 均是全局有限时间稳定的。如果某个 Lyapunov 函数满足

$$\dot{V}(x) + \lambda_1 V(x) + \lambda_2 V^k(x) \leqslant 0 \quad \lambda_1 > 0, \lambda_2 > 0, 0 < k < 1 \tag{4-23}$$

则，收敛时间满足

$$T \leqslant \frac{1}{\lambda_1 (1-k)} \ln \frac{\lambda_1 V^{1-k}(x_0) + \lambda_2}{\lambda_2} \tag{4-24}$$

其中，Lyapunov 函数 $V(x)$ 的初始值为 $V(x_0)$

引理 3[225]　系统 $\dot{x} = f(x)$，$f(0) = 0$，$x \in \mathbf{R}^n$，$x(0) = x_0$，设 $f: D \to \mathbf{R}^n$ 表示原点为零的开环邻域 D 内连续。假设有一个定义在 $\Omega \subseteq D$ 上的连续正函数 $V(x): D \to \mathbf{R}^n$，如果存在实数 $k > 0$，$v \in (0, 1)$，使得 $\dot{V}(x) + kV^v(x) \leqslant 0$，则系统 $\dot{x} = f(x)$ 是全局有限时间稳定的。同时，对于给定的初始条件 $x(0) = x_0$，收敛时间满足

$$T(x_0) \leqslant \frac{V(x_0)^{1-v}}{k(1-v)} \tag{4-25}$$

（1）内滑模面 $\boldsymbol{S}_{In}$ 的有限时间收敛性证明

当滑模面 $\boldsymbol{S}_{In} = \boldsymbol{0}$ 时，可以得到以下表达式

$$\boldsymbol{S}_{In} = \boldsymbol{z}_2 + \boldsymbol{K}_1 \int_0^t \boldsymbol{z}_2 \mathrm{d}\tau + \boldsymbol{K}_2 \int_0^t |\boldsymbol{z}_2|^p \mathrm{sgn}(\boldsymbol{z}_2)\, \mathrm{d}\tau = \boldsymbol{0} \tag{4-26}$$

$$\dot{\boldsymbol{S}}_{In} = \dot{\boldsymbol{z}}_2 + \boldsymbol{K}_1 \boldsymbol{z}_2 + \boldsymbol{K}_2 \, |\boldsymbol{z}_2|^p \mathrm{sgn}(\boldsymbol{z}_2) = \boldsymbol{0} \tag{4-27}$$

选择 Lyapunov 函数为

$$V(\boldsymbol{z}_2)=\frac{1}{2}\sum_{i=1}^{3}\boldsymbol{z}_{2i}^2 \tag{4-28}$$

对 Lyapunov 函数式（4-28）求导，并利用式（4-27）化简，得

$$\begin{aligned}\dot{V}(\boldsymbol{z}_2)&=\sum_{i=1}^{3}\boldsymbol{z}_{2i}\dot{\boldsymbol{z}}_{2i}=-\sum_{i=1}^{3}\boldsymbol{z}_{2i}\left[k_{1i}\boldsymbol{z}_{2i}+k_{2i}\left|\boldsymbol{z}_{2i}\right|^{p}\operatorname{sgn}(\boldsymbol{z}_{2i})\right]\\&=-\sum_{i=1}^{3}k_{1i}\boldsymbol{z}_{2i}\boldsymbol{z}_{2i}-\sum_{i=1}^{3}k_{2i}\boldsymbol{z}_{2i}\left|\boldsymbol{z}_{2i}\right|^{p}\operatorname{sgn}(\boldsymbol{z}_{2i})\\&\leqslant -k_{1\min}\sum_{i=1}^{3}\boldsymbol{z}_{2i}^2-k_{2\min}\sum_{i=1}^{3}\left|\boldsymbol{z}_{2i}\right|^{p+1}\\&\leqslant -2k_{1\min}\left(\frac{1}{2}\sum_{i=1}^{3}\boldsymbol{z}_{2i}^2\right)-2^{(p+1)/2}k_{2\min}\left(\frac{1}{2}\sum_{i=1}^{3}\boldsymbol{z}_{2i}^2\right)^{(p+1)/2}\end{aligned} \tag{4-29}$$

当 $k_{1\min}=\min\{k_{11},k_{12},k_{13}\}$，$k_{2\min}=\min\{k_{21},k_{22},k_{23}\}$ 。根据引理1，下述不等式成立

$$\sum_{i=1}^{3}\left|\boldsymbol{z}_{2i}\right|^{p+1}\geqslant 2^{(p+1)/2}\left(\frac{1}{2}\sum_{i=1}^{3}\boldsymbol{z}_{2i}^2\right)^{(p+1)/2} \tag{4-30}$$

则

$$\dot{V}(\boldsymbol{z}_2)+2k_{1\min}V(\boldsymbol{z}_2)+2^{(p+1)/2}k_{2\min}V(\boldsymbol{z}_2)^{(p+1)/2}\leqslant 0 \tag{4-31}$$

根据引理2，内滑模面是有限时间稳定的。设初始角速度误差为 $\boldsymbol{z}_2(0)$，收敛时间 T_{s1} 满足

$$T_{s1}=\frac{1}{k_{1\min}(1-p)}\ln\frac{2k_{1\min}V^{(1-p)/2}[\boldsymbol{z}_2(0)]+k_{2\min}2^{(p+1)/2}}{k_{2\min}2^{(p+1)/2}} \tag{4-32}$$

（2）跟踪误差 $\boldsymbol{z}_2$ 的有限时间收敛性证明

选择 Lyapunov 函数为

$$V(\boldsymbol{S}_{In},\tilde{\boldsymbol{\alpha}})=\frac{1}{2}\boldsymbol{S}_{In}^{\mathrm{T}}(\boldsymbol{J}_0-\boldsymbol{\delta\delta}^{\mathrm{T}})\boldsymbol{S}_{In}+\frac{1}{2r}\tilde{\boldsymbol{\alpha}}^{\mathrm{T}}\tilde{\boldsymbol{\alpha}} \tag{4-33}$$

利用控制律和动力学模型，Lyapunov 函数对时间导数可以写为

$$\begin{aligned}\dot{V}(\boldsymbol{S}_{In},\tilde{\boldsymbol{\alpha}})&=\boldsymbol{S}_{In}^{\mathrm{T}}(\boldsymbol{J}_0-\boldsymbol{\delta\delta}^{\mathrm{T}})\dot{\boldsymbol{S}}_{In}+\frac{1}{r}\tilde{\boldsymbol{\alpha}}^{\mathrm{T}}\dot{\tilde{\boldsymbol{\alpha}}}\\&=\boldsymbol{S}_{In}^{\mathrm{T}}(\boldsymbol{J}_0-\boldsymbol{\delta\delta}^{\mathrm{T}})\left[\dot{\boldsymbol{z}}_2+\boldsymbol{K}_1\boldsymbol{z}_2+\boldsymbol{K}_2\left|\boldsymbol{z}_2\right|^{p}\operatorname{sgn}(\boldsymbol{z}_2)\right]+\frac{1}{r}\tilde{\boldsymbol{\alpha}}^{\mathrm{T}}\dot{\tilde{\boldsymbol{\alpha}}}\\&=\boldsymbol{S}_{In}^{\mathrm{T}}(\boldsymbol{J}_0-\boldsymbol{\delta\delta}^{\mathrm{T}})\dot{\boldsymbol{z}}_2+\boldsymbol{S}_{In}^{\mathrm{T}}(\boldsymbol{J}_0-\boldsymbol{\delta\delta}^{\mathrm{T}})\boldsymbol{K}_1\boldsymbol{z}_2+\boldsymbol{S}_{In}^{\mathrm{T}}(\boldsymbol{J}_0-\boldsymbol{\delta\delta}^{\mathrm{T}})\boldsymbol{K}_2\left|\boldsymbol{z}_2\right|^{p}\operatorname{sgn}(\boldsymbol{z}_2)+\frac{1}{r}\tilde{\boldsymbol{\alpha}}^{\mathrm{T}}\dot{\tilde{\boldsymbol{\alpha}}}\\&=\boldsymbol{S}_{In}^{\mathrm{T}}\{\boldsymbol{\tau}_{\mathrm{norm}}^0+\boldsymbol{\tau}_{\mathrm{com}}^0-(\boldsymbol{J}_0-\boldsymbol{\delta\delta}^{\mathrm{T}})[\boldsymbol{R}(\boldsymbol{\sigma}_e)\dot{\boldsymbol{\omega}}_d-\boldsymbol{\omega}_e^{\times}\boldsymbol{R}(\boldsymbol{\sigma}_e)\boldsymbol{\omega}_d]-\boldsymbol{\omega}^{\times}\boldsymbol{J}_0\boldsymbol{\omega}-(\boldsymbol{J}_0-\boldsymbol{\delta\delta}^{\mathrm{T}})\dot{\boldsymbol{\omega}}_c+\\&\quad(\boldsymbol{J}_0-\boldsymbol{\delta\delta}^{\mathrm{T}})\boldsymbol{c}_2\boldsymbol{\chi}_2+\bar{\boldsymbol{d}}\}+\boldsymbol{S}_{In}^{\mathrm{T}}(\boldsymbol{J}_0-\boldsymbol{\delta\delta}^{\mathrm{T}})\boldsymbol{K}_1\boldsymbol{z}_2+\boldsymbol{S}_{In}^{\mathrm{T}}(\boldsymbol{J}_0-\boldsymbol{\delta\delta}^{\mathrm{T}})\boldsymbol{K}_2\left|\boldsymbol{z}_2\right|^{p}\operatorname{sgn}(\boldsymbol{z}_2)+\frac{1}{r}\tilde{\boldsymbol{\alpha}}^{\mathrm{T}}\dot{\tilde{\boldsymbol{\alpha}}}\\&=\boldsymbol{S}_{In}^{\mathrm{T}}\left(\bar{\boldsymbol{d}}-\hat{\boldsymbol{\alpha}}^{\mathrm{T}}\hat{\boldsymbol{\alpha}}\boldsymbol{S}_{In}-\frac{\varepsilon^2}{4}\boldsymbol{S}_{In}-\frac{\boldsymbol{S}_{In}}{\|\boldsymbol{S}_{In}\|^2}\left\{h\left[\boldsymbol{S}_{In}^{\mathrm{T}}(\boldsymbol{J}_0-\boldsymbol{\delta\delta}^{\mathrm{T}})\boldsymbol{S}_{In}\right]^{1/2}+\|\hat{\boldsymbol{\alpha}}\|+\frac{1}{4\varepsilon}\sum_{i=1}^{3}\left|\hat{\alpha}_i\right|\right\}\right)+\\&\quad\frac{1}{r}\tilde{\boldsymbol{\alpha}}^{\mathrm{T}}\dot{\tilde{\boldsymbol{\alpha}}}\end{aligned} \tag{4-34}$$

将方程式(4-21)给出的控制律代入方程式(4-34),可以进一步得到

$$
\begin{aligned}
&\dot{V}(\boldsymbol{S}_{In},\tilde{\boldsymbol{\alpha}})\\
&\leqslant \boldsymbol{S}_{In}^{\mathrm{T}}\left(\bar{\boldsymbol{d}}-\hat{\boldsymbol{\alpha}}^{\mathrm{T}}\hat{\boldsymbol{\alpha}}\boldsymbol{S}_{In}-\frac{\varepsilon^{2}}{4}\boldsymbol{S}_{In}-\frac{\boldsymbol{S}_{In}}{\|\boldsymbol{S}_{In}\|^{2}}\left\{h\left[\boldsymbol{S}_{In}^{\mathrm{T}}(\boldsymbol{J}_{0}-\boldsymbol{\delta\delta}^{\mathrm{T}})\boldsymbol{S}_{In}\right]^{1/2}+\|\hat{\boldsymbol{\alpha}}\|+\frac{1}{4\varepsilon}\sum_{i=1}^{3}|\hat{\alpha}_{i}|\right\}\right)+\frac{1}{r}\sum_{i=1}^{3}\tilde{\alpha}_{i}\dot{\hat{\alpha}}_{i}\\
&\leqslant \sum_{i=1}^{3}|S_{Ini}|\alpha_{i}^{*}-\sum_{i=1}^{3}\hat{\alpha}_{i}^{2}S_{Ini}^{2}-\frac{\varepsilon^{2}}{4}\sum_{i=1}^{3}S_{Ini}^{2}-\|\hat{\boldsymbol{\alpha}}\|-\frac{1}{4\varepsilon}\sum_{i=1}^{3}|\hat{\alpha}_{i}|-h\left[\boldsymbol{S}_{In}^{\mathrm{T}}(\boldsymbol{J}_{0}-\boldsymbol{\delta\delta}^{\mathrm{T}})\boldsymbol{S}_{In}\right]^{1/2}+\frac{1}{r}\sum_{i=1}^{3}\tilde{\alpha}_{i}\dot{\hat{\alpha}}_{i}\\
&=\sum_{i=1}^{3}|S_{Ini}|(\hat{\alpha}_{i}-\tilde{\alpha}_{i})-\sum_{i=1}^{3}\hat{\alpha}_{i}^{2}S_{Ini}^{2}-\frac{\varepsilon^{2}}{4}\sum_{i=1}^{3}S_{Ini}^{2}-\|\hat{\boldsymbol{\alpha}}\|-h\left[\boldsymbol{S}_{In}^{\mathrm{T}}(\boldsymbol{J}_{0}-\boldsymbol{\delta\delta}^{\mathrm{T}})\boldsymbol{S}_{In}\right]^{1/2}-\frac{1}{4\varepsilon}\sum_{i=1}^{3}|\hat{\alpha}_{i}|+\\
&\quad\frac{1}{r}\sum_{i=1}^{3}\tilde{\alpha}_{i}\dot{\hat{\alpha}}_{i}\\
&\leqslant \sum_{i=1}^{3}\left(\varepsilon S_{Ini}^{2}+\frac{1}{4\varepsilon}\right)|\hat{\alpha}_{i}|-\sum_{i=1}^{3}|S_{Ini}|\tilde{\alpha}_{i}-\sum_{i=1}^{3}\hat{\alpha}_{i}^{2}S_{Ini}^{2}-\frac{\varepsilon^{2}}{4}\sum_{i=1}^{3}S_{Ini}^{2}-\|\hat{\boldsymbol{\alpha}}\|-h\left[\boldsymbol{S}_{In}^{\mathrm{T}}(\boldsymbol{J}_{0}-\boldsymbol{\delta\delta}^{\mathrm{T}})\boldsymbol{S}_{In}\right]^{1/2}-\\
&\quad\frac{1}{4\varepsilon}\sum_{i=1}^{3}|\hat{\alpha}_{i}|+\frac{1}{r}\sum_{i=1}^{3}\tilde{\alpha}_{i}\dot{\hat{\alpha}}_{i}\\
&\leqslant \sum_{i=1}^{3}\left(\varepsilon S_{Ini}^{2}+\frac{1}{4\varepsilon}\right)|\hat{\alpha}_{i}|-\sum_{i=1}^{3}|S_{Ini}|\tilde{\alpha}_{i}-\sum_{i=1}^{3}\hat{\alpha}_{i}^{2}S_{Ini}^{2}-\frac{\varepsilon^{2}}{4}\sum_{i=1}^{3}S_{Ini}^{2}-\|\hat{\boldsymbol{\alpha}}\|-h\left[\boldsymbol{S}_{In}^{\mathrm{T}}(\boldsymbol{J}_{0}-\boldsymbol{\delta\delta}^{\mathrm{T}})\boldsymbol{S}_{In}\right]^{1/2}-\\
&\quad\frac{1}{4\varepsilon}\sum_{i=1}^{3}|\hat{\alpha}_{i}|+\frac{1}{r}\sum_{i=1}^{3}\tilde{\alpha}_{i}(r|S_{Ini}|+\sqrt{r}h)\\
&\leqslant \sum_{i=1}^{3}\varepsilon S_{Ini}^{2}|\hat{\alpha}_{i}|+\sum_{i=1}^{3}\frac{1}{4\varepsilon}|\hat{\alpha}_{i}|-\sum_{i=1}^{3}|S_{Ini}|\tilde{\alpha}_{i}-\sum_{i=1}^{3}\hat{\alpha}_{i}^{2}S_{Ini}^{2}-\frac{\varepsilon^{2}}{4}\sum_{i=1}^{3}S_{Ini}^{2}-\|\hat{\boldsymbol{\alpha}}\|-h\left[\boldsymbol{S}_{In}^{\mathrm{T}}(\boldsymbol{J}_{0}-\boldsymbol{\delta\delta}^{\mathrm{T}})\boldsymbol{S}_{In}\right]^{1/2}-\\
&\quad\frac{1}{4\varepsilon}\sum_{i=1}^{3}|\hat{\alpha}_{i}|+\sum_{i=1}^{3}\tilde{\alpha}_{i}|S_{Ini}|+\frac{h}{\sqrt{r}}\sum_{i=1}^{3}\tilde{\alpha}_{i}\\
&\leqslant-\sum_{i=1}^{3}\left(|\hat{\alpha}_{i}||S_{Ini}|-\frac{\varepsilon}{2}|S_{Ini}|\right)^{2}-h\left[\boldsymbol{S}_{In}^{\mathrm{T}}(\boldsymbol{J}_{0}-\boldsymbol{\delta\delta}^{\mathrm{T}})\boldsymbol{S}_{In}\right]^{1/2}+\sum_{i=1}^{3}\frac{h}{\sqrt{r}}(\hat{\alpha}_{i}-\alpha_{i}^{*})\\
&\leqslant-h\left[\boldsymbol{S}_{In}^{\mathrm{T}}(\boldsymbol{J}_{0}-\boldsymbol{\delta\delta}^{\mathrm{T}})\boldsymbol{S}_{In}\right]^{1/2}-\frac{h}{\sqrt{r}}\sum_{i=1}^{3}(\alpha_{i}^{*}-\hat{\alpha}_{i})\\
&\leqslant-\sqrt{2}h\left[\frac{1}{2}\boldsymbol{S}_{In}{}^{\mathrm{T}}(\boldsymbol{J}_{0}-\boldsymbol{\delta\delta}^{\mathrm{T}})\boldsymbol{S}_{In}+\frac{1}{2r}\tilde{\boldsymbol{\alpha}}^{\mathrm{T}}\tilde{\boldsymbol{\alpha}}\right]^{\frac{1}{2}}\\
&=-\sqrt{2}hV^{\frac{1}{2}}(\boldsymbol{S}_{In},\tilde{\boldsymbol{\alpha}})
\end{aligned}
\tag{4-35}
$$

根据方程式(4-35),可以得到

$$\dot{V}(\boldsymbol{S}_{In},\tilde{\boldsymbol{\alpha}})+\sqrt{2}hV^{\frac{1}{2}}(\boldsymbol{S}_{In},\tilde{\boldsymbol{\alpha}})\leqslant 0 \tag{4-36}$$

因此,根据引理3,当 $t\geqslant T_{f1}$ 时,结论成立并且收敛时间 T_{f1} 满足如下条件

$$T_{f1}\leqslant\frac{\sqrt{2}V^{\frac{1}{2}}[\boldsymbol{S}_{In}(0),\tilde{\boldsymbol{\alpha}}(0)]}{h} \tag{4-37}$$

(3) 外滑模面 $\boldsymbol{S}_{Ou}$ 的有限时间收敛性

当滑模面 $\boldsymbol{S}_{Ou}=0$ 时,可以得到以下表达式

$$\boldsymbol{S}_{Ou}=\boldsymbol{z}_{1}+\boldsymbol{D}_{1}\int_{0}^{t}\boldsymbol{z}_{1}\mathrm{d}\tau+\boldsymbol{D}_{2}\int_{0}^{t}|\boldsymbol{z}_{1}|^{q}\operatorname{sgn}(\boldsymbol{z}_{1})\mathrm{d}\tau=0 \tag{4-38}$$

$$\dot{\boldsymbol{S}}_{Ou}=\dot{\boldsymbol{z}}_{1}+\boldsymbol{D}_{1}\boldsymbol{z}_{1}+\boldsymbol{D}_{2}|\boldsymbol{z}_{1}|^{q}\operatorname{sgn}(\boldsymbol{z}_{1})=0 \tag{4-39}$$

定义 Lyapunov 函数为

$$V(\boldsymbol{z}_1)=\frac{1}{2}\sum_{i=1}^{3}\boldsymbol{z}_{1i}^2 \tag{4-40}$$

求导并利用式（4-39）化简，得

$$\begin{aligned}\dot{V}(\boldsymbol{z}_1)&=\sum_{i=1}^{3}\boldsymbol{z}_{1i}\dot{\boldsymbol{z}}_{1i}=-\sum_{i=1}^{3}\boldsymbol{z}_{1i}\left(d_{1i}\boldsymbol{z}_{1i}+d_{2i}\ |\boldsymbol{z}_{1i}|^q\operatorname{sgn}(\boldsymbol{z}_{1i})\right)\\&=-\sum_{i=1}^{3}d_{1i}\boldsymbol{z}_{1i}\boldsymbol{z}_{1i}-\sum_{i=1}^{3}k_{2i}\boldsymbol{z}_{1i}\ |\boldsymbol{z}_{1i}|^q\operatorname{sgn}(\boldsymbol{z}_{1i})\\&\leqslant -d_{1\min}\sum_{i=1}^{3}\boldsymbol{z}_{1i}^2-d_{2\min}\sum_{i=1}^{3}|\boldsymbol{z}_{1i}|^{q+1}\\&\leqslant -2d_{1\min}\left(\frac{1}{2}\sum_{i=1}^{3}\boldsymbol{z}_{1i}^2\right)-2^{(q+1)/2}d_{2\min}\left(\frac{1}{2}\sum_{i=1}^{3}\boldsymbol{z}_{1i}^2\right)^{(q+1)/2}\end{aligned} \tag{4-41}$$

当 $d_{1\min}=\min\{d_{11},d_{12},d_{13}\}$，$d_{2\min}=\min\{d_{21},d_{22},d_{23}\}$ 时，根据引理 1，下述不等式成立

$$\sum_{i=1}^{3}|\boldsymbol{z}_{1i}|^{q+1}\geqslant 2^{(q+1)/2}\left(\frac{1}{2}\sum_{i=1}^{3}\boldsymbol{z}_{1i}^2\right)^{(q+1)/2} \tag{4-42}$$

则

$$\dot{V}(\boldsymbol{z}_1)+2d_{1\min}V(\boldsymbol{z}_1)+2^{(q+1)/2}d_{2\min}V(\boldsymbol{z}_1)^{(q+1)/2}\leqslant 0 \tag{4-43}$$

根据引理 2，结论成立。设初始姿态误差为 $\boldsymbol{z}_1(0)$，收敛时间 T_{s2} 满足

$$T_{s2}=\frac{1}{d_{1\min}(1-q)}\ln\frac{2d_{1\min}V^{(1-q)/2}\left[\boldsymbol{z}_1(0)\right]+d_{2\min}2^{(q+1)/2}}{d_{2\min}2^{(q+1)/2}} \tag{4-44}$$

（4）姿态跟踪误差 $\boldsymbol{\sigma}_e$ 的有限时间收敛性证明

选择 Lyapunov 函数为

$$V(\boldsymbol{S}_{Ou})=\frac{1}{2}\boldsymbol{S}_{Ou}^{\mathrm{T}}\boldsymbol{S}_{Ou} \tag{4-45}$$

将等式（4-38）代入，然后对 $V(\boldsymbol{S}_{Ou})$ 求导得

$$\begin{aligned}\dot{V}(\boldsymbol{S}_{Ou})&=\boldsymbol{S}_{Ou}^{\mathrm{T}}\dot{\boldsymbol{S}}_{Ou}=\boldsymbol{S}_{Ou}^{\mathrm{T}}\left[\dot{\boldsymbol{z}}_1+\boldsymbol{D}_1\boldsymbol{z}_1+\boldsymbol{D}_2\ |\boldsymbol{z}_1|^q\operatorname{sgn}(\boldsymbol{z}_1)\right]\\&=\boldsymbol{S}_{Ou}^{\mathrm{T}}\left[\boldsymbol{G}(\boldsymbol{\sigma}_e)\boldsymbol{\omega}_e-\dot{\boldsymbol{\chi}}_1+\boldsymbol{D}_1\boldsymbol{z}_1+\boldsymbol{D}_2\ |\boldsymbol{z}_1|^q\operatorname{sgn}(\boldsymbol{z}_1)\right]\\&=\boldsymbol{S}_{Ou}^{\mathrm{T}}\left[\boldsymbol{G}(\boldsymbol{\sigma}_e)(\boldsymbol{\chi}_2+\boldsymbol{z}_2)+\boldsymbol{a}_1\boldsymbol{\chi}_1+\boldsymbol{G}(\boldsymbol{\sigma}_e)\boldsymbol{\omega}_c^0+\boldsymbol{D}_1\boldsymbol{z}_1+\boldsymbol{D}_2\ |\boldsymbol{z}_1|^q\operatorname{sgn}(\boldsymbol{z}_1)\right]\\&=-\boldsymbol{S}_{Ou}^{\mathrm{T}}\eta\operatorname{sgn}(\boldsymbol{S}_{Ou})\leqslant-\eta_{\min}\|\boldsymbol{S}_{Ou}\|=-\sqrt{2}\left(\frac{1}{2}\|\boldsymbol{S}_{Ou}\|^2\right)\frac{1}{2}=-\sqrt{2}\eta_{\min}V^{\frac{1}{2}}(\boldsymbol{S}_{Ou})\end{aligned} \tag{4-46}$$

则

$$\dot{V}(\boldsymbol{S}_{Ou})+\sqrt{2}\eta_{\min}V^{\frac{1}{2}}(\boldsymbol{S}_{Ou})\leqslant 0 \tag{4-47}$$

根据引理 2，结论成立。且收敛时间 T_{f2} 满足

$$T_{f2}\leqslant\frac{\sqrt{2}V^{\frac{1}{2}}\left[\boldsymbol{S}_{Ou}(o)\right]}{\eta_{\min}} \tag{4-48}$$

因此，系统的收敛时间 T 为

$$T \leqslant T_{s1} + T_{f1} + T_{s2} + T_{f2} \tag{4-49}$$

4.1.3　基于零空间修正伪逆法的控制力矩分配

控制力矩分配的目的是在冗余执行器上分配所需的控制力矩，以便在约束条件和最优目标函数下获得期望响应，使得实际输出与期望控制律之间的差值尽可能小。由于算法简单、计算精度高等优势，零空间修正伪逆法被广泛用于解决一些受限制的控制问题。

假设空间绳系机器人配置有 n 个推力器，第 i 个推力器在空间绳系机器人抓捕器本体系下的安装位置可表示为 $\boldsymbol{d}_{Si}$ ，则

$$\boldsymbol{d}_S = [\boldsymbol{d}_{S1} \quad \boldsymbol{d}_{S2} \quad \cdots \quad \boldsymbol{d}_{Sn}] \tag{4-50}$$

第 i 个推力器在抓捕器本体系下方向矢量为 $\boldsymbol{e}_{Si}$ ，则推力器产生的单位推力矢量矩阵为

$$\boldsymbol{e}_S = [\boldsymbol{e}_{S1} \quad \boldsymbol{e}_{S2} \quad \cdots \quad \boldsymbol{e}_{Sn}] \tag{4-51}$$

第 i 个推力器的推力大小为 F_{Si} ，假设推力连续可控，推力器产生的控制力矩阵为

$$\boldsymbol{F}_S = [F_{S1} \quad F_{S2} \quad \cdots \quad F_{Sn}]^{\mathrm{T}} \tag{4-52}$$

所有推力器构成的推力构型矩阵 $\boldsymbol{A}_S$ 为

$$\boldsymbol{A}_S = [\boldsymbol{d}_{S1} \times \boldsymbol{e}_{S1} \quad \boldsymbol{d}_{S2} \times \boldsymbol{e}_{S2} \quad \cdots \quad \boldsymbol{d}_{Sn} \times \boldsymbol{e}_{Sn}] \tag{4-53}$$

则推力形成的控制力矩可表示为

$$\boldsymbol{u}_S = \sum_{i=1}^{n} \boldsymbol{u}_{Si} = \sum_{i=1}^{n} (\boldsymbol{d}_{Si} \times \boldsymbol{e}_{Si}) F_{Si} = \boldsymbol{A}_S \boldsymbol{F}_S \tag{4-54}$$

其中，第 i 个推力器的控制力矩为 $\boldsymbol{u}_{Si} = (\boldsymbol{d}_{Si} \times \boldsymbol{e}_{Si}) F_{Si}$ 。

为简化问题，假设组合体本体系与空间绳系机器人抓捕器本体坐标系方向一致。很明显，两者的坐标原点并不重合。设第 i 个推力器在组合体本体系下的位置矢量为 $\boldsymbol{d}_i$ 。

$$\boldsymbol{d}_i = \boldsymbol{d}_{Si} + \boldsymbol{r} \tag{4-55}$$

其中，$\boldsymbol{r}$ 表示抓捕器质心和组合体坐标系坐标原点的位置偏移矢量，并假设已通过辨识或其他手段得到。则组合体坐标系下的力 $\boldsymbol{F} = \boldsymbol{F}_S$ 和方向矩阵 $\boldsymbol{e} = \boldsymbol{e}_S$ 。

定义组合体坐标系下的重构的推力器构型矩阵为 $\boldsymbol{A}$ 。

$$\boldsymbol{A} = \boldsymbol{A}_S + \Delta \boldsymbol{A} \tag{4-56}$$

其中，$\Delta \boldsymbol{A} = [\boldsymbol{r} \times \boldsymbol{e}_{S1} \quad \boldsymbol{r} \times \boldsymbol{e}_{S2} \quad \cdots \quad \boldsymbol{r} \times \boldsymbol{e}_{Sn}]$ 。

组合体坐标系下的控制力矩 $\boldsymbol{u}$ 满足

$$\boldsymbol{u} = \sum_{i=1}^{n} \boldsymbol{u}_i = \sum_{i=1}^{n} (\boldsymbol{d}_{Si} \times \boldsymbol{e}_{Si}) F_{Si} + (\Delta \boldsymbol{d} \times \boldsymbol{e}_{Si}) F_{Si} = \boldsymbol{AF} \tag{4-57}$$

其中，$\boldsymbol{u}_i = (\boldsymbol{d}_{Si} \times \boldsymbol{e}_{Si}) F_{Si} + (\boldsymbol{r} \times \boldsymbol{e}_{Si}) F_{Si}$ 表示第 i 个推力器在组合体坐标系下的控制力矩。

另外，考虑工程实际，推力还需满足

$$\boldsymbol{\Omega} = \{\boldsymbol{F} \in \mathbf{R}^m \mid \boldsymbol{F}_{\min} \leqslant \boldsymbol{F}(t) \leqslant \boldsymbol{F}_{\max}\} \tag{4-58}$$

其中，$\boldsymbol{F}_{\min}$ 和 $\boldsymbol{F}_{\max}$ 是推力器的上下界阈值。

推力器构型矩阵 $\boldsymbol{A}$ 的零空间矩阵为 $\boldsymbol{N} \in \mathbf{R}^{m \times (m-n)}$ ，则

$$\boldsymbol{AN} = \boldsymbol{0} \tag{4-59}$$

显然对于任何一个 $\boldsymbol{N} \in \mathbf{R}^{m\times(m-n)}$ ，均满足表达式 $\boldsymbol{AF}_{\mathrm{K}}=\boldsymbol{ANK}=\mathbf{0}$。则方程 $\boldsymbol{AF}=\boldsymbol{u}$ 的解为

$$\boldsymbol{F}=\boldsymbol{F}_{\mathrm{A}}+\boldsymbol{F}_{\mathrm{K}} \tag{4-60}$$

其中，$\boldsymbol{F}_{\mathrm{A}}=\boldsymbol{A}^{\mathrm{T}}(\boldsymbol{AA}^{\mathrm{T}})^{-1}\boldsymbol{u}$，$\boldsymbol{F}_{\mathrm{K}}=\boldsymbol{NK}$，$\boldsymbol{K}$ 是调节因子。

将零空间矩阵 $\boldsymbol{N}$，$\boldsymbol{F}$ 和 $\boldsymbol{F}_{\mathrm{A}}$ 分块表示

$$\boldsymbol{N}=\begin{bmatrix}\boldsymbol{N}_{\mathrm{K1}}\\ \boldsymbol{N}_{\mathrm{K2}}\end{bmatrix}\quad \boldsymbol{F}=\begin{bmatrix}\boldsymbol{F}_{1}\\ \boldsymbol{F}_{2}\end{bmatrix}\quad \boldsymbol{F}_{\mathrm{A}}=\begin{bmatrix}\boldsymbol{F}_{\mathrm{A1}}\\ \boldsymbol{F}_{\mathrm{A2}}\end{bmatrix} \tag{4-61}$$

其中，$\boldsymbol{N}_{\mathrm{K1}}$ 为控制量超出其上下限值的零空间矩阵行矢量，$\boldsymbol{N}_{\mathrm{K2}}$ 为待求量。$\boldsymbol{F}_{1}$，$\boldsymbol{F}_{2}$，$\boldsymbol{F}_{\mathrm{A1}}$ 和 $\boldsymbol{F}_{\mathrm{A2}}$ 为对应分块得到的控制量，则

$$\begin{bmatrix}\boldsymbol{N}_{\mathrm{K1}}\\ \boldsymbol{N}_{\mathrm{K2}}\end{bmatrix}\boldsymbol{K}=\begin{bmatrix}\boldsymbol{F}_{1}\\ \boldsymbol{F}_{2}\end{bmatrix}-\begin{bmatrix}\boldsymbol{F}_{\mathrm{A1}}\\ \boldsymbol{F}_{\mathrm{A2}}\end{bmatrix} \tag{4-62}$$

将 $\boldsymbol{F}_{1}$ 置于极限位置，容易得到

$$\begin{cases}\boldsymbol{K}=\boldsymbol{N}_{\mathrm{K1}}^{\dagger}(\boldsymbol{F}_{1}-\boldsymbol{F}_{\mathrm{A1}})\\ \boldsymbol{F}_{2}=\boldsymbol{N}_{\mathrm{K2}}\boldsymbol{K}+\boldsymbol{F}_{\mathrm{A2}}\end{cases} \tag{4-63}$$

其中，$\boldsymbol{N}_{\mathrm{K1}}^{\dagger}$ 是 $\boldsymbol{N}_{\mathrm{K1}}$ 的伪逆。如果 $\boldsymbol{N}_{\mathrm{K1}}$ 列满秩，则 $\boldsymbol{N}_{\mathrm{K1}}^{\dagger}$ 为矩阵 $\boldsymbol{N}_{\mathrm{K1}}$ 的最小二乘伪逆；如果 $\boldsymbol{N}_{\mathrm{K1}}$ 行满秩，则 $\boldsymbol{N}_{\mathrm{K1}}^{\dagger}$ 为矩阵 $\boldsymbol{N}_{\mathrm{K1}}$ 的最小二范数伪逆；如果 $\boldsymbol{N}_{\mathrm{K1}}$ 为方阵，则 $\boldsymbol{N}_{\mathrm{K1}}^{\dagger}$ 为矩阵 $\boldsymbol{N}_{\mathrm{K1}}$ 的逆。

如果得到的 $\boldsymbol{F}_{2}$ 在可行域范围内，那么由此得到的 $\boldsymbol{F}_{2}$ 辨识一个可行解。在伪逆解修正过程中，$\boldsymbol{F}_{1}$ 置于其极限值，那么如果 $\boldsymbol{F}_{1}$ 是 1 维矢量，其对应的组合只有两种。从理论上来说，如果在两种情况下得到的结果均是可行的，那么应该取离伪逆解最近的结果作为最终分配结果。如果 $\boldsymbol{F}_{1}$ 是 n 维矢量，那么对应的组合有 $2n$ 种，逐个对其进行验证显然效率不高。一种简单的解决方法是对其伪逆解进行判断：如果超过其上限值，直接将对应位置置于上限值上；超过下限值则直接置于下限值上，那么这样的组合只有一种，而且这种情况下得到的结果一般也最接近伪逆结果的解。

另外，需要说明的是，基于零空间的伪逆修正方法并不能对所有的初值进行修正，存在以下两种特殊情况。

1）在修正过程中，把期望修正量的某一分量设定为约束值后，却导致期望修正量的另一分量超过可行域，迭代多次后仍无法使每一个分量落入可行域内。

2）在对 $\boldsymbol{F}$ 进行分块后，将所有超过极限值的分量设定为极限值，但如果超过极限值的分量个数超过了零空间矩阵的秩，虽然可以通过式（4-63）求出 $\boldsymbol{K}$ 值，但该 $\boldsymbol{K}$ 值是超过极限分量的相关代数运算，并没有真正地将其置于极限位置。

情况 1）的解决方法是在一次修正后，若有分量超出极限值，将超出极限值的部分置于极限值后不再修正，因为多次修正会造成力矩信号波动较大，不利于执行机构工作。

对于情况 2)，若 $\boldsymbol{K}$ 值能够使修正解落入可行域，则采用修正解；对不能落入可行域的 $\boldsymbol{K}$ 值，将 p 个超过极限值的分量置于其极限值，再采用式（4-63）进行修正。其中，p 为零空间矩阵的秩。如果不能修正落入可行域内，则采用情况 1）的解决办法。

表 4-1　空间绳系机器人推力器和系绳配置表

编号	数值	位置	范围
推力器 1	$\boldsymbol{F}_1=[F_1,0,0]$	$\boldsymbol{X}_1=[x_1,y_1,z_1]$	$0\ \mathrm{N}\leqslant F_1,F_2\leqslant a_1\ \mathrm{N}$
推力器 2	$\boldsymbol{F}_2=[-F_2,0,0]$		
推力器 3	$\boldsymbol{F}_3=[0,-F_3,0]$		$0\ \mathrm{N}\leqslant F_3\leqslant a_2\ \mathrm{N}$
推力器 4	$\boldsymbol{F}_4=[0,0,F_4]$		$0\ \mathrm{N}\leqslant F_4,F_5\leqslant a_3\ \mathrm{N}$
推力器 5	$\boldsymbol{F}_5=[0,0,-F_5]$		
推力器 6	$\boldsymbol{F}_6=[F_6,0,0]$	$\boldsymbol{X}_2=[x_2,y_2,z_2]$	$0\ \mathrm{N}\leqslant F_6,F_7\leqslant a_1\ \mathrm{N}$
推力器 7	$\boldsymbol{F}_7=[-F_7,0,0]$		
推力器 8	$\boldsymbol{F}_8=[0,F_8,0]$		$0\ \mathrm{N}\leqslant F_8\leqslant a_2\ \mathrm{N}$
推力器 9	$\boldsymbol{F}_9=[0,0,F_9]$		$0\ \mathrm{N}\leqslant F_9,F_{10}\leqslant a_3\ \mathrm{N}$
推力器 10	$\boldsymbol{F}_{10}=[0,0,-F_{10}]$		
推力器 11	$\boldsymbol{F}_{11}=[0,0,-F_{11}]$	$\boldsymbol{X}_3=[x_3,y_3,z_3]$	$0\ \mathrm{N}\leqslant F_{11},F_{12}\leqslant a_4\ \mathrm{N}$
推力器 12	$\boldsymbol{F}_{12}=[0,0,F_{12}]$	$\boldsymbol{X}_4=[x_4,y_4,z_4]$	
系绳 13		$\boldsymbol{X}_G=[x_g,y_g,z_g]$	

设空间绳系机器人上的推力器和系绳配置如表 4-1 所示。推力器的控制力矩可以表示为

$$\boldsymbol{\tau}^0=\boldsymbol{AF}=\begin{bmatrix} 0 & (r_3+z_1) & -(r_2+y_1) \\ 0 & -(r_3+z_1) & (r_2+y_1) \\ (r_3+z_1) & 0 & -(r_1+x_1) \\ (r_2+y_1) & -(r_1+x_1) & 0 \\ -(r_2+y_1) & (r_1+x_1) & 0 \\ 0 & (r_3+z_2) & -(r_2+y_2) \\ 0 & -(r_3+z_2) & (r_2+y_2) \\ -(r_3+z_2) & 0 & (r_1+x_2) \\ (r_2+y_2) & -(r_1+x_2) & 0 \\ -(r_2+y_2) & (r_1+x_2) & 0 \\ -(r_3+y_3) & (r_1+x_3) & 0 \\ (r_3+y_3) & -(r_1+x_3) & 0 \end{bmatrix}\begin{bmatrix} F_1 \\ F_2 \\ F_3 \\ F_4 \\ F_5 \\ F_6 \\ F_7 \\ F_8 \\ F_9 \\ F_{10} \\ F_{11} \\ F_{12} \end{bmatrix} \tag{4-64}$$

其中，$\boldsymbol{A}$ 为重构后的推力器构型矩阵，$\boldsymbol{F}$ 是所有推力组成的列矢量。在整个辅助稳定过程中，推力的消耗可以用 Q 表示

$$Q=\int_0^t\sum_{i=1}^{12}F_i\,\mathrm{d}t \tag{4-65}$$

4.1.4 仿真分析

假设空间绳系机器人/目标星组合体初始姿态角速度为：$\boldsymbol{\omega}_0=[0.2617\quad 0.1047\quad 0.0349]^{\mathrm{T}}$ rad/s，终端期望姿态 MRP $\boldsymbol{\sigma}_d$ 和组合体的角速度 $\boldsymbol{\omega}_d$ 均为零。组合体的标称惯性矩阵设为 $\boldsymbol{J}_0=\mathrm{diag}(450,\ 600,\ 900)\ \mathrm{kg}\cdot\mathrm{m}^2$。推力器的参数选择为 $a_1=a_2=a_3=a_4=5$，偏移量 $\boldsymbol{r}=[0\quad 1\quad 1]^{\mathrm{T}}$，推力器安装位置为 $\boldsymbol{X}_1=[0.3\quad 0\quad 0.16]^{\mathrm{T}}$，$\boldsymbol{X}_2=[0.3\quad 0\quad -0.16]^{\mathrm{T}}$，$\boldsymbol{X}_3=[0.16\quad 0.16\quad 0]^{\mathrm{T}}$，$\boldsymbol{X}_4=[0.16\quad -0.16\quad 0]^{\mathrm{T}}$，$\boldsymbol{X}_G=[-0.2\quad 0\quad 0]^{\mathrm{T}}$。另外，设作用在组合体上的总干扰为

$$\bar{\boldsymbol{d}}=0.01\begin{bmatrix}3\cos 0.001t+2\sin 0.001t\\ 5\cos 0.001t+3\\ 4\cos 0.001t-3\sin 0.001t+1\end{bmatrix}\mathrm{N}\cdot\mathrm{m}$$

选择滑模控制器的参数为：$p=0.9$，$q=0.9$，$\boldsymbol{a}_1=0.1\boldsymbol{I}_{3\times 3}$，$\boldsymbol{a}_2=0.1\boldsymbol{I}_{3\times 3}$，$\boldsymbol{\chi}_1(0)=0$，$\boldsymbol{\chi}_2(0)=0$，$\boldsymbol{K}_1=10\mathrm{diag}(2,\ 4,\ 5)$，$\boldsymbol{K}_2=10\mathrm{diag}(2,\ 4,\ 5)$，$\boldsymbol{D}_1=10\mathrm{diag}(2,\ 3,\ 4)$，$\boldsymbol{D}_2=10\mathrm{diag}(2,\ 3,\ 4)$，$c=1$，$\lambda=1$，$\zeta=0.001$，$r=2$，$h=0.005$，$\omega_n=20$，$\xi=1$，$\boldsymbol{\eta}=\mathrm{diag}(0.1,\ 0.01,\ 0.002)$，$F=80$。

选择参考文献［157］中的姿态误差控制器（简称为 SMC）作为本节设计控制器的对比，将本节的控制器简称为 FTSMC，详细的仿真结果如图 4-4～图 4-12 所示。

图 4-4～图 4-6 分别是辅助稳定过程中组合体角速度、姿态以及推力消耗曲线图。可以看出：在控制器作用下，ω_x、ω_y、σ_x 和 σ_y 可以渐近收敛到零，而 ω_z 和 σ_z 收敛到有界区域内。SMC 控制器需要约 90 s 到达稳定点邻域，而 FTSMC 控制器仅需约 70 s，收敛速度较快。推进剂消耗显示：FTSMC 控制器推进剂消耗较少，优于 SMC 控制器。

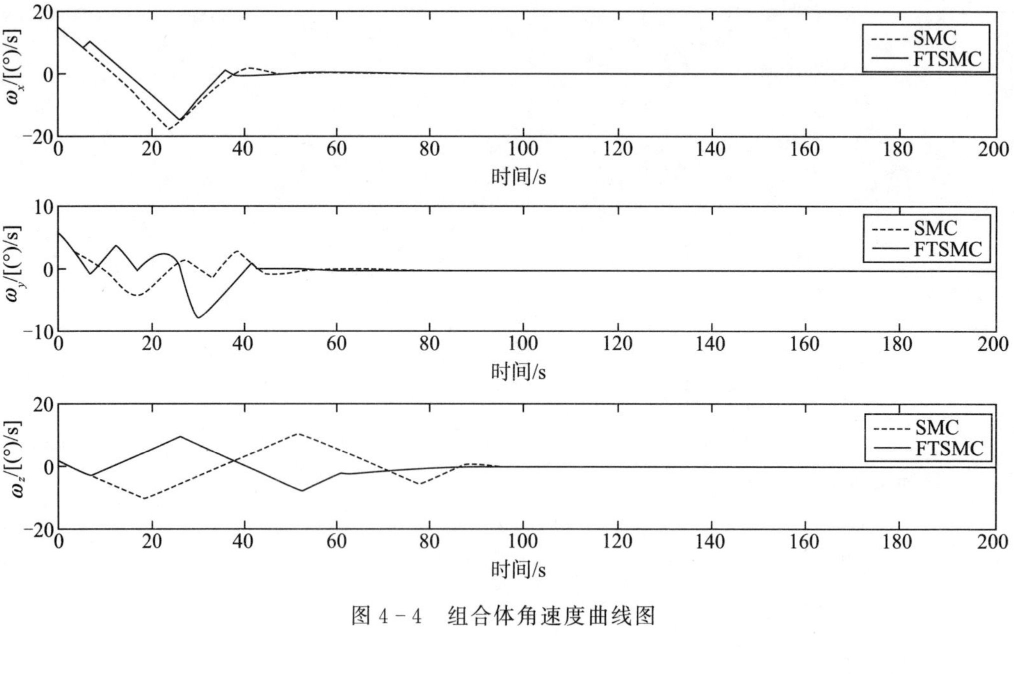

图 4-4　组合体角速度曲线图

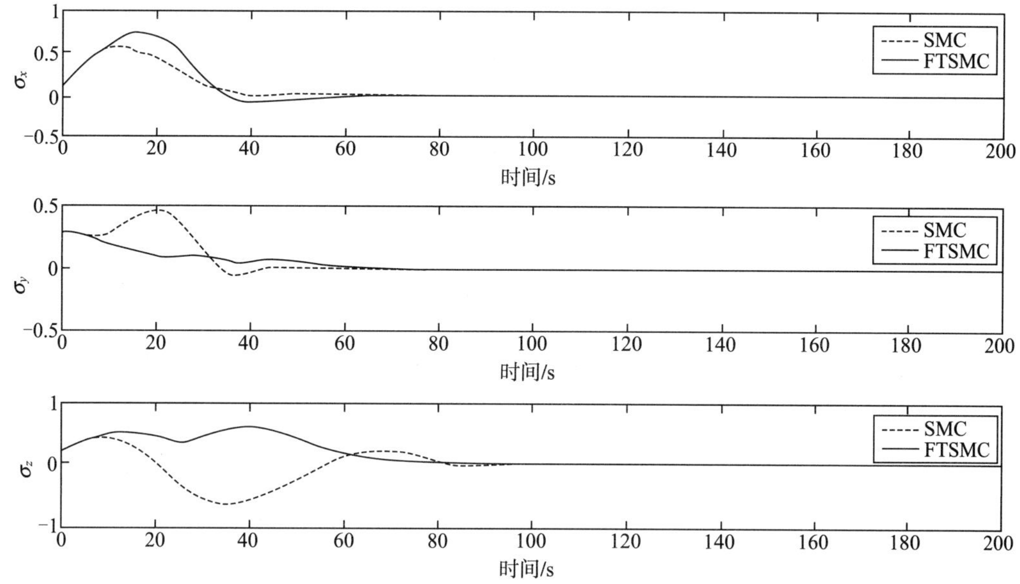

图 4-5　组合体姿态曲线图

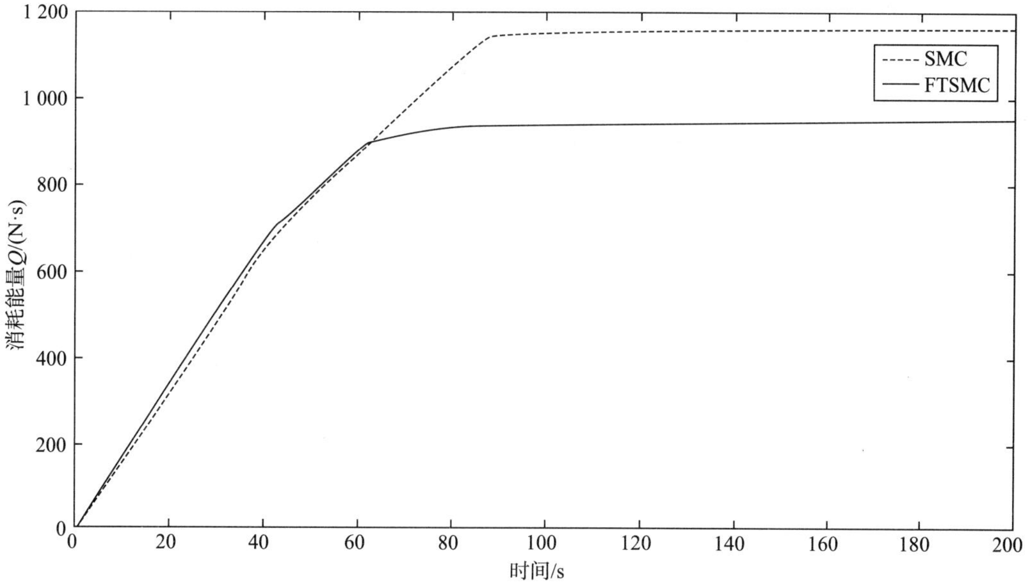

图 4-6　两种控制器推力消耗对比

图 4-7～图 4-8 为虚拟控制律 $\boldsymbol{\omega}_c$ 和 $\boldsymbol{\tau}$ 的曲线图，可以看出线性滤波器可以很好地补偿角速度和控制输入约束的影响。图 4-9 表示自由振荡条件下的系绳张力矩 $\boldsymbol{T}_L$ ，自由振荡频率为常数，振幅小于 0.15 N·m。图 4-10～图 4-12 表示通过零空间修正伪逆法分配后的空间绳系机器人 12 个推力器的推力 $\boldsymbol{F}_1 \sim \boldsymbol{F}_{12}$ 。

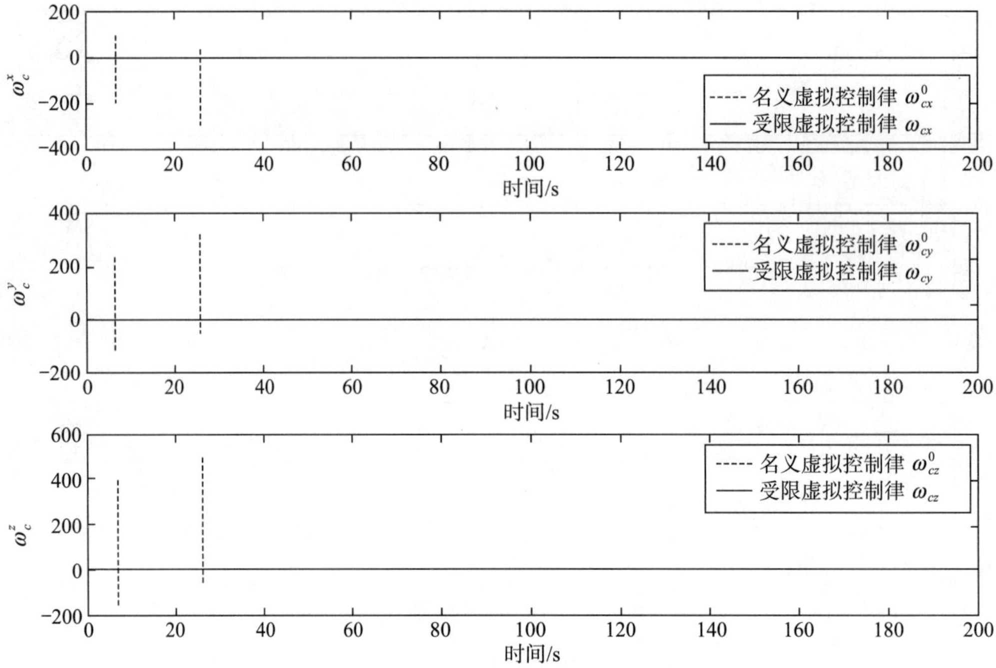

图 4－7　受限虚拟控制量曲线图

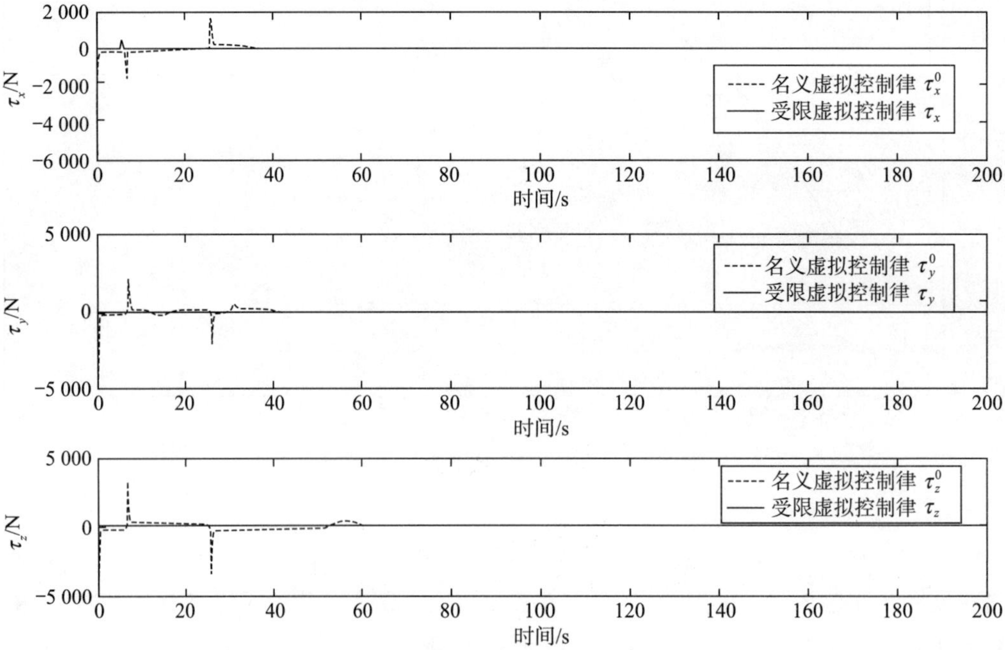

图 4－8　受限虚拟控制力曲线图

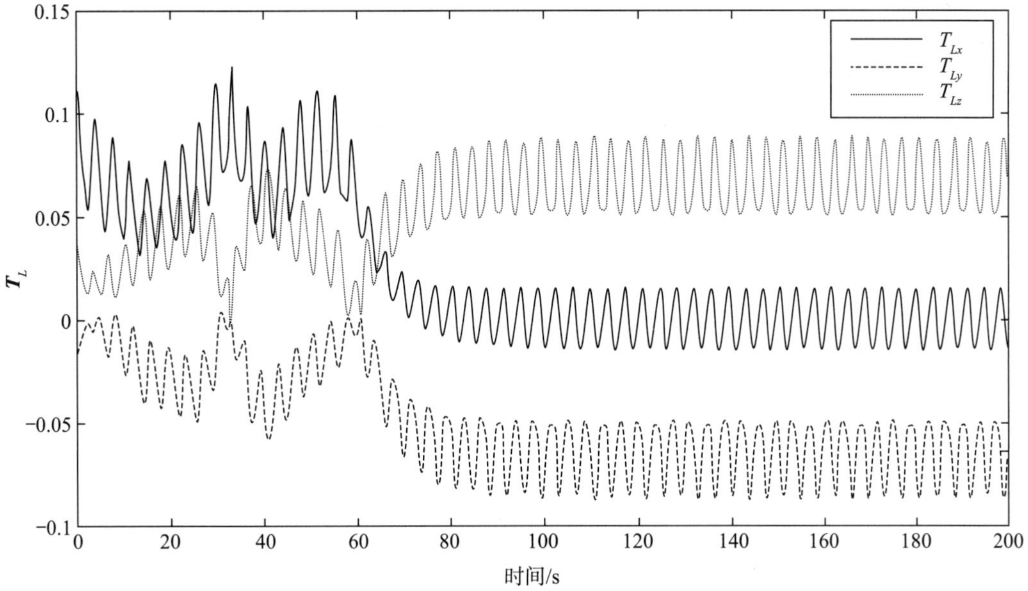

图 4－9　自由振荡时的系绳张力矩

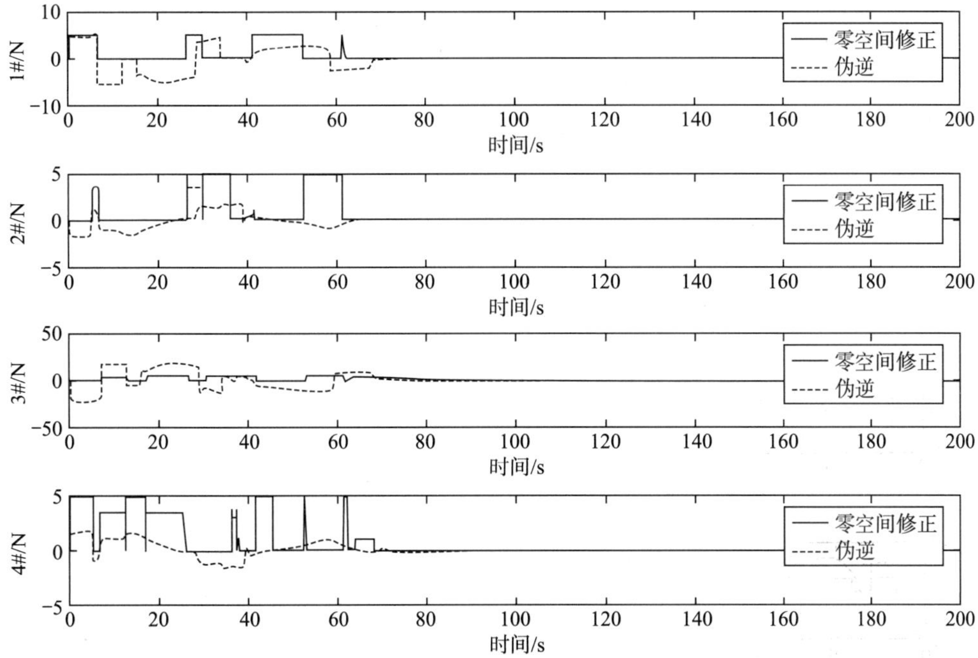

图 4－10　1＃～4＃推力器推力

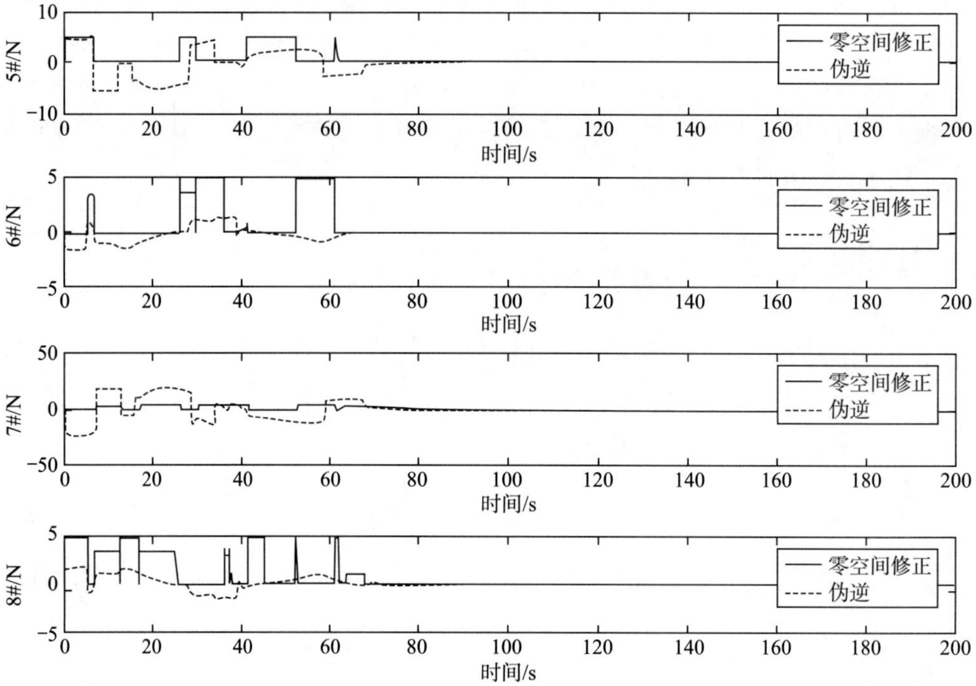

图 4-11　5#～8#推力器推力

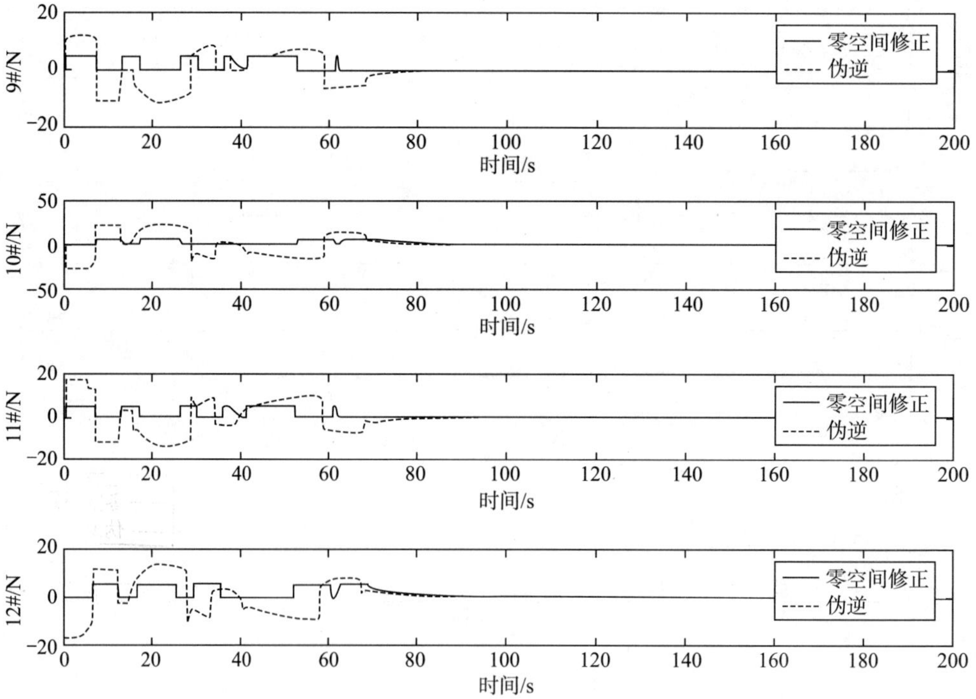

图 4-12　9#～12#推力器推力

从推力曲线可以看出，推力器的所有推力 $\boldsymbol{F}$ 均被限制在 5 N 内。从上述分析结果可以看出，即使考虑了扰动，本节设计的控制器可以实现组合体快速姿态跟踪，且推力大小被严格限制在合理的范围内。与传统的线性滑模控制相比，本节设计的控制器在滑模面上增加非线性项，可以提高收敛特性，保证收敛速度更快，且有效消除振动。仿真结果表明，如果空间绳系机器人拥有足够多的推进剂，利用其推力器可以实现组合体的辅助稳定。

4.2　推力方向未知/变化的组合体稳定控制

在上节的研究中，假设系绳连接点位置已知或可通过辨识得到，由此引出了组合体本体系与空间绳系机器人抓捕器本体坐标系方向一致和抓捕器质心相对组合体质心的位置偏移量已知两个假设。但是，在实际的空间任务中，这两个假设很难满足，或者虽然系绳连接点位置可以通过辨识得到，但辨识精度较差。

进一步分析发现，由于碰撞抓捕的特点造成在抓捕完成后，抓捕器本体坐标系和目标星本体坐标系不平行，且相对关系未知。利用空间绳系机器人推力器的组合体辅助稳定问题实际上是一个推力方向未知的辅助稳定问题。虽然可以基于抓捕器本体坐标系重新定义组合体本体坐标系，进一步确定推力器方向，但由于组合体的转动惯量主要由目标星形成，其惯性主轴与组合体本体坐标系不平行，组合体转动惯量矩阵未知。另外，杆状物抓捕的特点是在轴向较难锁死，在存在推力时，可能出现滑动，即可能存在组合体本体系下推力位置的变化。针对上述难题，本节基于自适应控制和控制力的鲁棒分配设计推力方向未知/变化下的组合体稳定控制器。

4.2.1　推力方向未知的组合体姿态自适应控制

与上节相同，以空间绳系机器人抓捕器本体系为参考，建立与之平行的组合体本体坐标系，在该坐标系下，重写姿态动力学方程为

$$\boldsymbol{J}\dot{\boldsymbol{\omega}} + \boldsymbol{\omega}^{\times}\boldsymbol{J}\boldsymbol{\omega} = \boldsymbol{T}_c + \boldsymbol{T}_t + \boldsymbol{T}_d \tag{4-66}$$

其中，$\boldsymbol{J}$ 为组合体转动惯量矩阵，$\boldsymbol{\omega}$ 为组合体的角速度，可由安装在空间绳系机器人抓捕器上的陀螺等传感器得到。$^{\times}$ 为叉乘算子，$\boldsymbol{T}_d$ 为干扰力矩，$\boldsymbol{T}=\boldsymbol{T}_c+\boldsymbol{T}_t$ 为控制力矩。$\boldsymbol{T}_c$ 为推力器产生的控制力矩，$\boldsymbol{T}_t$ 为系绳张力矩。

空间绳系机器人抓捕器上的推力器布局同上节相同，有四组共 12 个推力器，第一组和第二组分别包含 5 个正交安装的推力器，第三组和第四组各为一个推力器。其推力限幅同上节相同，具体参数如表 4－1 所示。

设抓捕器质心在组合体本体系下的坐标为 $\boldsymbol{X}_G=[x_G, y_G, z_G]$，重写控制力矩表达式

$$\boldsymbol{T}_c=\boldsymbol{DF}=\begin{bmatrix} 0 & (z_G+z_1) & -(y_G+y_1) \\ 0 & -(z_G+z_1) & (y_G+y_1) \\ (z_G+z_1) & 0 & -(x_G+x_1) \\ (y_G+y_1) & -(x_G+x_1) & 0 \\ -(y_G+y_1) & (x_G+x_1) & 0 \\ 0 & (z_G+z_2) & -(y_G+y_2) \\ 0 & -(z_G+z_2) & (y_G+y_2) \\ -(z_G+z_2) & 0 & (x_G+x_2) \\ (y_G+y_2) & -(x_G+x_2) & 0 \\ -(y_G+y_2) & (x_G+x_2) & 0 \\ -(y_G+y_3) & (x_G+x_3) & 0 \\ (y_G+y_3) & -(x_G+x_3) & 0 \end{bmatrix}^{\mathrm{T}} \begin{bmatrix} F_1 \\ F_2 \\ F_3 \\ F_4 \\ F_5 \\ F_6 \\ F_7 \\ F_8 \\ F_9 \\ F_{10} \\ F_{11} \\ F_{12} \end{bmatrix} \tag{4-67}$$

其中，$\boldsymbol{D}$ 为控制量分配矩阵，$\boldsymbol{F}$ 为执行器组成的列矢量。

组合体的姿态运动学模型仍利用修正罗德里格斯参数描述

$$\dot{\boldsymbol{\sigma}}=\boldsymbol{G}(\boldsymbol{\sigma})\boldsymbol{\omega} \tag{4-68}$$

$$\boldsymbol{G}(\boldsymbol{\sigma})=\frac{1}{4}[(1-\boldsymbol{\sigma}^{\mathrm{T}}\boldsymbol{\sigma})\boldsymbol{I}_3+2\boldsymbol{\sigma}^{\times}+2\boldsymbol{\sigma}\boldsymbol{\sigma}^{\mathrm{T}}] \tag{4-69}$$

其中，$\boldsymbol{\sigma}$ 为组合体的姿态修正罗德里格斯参数，$\boldsymbol{I}_3$ 为 3×3 的单位矩阵。

设组合体期望姿态为 $\boldsymbol{\sigma}_d$，期望角速度为 $\boldsymbol{\omega}_d$，则组合体姿态误差动力学/运动学方程为

$$\begin{cases} \dot{\boldsymbol{\sigma}}_e=\boldsymbol{G}(\boldsymbol{\sigma}_e)\boldsymbol{\omega}_e \\ \boldsymbol{J}\dot{\boldsymbol{\omega}}_e=-(\boldsymbol{\omega})^{\times}\boldsymbol{J}(\boldsymbol{\omega})-\boldsymbol{J}\boldsymbol{\omega}_d+\boldsymbol{T}+\boldsymbol{T}_d \end{cases} \tag{4-70}$$

其中，$\boldsymbol{\sigma}_e$ 为姿态误差，$\boldsymbol{\omega}_e$ 为角速度误差，两者的表达式为

$$\begin{cases} \boldsymbol{\sigma}_e=\boldsymbol{\sigma}\otimes\boldsymbol{\sigma}_d^{-1}=\dfrac{(1-\boldsymbol{\sigma}_d^{\mathrm{T}}\boldsymbol{\sigma}_d)\boldsymbol{\sigma}+(\boldsymbol{\sigma}^{\mathrm{T}}\boldsymbol{\sigma}-1)\boldsymbol{\sigma}_d-2\boldsymbol{\sigma}_d\times\boldsymbol{\sigma}}{1+(\boldsymbol{\sigma}_d^{\mathrm{T}}\boldsymbol{\sigma}_d)(\boldsymbol{\sigma}^{\mathrm{T}}\boldsymbol{\sigma})+2\boldsymbol{\sigma}_d^{\mathrm{T}}\boldsymbol{\sigma}} \\ \boldsymbol{\omega}_e=\boldsymbol{\omega}-\boldsymbol{\omega}_d \end{cases} \tag{4-71}$$

式中，$\otimes$ 表示 MRP 乘法。

由于推力器数量较多，约束强且具备冗余控制特性，直接以推力为控制量设计控制器十分复杂，因此，采用姿态控制律和控制分配律分开设计的方法。在姿态控制律设计中，由于非合作目标的转动惯量未知，需要设计自适应的姿态控制律。

首先，定义辅助误差变量 $\boldsymbol{s}=\boldsymbol{\omega}_e+\alpha\boldsymbol{\sigma}_e$，则

$$\begin{aligned} \boldsymbol{J}\dot{\boldsymbol{s}}&=\boldsymbol{J}\dot{\boldsymbol{\omega}}_e+\boldsymbol{J}\alpha\dot{\boldsymbol{\sigma}}_e \\ &=-(\boldsymbol{\omega})^{\times}\boldsymbol{J}(\boldsymbol{\omega})-\boldsymbol{J}\boldsymbol{\omega}_d+\boldsymbol{T}+\boldsymbol{T}_d+\alpha\boldsymbol{J}\boldsymbol{G}(\boldsymbol{\sigma}_e)\boldsymbol{\omega}_e \\ &=\boldsymbol{T}+\boldsymbol{L} \end{aligned} \tag{4-72}$$

其中，$\boldsymbol{L}=-(\boldsymbol{\omega})^{\times}\boldsymbol{J}(\boldsymbol{\omega})-[\boldsymbol{J}+\alpha\boldsymbol{J}\boldsymbol{G}(\boldsymbol{\sigma}_e)]\boldsymbol{\omega}_d+\boldsymbol{T}_d+\alpha\boldsymbol{J}\boldsymbol{G}(\boldsymbol{\sigma}_e)\boldsymbol{\omega}$。用 $\|\cdot\|$ 表示矢量的欧几里得范数，下面对 $\|\boldsymbol{L}\|$ 进行分析。

由于 $\|\boldsymbol{G}(\boldsymbol{\sigma}_e)\| = (1+\boldsymbol{\sigma}_e^{\mathrm{T}}\boldsymbol{\sigma}_e)/4 \leqslant 1/2$，$\boldsymbol{\omega}_d$ 有界。设外部扰动 $\boldsymbol{T}_d$ 的欧几里得范数满足 $\|\boldsymbol{T}_d\| \leqslant c_{d0} + c_{d1}\|\boldsymbol{\omega}\|^2$，$c_{d0}$ 和 c_{d1} 均为未知且非负的常数。则

$$\|\boldsymbol{L}\| \leqslant b_0 + b_1\|\boldsymbol{\omega}\| + b_2\|\boldsymbol{\omega}\|^2 \tag{4-73}$$

其中，b_0、b_1 和 b_2 均为未知且非负的常数。

然后，在此基础上，设计姿态自适应控制律

$$\boldsymbol{T} = -k_1\alpha\boldsymbol{\sigma}_e - k_2\frac{\mathrm{sgn}(\boldsymbol{s})}{\|\boldsymbol{s}\|} - (\hat{b}_0 + \hat{b}_1\|\boldsymbol{\omega}\| + \hat{b}_2\|\boldsymbol{\omega}\|^2)\frac{\boldsymbol{s}}{\|\boldsymbol{s}\|} \tag{4-74}$$

其中，k_1，k_2 为设计的正常数，sgn(•) 为符号函数，$\hat{b}_0$，$\hat{b}_1$ 和 $\hat{b}_2$ 分别是参数 b_0、b_1 和 b_2 的估计值，其在线更新律为

$$\begin{cases}\dot{\hat{b}}_0 = \dfrac{\|\boldsymbol{s}\|}{c_0} \\ \dot{\hat{b}}_1 = \dfrac{\|\boldsymbol{s}\|\ \|\boldsymbol{\omega}\|}{c_1} \\ \dot{\hat{b}}_2 = \dfrac{\|\boldsymbol{s}\|\ \|\boldsymbol{\omega}\|^2}{c_2}\end{cases} \tag{4-75}$$

c_0，c_1 和 c_2 为设计的正常数。

下面进行控制器的稳定性证明。

选择

$$V = \frac{1}{2}\boldsymbol{s}^{\mathrm{T}}\boldsymbol{J}\boldsymbol{s} + \frac{c_0}{2}\tilde{b}_0^2 + \frac{c_1}{2}\tilde{b}_1^2 + \frac{c_2}{2}\tilde{b}_2^2 \tag{4-76}$$

其中，$\tilde{b}_0 = b_0 - \hat{b}_0$，$\tilde{b}_1 = b_1 - \hat{b}_1$，$\tilde{b}_2 = b_2 - \hat{b}_2$。

对上式两边求导，得

$$\dot{V} = \boldsymbol{s}^{\mathrm{T}}\boldsymbol{J}\dot{\boldsymbol{s}} + c_0\tilde{b}_0\dot{\hat{b}}_0 + c_1\tilde{b}_1\dot{\hat{b}}_1 + c_2\tilde{b}_2\dot{\hat{b}}_2 \tag{4-77}$$

将式（4－72）～式（4－75）代入上式，并化简，得

$$\begin{aligned}\dot{V} &= \boldsymbol{s}^{\mathrm{T}}\boldsymbol{J}\dot{\boldsymbol{s}} - c_0\tilde{b}_0\dot{\hat{b}}_0 - c_1\tilde{b}_1\dot{\hat{b}}_1 - c_2\tilde{b}_2\dot{\hat{b}}_2 \\ &= \boldsymbol{s}^{\mathrm{T}}\left[-k_1\alpha\boldsymbol{\sigma}_e - k_2\frac{\mathrm{sgn}(\boldsymbol{s})}{\|\boldsymbol{s}\|} - (\hat{b}_0 + \hat{b}_1\|\boldsymbol{\omega}\| + \hat{b}_2\|\boldsymbol{\omega}\|^2)\frac{\boldsymbol{s}}{\|\boldsymbol{s}\|} + \boldsymbol{L}\right] - \\ &\quad\ c_0\tilde{b}_0\dot{\hat{b}}_0 - c_1\tilde{b}_1\dot{\hat{b}}_1 - c_2\tilde{b}_2\dot{\hat{b}}_2 \\ &\leqslant -k_1\alpha\|\boldsymbol{s}\|\ \|\boldsymbol{\sigma}_e\| - k_2 \\ &\leqslant -k_2 < 0\end{aligned}$$

因此，在控制律式（4－74）及参数自适应律式（4－75）的控制下，系统一致渐近稳定。

4.2.2　推力方向变化的控制力鲁棒分配

假设抓捕器推力器的推力约束与上节相同，重写推力约束为

$$\begin{cases} 0\ \mathrm{N} \leqslant F_1, F_2, F_6, F_7 \leqslant a_1\ \mathrm{N} \\ 0\ \mathrm{N} \leqslant F_3, F_8 \leqslant a_2\ \mathrm{N} \\ 0\ \mathrm{N} \leqslant F_4, F_5, F_9, F_{10} \leqslant a_3\ \mathrm{N} \\ 0\ \mathrm{N} \leqslant F_{11}, F_{12} \leqslant a_4\ \mathrm{N} \end{cases} \tag{4-78}$$

设 $\boldsymbol{a} = [a_1\ \ a_1\ \ a_2\ \ a_3\ \ a_3\ \ a_1\ \ a_1\ \ a_2\ \ a_3\ \ a_3\ \ a_4\ \ a_4]^{\mathrm{T}}$，$\boldsymbol{0}$ 为 12×1 的零矩阵。上式可表示为：$\boldsymbol{0} \leqslant \boldsymbol{F} \leqslant \boldsymbol{a}$ 。

另外，由于抓捕器质心在组合体本体系下的坐标不确定，导致推力与系绳张力作用点在组合体本体系下的坐标均不确定，同时考虑可能出现的推力器位置变化问题，本节利用鲁棒分配方法将自适应姿态控制器计算的控制力矩 $\boldsymbol{T}$ 分配到真实的控制执行量——12 个推力器上。

首先，以推进剂消耗最少为目标函数，将控制分配问题转化为以下的鲁棒优化问题。

目标函数：$\min([1\ \ 1\ \ 1\ \ 1\ \ 1\ \ 1\ \ 1\ \ 1\ \ 1\ \ 1\ \ 1\ \ 1]\boldsymbol{F}) = \min(\boldsymbol{W}^{\mathrm{T}}\boldsymbol{F})$

约束：$\boldsymbol{T} = \boldsymbol{DF}$，$\boldsymbol{0} \leqslant \boldsymbol{F} \leqslant \boldsymbol{a}$

令

$$\boldsymbol{H} = \begin{bmatrix} -\boldsymbol{D} \\ \boldsymbol{D} \end{bmatrix}, \boldsymbol{N} = \begin{bmatrix} -\boldsymbol{T} \\ \boldsymbol{T} \end{bmatrix}$$

将上述等式约束转化为不等式约束

约束：$\boldsymbol{HF} \geqslant \boldsymbol{N}, \boldsymbol{0} \leqslant \boldsymbol{F} \leqslant \boldsymbol{a}$

然后，利用鲁棒优化理论，将优化问题重写为

$$\begin{cases} \min(\boldsymbol{W}^{\mathrm{T}}\boldsymbol{F}) \\ \text{s. t. } \boldsymbol{h}_i\boldsymbol{F} \geqslant \boldsymbol{n}_i, \forall \boldsymbol{h}_i \in \Xi_i, \forall i = 1, \cdots, 6 \\ \boldsymbol{0} \leqslant \boldsymbol{F} \leqslant \boldsymbol{a} \end{cases} \tag{4-79}$$

其中，$\boldsymbol{h}_i$ 为包含不确定性的矩阵 $\boldsymbol{H}$ 的第 i 行，且在不确定集 Ξ_i 中取值。不确定集 Ξ_i 可用椭球不确定性描述，即

$$\Xi_i = \{\boldsymbol{h}_i \mid \boldsymbol{h}_i^{\mathrm{T}} = \bar{\boldsymbol{h}}_i^{\mathrm{T}} + \boldsymbol{\Theta}_i\boldsymbol{u}_i, \|\boldsymbol{u}_i\| \leqslant \rho\}, i = 1, \cdots, 6 \tag{4-80}$$

$\bar{\boldsymbol{h}}_i$ 表示由测量、辨识或其他途径得到的各行的标称值，$\boldsymbol{\Theta}_i$ 为与不确定性分布相关的对称正定或半正定矩阵，$\boldsymbol{u}_i$ 为与不确定性相关的列矢量，ρ 为不确定性的欧几里得范数的上界。

再利用椭球不确定性的特点，利用式（4-80）化简式（4-79），并利用

$$\min(\boldsymbol{x}^{\mathrm{T}}\boldsymbol{\Theta}\boldsymbol{u}_i) = -\rho\|\boldsymbol{\Theta}\boldsymbol{x}\|$$

将鲁棒优化问题转化为锥二次优化问题。

$$\begin{cases} \min(\boldsymbol{W}^{\mathrm{T}}\boldsymbol{F}) \\ \text{s. t. } \bar{\boldsymbol{h}}_i\boldsymbol{F} - \rho\|\boldsymbol{\Theta}_i\boldsymbol{F}\| \geqslant \boldsymbol{n}_i, \forall i = 1, \cdots, 6 \\ \boldsymbol{0} \leqslant \boldsymbol{F} \leqslant \boldsymbol{a} \end{cases} \tag{4-81}$$

最后，利用内点法求解上述锥二次优化问题，得到鲁棒分配后空间绳系机器人 12 个推力器的推力值。

完整的组合体姿态自适应稳定的控制流程为：首先利用控制指令和状态测量值生成误差指令，然后利用式（4－75）在线实时更新控制器的部分参数，再利用姿态自适应控制律式（4－74）生成伪控制量：控制力矩。再利用式（4－79）将控制量的分配问题转化为鲁棒优化问题，利用式（4－81）将鲁棒优化问题转化为锥二次优化问题，并利用内点法求解，得到真实的控制量：各推力器的推力，最后驱动推力器，实现对组合体的姿态自适应控制。本控制器充分考虑了非合作目标的惯量未知、质心未知、抓捕器抓捕点未知以及抓捕器与目标间可能存在的滑动等特性，利用自适应姿态控制和力矩的鲁棒分配实现。

4.2.3　仿真分析

假设空间绳系机器人抓捕器的质心 O_G 在目标星本体系 $O_TX_TY_TZ_T$ 下的坐标 $\boldsymbol{X}_G$ 为 [0.5,1,1] m ± 0.1 m 且实时变化，即不确定量 $\boldsymbol{X}_G$ 的标称值取为 $\boldsymbol{X}_G=[0.5,1,1]$ m，不确定上界 $\rho=0.1$。目标星的转动惯量矩阵未知，设无初始姿态偏差，初始角速度为：[2,3,2] (°)/s 。取 12 个推力器推力的上界矩阵 $\boldsymbol{a}=[5;5;5;5;5;5;5;5;5;5;5;5]$N，控制器参数为 $b_0=1$，$b_1=1$，$b_2=1$，$c_0=26$，$c_1=4$，$c_2=10$，$\alpha=1.8$，$k_1=4$，$k_2=0.5$。进行仿真，仿真结果如图 4－13～图 4－15 所示。图 4－13 是组合体的姿态角曲线，图 4－14 是组合体的姿态角速度曲线，图 4－15 是分配前后的控制力矩对比。

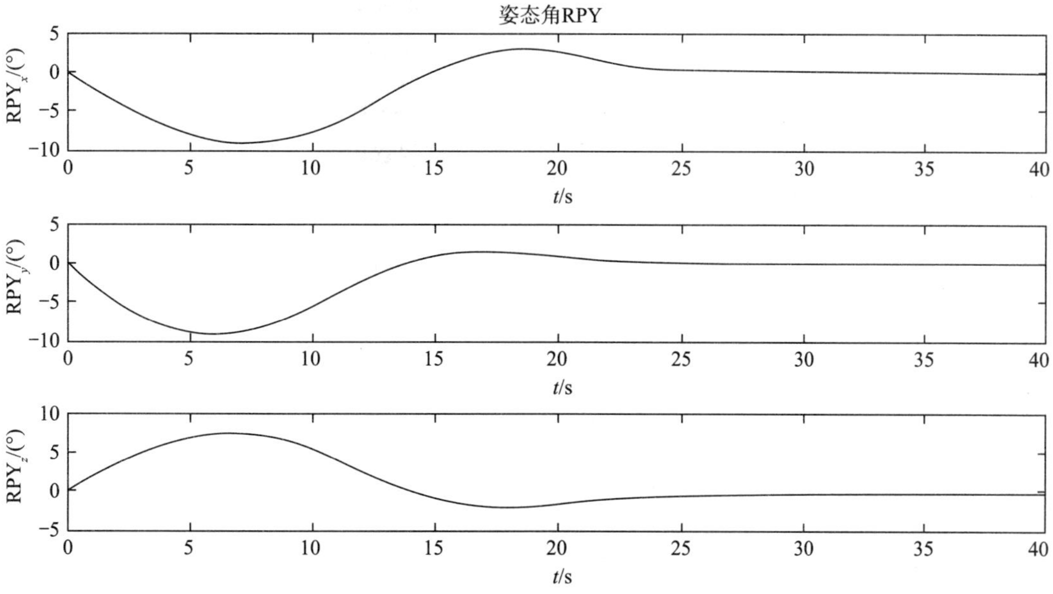

图 4－13　姿态角曲线

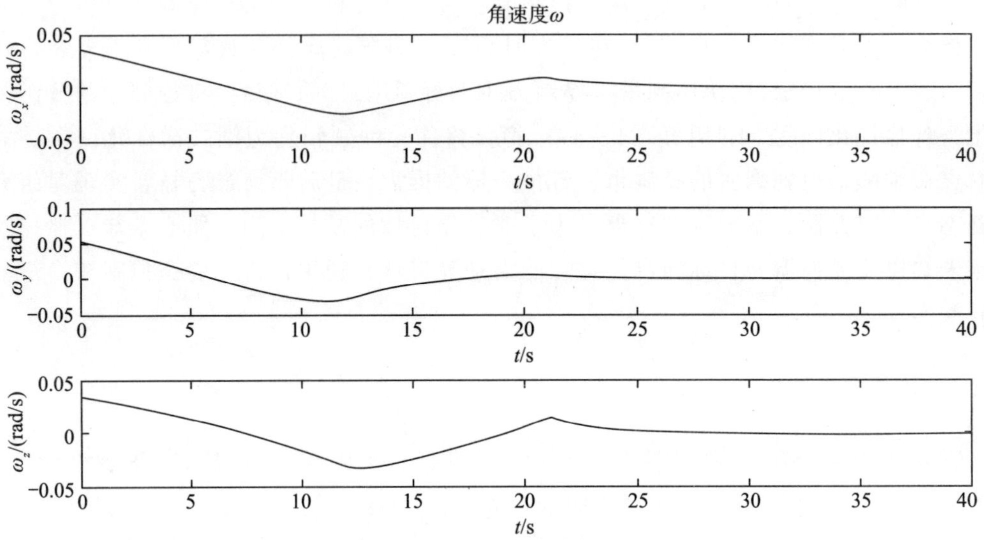

图 4-14　姿态角速度曲线

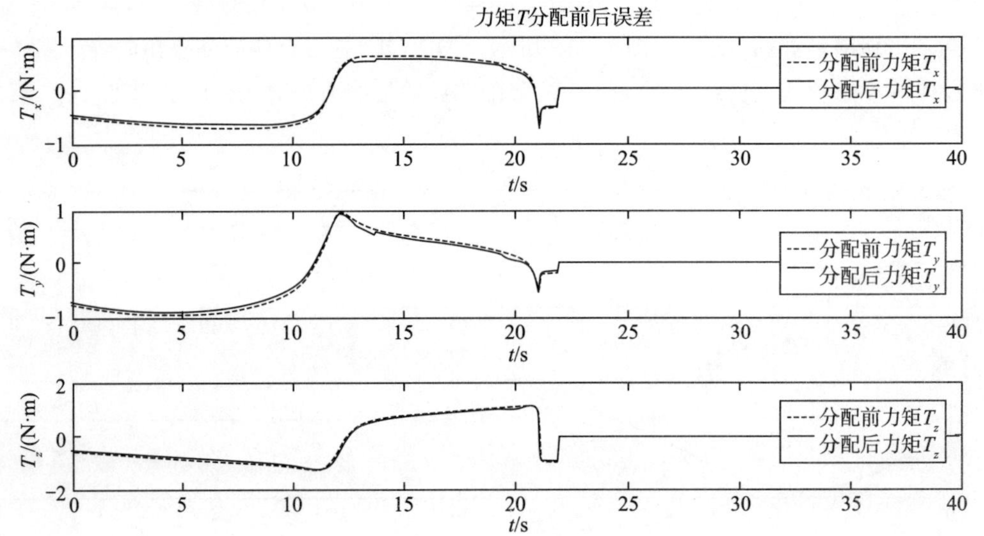

图 4-15　分配前后的控制力矩对比

4.3　组合体姿态/系绳状态自适应稳定控制

在前文的研究中，在分析空间绳系机器人抓捕完成后与目标星组合体系统时，仅考虑了目标星与机器人的抓捕器部分，而忽略了系绳。实际上，系绳的状态，例如长度、摆角等也是非常重要的状态量。本节主要研究考虑系绳的组合体状态稳定控制问题。

4.3.1　系绳/机器人/目标星组合体动力学模型

如图 4-16 所示，空间绳系机器人完成对目标抓捕后，空间绳系机器人与目标一起运动。图中，$oxyz$ 为空间平台轨道坐标系，$O_bx_by_bz_b$ 为空间绳系机器人目标抓捕后组合体本体坐标系。假设抓捕后形成刚性连接，忽略抓捕后抓捕器与目标星间的相对运动等不稳定现象。

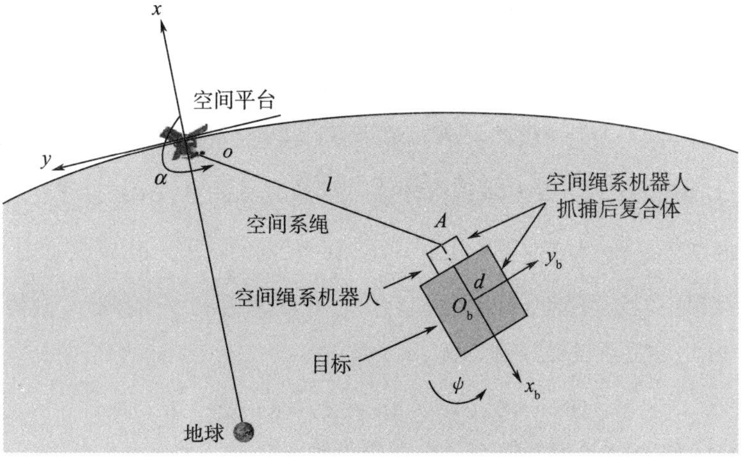

图 4-16　空间绳系机器人目标抓捕后复合体示意图

根据前文的分析结果，控制空间系绳使其拉直并保持微张力有利于抓捕。但在本章前两节的研究中，仅考虑了抓捕器与目标星组成的组合体的姿态稳定问题，而忽略了系绳的长度、摆角等状态。实际上，系绳的状态和抓捕器与目标星组成的组合体具有较强的动力学耦合，忽略其可能会影响控制器的效果。针对此问题，建立包含系绳状态的组合体动力学模型。

实际上，第 2 章中建立的空间绳系机器人动力学模型也适用于这种目标抓捕后，由多刚体、系绳组成的组合体系统，对上述模型简化，选择系绳长度、面内角、面外角、组合体姿态角作为状态，并取系绳单元数为 1，推导目标抓捕后组合体动力学模型，并将其写成标准形式

$$\boldsymbol{M}\ddot{\boldsymbol{\xi}}+\boldsymbol{N}\dot{\boldsymbol{\xi}}+\boldsymbol{G}=\boldsymbol{Q} \tag{4-82}$$

式中，系统状态 $\boldsymbol{\xi}=(l\quad \alpha\quad \beta\quad \varphi\quad \theta\quad \psi)^{\mathrm{T}}$，其中 l、α 和 β 分别为空间系绳长度、空间系绳面内角和空间系绳面外角，φ、θ 和 ψ 为抓捕后复合体姿态角；$\boldsymbol{Q}=(Q_l\quad Q_\alpha\quad Q_\beta\quad Q_\varphi\quad Q_\theta\quad Q_\psi)^{\mathrm{T}}$ 为广义控制力，分别由推力器、系绳收放装置等提供。

4.3.2　基于动态逆的自适应抗饱和控制

在实际抓捕任务中，由于待抓捕目标可能为非合作目标，其参数包括质心位置、质量、转动惯量等均未知，导致抓捕后组合体的系统参数（空间系绳连接点位置、质量、转动惯量）未知[226]。另外，空间绳系机器人的推力、系绳张力均是针对其抓捕器设计的，

用于组合体的稳定控制必然会使推力器出现输入饱和受限情况，对控制性能会产生较大的影响。针对此难题，本节设计一种基于动态逆的自适应稳定控制方法。设计自适应律对系统参数进行在线估计；设计抗饱和策略，降低执行机构的饱和程度[218]。

设跟踪指令为 $\boldsymbol{\xi}_d$ ，且 $\boldsymbol{\xi}_d$，$\dot{\boldsymbol{\xi}}_d$，$\ddot{\boldsymbol{\xi}}_d$ 均有界，系统状态 $\boldsymbol{\xi}$，$\dot{\boldsymbol{\xi}}$ 及 $\dot{\boldsymbol{\xi}}$ 均可测。借鉴动态逆控制思路，参数已知的动态逆控制器为

$$\boldsymbol{Q}=\boldsymbol{M}(\ddot{\boldsymbol{\xi}}_d-\boldsymbol{K}_V\Delta\dot{\boldsymbol{\xi}}-\boldsymbol{K}_P\Delta\boldsymbol{\xi})+\boldsymbol{N}\dot{\boldsymbol{\xi}}+\boldsymbol{G} \tag{4-83}$$

其中，$\Delta\boldsymbol{\xi}=\boldsymbol{\xi}-\boldsymbol{\xi}_d$，$\boldsymbol{K}_V$ 与 $\boldsymbol{K}_P$ 为待设计的正定对角矩阵。

参数未知的动态逆控制器为

$$\boldsymbol{Q}=\hat{\boldsymbol{M}}(\ddot{\boldsymbol{\xi}}_d-\boldsymbol{K}_V\Delta\dot{\boldsymbol{\xi}}-\boldsymbol{K}_P\Delta\boldsymbol{\xi})+\hat{\boldsymbol{N}}\dot{\boldsymbol{\xi}}+\hat{\boldsymbol{G}} \tag{4-84}$$

其中，$\hat{\boldsymbol{M}}$，$\hat{\boldsymbol{N}}$，$\hat{\boldsymbol{G}}$ 分别是 $\boldsymbol{M}$，$\boldsymbol{N}$，$\boldsymbol{G}$ 的估计值，可通过在线估计 $\boldsymbol{a}_d$ 实现。

利用自适应动态逆控制时，需要用到 $\hat{\boldsymbol{M}}$ 的逆矩阵，但由于 $\hat{\boldsymbol{M}}$ 需要通过在线估计 $\hat{\boldsymbol{a}}_d$ 实现，在线估计过程中，$\hat{\boldsymbol{M}}$ 可能出现行列式为 0 的不可逆情况。选择 $\boldsymbol{a}_{d0}$ 初值，使其对应的 $\boldsymbol{M}_0(\boldsymbol{\xi})$ 可逆，因此，重新设计控制器为

$$\boldsymbol{Q}=\hat{\boldsymbol{M}}\ddot{\boldsymbol{\xi}}+\hat{\boldsymbol{N}}\dot{\boldsymbol{\xi}}+\hat{\boldsymbol{G}}-\boldsymbol{M}_0(\Delta\ddot{\boldsymbol{\xi}}+\boldsymbol{K}_V\Delta\dot{\boldsymbol{\xi}}+\boldsymbol{K}_P\Delta\boldsymbol{\xi}) \tag{4-85}$$

将控制器代入组合体动力学模型，并化简，得

$$(\hat{\boldsymbol{M}}-\boldsymbol{M})\ddot{\boldsymbol{\xi}}+(\hat{\boldsymbol{N}}-\boldsymbol{N})\dot{\boldsymbol{\xi}}+(\hat{\boldsymbol{G}}-\boldsymbol{G})=Y\Delta\boldsymbol{a}_d+\Delta\boldsymbol{\delta} \tag{4-86}$$

其中，$\Delta\boldsymbol{a}_d=\hat{\boldsymbol{a}}_d-\boldsymbol{a}_d$，$\Delta\boldsymbol{\delta}=\hat{\boldsymbol{\delta}}-\boldsymbol{\delta}$ 。

参数的自适应律选择为

$$\dot{\hat{\boldsymbol{a}}}_d=-\boldsymbol{\Gamma}\,(\boldsymbol{M}_0^{-1}\boldsymbol{Y})^{\mathrm{T}}(\Delta\dot{\boldsymbol{\xi}}+\lambda\Delta\boldsymbol{\xi}) \tag{4-87}$$

其中，λ 为待设计的正实数，$\boldsymbol{\Gamma}$ 为正定矩阵。假设稳定过程中 $\boldsymbol{a}_d$ 不变，则 $\Delta\dot{\boldsymbol{a}}_d=\dot{\hat{\boldsymbol{a}}}_d$ 。

为减小系统控制输入饱和特性的影响，引入辅助变量 $\boldsymbol{\eta}$ 对控制输入进行补偿，设计 $\dot{\boldsymbol{\eta}}$ 为[218,227]

$$\dot{\boldsymbol{\eta}}=\begin{cases}\left(\boldsymbol{M}_0^{-1}\Delta\boldsymbol{Q}-\boldsymbol{K}_\xi\boldsymbol{\eta}-\dfrac{|\Delta\dot{\boldsymbol{\xi}}^{\mathrm{T}}(\boldsymbol{M}_0^{-1}\Delta\boldsymbol{Q})|+\dfrac{1}{2}(\boldsymbol{M}_0^{-1}\Delta\boldsymbol{Q})^{\mathrm{T}}(\boldsymbol{M}_0^{-1}\Delta\boldsymbol{Q})}{\|\boldsymbol{\eta}\|^2}\boldsymbol{\eta}\right), & \|\boldsymbol{\eta}\|\geqslant\mu\\ \boldsymbol{0}, & \|\boldsymbol{\eta}\|<\mu\end{cases} \tag{4-88}$$

其中，$\Delta\boldsymbol{Q}=\boldsymbol{Q}-\boldsymbol{Q}_0$，$\boldsymbol{Q}_0$ 为控制器解算的控制输入，$\boldsymbol{Q}$ 为经过饱和环节的系统实际输入。

将辅助变量加入控制器，重新设计控制器为[218,228]

$$\boldsymbol{Q}=\hat{\boldsymbol{M}}\ddot{\boldsymbol{\xi}}+\hat{\boldsymbol{N}}\dot{\boldsymbol{\xi}}+\hat{\boldsymbol{G}}-\boldsymbol{M}_0(\Delta\ddot{\boldsymbol{\xi}}+\boldsymbol{K}_V\Delta\dot{\boldsymbol{\xi}}+\boldsymbol{K}_P\Delta\boldsymbol{\xi}+\boldsymbol{K}_S\boldsymbol{\eta}) \tag{4-89}$$

将控制器代入组合体动力学模型，并化简，得

$$\Delta\ddot{\boldsymbol{\xi}}+\boldsymbol{K}_V\Delta\dot{\boldsymbol{\xi}}+\boldsymbol{K}_P\Delta\boldsymbol{\xi}=\boldsymbol{M}_0^{-1}(\boldsymbol{Y}\Delta\boldsymbol{a}_d+\Delta\boldsymbol{\delta})-\boldsymbol{K}_S\boldsymbol{\eta} \tag{4-90}$$

下面进行稳定性证明。选择李雅普诺夫函数为

$$V=\frac{1}{2}(\Delta\dot{\boldsymbol{\xi}}+\lambda\Delta\boldsymbol{\xi})^{\mathrm{T}}(\Delta\dot{\boldsymbol{\xi}}+\lambda\Delta\boldsymbol{\xi})+\frac{1}{2}\Delta\boldsymbol{\xi}^{\mathrm{T}}(\boldsymbol{K}_P+\lambda\boldsymbol{K}_V-\lambda^2\boldsymbol{I})\Delta\boldsymbol{\xi}+\frac{1}{2}\Delta\boldsymbol{a}_d^{\mathrm{T}}\boldsymbol{\Gamma}^{-1}\Delta\boldsymbol{a}_d+\frac{1}{2}\boldsymbol{\eta}^{\mathrm{T}}\boldsymbol{\eta} \tag{4-91}$$

其中，$\boldsymbol{I}$ 为单位矩阵。

选择合适的 $\boldsymbol{K}_P$、$\boldsymbol{K}_V$ 和 λ，可以使得 $\boldsymbol{K}_P+\lambda\boldsymbol{K}_V-\lambda^2\boldsymbol{I}$ 为正定矩阵。

对李雅普诺夫函数求导，得

$$\dot{V}=(\Delta\dot{\boldsymbol{\xi}}+\lambda\Delta\boldsymbol{\xi})^{\mathrm{T}}(\Delta\ddot{\boldsymbol{\xi}}+\lambda\Delta\dot{\boldsymbol{\xi}})+\Delta\boldsymbol{\xi}^{\mathrm{T}}(\boldsymbol{K}_P+\lambda\boldsymbol{K}_V-\lambda^2\boldsymbol{I})\Delta\dot{\boldsymbol{\xi}}+\Delta\boldsymbol{a}_d^{\mathrm{T}}\boldsymbol{\Gamma}^{-1}\Delta\dot{\boldsymbol{a}}_d+\boldsymbol{\eta}^{\mathrm{T}}\dot{\boldsymbol{\eta}} \tag{4-92}$$

将式（4－88）、式（4－90）代入可以得到

$$\begin{aligned}\dot{V}&=(\Delta\dot{\boldsymbol{\xi}}+\lambda\Delta\boldsymbol{\xi})^{\mathrm{T}}(\Delta\ddot{\boldsymbol{\xi}}+\lambda\Delta\dot{\boldsymbol{\xi}})+\Delta\boldsymbol{\xi}^{\mathrm{T}}(\boldsymbol{K}_P+\lambda\boldsymbol{K}_V-\lambda^2\boldsymbol{I})\Delta\dot{\boldsymbol{\xi}}+\Delta\boldsymbol{a}_d^{\mathrm{T}}\boldsymbol{\Gamma}^{-1}\Delta\dot{\boldsymbol{a}}_d+\boldsymbol{\eta}^{\mathrm{T}}\dot{\boldsymbol{\eta}}\\
&=(\Delta\dot{\boldsymbol{\xi}}+\lambda\Delta\boldsymbol{\xi})^{\mathrm{T}}[\boldsymbol{M}_0^{-1}(\boldsymbol{Y}\Delta\boldsymbol{a}_d+\Delta\boldsymbol{\delta})-\boldsymbol{K}_S\boldsymbol{\eta}-\boldsymbol{K}_V\Delta\dot{\boldsymbol{\xi}}-\boldsymbol{K}_P\Delta\boldsymbol{\xi}+\lambda\Delta\dot{\boldsymbol{\xi}}]+\\
&\quad\Delta\boldsymbol{\xi}^{\mathrm{T}}(\boldsymbol{K}_P+\lambda\boldsymbol{K}_V-\lambda^2\boldsymbol{I})\Delta\dot{\boldsymbol{\xi}}+\Delta\boldsymbol{a}_d^{\mathrm{T}}\boldsymbol{\Gamma}^{-1}\Delta\dot{\boldsymbol{a}}_d+\\
&\quad\boldsymbol{\eta}^{\mathrm{T}}\left(\boldsymbol{M}_0^{-1}\Delta\boldsymbol{Q}-\boldsymbol{K}_\xi\boldsymbol{\eta}-\frac{|\Delta\dot{\boldsymbol{q}}^{\mathrm{T}}(\boldsymbol{M}_0^{-1}\Delta\boldsymbol{Q})|+\frac{1}{2}(\boldsymbol{M}_0^{-1}\Delta\boldsymbol{Q})^{\mathrm{T}}(\boldsymbol{M}_0^{-1}\Delta\boldsymbol{Q})}{\|\boldsymbol{\eta}\|^2}\boldsymbol{\eta}\right)\\
&=\Delta\dot{\boldsymbol{\xi}}^{\mathrm{T}}(\lambda\boldsymbol{I}-\boldsymbol{K}_V)\Delta\dot{\boldsymbol{\xi}}-(\Delta\dot{\boldsymbol{\xi}}^{\mathrm{T}}+\lambda\Delta\boldsymbol{\xi}^{\mathrm{T}})\boldsymbol{K}_S\boldsymbol{\eta}-\lambda\Delta\boldsymbol{\xi}^{\mathrm{T}}\boldsymbol{K}_P\Delta\boldsymbol{\xi}+\\
&\quad(\Delta\dot{\boldsymbol{\xi}}+\lambda\Delta\boldsymbol{\xi})^{\mathrm{T}}\boldsymbol{M}_0^{-1}(\boldsymbol{Y}\Delta\boldsymbol{a}_d+\Delta\boldsymbol{\delta})+\Delta\boldsymbol{a}_d^{\mathrm{T}}\boldsymbol{\Gamma}^{-1}\Delta\dot{\boldsymbol{a}}_d+\\
&\quad\left(\boldsymbol{\eta}^{\mathrm{T}}\boldsymbol{M}_0^{-1}\Delta\boldsymbol{Q}-\boldsymbol{\eta}^{\mathrm{T}}\boldsymbol{K}_\xi\boldsymbol{\eta}-|\Delta\dot{\boldsymbol{\xi}}^{\mathrm{T}}(\boldsymbol{M}_0^{-1}\Delta\boldsymbol{Q})|-\frac{1}{2}(\boldsymbol{M}_0^{-1}\Delta\boldsymbol{Q})^{\mathrm{T}}(\boldsymbol{M}_0^{-1}\Delta\boldsymbol{Q})\right)\end{aligned} \tag{4-93}$$

将设计的自适应律（4－87）代入可以得到

$$\begin{aligned}\dot{V}&=\Delta\dot{\boldsymbol{\xi}}^{\mathrm{T}}(\lambda\boldsymbol{I}-\boldsymbol{K}_V)\Delta\dot{\boldsymbol{\xi}}-(\Delta\dot{\boldsymbol{\xi}}^{\mathrm{T}}+\lambda\Delta\boldsymbol{\xi}^{\mathrm{T}})\boldsymbol{K}_S\boldsymbol{\eta}-\lambda\Delta\boldsymbol{\xi}^{\mathrm{T}}\boldsymbol{K}_P\Delta\boldsymbol{\xi}+\\
&\quad(\Delta\dot{\boldsymbol{\xi}}+\lambda\Delta\boldsymbol{\xi})^{\mathrm{T}}\boldsymbol{M}_0^{-1}(\boldsymbol{Y}\Delta\boldsymbol{a}_d+\Delta\boldsymbol{\delta})-(\boldsymbol{M}_0^{-1}\boldsymbol{Y}\Delta\boldsymbol{a}_d)^{\mathrm{T}}(\Delta\dot{\boldsymbol{\xi}}+\lambda\Delta\boldsymbol{\xi})+\\
&\quad\left(\boldsymbol{\eta}^{\mathrm{T}}\boldsymbol{M}_0^{-1}\Delta\boldsymbol{Q}-\boldsymbol{\eta}^{\mathrm{T}}\boldsymbol{K}_\xi\boldsymbol{\eta}-|\Delta\dot{\boldsymbol{\xi}}^{\mathrm{T}}(\boldsymbol{M}_0^{-1}\Delta\boldsymbol{Q})|-\frac{1}{2}(\boldsymbol{M}_0^{-1}\Delta\boldsymbol{Q})^{\mathrm{T}}(\boldsymbol{M}_0^{-1}\Delta\boldsymbol{Q})\right)\\
&=\Delta\dot{\boldsymbol{\xi}}^{\mathrm{T}}(\lambda\boldsymbol{I}-\boldsymbol{K}_V)\Delta\dot{\boldsymbol{\xi}}-(\Delta\dot{\boldsymbol{\xi}}^{\mathrm{T}}+\lambda\Delta\boldsymbol{\xi}^{\mathrm{T}})\boldsymbol{K}_S\boldsymbol{\eta}-\lambda\Delta\boldsymbol{\xi}^{\mathrm{T}}\boldsymbol{K}_P\Delta\boldsymbol{\xi}+\\
&\quad(\Delta\dot{\boldsymbol{\xi}}+\lambda\Delta\boldsymbol{\xi})^{\mathrm{T}}\boldsymbol{M}_0^{-1}\Delta\boldsymbol{\delta}+\boldsymbol{\eta}^{\mathrm{T}}\boldsymbol{M}_0^{-1}\Delta\boldsymbol{Q}-\boldsymbol{\eta}^{\mathrm{T}}\boldsymbol{K}_\xi\boldsymbol{\eta}-|\Delta\dot{\boldsymbol{\xi}}^{\mathrm{T}}(\boldsymbol{M}_0^{-1}\Delta\boldsymbol{Q})|-\\
&\quad\frac{1}{2}(\boldsymbol{M}_0^{-1}\Delta\boldsymbol{Q})^{\mathrm{T}}(\boldsymbol{M}_0^{-1}\Delta\boldsymbol{Q})\end{aligned} \tag{4-94}$$

由不等式关系 $2xy\leqslant x^2+y^2$ 可以得到

$$
\begin{aligned}
\dot{V} = & \Delta\dot{\boldsymbol{\xi}}^{\mathrm{T}}(\lambda \boldsymbol{I} - \boldsymbol{K}_V)\Delta\dot{\boldsymbol{\xi}} - (\Delta\dot{\boldsymbol{\xi}} + \lambda\Delta\boldsymbol{\xi})^{\mathrm{T}}\boldsymbol{K}_S\boldsymbol{\eta} - \lambda\Delta\boldsymbol{\xi}^{\mathrm{T}}\boldsymbol{K}_P\Delta\boldsymbol{\xi} + \\
& (\Delta\dot{\boldsymbol{\xi}} + \lambda\Delta\boldsymbol{\xi})^{\mathrm{T}}\boldsymbol{M}_0^{-1}(\boldsymbol{Y}\Delta\boldsymbol{a}_d + \Delta\boldsymbol{\delta}) - (\boldsymbol{M}_0^{-1}\boldsymbol{Y}\Delta\boldsymbol{a}_d)^{\mathrm{T}}(\Delta\dot{\boldsymbol{\xi}} + \lambda\Delta\boldsymbol{\xi}) + \\
& \left(\boldsymbol{\eta}^{\mathrm{T}}\boldsymbol{M}_0^{-1}\Delta\boldsymbol{Q} - \boldsymbol{\eta}^{\mathrm{T}}\boldsymbol{K}_\xi\boldsymbol{\eta} - |\Delta\dot{\boldsymbol{\xi}}^{\mathrm{T}}(\boldsymbol{M}_0^{-1}\Delta\boldsymbol{Q})| - \frac{1}{2}(\boldsymbol{M}_0^{-1}\Delta\boldsymbol{Q})^{\mathrm{T}}(\boldsymbol{M}_0^{-1}\Delta\boldsymbol{Q})\right) \\
= & \Delta\dot{\boldsymbol{\xi}}^{\mathrm{T}}(\lambda \boldsymbol{I} - \boldsymbol{K}_V)\Delta\dot{\boldsymbol{\xi}} - (\Delta\dot{\boldsymbol{\xi}} + \lambda\Delta\boldsymbol{\xi})^{\mathrm{T}}\boldsymbol{K}_S\boldsymbol{\eta} - \lambda\Delta\boldsymbol{\xi}^{\mathrm{T}}\boldsymbol{K}_P\Delta\boldsymbol{\xi} + \\
& (\Delta\dot{\boldsymbol{\xi}} + \lambda\Delta\boldsymbol{\xi})^{\mathrm{T}}\boldsymbol{M}_0^{-1}\Delta\boldsymbol{\delta} + \boldsymbol{\eta}^{\mathrm{T}}\boldsymbol{M}_0^{-1}\Delta\boldsymbol{Q} - \boldsymbol{\eta}^{\mathrm{T}}\boldsymbol{K}_\xi\boldsymbol{\eta} - |\Delta\dot{\boldsymbol{\xi}}^{\mathrm{T}}(\boldsymbol{M}_0^{-1}\Delta\boldsymbol{Q})| - \frac{1}{2}(\boldsymbol{M}_0^{-1}\Delta\boldsymbol{Q})^{\mathrm{T}}(\boldsymbol{M}_0^{-1}\Delta\boldsymbol{Q}) \\
\leqslant & -\Delta\dot{\boldsymbol{\xi}}^{\mathrm{T}}(\boldsymbol{K}_V - \boldsymbol{I} - 2\lambda\boldsymbol{I})\Delta\dot{\boldsymbol{\xi}} - \lambda\Delta\boldsymbol{\xi}^{\mathrm{T}}(\boldsymbol{K}_P - \lambda\boldsymbol{I} - \boldsymbol{I}) - \boldsymbol{\eta}^{\mathrm{T}}\left(\boldsymbol{K}_\xi - \frac{1}{2}\boldsymbol{I} - \boldsymbol{K}_S^{\mathrm{T}}\boldsymbol{K}_S\right)\boldsymbol{\eta} - \\
& |\Delta\dot{\boldsymbol{\xi}}^{\mathrm{T}}(\boldsymbol{M}_0^{-1}\Delta\boldsymbol{Q})| + \frac{1}{2}(\boldsymbol{M}_0^{-1}\Delta\boldsymbol{\delta})^{\mathrm{T}}\boldsymbol{M}_0^{-1}\Delta\boldsymbol{\delta}
\end{aligned}
\tag{4-95}
$$

因为 $\boldsymbol{M}_0^{-1}\Delta\boldsymbol{\delta}$ 有界且很小，选择参数：λ 为正实数、矩阵 $\boldsymbol{K}_S$，$(\boldsymbol{K}_V - 2\lambda\boldsymbol{I} - \boldsymbol{I})$，$(\boldsymbol{K}_P - \lambda\boldsymbol{I} - \boldsymbol{I})$，$\boldsymbol{K}_\xi - 0.5\boldsymbol{I} - \boldsymbol{K}_S^{\mathrm{T}}\boldsymbol{K}_S$ 均为正定矩阵，根据 Lasalle - Yoshizawa 定理，系统为一致有界稳定。定义

$$
\begin{aligned}
W = & -\Delta\dot{\boldsymbol{\xi}}^{\mathrm{T}}(\boldsymbol{K}_V - \boldsymbol{I} - 2\lambda\boldsymbol{I})\Delta\dot{\boldsymbol{\xi}} - \lambda\Delta\boldsymbol{\xi}^{\mathrm{T}}(\boldsymbol{K}_P - \lambda\boldsymbol{I} - \boldsymbol{I}) - \boldsymbol{\eta}^{\mathrm{T}}\left(\boldsymbol{K}_\xi - \frac{1}{2}\boldsymbol{I} - \boldsymbol{K}_S^{\mathrm{T}}\boldsymbol{K}_S\right)\boldsymbol{\eta} - \\
& |\Delta\dot{\boldsymbol{\xi}}^{\mathrm{T}}(\boldsymbol{M}_0^{-1}\Delta\boldsymbol{Q})|
\end{aligned}
\tag{4-96}
$$

基于动态逆的空间绳系机器人目标抓捕后组合体自适应稳定控制器如图 4 - 17 所示。推力分配可采用 3.1 节的零空间修正伪逆法，为简化系统设计，本节忽略推力分配部分。

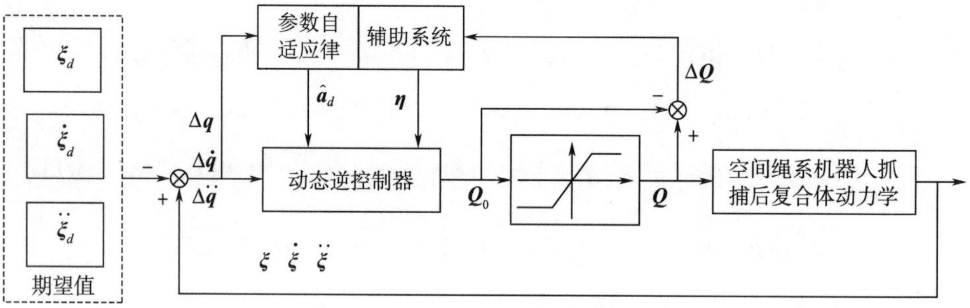

图 4 - 17　空间绳系机器人抓捕后复合体自适应抗饱和稳定控制器

4.3.3　仿真分析

空间平台星运行在圆轨道上，轨道角速度为 0.001 033 rad/s，忽略平台星和绳系机器人的面外运动。组合体各状态参数及其估计初值如表 4 - 2 所示。空间绳系机器人目标抓捕后组合体的稳定控制目标：空间系绳长度 l_d 为 200 m，空间系绳面内角 α_d 为 90°，复合体姿态角 ψ_d 为 90°。

表 4-2　初始仿真参数

参数	初始值	参数	初始值
l_0	200.6 m	$\dot{l}_0$	0.06 m/s
α_0	91.5°	$\dot{\alpha}_0$	0.15 (°)/s
ψ_0	100°	$\dot{\psi}_0$	0.3 (°)/s
m	200 kg	$\hat{m}_0$	180 kg
I_m	224 kg · m²	$\hat{I}_{z0}$	139.79 kg · m²
d_x	1 m	$\hat{d}_{x0}$	0.8 m
d_y	0 m	$\hat{d}_{y0}$	0.12 m

设经过饱和环节，Q_l 的输出范围为：[-3　3] N，Q_α 的输出范围为 [-4　4] Nm，Q_ψ 的输出范围为 [-4　4] Nm。此外，为验证本节设计的抗饱和环节的必要性和有效性，将控制器去除抗饱和环节进行仿真对比，其余控制器参数均一致。

图 4-18 为轨道面内复合体稳定涉及的四个未知系统参数 d_x，d_y，m，I_m 的估计值，可以看出，利用设计的在线估计方法，四个参数均可以较快收敛到真实值附近。其中，d_x 和 d_y 的估计相对误差小于 1%，m 和 I_m 的估计相对误差小于 3%。

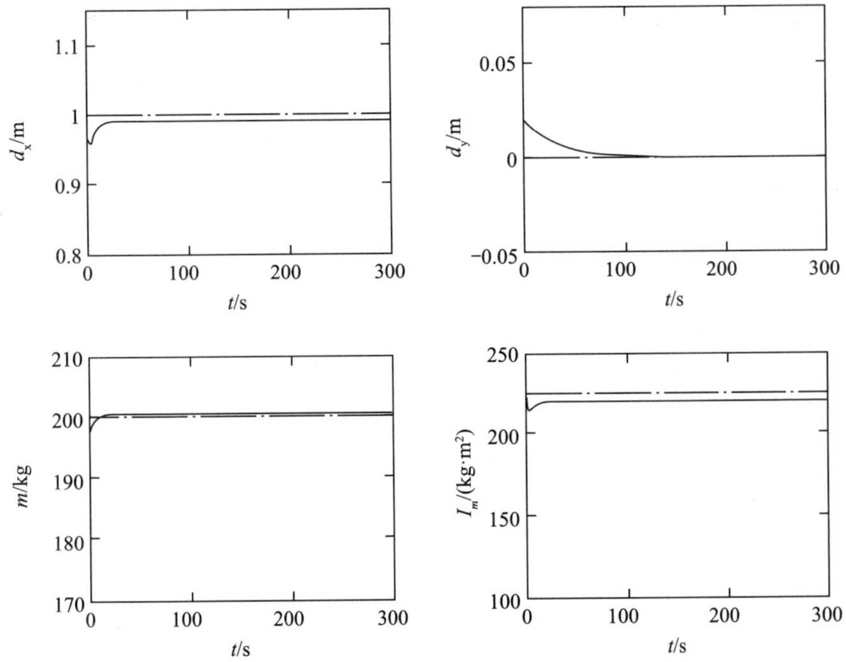

图 4-18　动力学参数估计值

图 4-19～图 4-20 分别为空间系绳长度控制曲线和系绳长度控制误差曲线，从仿真结果可以看出，本节设计的自适应稳定控制方法能够实现组合体的稳定控制。其中，不加入抗饱和的组合体自适应稳定控制，系绳长度控制过程中出现较大的超调，从最开始的

200.5 m 快速变化到 198.51 m，超调量为 1.49 m，收敛时间大约为 180 s；加入抗饱和环节的复合体自适应稳定控制，系绳长度最大为 200.94 m，收敛时间大约为 120 s，控制误差小于 0.02 m。从仿真结果可以明显看出，加入抗饱和可以有效地减小系绳长度控制过程中的超调量，缩短控制收敛时间，从而较大地改善控制器的性能。

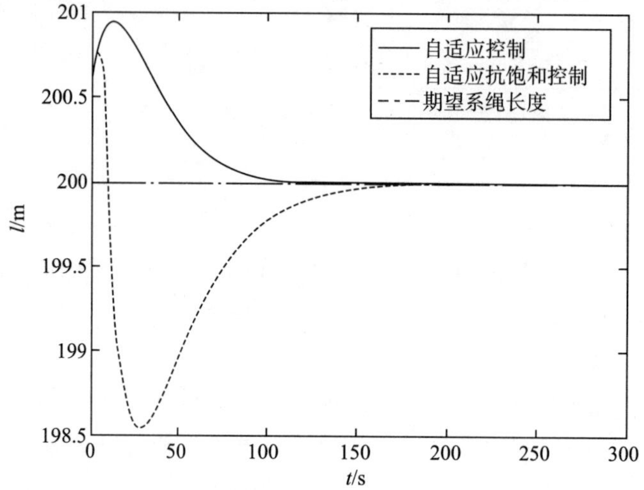

图 4-19　系绳长度控制曲线

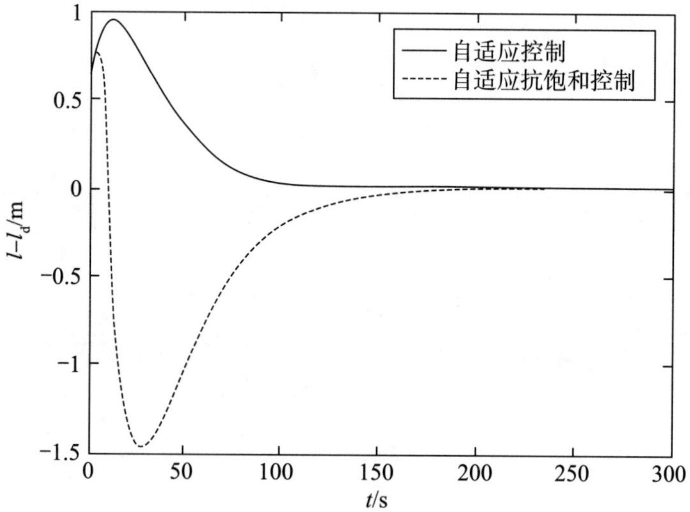

图 4-20　系绳长度控制误差曲线

图 4-21 为空间系绳放绳速率控制曲线，可以看出，不加入抗饱和的复合体自适应稳定控制，放绳速率 $\dot{l}$ 出现较大的波动，速率最大达到−0.27 m/s；而加入抗饱和的复合体自适应稳定控制，控制过程中 $\dot{l}$ 变化较平缓，控制效果较好。

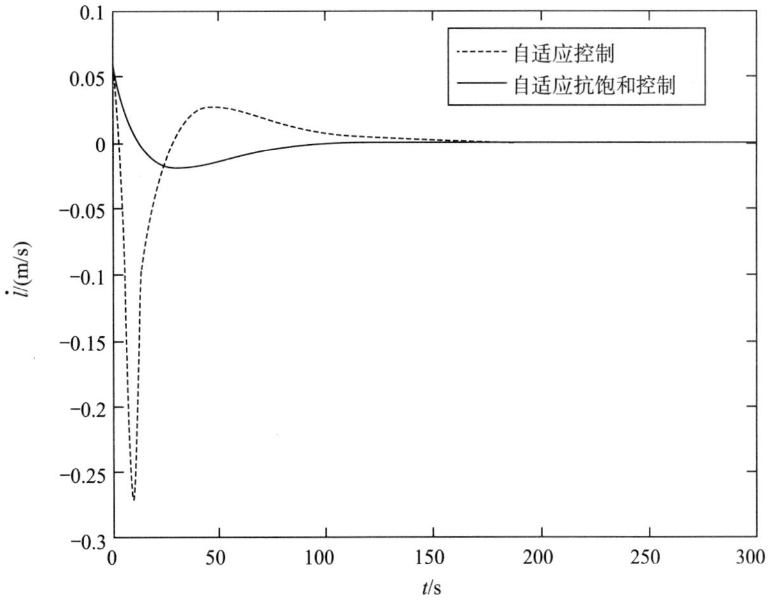

图 4－21　放绳速率控制曲线

图 4－22～图 4－23 为空间系绳面内角控制曲线和面内角控制误差曲线，从仿真结果可以看出，空间系绳面内角 α 得到了有效的控制，其中，不加入抗饱和复合体稳定控制，面内角最大值为 93.4°，收敛时间大约为 224 s；而加入抗饱和复合体稳定控制，面内角最大为 95.7°，收敛时间为 205 s，收敛时间比前者少大约 19 s。图 4－24 为空间系绳面内角速度控制曲线。

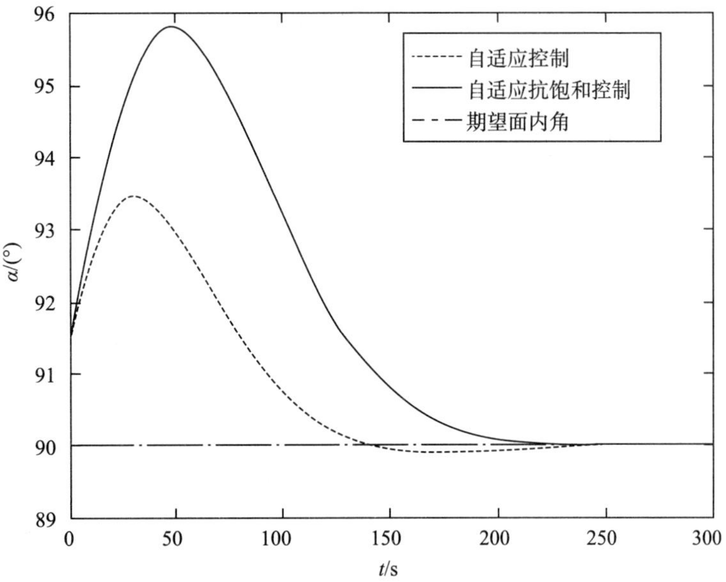

图 4－22　空间系绳面内角控制曲线

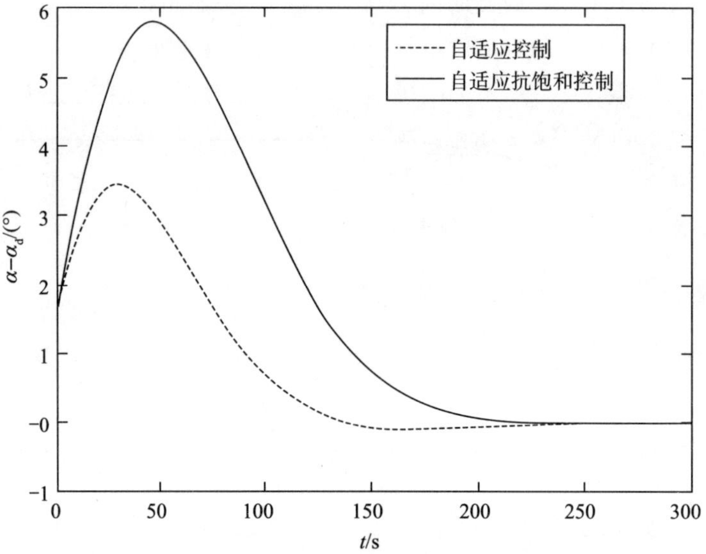

图 4-23　空间系绳面内角控制误差曲线

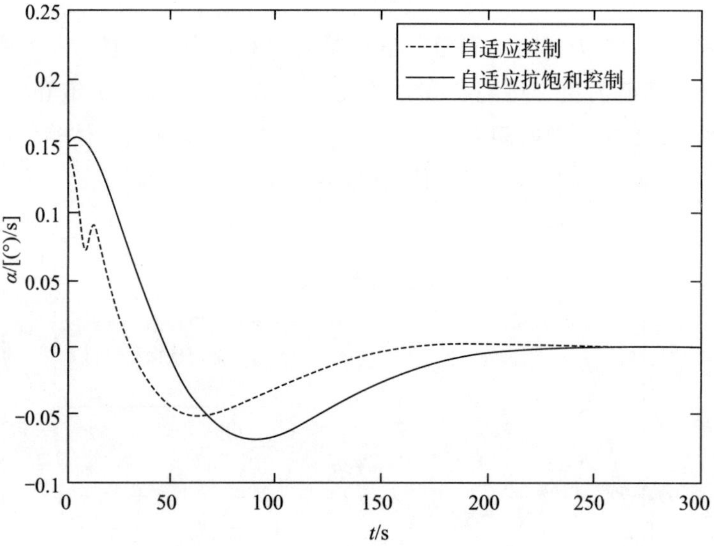

图 4-24　空间系绳面内角速度控制曲线

图 4-25～图 4-26 为空间绳系机器人抓捕后复合体姿态控制曲线和姿态控制误差曲线，可以看出，利用本章提出的自适应复合体稳定控制器可以有效实现姿态的稳定控制。其中，不加入抗饱和环节，姿态控制效果受到了较大的影响，姿态角 ψ 在最初的 20 s，迅速增加变化到 193.6°，然后缓慢下降，收敛时间大约为 300 s。本章设置的仿真条件中，当姿态角为 90°时，系绳与空间绳系机器人目标后端面相互垂直，当超过 0°或者 180°时，空间系绳有可能与目标发生缠绕，甚至会通过空间系绳对复合体的安全造成威胁，因此，仿真结果中姿态角变化到 193.6°，是十分不利的情况，需要避免。加入抗饱和环节，姿态

角变化较小，最大为 101.2°，收敛时间大约为 190 s，姿态角控制误差为 0.3°。两者相比，本章提出的加入抗饱和环节的自适应稳定控制，姿态角收敛速度较快，抗饱和环节的加入可以有效改善控制性能。此外，不加入抗饱和环节，姿态控制初期出现的不利现象与系绳长度控制初期产生的现象一致，互相影响。图 4-27 为复合体姿态角速度控制曲线，可以看出，不加入抗饱和环节，角速度最大为 13.2 (°)/s，而加入抗饱和环节，角速度最大为 0.38 (°)/s，和前者相比，角速度控制效果更好。综合来看，本文的自适应抗饱和控制器在空间绳系机器人目标抓捕后复合体稳定控制过程中控制效果优于不加入抗饱和环节的自适应控制器。

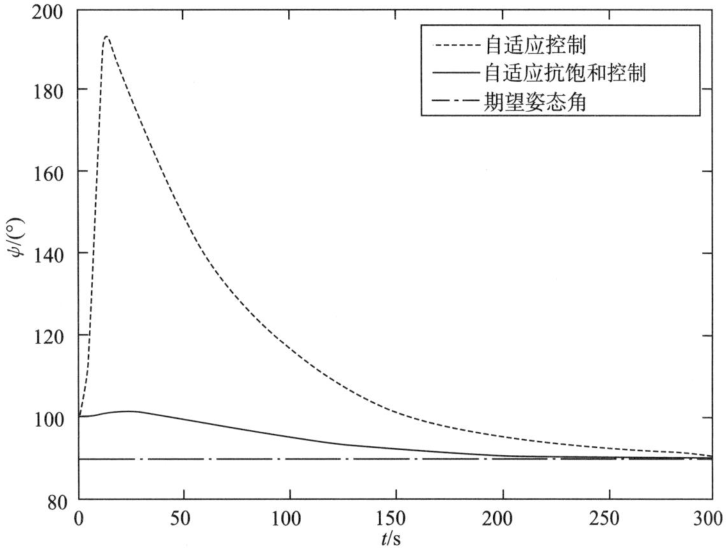

图 4-25　复合体姿态角控制曲线

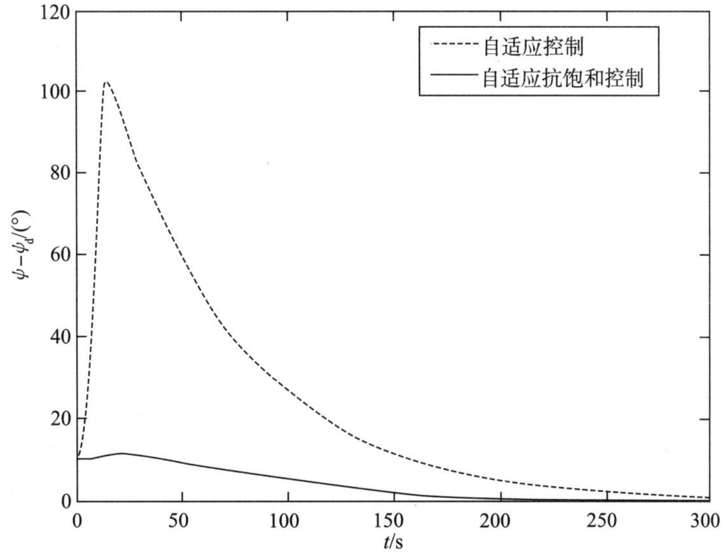

图 4-26　复合体姿态角控制误差曲线

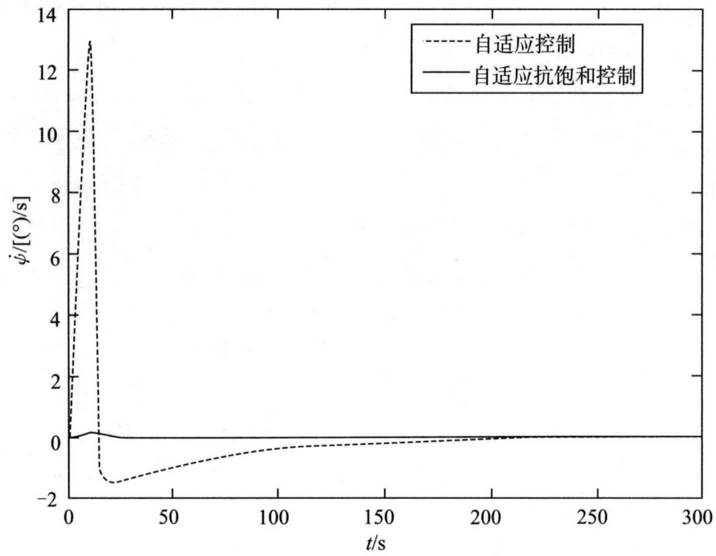

图 4-27　组合体姿态角速度控制曲线

图 4-28～图 4-29 为控制输入 Q 变化曲线和 ΔQ 变化曲线，由仿真结果可以看出，加入抗饱和环节后，控制输入基本位于饱和上下限内，而不加入抗饱和环节，控制输入均较大地超过了饱和上下限，ΔQ 最大分别为 20.4、21.2 和 28.2，从而严重影响了控制器的

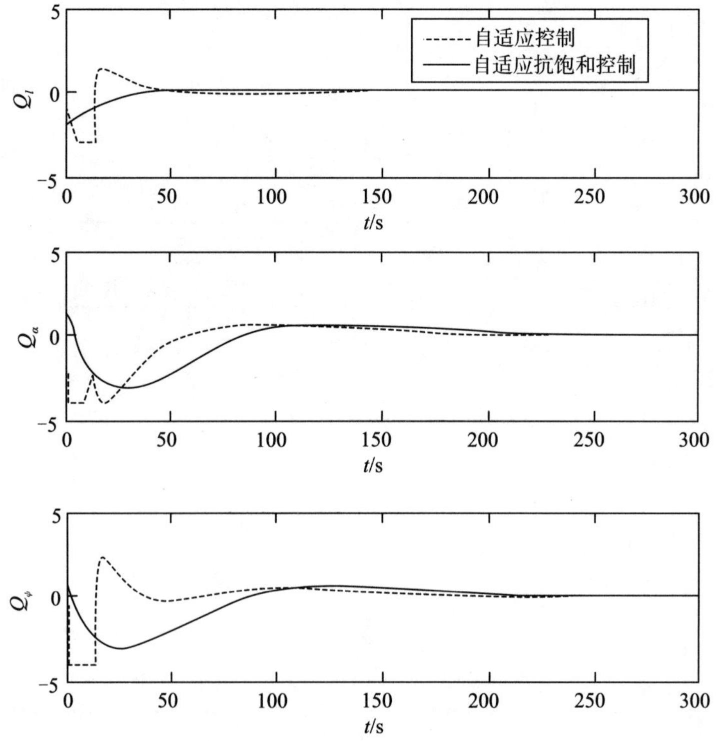

图 4-28　控制输入 Q 变化曲线

性能，如图 4-19 和图 4-25 所示，系绳长度和复合体姿态角出现了较大的波动。图 4-30 为辅助系统变量 $\boldsymbol{\eta}$ 变化曲线。

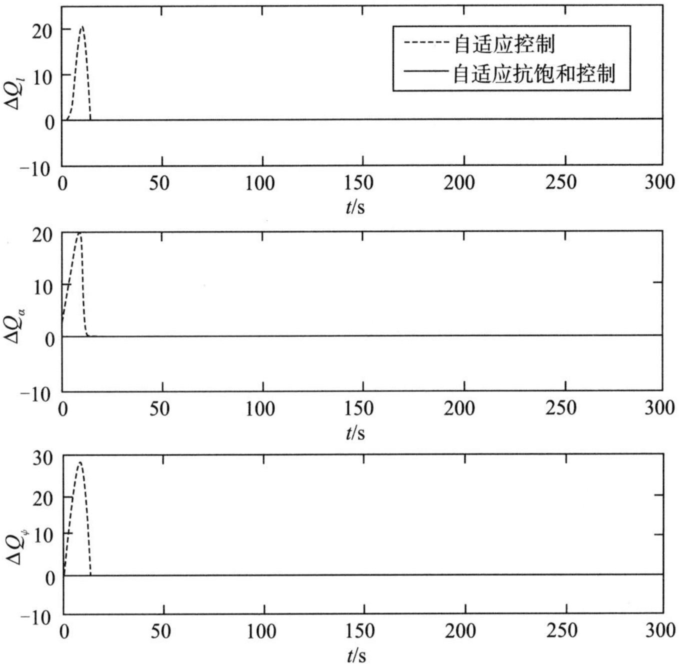

图 4-29　$\Delta \boldsymbol{Q}$ 变化曲线

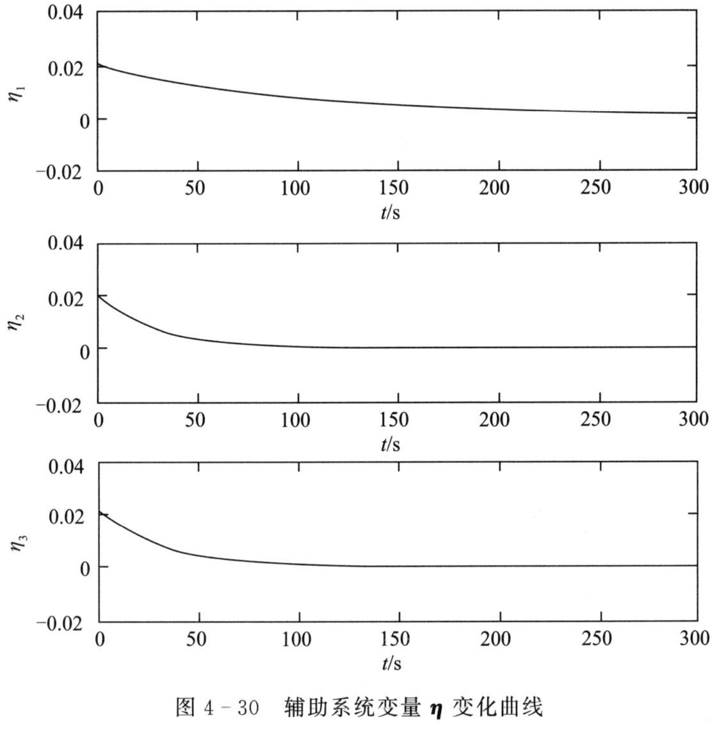

图 4-30　辅助系统变量 $\boldsymbol{\eta}$ 变化曲线

综上所述，本节的仿真结果表明：基于动态逆的自适应稳定控制方法可以实现对系统参数的自适应估计，完成对空间绳系机器人抓捕后组合体的稳定控制。针对控制输入受限问题，利用辅助变量设计的抗饱和控制策略，可以有效降低执行器的饱和程度，改善系统的控制性能。

4.4　小结

针对空间绳系机器人目标抓捕后的组合体稳定控制问题，本节提出利用空间绳系机器人的推力器进行辅助稳定。分别针对推力方向已知、推力方向未知/变化、组合体姿态/系绳状态联合控制三个问题，设计相应的控制系统。

1）在推力方向已知的假设下，针对抓捕后组合体的姿态快速稳定需求，采用分离设计方法，分别设计基于终端滑模的组合体姿态控制器和基于零空间修正伪逆的控制力矩分配方法，实现组合体姿态的有限时间稳定控制。

2）目标星的杆状部位易于抓捕但不利于锁紧，针对未知的推力方向和可能出现的抓捕器与目标星相对位姿变化，提出一种自适应姿态控制器和基于锥二次优化的控制力矩鲁棒分配方法，实现对组合体姿态的稳定控制。

3）针对组合体姿态、系绳长度、摆角的联合控制问题，在建立模型的基础上，充分考虑动力学参数的未知性、推力/系绳张力的饱和非线性，设计基于动态逆的自适应抗饱和控制器，实现组合体姿态和系绳状态的联合稳定控制。

本章的控制器设计和验证结果表明，利用空间绳系机器人的推力器可以实现组合体的辅助稳定控制，但推进剂消耗较大。为节省空间任务中十分宝贵的推进剂，有必要考虑系绳张力、张力矩的应用问题，以降低稳定控制过程的推进剂消耗。

第5章　系绳/推力器协调的空间目标星辅助稳定控制

在对目标完成抓捕后，空间绳系机器人与目标星组成的组合体存在旋转角速度，若不施加控制，将产生极为严重的后果。针对此难题，上章利用空间绳系机器人抓捕器上的推力器实现对组合体的辅助稳定控制。但是，上述方法未充分利用系绳张力矩，而仅将其视为干扰，推进剂消耗较多，本章提出利用系绳与推力器的协调控制方法，实现对空间目标星的辅助稳定控制，并减少推进剂消耗。

5.1　系绳张力/推力器协调稳定控制

本节针对动力学参数未知的非合作目标抓捕后组合体稳定控制问题，首先设计基于反步法的组合体鲁棒自适应稳定控制器，并进行稳定性证明；最后，利用仿真算例对所提出的组合体稳定控制方法进行了验证。

5.1.1　系绳张力/推力器协调稳定控制任务分析

空间绳系机器人完成对目标抓捕后，空间绳系机器人与目标一起运动。与3.3节类似，本节的协调稳定控制不仅需要稳定抓捕器与目标星组成的组合体姿态，还要同时稳定系绳长度、系绳摆角等状态。采用与3.3节相同的模型，选择系绳长度、面内角、面外角、组合体姿态角作为状态，并取系绳单元数为1，重写目标抓捕后组合体动力学模型[218]

$$\boldsymbol{M}\ddot{\boldsymbol{\xi}}+\boldsymbol{N}\dot{\boldsymbol{\xi}}+\boldsymbol{G}=\boldsymbol{Q} \tag{5-1}$$

式中，系统状态 $\boldsymbol{\xi}=(l\quad\alpha\quad\beta\quad\varphi\quad\theta\quad\psi)^{\mathrm{T}}$，其中 l、α 和 β 分别为空间系绳长度、空间系绳面内角和空间系绳面外角，φ、θ 和 ψ 为抓捕后复合体姿态角；$\boldsymbol{Q}=(Q_l\quad Q_\alpha\quad Q_\beta\quad Q_\varphi\quad Q_\theta\quad Q_\psi)^{\mathrm{T}}$ 为广义控制力，分别由推力器、系绳收放装置等提供。值得指出的是，在本节中除利用空间绳系机器人的推力器推力外，还尝试使用系绳拉力。因此，广义控制力中，$Q_l=T+F_l$，T 为空间系绳拉力，F_l 为空间绳系机器人推力。

由于系绳张力控制属于相对较独立的部分，一般采用独立的系绳张力传感器和控制器，并利用系绳的收放实现。常用的系绳张力的控制框图如图5-1所示。

为简化问题，本节假设系绳张力可以很好地控制，并跟踪期望的张力值。利用系绳张力、推力器推力协调控制时，需要考虑的因素包括：初始状态的不稳定、推力/系绳张力大小受限、组合体动力学参数未知。针对上述难题，利用反步法设计了鲁棒自适应控制器。其中，针对动力学参数未知问题，设计了自适应律对参数误差带来的模型误差上限进行估计，然后在控制器中进行补偿；针对控制输入饱和问题，引入了辅助系统，降低控制

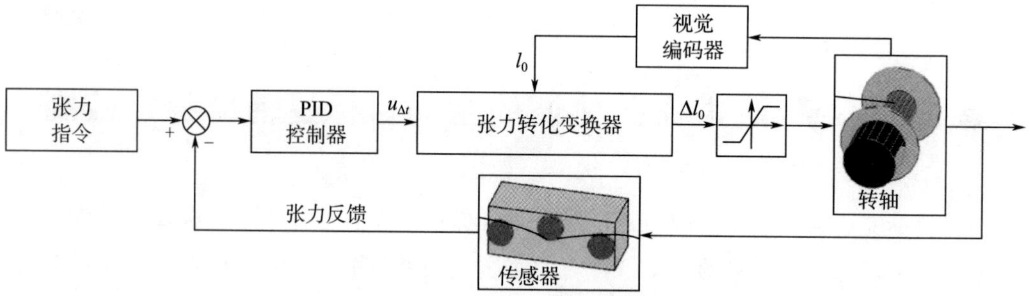

图 5-1　系绳张力控制器示意图

过程中饱和程度，提高系统的控制性能。在完成控制器设计后，以充分利用系绳张力的原则，对系绳张力、推力进行分配。

5.1.2　鲁棒自适应反步控制器设计

设系统状态分别为 $\boldsymbol{\xi}_1=\boldsymbol{\xi}$，$\boldsymbol{\xi}_2=\dot{\boldsymbol{\xi}}$，则空间绳系机器人目标抓捕后组合体动力学方程可以写为如下形式

$$\begin{cases}\dot{\boldsymbol{\xi}}_1=\boldsymbol{\xi}_2\\ \boldsymbol{M}\dot{\boldsymbol{\xi}}_2+\boldsymbol{N}\boldsymbol{\xi}_2+\boldsymbol{G}=\boldsymbol{Q}\end{cases}\tag{5-2}$$

其中，$\boldsymbol{M}=\boldsymbol{M}_0+\Delta\boldsymbol{M}_0$，$\boldsymbol{N}=\boldsymbol{N}_0+\Delta\boldsymbol{N}_0$，$\boldsymbol{G}=\boldsymbol{G}_0+\Delta\boldsymbol{G}$，$\boldsymbol{M}_0$、$\boldsymbol{N}_0$ 和 $\boldsymbol{G}_0$ 为名义系统矩阵，$\Delta\boldsymbol{M}_0$、$\Delta\boldsymbol{N}_0$ 和 $\Delta\boldsymbol{G}$ 为系统误差矩阵。

下面将采用反步法思想对空间绳系机器人目标抓捕后组合体稳定控制器进行设计。

第一步：设 $\boldsymbol{\xi}_1$ 的期望值为 $\boldsymbol{\xi}_{1d}$，则跟踪误差 $\boldsymbol{\xi}_{1e}$ 可以表示为

$$\boldsymbol{\xi}_{1e}=\boldsymbol{\xi}_1-\boldsymbol{\xi}_{1d}\tag{5-3}$$

则误差动力学方程为

$$\dot{\boldsymbol{\xi}}_{1e}=\dot{\boldsymbol{\xi}}_1-\dot{\boldsymbol{\xi}}_{1d}=\boldsymbol{\xi}_2-\dot{\boldsymbol{\xi}}_{1d}\tag{5-4}$$

取 $\boldsymbol{\xi}_{2c}$ 为虚拟控制量，则 $\boldsymbol{\xi}_{2c}$ 设计为

$$\boldsymbol{\xi}_{2c}=-\boldsymbol{k}_1\boldsymbol{\xi}_{1e}+\dot{\boldsymbol{\xi}}_{1d}\tag{5-5}$$

其中，$\boldsymbol{k}_1$ 为设计的正定矩阵。

设 $\boldsymbol{\xi}_2$ 的期望值为 $\boldsymbol{\xi}_{2d}$，则可以通过一阶滤波环节得到

$$\boldsymbol{\varepsilon}\dot{\boldsymbol{\xi}}_{2d}+\boldsymbol{\xi}_{2d}=\boldsymbol{\xi}_{2c},\boldsymbol{\xi}_{2d}(0)=\boldsymbol{\xi}_{2c}(0)\tag{5-6}$$

其中，$\boldsymbol{\varepsilon}>\boldsymbol{0}$。

设 $\boldsymbol{y}=\boldsymbol{\xi}_{2d}-\boldsymbol{\xi}_{2c}$，$\boldsymbol{\xi}_{2e}=\boldsymbol{\xi}_2-\boldsymbol{\xi}_{2d}$，$\boldsymbol{\xi}_{1e}$ 误差动力学方程可以表示为

$$\begin{aligned}\dot{\boldsymbol{\xi}}_{1e}&=\boldsymbol{\xi}_2-\dot{\boldsymbol{\xi}}_{1d}\\&=\boldsymbol{\xi}_2-\boldsymbol{\xi}_{2d}+\boldsymbol{\xi}_{2d}-\boldsymbol{\xi}_{2c}+\boldsymbol{\xi}_{2c}-\dot{\boldsymbol{\xi}}_{1d}\\&=\boldsymbol{\xi}_{2e}+\boldsymbol{y}+\boldsymbol{\xi}_{2c}-\dot{\boldsymbol{\xi}}_{1d}\\&=\boldsymbol{\xi}_{2e}+\boldsymbol{y}-\boldsymbol{k}_1\boldsymbol{\xi}_{1e}\end{aligned}\tag{5-7}$$

第二步：$\boldsymbol{\xi}_2$ 动力学方程可以写成如下形式

$$\boldsymbol{M}_0\dot{\boldsymbol{\xi}}_2+\boldsymbol{N}_0\boldsymbol{\xi}_2+\boldsymbol{G}_0+\boldsymbol{\rho}=\boldsymbol{Q} \tag{5-8}$$

其中，$\boldsymbol{\rho}(\Delta\boldsymbol{M}_0,\ \Delta\boldsymbol{N}_0,\ \Delta\boldsymbol{G})=\Delta\boldsymbol{M}_0\dot{\boldsymbol{\xi}}_2+\Delta\boldsymbol{N}_0\boldsymbol{\xi}_2+\Delta\boldsymbol{G}$ 为参数误差带来的不确定项。

$\boldsymbol{\xi}_{2e}$ 的误差动力学方程可以表示为

$$\begin{aligned}\boldsymbol{M}_0\dot{\boldsymbol{\xi}}_{2e}&=\boldsymbol{M}_0\dot{\boldsymbol{\xi}}_2-\boldsymbol{M}_0\dot{\boldsymbol{\xi}}_{2d}\\&=\boldsymbol{Q}-\boldsymbol{N}_0\boldsymbol{\xi}_2-\boldsymbol{G}_0-\boldsymbol{\rho}-\boldsymbol{M}_0\dot{\boldsymbol{\xi}}_{2d}\\&=\boldsymbol{Q}-\boldsymbol{N}_0\boldsymbol{\xi}_2+\boldsymbol{N}_0\boldsymbol{\xi}_{2d}-\boldsymbol{N}_0\boldsymbol{\xi}_{2d}-\boldsymbol{G}_0-\boldsymbol{\rho}-\boldsymbol{M}_0\dot{\boldsymbol{\xi}}_{2d}\\&=\boldsymbol{Q}-\boldsymbol{N}_0\boldsymbol{\xi}_{2e}-\boldsymbol{N}_0\boldsymbol{\xi}_{2d}-\boldsymbol{G}_0-\boldsymbol{\rho}-\boldsymbol{M}_0\dot{\boldsymbol{\xi}}_{2d}\end{aligned} \tag{5-9}$$

由于空间机器人自身的控制力矩较有限，抓捕后组合体进行稳定控制时，会出现推力器输入饱和受限情况，对复合体控制性能会产生较大的影响。针对输入饱和问题，参考文献［229－230］针对高超声速飞行器执行器输入受限问题，利用指令滤波器，对执行器进行补偿控制。参考文献［231］引入辅助系统，设计神经网络自适应控制器，用以解决执行机构输入受限问题。参考文献［232］基于 hyperbolic tangent 和 Nussbaum function 函数特性，设计了鲁棒自适应控制器处理执行机构输入受限问题。为了减小推力器饱和的影响，引入如下辅助系统[218,233]

$$\dot{\boldsymbol{\zeta}}=\begin{cases}-\boldsymbol{K}_\xi\boldsymbol{\zeta}-\dfrac{|\boldsymbol{\xi}_{2e}^{\mathrm{T}}\Delta\boldsymbol{Q}|+0.5\Delta\boldsymbol{Q}^{\mathrm{T}}\Delta\boldsymbol{Q}}{\|\boldsymbol{\zeta}\|^2}\boldsymbol{\zeta}+\Delta\boldsymbol{Q}, & \|\boldsymbol{\zeta}\|\geqslant\mu\\ \boldsymbol{0}, & \|\boldsymbol{\zeta}\|<\mu\end{cases} \tag{5-10}$$

其中，$\boldsymbol{\zeta}$ 是辅助系统状态变量；μ 是设计的小正数；$\Delta\boldsymbol{Q}=\boldsymbol{Q}'-\boldsymbol{Q}$，其中 $\boldsymbol{Q}'$ 为通过限幅器后的控制输出；$\boldsymbol{K}_\zeta$ 是设计的正定矩阵。

设计的控制律为

$$\boldsymbol{Q}=\boldsymbol{G}_0+\boldsymbol{M}_0\dot{\boldsymbol{\xi}}_{2d}-\boldsymbol{k}_2(\boldsymbol{\xi}_{2e}-\boldsymbol{\zeta})-\boldsymbol{P}\boldsymbol{\xi}_{1e}+\boldsymbol{N}_0\boldsymbol{\xi}_{2d} \tag{5-11}$$

其中，$\boldsymbol{k}_2$ 和 $\boldsymbol{P}$ 为设计的正定矩阵。控制器中引入辅助系统状态变量 $\boldsymbol{\xi}$，实现对推力器饱和的补偿控制。

为了解决干扰力矩和转动惯量误差对姿态控制带来的影响，设计自适应控制律 $\hat{\boldsymbol{\lambda}}_L$ 对该影响的上界进行估计。

复合体误差动力学方程 $\boldsymbol{\xi}_{2e}$ 可以表示为

$$\begin{aligned}\boldsymbol{M}_0\dot{\boldsymbol{\xi}}_{2e}&=\boldsymbol{M}_0\dot{\boldsymbol{\xi}}_2-\boldsymbol{M}_0\dot{\boldsymbol{\xi}}_{2d}\\&=\boldsymbol{Q}-\boldsymbol{N}_0\boldsymbol{\xi}_2-\boldsymbol{G}_0-\boldsymbol{\rho}-\boldsymbol{M}_0\dot{\boldsymbol{\xi}}_{2d}\\&=\boldsymbol{Q}-\boldsymbol{N}_0\boldsymbol{\xi}_2+\boldsymbol{N}_0\boldsymbol{\xi}_{2d}-\boldsymbol{N}_0\boldsymbol{\xi}_{2d}-\boldsymbol{G}_0-\boldsymbol{\rho}-\boldsymbol{M}_0\dot{\boldsymbol{\xi}}_{2d}\\&=-\boldsymbol{k}_2(\boldsymbol{\xi}_{2e}-\boldsymbol{\zeta})-\boldsymbol{P}\boldsymbol{\xi}_{1e}-\boldsymbol{N}_0\boldsymbol{\xi}_{2e}-\boldsymbol{\rho}\end{aligned} \tag{5-12}$$

假设系统参数误差是有界的，因此，其导致的模型不确定性 $\boldsymbol{\rho}(\Delta\boldsymbol{M}_0,\ \Delta\boldsymbol{N}_0,\ \Delta\boldsymbol{G})$ 有界。因此，设存在 $\boldsymbol{\lambda}_L$，满足 $\|\boldsymbol{\rho}(\Delta\boldsymbol{M}_0,\ \Delta\boldsymbol{N}_0,\ \Delta\boldsymbol{G})\|\leqslant\|\boldsymbol{\lambda}_L\|$。为了得到 $\boldsymbol{\lambda}_L$，我们需

要对其进行在线辨识。设 $\hat{\boldsymbol{\lambda}}_L$ 为辨识值，则设计的鲁棒自适应律 $\hat{\boldsymbol{\lambda}}_L$ 为

$$\dot{\hat{\boldsymbol{\lambda}}}_L = \frac{a\boldsymbol{\xi}_{2e} \cdot \boldsymbol{\xi}_{2e}}{|\boldsymbol{\xi}_{2e}| + \boldsymbol{\varepsilon}_\lambda} \tag{5-13}$$

其中，$\boldsymbol{a}$ 和 $\boldsymbol{\varepsilon}$ 为正数；$\boldsymbol{A} \cdot \boldsymbol{B} \triangleq (\boldsymbol{A}_1\boldsymbol{B}_1 \quad \boldsymbol{A}_2\boldsymbol{B}_2 \quad \boldsymbol{A}_3\boldsymbol{B}_3)^{\mathrm{T}}$，$\boldsymbol{A}$ 和 $\boldsymbol{B}$ 为矢量。

控制器式（5-11）可以修改为[218,234]

$$\boldsymbol{Q} = \boldsymbol{G}_0 + \boldsymbol{M}_0\dot{\boldsymbol{\xi}}_{2d} - \boldsymbol{k}_2(\boldsymbol{\xi}_{2e} - \boldsymbol{\zeta}) - \boldsymbol{P}\boldsymbol{\xi}_{1e} + \boldsymbol{N}_0\boldsymbol{\xi}_{2d} - \frac{\hat{\boldsymbol{\lambda}}_L \cdot \boldsymbol{\xi}_{2e}}{|\boldsymbol{\xi}_{2e}| + \boldsymbol{\varepsilon}_\lambda} \tag{5-14}$$

当 $\boldsymbol{Q}_l > 0$ 时，通过推力器提供所需的控制力 $\boldsymbol{F}_l = \boldsymbol{Q}_l$ ；当 $\boldsymbol{Q}_l < 0$ 时，通过系绳拉力提供系绳方向的控制力 $\boldsymbol{T} = \boldsymbol{Q}_l$ 。

相应姿态动力学方程可以写为

$$\boldsymbol{M}_0\dot{\boldsymbol{\xi}}_{2e} = -\boldsymbol{k}_2(\boldsymbol{\xi}_{2e} - \boldsymbol{\zeta}) - \boldsymbol{P}\boldsymbol{\xi}_{1e} - \boldsymbol{N}_0\boldsymbol{\xi}_{2e} - \boldsymbol{\rho}(\Delta\boldsymbol{M}_0, \Delta\boldsymbol{N}_0, \Delta\boldsymbol{G}) - \frac{\hat{\boldsymbol{\lambda}}_L \cdot \boldsymbol{\xi}_{2e}}{|\boldsymbol{\xi}_{2e}| + \boldsymbol{\varepsilon}_\lambda} \tag{5-15}$$

以下将对所设计的控制器稳定性进行证明。

设李雅普诺夫函数为

$$W = W_1 + W_2 \tag{5-16}$$

其中

$$W_1 = \frac{1}{2}(\boldsymbol{\xi}_{1e}^{\mathrm{T}}\boldsymbol{P}\boldsymbol{\xi}_{1e} + \boldsymbol{y}^{\mathrm{T}}\boldsymbol{y}) \tag{5-17}$$

$$W_2 = \frac{1}{2}\boldsymbol{\xi}_{2e}^{\mathrm{T}}\boldsymbol{M}_0\boldsymbol{\xi}_{2e} + \frac{1}{2a}\tilde{\boldsymbol{\lambda}}_L^{\mathrm{T}}\tilde{\boldsymbol{\lambda}}_L + \frac{1}{2}\boldsymbol{\zeta}^{\mathrm{T}}\boldsymbol{\zeta} \tag{5-18}$$

由 $\boldsymbol{y}$ 的定义，可以得到以下关系式

$$\dot{\boldsymbol{y}} = \dot{\boldsymbol{\xi}}_{2d} - \dot{\boldsymbol{\xi}}_{2c} = -\frac{\boldsymbol{y}}{\boldsymbol{\varepsilon}} + \boldsymbol{B} \tag{5-19}$$

$$\boldsymbol{B} = -\dot{\boldsymbol{\xi}}_{2c} \tag{5-20}$$

根据虚拟控制式（5-5）的定义，假设 $\boldsymbol{\xi}_{2c}$ 的导数是光滑有界的，因此存在常数 M 满足以下关系式

$$\boldsymbol{B} \leqslant \boldsymbol{M} \tag{5-21}$$

对 W_1 求导可以得到

$$\begin{aligned}
\dot{W}_1 &= \boldsymbol{\xi}_{1e}^{\mathrm{T}}\boldsymbol{P}\dot{\boldsymbol{\xi}}_{1e} + \boldsymbol{y}^{\mathrm{T}}\dot{\boldsymbol{y}} \\
&= \boldsymbol{\xi}_{1e}^{\mathrm{T}}\boldsymbol{P}(\boldsymbol{\xi}_{2e} + \boldsymbol{y} - \boldsymbol{k}_1\boldsymbol{\xi}_{1e}) + \boldsymbol{y}^{\mathrm{T}}\left(-\frac{\boldsymbol{y}}{\boldsymbol{\varepsilon}} + \boldsymbol{B}\right) \\
&= \boldsymbol{\xi}_{1e}^{\mathrm{T}}\boldsymbol{P}\boldsymbol{\xi}_{2e} + \boldsymbol{\xi}_{1e}^{\mathrm{T}}\boldsymbol{P}\boldsymbol{y} - \boldsymbol{\xi}_{1e}^{\mathrm{T}}\boldsymbol{P}\boldsymbol{k}_1\boldsymbol{\xi}_{1e} - \frac{\boldsymbol{y}^{\mathrm{T}}\boldsymbol{y}}{\boldsymbol{\varepsilon}} + \boldsymbol{y}^{\mathrm{T}}\boldsymbol{B}
\end{aligned} \tag{5-22}$$

因为 $\boldsymbol{B}$ 有界，因此

$$\boldsymbol{y}^{\mathrm{T}}\boldsymbol{B} \leqslant \boldsymbol{y}^{\mathrm{T}}\boldsymbol{y}/2 + \boldsymbol{B}^{\mathrm{T}}\boldsymbol{B}/2 \leqslant \boldsymbol{y}^{\mathrm{T}}\boldsymbol{y}/2 + \boldsymbol{M}^{\mathrm{T}}\boldsymbol{M}/2 \tag{5-23}$$

又有不等式关系

$$\boldsymbol{\xi}_{1e}^{\mathrm{T}}\boldsymbol{P}\boldsymbol{y} \leqslant \frac{\boldsymbol{\xi}_{1e}^{\mathrm{T}}\boldsymbol{P}\boldsymbol{\xi}_{1e}}{2} + \frac{\boldsymbol{y}^{\mathrm{T}}\boldsymbol{P}\boldsymbol{y}}{2} \tag{5-24}$$

将式（5－23）和式（5－24）代入式（5－22）可得

$$\begin{aligned}\dot{W}_1 &= \boldsymbol{\xi}_{1e}^{\mathrm{T}}\boldsymbol{P}\boldsymbol{\xi}_{2e} + \boldsymbol{\xi}_{1e}^{\mathrm{T}}\boldsymbol{P}\boldsymbol{y} - \boldsymbol{\xi}_{1e}^{\mathrm{T}}\boldsymbol{P}\boldsymbol{k}_1\boldsymbol{\xi}_{1e} - \frac{\boldsymbol{y}^{\mathrm{T}}y}{\boldsymbol{\varepsilon}} + \boldsymbol{y}^{\mathrm{T}}\boldsymbol{B} \\ &\leqslant \boldsymbol{\xi}_{1e}^{\mathrm{T}}\boldsymbol{P}\boldsymbol{\xi}_{2e} + 0.5\boldsymbol{\xi}_{1e}^{\mathrm{T}}\boldsymbol{P}\boldsymbol{\xi}_{1e} + 0.5\boldsymbol{y}^{\mathrm{T}}\boldsymbol{P}\boldsymbol{y} - \boldsymbol{\xi}_{1e}^{\mathrm{T}}\boldsymbol{P}\boldsymbol{k}_1\boldsymbol{\xi}_{1e} - \frac{\boldsymbol{y}^{\mathrm{T}}\boldsymbol{y}}{\boldsymbol{\varepsilon}} + 0.5\boldsymbol{y}^{\mathrm{T}}y + 0.5\boldsymbol{M}^{\mathrm{T}}\boldsymbol{M} \\ &= \boldsymbol{\xi}_{1e}^{\mathrm{T}}\boldsymbol{P}\boldsymbol{\xi}_{2e} + \boldsymbol{\xi}_{1e}^{\mathrm{T}}(0.5\boldsymbol{P} - \boldsymbol{P}\boldsymbol{k}_1)\boldsymbol{\xi}_{1e} + \boldsymbol{y}^{\mathrm{T}}\left(0.5\boldsymbol{P} + 0.5 - \frac{1}{\boldsymbol{\varepsilon}}\right)\boldsymbol{y} + \boldsymbol{M}^{\mathrm{T}}\boldsymbol{M}/2\end{aligned} \tag{5-25}$$

对 W_2 求导可得

$$\begin{aligned}\dot{W}_2 = {}& \boldsymbol{\xi}_{2e}^{\mathrm{T}}\boldsymbol{M}_0\dot{\boldsymbol{\xi}}_{2e} + \frac{1}{2}\boldsymbol{\xi}_{2e}^{\mathrm{T}}\dot{\boldsymbol{M}}_0\boldsymbol{\xi}_{2e} + \frac{1}{\boldsymbol{a}}\tilde{\boldsymbol{\lambda}}_L{}^{\mathrm{T}}\dot{\hat{\boldsymbol{\lambda}}}_L + \boldsymbol{\zeta}^{\mathrm{T}}\dot{\boldsymbol{\zeta}} \\ = {}& \boldsymbol{\xi}_{2e}^{\mathrm{T}}\left(-\boldsymbol{k}_2(\boldsymbol{\xi}_{2e} - \boldsymbol{\zeta}) - \boldsymbol{P}\boldsymbol{\xi}_{1e} - \boldsymbol{\rho}(\Delta\boldsymbol{M}_0, \Delta\boldsymbol{N}_0, \Delta\boldsymbol{G}) - \frac{\hat{\boldsymbol{\lambda}}_L \cdot \boldsymbol{\xi}_{2e}}{|\boldsymbol{\xi}_{2e}| + \boldsymbol{\varepsilon}_\lambda}\right) + \frac{1}{2}\boldsymbol{\xi}_{2e}^{\mathrm{T}}(\dot{\boldsymbol{M}}_0 - 2\boldsymbol{N}_0)\boldsymbol{\xi}_{2e} + \\ & \tilde{\boldsymbol{\lambda}}_L^{\mathrm{T}}\frac{\boldsymbol{\xi}_{2e} \cdot \boldsymbol{\xi}_{2e}}{|\boldsymbol{\xi}_{2e}| + \boldsymbol{\varepsilon}_\lambda} + \boldsymbol{\zeta}^{\mathrm{T}}\left(-\boldsymbol{K}_\xi\boldsymbol{\zeta} - \frac{|\boldsymbol{\xi}_{2e}^{\mathrm{T}}\Delta\boldsymbol{Q}_c| + 0.5\Delta\boldsymbol{Q}_c^{\mathrm{T}}\Delta\boldsymbol{Q}_c}{\|\boldsymbol{\zeta}\|^2}\boldsymbol{\zeta} + \Delta\boldsymbol{Q}_c\right)\end{aligned} \tag{5-26}$$

根据性质（3－14），有

$$\boldsymbol{\xi}_{2e}^{\mathrm{T}}(\dot{\boldsymbol{M}}_0 - 2\boldsymbol{N}_0)\boldsymbol{\xi}_{2e} = \boldsymbol{0} \tag{5-27}$$

因此，代入式（5－26）可得

$$\begin{aligned}\dot{W}_2 &= \boldsymbol{\xi}_{2e}^{\mathrm{T}}\left(-\boldsymbol{k}_2(\boldsymbol{\xi}_{2e} - \boldsymbol{\zeta}) - \boldsymbol{P}\boldsymbol{\xi}_{1e} - \boldsymbol{\rho}(\Delta\boldsymbol{M}_0, \Delta\boldsymbol{N}_0, \Delta\boldsymbol{G}) - \frac{\hat{\boldsymbol{\lambda}}_L \cdot \boldsymbol{\xi}_{2e}}{|\boldsymbol{\xi}_{2e}| + \boldsymbol{\varepsilon}_\lambda}\right) + \\ &\quad \tilde{\boldsymbol{\lambda}}_L^{\mathrm{T}}\frac{\boldsymbol{\xi}_{2e} \cdot \boldsymbol{\xi}_{2e}}{|\boldsymbol{\xi}_{2e}| + \boldsymbol{\varepsilon}_\lambda} + \boldsymbol{\zeta}^{\mathrm{T}}\left(-\boldsymbol{K}_\xi\boldsymbol{\zeta} - \frac{|\boldsymbol{\xi}_{2e}^{\mathrm{T}}\Delta\boldsymbol{Q}_c| + 0.5\Delta\boldsymbol{Q}_c^{\mathrm{T}}\Delta\boldsymbol{Q}_c}{\|\boldsymbol{\zeta}\|^2}\boldsymbol{\zeta} + \Delta\boldsymbol{Q}_c\right) \\ &= -\boldsymbol{\xi}_{2e}^{\mathrm{T}}\boldsymbol{k}_2(\boldsymbol{\xi}_{2e} - \boldsymbol{\zeta}) - \boldsymbol{\xi}_{2e}^{\mathrm{T}}\boldsymbol{P}\boldsymbol{\xi}_{1e} - \boldsymbol{\xi}_{2e}^{\mathrm{T}}\boldsymbol{\rho}(\Delta\boldsymbol{M}_0, \Delta\boldsymbol{N}_0, \Delta\boldsymbol{G}) - \\ &\quad \boldsymbol{\lambda}_L^{\mathrm{T}}\frac{\boldsymbol{\xi}_{2e} \cdot \boldsymbol{\xi}_{2e}}{|\boldsymbol{\xi}_{2e}| + \boldsymbol{\varepsilon}_\lambda} - \boldsymbol{\zeta}^{\mathrm{T}}\boldsymbol{K}_\xi\boldsymbol{\zeta} - \boldsymbol{\zeta}^{\mathrm{T}}\frac{|\boldsymbol{\xi}_{2e}^{\mathrm{T}}\Delta\boldsymbol{Q}_c| + 0.5\Delta\boldsymbol{Q}_c^{\mathrm{T}}\Delta\boldsymbol{Q}_c}{\|\boldsymbol{\zeta}\|^2}\boldsymbol{\zeta} + \boldsymbol{\zeta}^{\mathrm{T}}\Delta\boldsymbol{Q}_c \\ &\leqslant -\boldsymbol{\xi}_{2e}^{\mathrm{T}}\boldsymbol{k}_2\boldsymbol{\xi}_{2e} + \boldsymbol{\xi}_{2e}^{\mathrm{T}}\boldsymbol{k}_2\boldsymbol{\zeta} - \boldsymbol{\xi}_{2e}^{\mathrm{T}}\boldsymbol{P}\boldsymbol{\xi}_{1e} + |\boldsymbol{\xi}_{2e}|^{\mathrm{T}}|\boldsymbol{\rho}(\Delta\boldsymbol{M}_0, \Delta\boldsymbol{N}_0, \Delta\boldsymbol{G})| - \\ &\quad \boldsymbol{\lambda}_L^{\mathrm{T}}\frac{\boldsymbol{\xi}_{2e} \cdot \boldsymbol{\xi}_{2e}}{|\boldsymbol{\xi}_{2e}| + \boldsymbol{\varepsilon}_\lambda} - \boldsymbol{\zeta}^{\mathrm{T}}\boldsymbol{K}_\xi\boldsymbol{\zeta} - \boldsymbol{\zeta}^{\mathrm{T}}\frac{|\boldsymbol{\xi}_{2e}^{\mathrm{T}}\Delta\boldsymbol{Q}_c| + 0.5\Delta\boldsymbol{Q}_c^{\mathrm{T}}\Delta\boldsymbol{Q}_c}{\|\boldsymbol{\zeta}\|^2}\boldsymbol{\zeta} + \boldsymbol{\zeta}^{\mathrm{T}}\Delta\boldsymbol{Q}_c \\ &\leqslant -\boldsymbol{\xi}_{2e}^{\mathrm{T}}\boldsymbol{k}_2\boldsymbol{\xi}_{2e} + 0.5\boldsymbol{\xi}_{2e}^{\mathrm{T}}\boldsymbol{k}_2\boldsymbol{\xi}_{2e} + 0.5\boldsymbol{\zeta}^{\mathrm{T}}\boldsymbol{k}_2\boldsymbol{\zeta} - \boldsymbol{\xi}_{2e}^{\mathrm{T}}P\boldsymbol{\xi}_{1e} + |\boldsymbol{\xi}_{2e}|^{\mathrm{T}}\boldsymbol{\lambda}_L - \\ &\quad \boldsymbol{\lambda}_L^{\mathrm{T}}\frac{\boldsymbol{\xi}_{2e} \cdot \boldsymbol{\xi}_{2e}}{|\boldsymbol{\xi}_{2e}| + \boldsymbol{\varepsilon}_\lambda} - \boldsymbol{\zeta}^{\mathrm{T}}\boldsymbol{K}_\xi\boldsymbol{\zeta} - |\boldsymbol{\xi}_{2e}^{\mathrm{T}}\Delta\boldsymbol{Q}_c| - 0.5\Delta\boldsymbol{Q}_c^{\mathrm{T}}\Delta\boldsymbol{Q}_c + 0.5\boldsymbol{\zeta}^{\mathrm{T}}\boldsymbol{\zeta} + 0.5\Delta\boldsymbol{Q}_c^{\mathrm{T}}\Delta\boldsymbol{Q}_c \\ &\leqslant -\boldsymbol{\xi}_{2e}^{\mathrm{T}}\boldsymbol{P}\boldsymbol{\xi}_{1e} - 0.5\boldsymbol{\xi}_{2e}^{\mathrm{T}}\boldsymbol{k}_2\boldsymbol{\xi}_{2e} + \boldsymbol{\zeta}^{\mathrm{T}}(0.5\boldsymbol{k}_2 + 0.5 - \boldsymbol{K}_\xi)\boldsymbol{\zeta} + |\boldsymbol{\xi}_{2e}|^{\mathrm{T}}\boldsymbol{\lambda}_L - \\ &\quad \boldsymbol{\lambda}_L^{\mathrm{T}}\frac{\boldsymbol{\xi}_{2e} \cdot \boldsymbol{\xi}_{2e}}{|\boldsymbol{\xi}_{2e}| + \varepsilon_\lambda} - |\boldsymbol{\xi}_{2e}^{\mathrm{T}}\Delta\boldsymbol{Q}_c|\end{aligned} \tag{5-28}$$

合并 $\dot{W}_1$ 和 $\dot{W}_2$，可以得到

$$\begin{aligned}
\dot{W} &= \dot{W}_1 + \dot{W}_2 \\
&\leqslant \boldsymbol{\xi}_{1e}^{T} P \boldsymbol{\xi}_{2e} + \boldsymbol{\xi}_{1e}^{T}(0.5\boldsymbol{P} - \boldsymbol{P}\boldsymbol{k}_1)\boldsymbol{\xi}_{1e} + \boldsymbol{y}^{T}\left(0.5\boldsymbol{P} + 0.5 - \frac{1}{\varepsilon}\right)\boldsymbol{y} + \boldsymbol{M}^{T}\boldsymbol{M}/2 - \boldsymbol{\xi}_{2e}^{T}\boldsymbol{P}\boldsymbol{\xi}_{1e} - \\
&\quad 0.5\boldsymbol{\xi}_{2e}^{T}\boldsymbol{k}_2\boldsymbol{\xi}_{2e} + \boldsymbol{\zeta}^{T}(0.5\boldsymbol{k}_2 + 0.5 - \boldsymbol{K}_{\xi})\boldsymbol{\zeta} + |\boldsymbol{\xi}_{2e}|^{T}\boldsymbol{\lambda}_L - \boldsymbol{\lambda}_L^{T}\frac{\boldsymbol{\xi}_{2e}\cdot\boldsymbol{\xi}_{2e}}{|\boldsymbol{\xi}_{2e}| + \boldsymbol{\varepsilon}_{\lambda}} - |\boldsymbol{\xi}_{2e}^{T}\Delta\boldsymbol{Q}_c| \\
&= -\boldsymbol{\xi}_{1e}^{T}(\boldsymbol{P}\boldsymbol{k}_1 - 0.5\boldsymbol{P})\boldsymbol{\xi}_{1e} - 0.5\boldsymbol{\xi}_{2e}^{T}\boldsymbol{k}_2\boldsymbol{\xi}_{2e} - |\boldsymbol{\xi}_{2e}^{T}\Delta\boldsymbol{Q}_c| - \boldsymbol{y}^{T}\left(\frac{1}{\boldsymbol{\varepsilon}} - 0.5\boldsymbol{P} - 0.5\right)\boldsymbol{y} \\
&\quad - \boldsymbol{\zeta}^{T}(\boldsymbol{K}_{\xi} - 0.5\boldsymbol{k}_2 - 0.5)\boldsymbol{\zeta} + \boldsymbol{M}^{T}\boldsymbol{M}/2 + \boldsymbol{\lambda}_L^{T}\left(|\boldsymbol{\xi}_{2e}| - \frac{\boldsymbol{\xi}_{2e}\cdot\boldsymbol{\xi}_{2e}}{|\boldsymbol{\xi}_{2e}| + \boldsymbol{\varepsilon}_{\lambda}}\right)
\end{aligned} \tag{5-29}$$

当 $\boldsymbol{P}\boldsymbol{k}_1 - 0.5\boldsymbol{P}$，$\dfrac{1}{\boldsymbol{\varepsilon}} - 0.5\boldsymbol{P} - 0.5$，$\boldsymbol{K}_{\xi} - 0.5\boldsymbol{k}_2 - 0.5$ 为正定矩阵时，根据 Lassalle - Yoshizawa 定理，系统是有界稳定的。

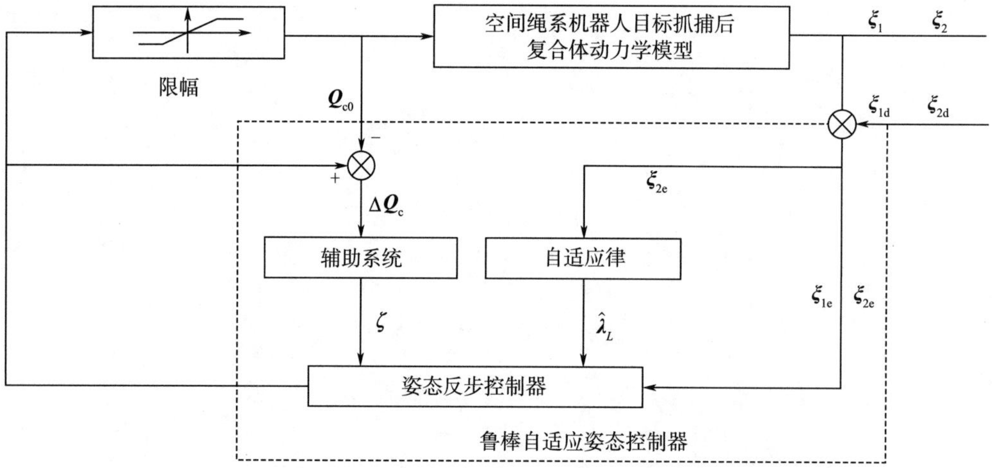

图 5 - 2　系绳张力/推力器协调控制器框图

5.1.3　仿真分析

空间平台星运行在圆轨道上，轨道角速度为 0.001 033 rad/s。忽略平台星和绳系机器人的面外运动，假设空间绳系机器人目标抓捕后复合体名义质量为 400 kg，实际质量为 525 kg，名义转动惯量 $\boldsymbol{I}_z$ 为 45 kg · m^2，实际转动惯量为 35 kg · m^2。空间系绳与组合体的连接点在其本体坐标系下的名义位置为（−1.5，0.3）m 处，实际位置为（−1，0）m。空间绳系机器人目标抓捕后组合体初始时刻位于空间平台星前方，其中，初始系绳长度 l 为 201 m，期望系绳长度为 200 m，初始系绳速度 $\dot{l}$ 为 0.08 m/s，期望系绳速度0 m/s；初始面内角 α 为 1.605 6 rad，即 92°，期望面内角为 90°，初始面内角速度为 0.5 (°)/s，期望面内角速度为 0 (°)/s；初始姿态角 ψ 为 1.919 8 rad，即 110°，期望姿态角为 90°，初始姿态角速度为 5 (°)/s，期望姿态角速度为 0 (°)/s。

设计控制器参数为

$$\boldsymbol{K}_{\zeta}=\begin{pmatrix}10&0&0\\0&10&0\\0&0&10\end{pmatrix},\boldsymbol{k}_{2}=\begin{pmatrix}0.6&0&0\\0&22.5&0\\0&0&5\end{pmatrix},\boldsymbol{P}=\begin{pmatrix}2&0&0\\0&15&0\\0&0&4\end{pmatrix},\hat{\boldsymbol{\lambda}}_{L0}=\begin{pmatrix}0.001\\0.001\\0.001\end{pmatrix},\boldsymbol{\zeta}=\begin{pmatrix}0\\0\\0\end{pmatrix},$$

$$\boldsymbol{Q}_{1\max}=0.05,\boldsymbol{Q}_{2\max}=0.1,\boldsymbol{Q}_{3\max}=0.1,a=1,\varepsilon=1$$

为体现本节算法的优越性，在本节仿真中，同时仿真了无鲁棒自适应项和辅助变量项的反步控制器作为对比。具体的仿真结果如图 5-3～图 5-16 所示。

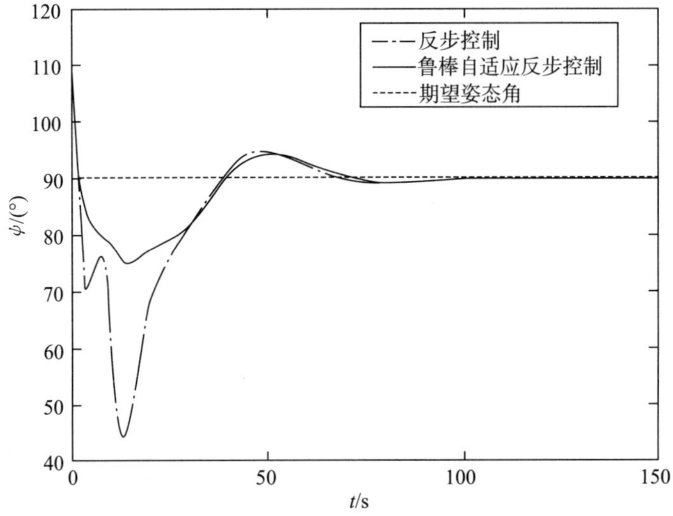

图 5-3　空间绳系机器人/目标星组合体姿态角曲线

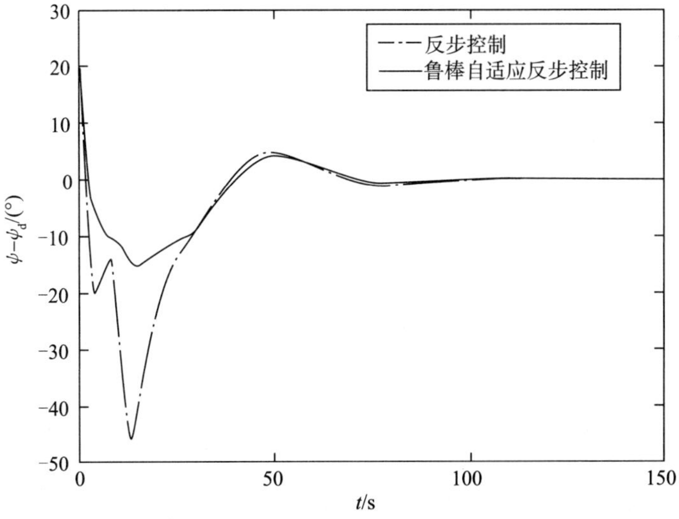

图 5-4　空间绳系机器人/目标星组合体姿态角误差曲线

图 5-3 为空间绳系机器人/目标星组合体姿态角 ψ 的曲线图，图 5-4 为组合体姿态角误差曲线。由仿真对比结果可以看出，利用反步控制器和本节设计的鲁棒自适应反步控制器，姿态角 ψ 均能控制收敛到期望值 90°，且收敛时间基本一致，大概为 90s；利用反步控制器，ψ 最大为 110°，最小为 44°，超调量为−46°，而利用鲁棒自适应反步控制器，ψ 最大为 110°，最小为 74.8°，超调量为 15.2°，超调量比前者小。图 5-5 为空间绳系机器人/目标星组合体姿态角速度曲线，可以看出，利用反步控制器的姿态角速度有较大的振荡，与之对应的是姿态角 ψ 出现了明显的振荡；与之相比，本节设计的鲁棒自适应反步控制器的角速度变化曲线更加的平稳。

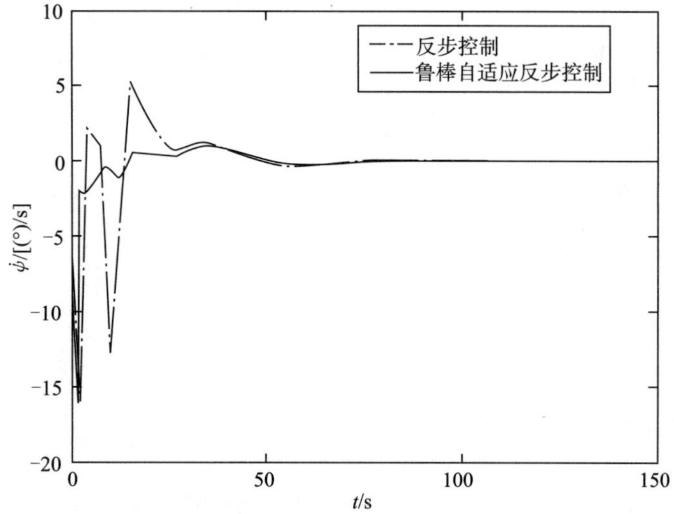

图 5-5　空间绳系机器人/目标星组合体姿态角速度曲线

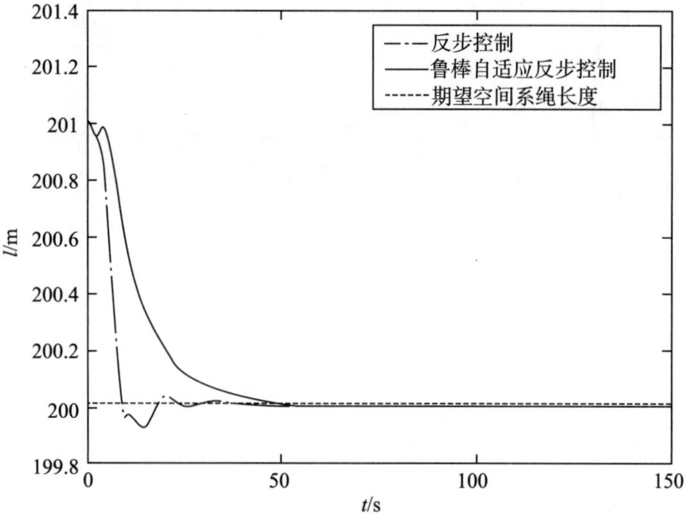

图 5-6　空间系绳长度控制曲线

图 5-6 为空间系绳长度控制曲线，图 5-7 为相应的空间系绳长度控制误差曲线。由仿真结果可以看出，利用反步控制器和鲁棒自适应反步控制器，系绳长度 l 均能控制收敛到期望值 200 m，前者收敛时间大约为 45 s，后者的收敛时间大概为 50 s，比前者多了 5 s；但从仿真曲线可以看出，利用反步控制器，系绳长度变化曲线在控制过程中，尽管以较快的速度收敛到 200 m 附近，但是振荡较严重，未能较快地收敛稳定在 200 m；相反，利用本节设计的鲁棒自适应反步控制器，整个控制过程中，系绳长度变化曲线比较平稳。图 5-8 为空间系绳速度控制曲线，同样可以看出，利用反步控制器，速度控制过程中波动较剧烈，最大速度达到－0.22 m/s，而利用鲁棒自适应反步控制器，控制过程较平稳，最大速度为－0.095 m/s。

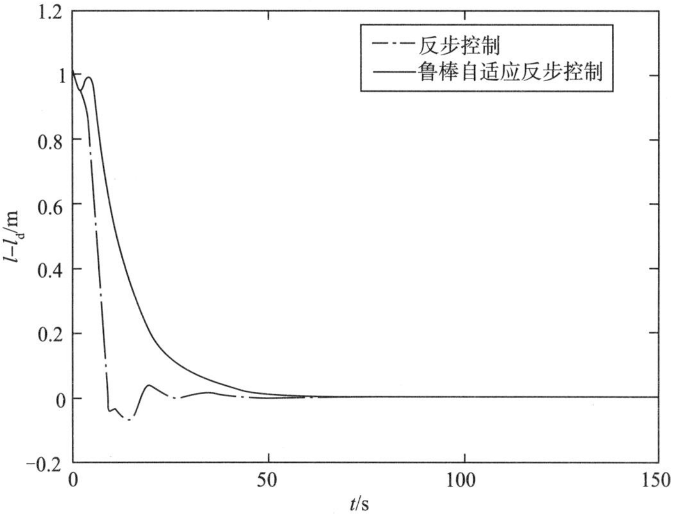

图 5-7　空间系绳长度控制误差曲线

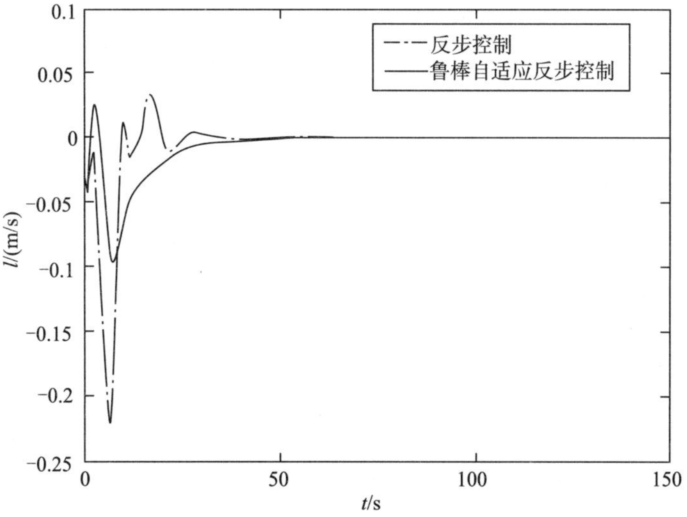

图 5-8　空间系绳速度控制曲线

图 5-9 为空间系绳面内角控制曲线，图 5-10 为空间系绳面内角控制误差曲线。可以看出，利用反步控制器和鲁棒自适应反步控制器，面内角均能收敛到 90°，收敛时间基本一致，大概为 110 s；控制过程中鲁棒自适应反步控制器的超调量较反步控制器略大，整个过程中的控制效果相差不大。图 5-11 为空间系绳面内角速度控制曲线，两者的速度控制曲线基本一致，控制效果相差不大。

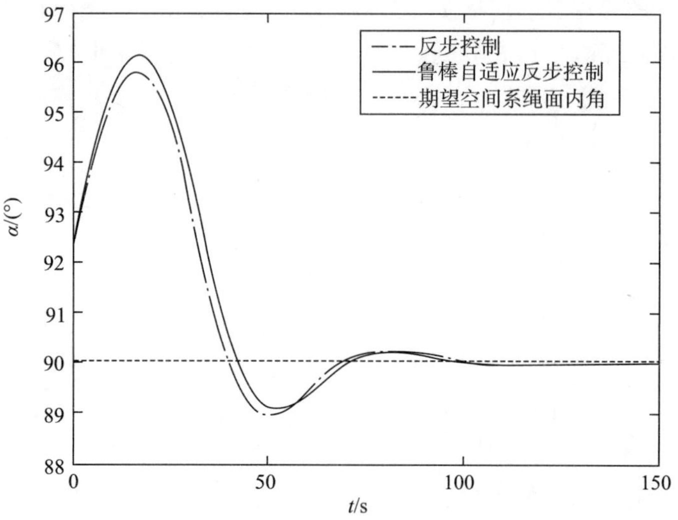

图 5-9　空间系绳面内角控制曲线

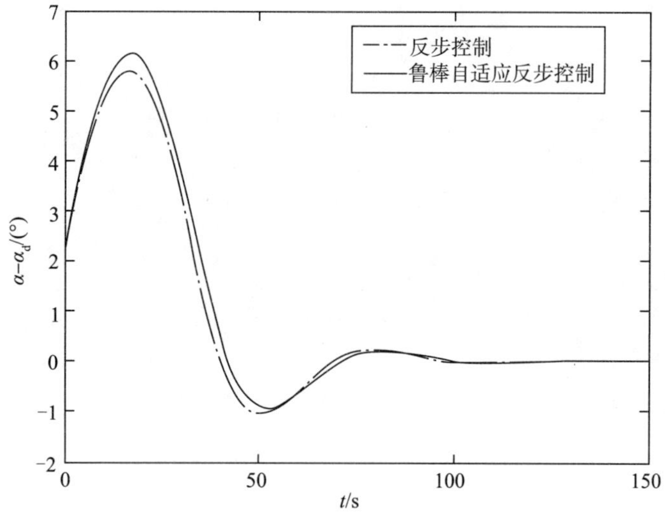

图 5-10　空间系绳面内角控制误差曲线

从以上仿真结果可以看出，鲁棒自适应反步控制器可以有效补偿组合体系统的参数误差对控制系统带来的影响，和反步控制器相比，在整个控制过程中，鲁棒自适应反步控制器超调量更小，并且状态变量的变化更加平稳，控制效果更好。

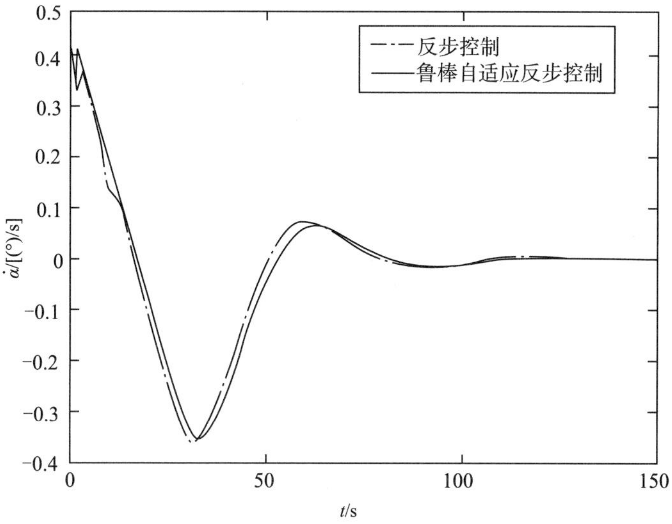

图 5－11　空间系绳面内角速度控制曲线

图 5－12 为控制输入 $\boldsymbol{Q}$ 的变化曲线，图 5－13 为相应的输入饱和 $\Delta\boldsymbol{Q}$ 的变化曲线，由仿真可以看出，加入辅助系统 ζ 的鲁棒自适应反步控制器，控制输入饱和 $\Delta\boldsymbol{Q}$ 在整个控制过程中，明显小于未加入辅助系统的反步控制器，说明加入辅助系统 ζ 可以有效地降低饱和程度，提升系统的性能。图 5－14 为系绳拉力曲线，鲁棒自适应反步控制器的拉力要小于反步控制器的拉力。

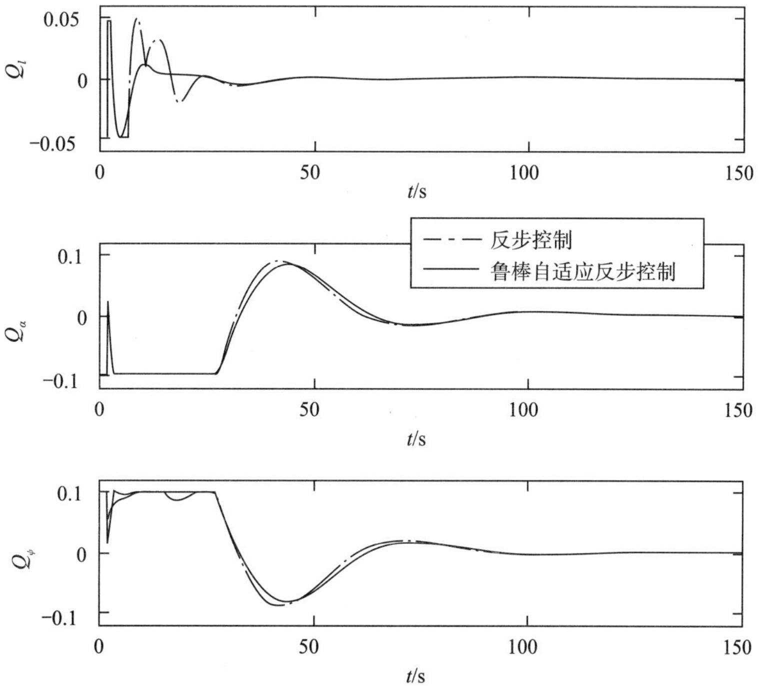

图 5－12　控制输入变化曲线

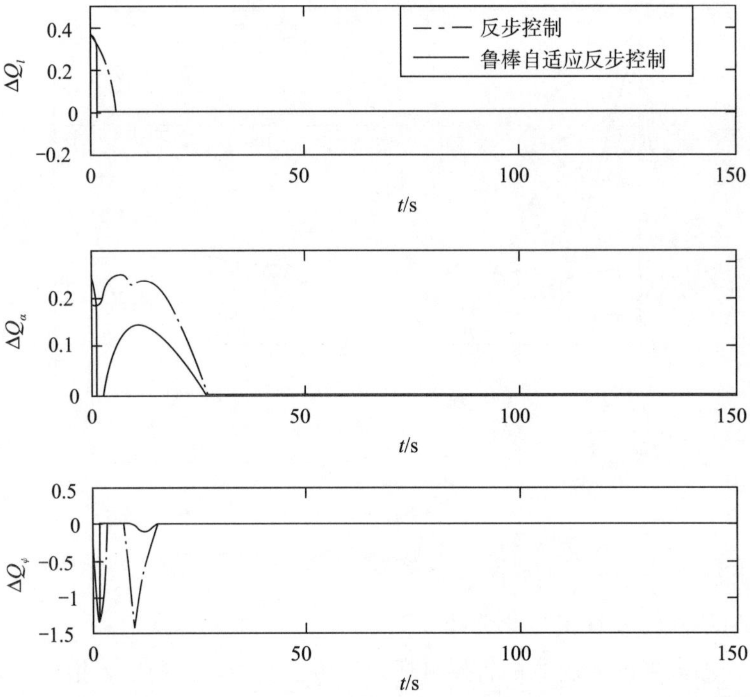

图 5 - 13　控制输入饱和曲线

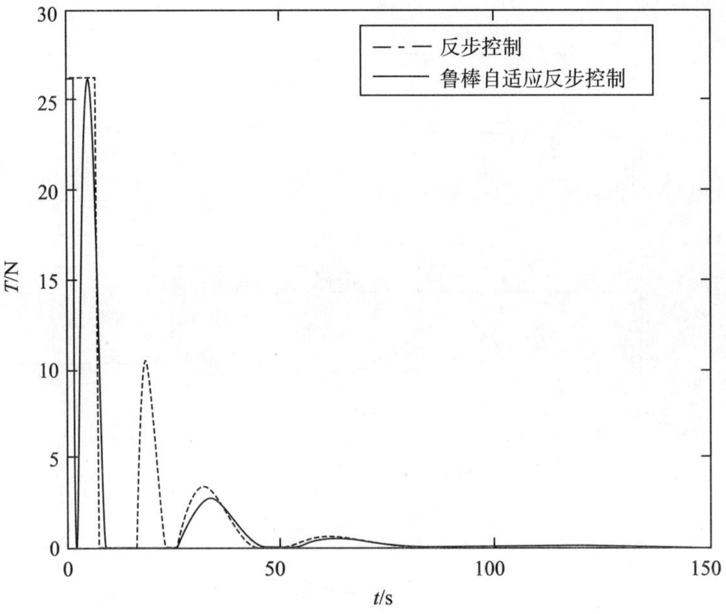

图 5 - 14　系绳拉力曲线

图 5 - 15 为辅助系统变量 $\boldsymbol{\zeta}$ 的变化曲线。图 5 - 16 为复合体参数误差带来的模型误差上限 $\boldsymbol{\lambda}$ 的估计曲线，可以看出，最终 $\boldsymbol{\lambda}$ 收敛在（0.051，0.001，0.076）处。

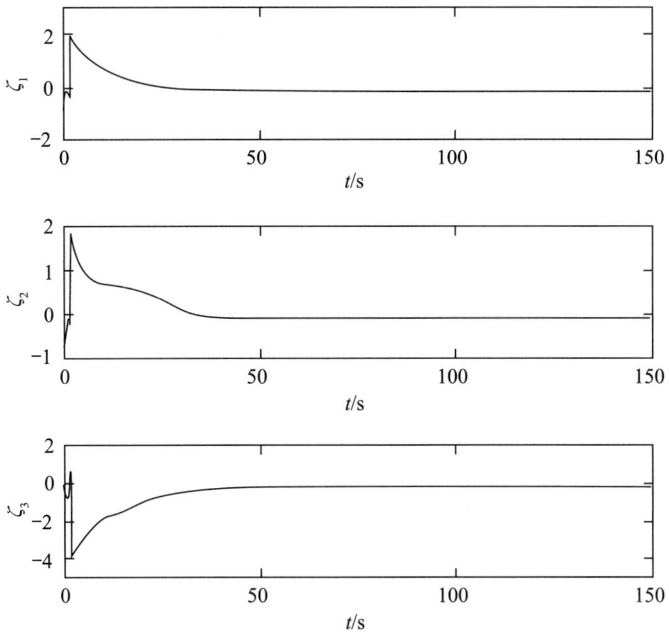

图 5 - 15　辅助系统变量变化曲线

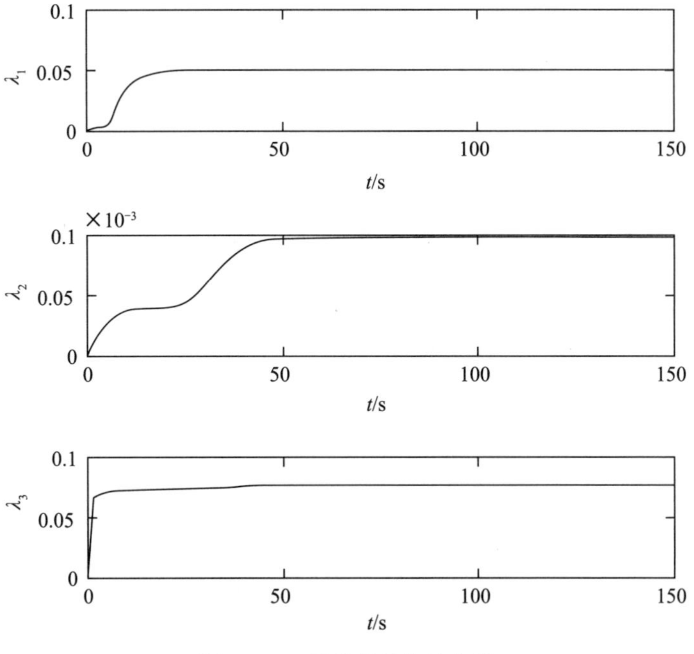

图 5 - 16　不确定性估计曲线

通过上述分析，可以看出：本节设计的基于反步法的组合体鲁棒自适应控制器可以有效补偿参数误差带来的影响，系统状态超调量更小，控制过程更加平稳；此外，辅助系统的引入可以有效降低输入饱和程度，提升系统的控制性能。系绳张力的应用也可以减少推进剂消耗。

5.2 系绳机械臂机构/推力器协调稳定控制

上节在假设系绳张力可精确跟踪其期望指令的前提下，设计了利用系绳张力和推力器的协调控制器。但由于系绳张力的特点，导致张力的精确跟踪十分困难。另外，上文的控制中仅在广义力 Q_l 中利用系绳张力，实际上，系绳张力也可以用于抓捕器/目标星组合体的姿态稳定控制中。为了降低系绳张力控制难度，本节采用系绳的定张力保持。同时，为了产生需要的姿态控制力矩，需要改变系绳张力的力臂，即改变系绳连接点位置。具体的执行装置可采用摆动系绳连接杆机构、多系绳牵拉机构、多自由度机械臂等。其中多自由度机械臂由于其特点鲜明，相对成熟度高，是目前较为成熟的一种执行装置。本节在抓捕器端加入小型的多自由度机械臂，增加目标抓捕的灵活性，并在抓捕后可改变系绳张力臂，进而实现系绳、推力器的协调的组合体稳定控制。

5.2.1 系绳/机械臂/目标星组合体动力学建模

包含多自由度机械臂的空间绳系机器人抓捕器在完成目标抓捕后，形成的组成体系统如图 5-17 所示[218]。为简化问题，引入如下假设：

1）目标与抓捕器间为刚性连接，在协调控制期间无相对运动；

2）空间绳系机器人的系绳长度仅数百米，且在本节协调控制时需要保持一定张力，其弹性、质量均可忽略；

3）假设空间平台星可以利用自身姿轨控制机构克服系绳张力影响，忽略系绳张力对空间平台星的影响。

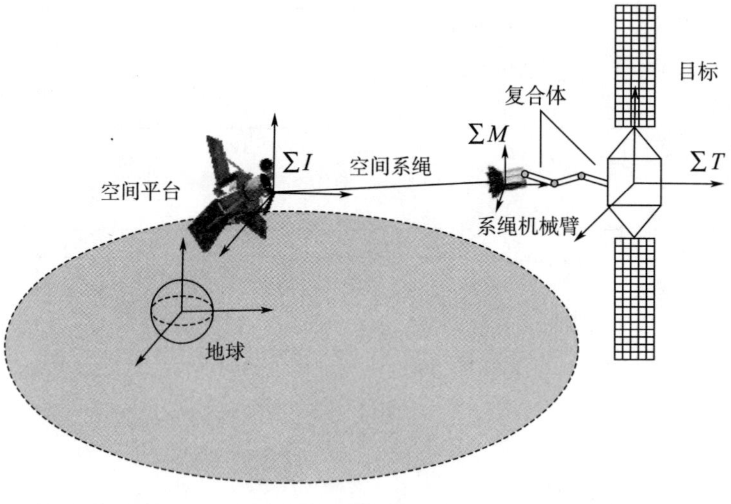

图 5-17　空间绳系机器人抓捕后组合体示意

针对上述假设，在建模之前，引入平台惯性坐标系 $\sum I$ 、目标本体坐标系 $\sum T$ 、抓捕器本体坐标系 $\sum M$ 。其中，平台惯性坐标系 $\sum I$ 的原点位于空间平台星的质心，

其 x 轴位于轨道平面内，且指向当地水平方向，y 轴指向轨道平面的法线方向，z 轴沿坐标系原点指向地心。目标本体坐标系 $\sum T$ 的原点位于目标星质心。抓捕器本体坐标系 $\sum M$ 的原点位于抓捕器的质心。

设 $\dot{\boldsymbol{x}}_0=[\boldsymbol{v}_0\quad \boldsymbol{\omega}_0]^{\mathrm{T}}\in \mathbf{R}^{6\times 1}$ 表示目标星在平台惯性系中的线速度和角速度，$\dot{\boldsymbol{\Theta}}=\begin{bmatrix}\dot{\theta}_1 & \dot{\theta}_2 & \cdots & \dot{\theta}_n\end{bmatrix}^{\mathrm{T}}\in \mathbf{R}^{n\times 1}$ 表示机械臂各关节运动速度。参考空间机器人动力学建模过程，建立组合体系统的动力学模型

$$\begin{bmatrix}\boldsymbol{H}_{\mathrm{b}} & \boldsymbol{H}_{\mathrm{bc}}\\ \boldsymbol{H}_{\mathrm{bc}}^{\mathrm{T}} & \boldsymbol{H}_{\mathrm{c}}\end{bmatrix}\begin{bmatrix}\ddot{\boldsymbol{x}}_0\\ \ddot{\boldsymbol{\Theta}}\end{bmatrix}+\begin{bmatrix}\boldsymbol{c}_{\mathrm{b}}\\ \boldsymbol{c}_{\mathrm{c}}\end{bmatrix}=\begin{bmatrix}\boldsymbol{F}_{\mathrm{b}}\\ \boldsymbol{\tau}_{\mathrm{c}}\end{bmatrix}+\begin{bmatrix}\boldsymbol{J}_{\mathrm{b}}^{\mathrm{T}}\\ \boldsymbol{J}_{\mathrm{c}}^{\mathrm{T}}\end{bmatrix}\boldsymbol{F}_{\mathrm{e}} \tag{5-30}$$

式中，$\boldsymbol{H}_{\mathrm{b}}\in \mathbf{R}^{6\times 6}$ 表示目标的惯量矩阵

$$\boldsymbol{H}_{\mathrm{b}}=\begin{bmatrix}M\boldsymbol{E} & M\boldsymbol{r}_{0\mathrm{g}}^{\times\ \mathrm{T}}\\ M\boldsymbol{r}_{0\mathrm{g}}^{\times} & \boldsymbol{H}_{\mathrm{w}}\end{bmatrix}\in \mathbf{R}^{6\times 6}$$

其中，M 表示整个组合体系统的质量，$m_i(i=1,2,\cdots,n)$ 表示机械臂各臂杆的质量，$\boldsymbol{I}_0$ 表示目标的惯量矩阵，$\boldsymbol{I}_i(i=1,2,\cdots,n)$ 表示机械臂各臂杆惯量矩阵，$\boldsymbol{H}_{\mathrm{w}}=\sum_{i=1}^{n}(\boldsymbol{I}_i+m_i\boldsymbol{r}_{0i}^{\times\ \mathrm{T}}\boldsymbol{r}_{0i}^{\times})+\boldsymbol{I}_0$，$\boldsymbol{r}_{0\mathrm{g}}=\boldsymbol{r}_{\mathrm{g}}-\boldsymbol{r}_0$，$\boldsymbol{r}_{0i}=\boldsymbol{r}_i-\boldsymbol{r}_0$。

$$\boldsymbol{H}_{\mathrm{bc}}=\begin{bmatrix}\sum_{i=1}^{n}m_i\boldsymbol{J}_{Ti}\\ \sum_{i=1}^{n}(\boldsymbol{I}_i\boldsymbol{J}_{Ri}+m_i\boldsymbol{r}_{0i}^{\times}\boldsymbol{J}_{Ti})\end{bmatrix}\in \mathbf{R}^{6\times n}$$ 表示目标和机械臂之间的耦合惯量矩阵。

$\boldsymbol{H}_{\mathrm{c}}=\sum_{i=1}^{n}(\boldsymbol{J}_{Ri}^{\mathrm{T}}\boldsymbol{I}_i\boldsymbol{J}_{Ri}+m_i\boldsymbol{J}_{Ti}^{\mathrm{T}}\boldsymbol{J}_{Ti})\in \mathbf{R}^{n\times n}$ 表示机械臂的惯量矩阵，其中 $\boldsymbol{J}_{Ri}=[\boldsymbol{\kappa}_1\quad\cdots\quad\boldsymbol{\kappa}_n]\in \mathbf{R}^{3\times n}$，$\boldsymbol{J}_{Ti}=[\boldsymbol{\kappa}_1\times(\boldsymbol{r}_i-\boldsymbol{p}_1)\quad\cdots\quad\boldsymbol{\kappa}_n\times(\boldsymbol{r}_i-\boldsymbol{p}_n)]\in \mathbf{R}^{3\times n}$

$\boldsymbol{c}_{\mathrm{b}}\in \mathbf{R}^{6\times 1}$ 与 $\boldsymbol{c}_{\mathrm{c}}\in \mathbf{R}^{n\times 1}$ 表示模型的非线性项。

$\boldsymbol{F}_{\mathrm{b}}=\begin{bmatrix}\boldsymbol{f}_{\mathrm{b}}\\ \boldsymbol{\tau}_{\mathrm{b}}\end{bmatrix}\in \mathbf{R}^{6\times 1}$ 为作用在目标星的外力/外力矩。由于目标无主动控制，$\boldsymbol{F}_{\mathrm{b}}$ 为零矩阵。

$\boldsymbol{F}_{\mathrm{e}}=\begin{bmatrix}\boldsymbol{f}_{\mathrm{e}}\\ \boldsymbol{\tau}_{\mathrm{e}}\end{bmatrix}\in \mathbf{R}^{6\times 1}$ 表示作用于抓捕器的外力/外力矩；$\boldsymbol{\tau}_{\mathrm{c}}\in \mathbf{R}^{n\times 1}$ 表示机械臂的关节力矩；$\boldsymbol{\tau}_{\mathrm{e}}$ 表示抓捕器自身控制力矩；$\boldsymbol{f}_{\mathrm{e}}=\boldsymbol{f}_{\mathrm{thruster}}+\boldsymbol{f}_{\mathrm{tether}}$，$\boldsymbol{f}_{\mathrm{thruster}}$ 表示推力器推力，$\boldsymbol{f}_{\mathrm{tether}}$ 表示系绳拉力。

$$\boldsymbol{f}_{\mathrm{tether}}=-T\frac{\boldsymbol{p}_{\mathrm{e}}+\boldsymbol{d}}{|\boldsymbol{p}_{\mathrm{e}}+\boldsymbol{d}|}$$

其中，T 表示系绳张力，$\boldsymbol{p}_{\mathrm{e}}$ 是抓捕器质心位置在 $\sum I$ 坐标系下的表示，$\boldsymbol{d}$ 表示系绳连接点到抓捕器质心的偏置矢量。

在建立组合体动力学模型的基础上，建立最为重要的抓捕器/目标星组合体的姿态运动学模型。采用修正罗德里格参数表示的组合体运动学为

$$\dot{\boldsymbol{\sigma}} = \boldsymbol{G}(\boldsymbol{\sigma})\boldsymbol{\omega}_0 \tag{5-31}$$

其中，$\boldsymbol{\sigma} = [\sigma_1 \quad \sigma_2 \quad \sigma_3]^{\mathrm{T}} \in \mathbf{R}^3$，$\boldsymbol{G}(\boldsymbol{\sigma})$ 定义为

$$\boldsymbol{G}(\boldsymbol{\sigma}) = \frac{1}{4}[(1-\boldsymbol{\sigma}^{\mathrm{T}}\boldsymbol{\sigma})\boldsymbol{I} + 2\boldsymbol{\sigma}^{\times} + 2\boldsymbol{\sigma}\boldsymbol{\sigma}^{\mathrm{T}}] \tag{5-32}$$

其中，$\boldsymbol{I}$ 为 3×3 的单位矩阵。

从平台坐标系 $\sum I$ 到目标本体坐标系 $\sum T$ 的旋转矩阵为

$$\boldsymbol{R} = \boldsymbol{I}_3 - \frac{4(1-\boldsymbol{\sigma}^2)}{(1+\boldsymbol{\sigma}^2)^2}[\boldsymbol{\sigma}^{\times}] + \frac{8}{(1+\boldsymbol{\sigma}^2)^2}[\boldsymbol{\sigma}^{\times}]^2 \tag{5-33}$$

为了便于描述，从 $\sum I$ 到 $\sum T$ 的相对姿态角由欧拉角定义，其中滚转角为 ϕ，俯仰角为 θ，偏航角为 ψ，旋转顺序为 1—2—3 的欧拉转序。旋转矩阵 $\boldsymbol{R}$ 能由 ϕ，θ 和 ψ 表示为

$$\boldsymbol{R} = \begin{bmatrix} \cos\psi\cos\theta & \cos\psi\sin\theta\sin\phi + \sin\psi\cos\phi & -\cos\psi\sin\theta\cos\phi + \sin\psi\sin\phi \\ -\sin\psi\cos\theta & -\sin\psi\sin\theta\sin\phi + \cos\psi\cos\phi & \sin\psi\sin\theta\cos\phi + \cos\psi\sin\phi \\ \sin\theta & -\cos\theta\sin\phi & \cos\theta\cos\phi \end{bmatrix} \tag{5-34}$$

则欧拉角 ϕ，θ 和 ψ 为

$$\begin{cases} \theta = \arcsin[\boldsymbol{R}(3,1)] \\ \phi = \arctan\left[-\dfrac{\boldsymbol{R}(3,2)}{\boldsymbol{R}(3,3)}\right] \\ \psi = \arctan\left[-\dfrac{\boldsymbol{R}(2,1)}{\boldsymbol{R}(1,1)}\right] \end{cases} \tag{5-35}$$

5.2.2 机械臂/推力器协调控制器

在完成对目标的抓捕后，空间绳系机器人和目标星形成组合体系统，其控制力/力矩仅能由空间绳系机器人提供。若仅利用其推力进行辅助稳定，推进剂消耗较大。考虑到系绳能够提供可观的控制力矩，本节重点考虑利用系绳张力矩与推力矩的协调姿态控制问题。由于组合体姿态不稳定可能造成系绳缠绕等极度恶劣情况，相对于位置控制更加急迫，因此，本节研究中，着重研究组合体的姿态稳定控制问题。本节仍然采用控制器和力矩分配分离设计的方式。首先以姿态控制力矩为伪控制量设计组合体姿态控制器，考虑到系绳张力矩的特点，将俯仰、偏航两个通道的控制力矩由系绳张力矩实现，滚转方向的控制力矩由推力器实现。

5.2.2.1 组合体姿态控制器设计

重写目标星的动力学方程为

$$\boldsymbol{H}_{\mathrm{b}}\ddot{\boldsymbol{x}}_0 + \boldsymbol{H}_{\mathrm{bc}}\ddot{\boldsymbol{\Theta}} + \boldsymbol{c}_{\mathrm{b}} = \boldsymbol{F}_{\mathrm{b}} + \boldsymbol{J}_{\mathrm{b}}^{\mathrm{T}}\boldsymbol{F}_{\mathrm{e}} \tag{5-36}$$

其中，$\boldsymbol{H}_{\mathrm{b}} = \begin{bmatrix} \boldsymbol{H}_{\mathrm{b}\nu} & \boldsymbol{H}_{\mathrm{b}\nu\omega} \\ \boldsymbol{H}_{\mathrm{b}\omega\nu} & \boldsymbol{H}_{\mathrm{b}\omega} \end{bmatrix}$，$\boldsymbol{c}_{\mathrm{b}} = \begin{bmatrix} \boldsymbol{c}_{\mathrm{b1}} \\ \boldsymbol{c}_{\mathrm{b2}} \end{bmatrix}$，$\boldsymbol{J}_{\mathrm{b}} = \begin{bmatrix} \boldsymbol{E} & -\boldsymbol{p}_{0\mathrm{e}}^{\times} \\ \boldsymbol{O} & \boldsymbol{E} \end{bmatrix}$，$\boldsymbol{F}_{\mathrm{e}} = \begin{bmatrix} \boldsymbol{f}_{\mathrm{e}} \\ \boldsymbol{\tau}_{\mathrm{e}} \end{bmatrix}$。

对于失效的卫星或空间碎片，无主动控制力/力矩，$\boldsymbol{F}_{\mathrm{b}}$ 为零。

目标星的姿态动力学模型可表示为

$$\boldsymbol{H}_{b\omega}\dot{\boldsymbol{\omega}}_0=\boldsymbol{\tau}_e-\boldsymbol{p}_{0e}^{\times}\boldsymbol{f}_e-\boldsymbol{H}_{b\omega v}\dot{\boldsymbol{v}}_0-\boldsymbol{H}_{bc2}\ddot{\boldsymbol{\Theta}}-\boldsymbol{c}_{b2} \tag{5-37}$$

重写式（5-37）为

$$\boldsymbol{H}_{b\omega}\dot{\boldsymbol{\omega}}_0=\boldsymbol{u}+\boldsymbol{u}_d \tag{5-38}$$

其中，控制器输入 $\boldsymbol{u}=\boldsymbol{\tau}_e-\boldsymbol{p}_{0e}^{\times}\boldsymbol{f}_e$，是系绳张力 $\boldsymbol{f}_e$ 和推力器控制力矩 $\boldsymbol{\tau}_e$ 的函数；$\boldsymbol{u}_d=-\boldsymbol{H}_{b\omega v}\dot{\boldsymbol{v}}_0-\boldsymbol{H}_{bc2}\ddot{\boldsymbol{\Theta}}-\boldsymbol{c}_{b2}$ 是干扰力矩，$-\boldsymbol{H}_{bc2}\ddot{\boldsymbol{\Theta}}$ 是机械臂对基座的反作用力项。

定义表示姿态偏差的修正罗德里格参数 $\boldsymbol{\sigma}_e$ 和本体系的姿态角速度偏差 $\boldsymbol{\omega}_e$ 为

$$\begin{cases}\boldsymbol{\sigma}_e=\boldsymbol{\sigma}\otimes\boldsymbol{\sigma}_d^{-1}\\ \boldsymbol{\omega}_e=\boldsymbol{\omega}_0-\boldsymbol{\omega}_{0d}\end{cases} \tag{5-39}$$

其中，$\boldsymbol{\omega}_{0d}$ 表示在目标本体系下的期望角速度，$\boldsymbol{\sigma}_d$ 表示期望姿态。乘子 $\otimes$ 定义为

$$\boldsymbol{\sigma}_1\otimes\boldsymbol{\sigma}_2^{-1}=\frac{(1-\boldsymbol{\sigma}_2^{\mathrm{T}}\boldsymbol{\sigma}_2)\boldsymbol{\sigma}+(\boldsymbol{\sigma}_1^{\mathrm{T}}\boldsymbol{\sigma}_1-1)\boldsymbol{\sigma}_2-2\boldsymbol{\sigma}_2\times\boldsymbol{\sigma}_1}{1+(\boldsymbol{\sigma}_2^{\mathrm{T}}\boldsymbol{\sigma}_2)(\boldsymbol{\sigma}_1^{\mathrm{T}}\boldsymbol{\sigma}_1)+2\boldsymbol{\sigma}_2^{\mathrm{T}}\boldsymbol{\sigma}_1} \tag{5-40}$$

为了实现对目标星的姿态稳定控制，简单设计如下姿态控制器

$$\boldsymbol{u}=-\boldsymbol{H}_{b\omega}[\boldsymbol{K}_p(1+\boldsymbol{\sigma}_e^{\mathrm{T}}\boldsymbol{\sigma}_e)\boldsymbol{\sigma}_e+\boldsymbol{K}_d\boldsymbol{\omega}_e] \tag{5-41}$$

其中，$\boldsymbol{u}$ 是在惯性坐标系 $\sum I$ 中表示的控制力矩；$\boldsymbol{K}_p=\mathrm{diag}(\boldsymbol{K}_{p1}\quad\boldsymbol{K}_{p2}\quad\boldsymbol{K}_{p3})$ 是比例系数的对角矩阵；$\boldsymbol{K}_d=\mathrm{diag}(\boldsymbol{K}_{d1}\quad\boldsymbol{K}_{d2}\quad\boldsymbol{K}_{d3})$ 是微分系数的对角矩阵。

5.2.2.2　系绳张力矩/推力矩协调策略设计

在通过控制器获得控制力矩 $\boldsymbol{u}$ 后，本节分析设计系绳张力矩和推力器推力矩的协调策略。空间系绳的特点表明通过合适的力矩，系绳张力能给在俯仰和偏航两个通道提供力矩。为最大程度地利用系绳张力以节省推进剂消耗，俯仰和偏航两通道的控制力矩仅由空间系绳提供，同时，滚转通道的力矩仅由抓捕器的推力器控制。推力矩的实现比较简单，下面详细分析系绳张力矩的实现。

为降低系绳张力跟踪难度，本节假设系绳张力指令为定值 T_{const}。但是，定张力 T_{const} 产生的张力矩在俯仰和偏航通道上呈现类比例关系，且无法收敛。针对此问题，本节采用改变机械臂构型的方式实现两通道的姿态稳定。从式（5-41）中可知，令 $\boldsymbol{K}_{p2}$ 和 $\boldsymbol{K}_{p3}$ 为零，并设计合适 $\boldsymbol{K}_{d2}$ 和 $\boldsymbol{K}_{d3}$，可以得到需要的类阻尼力矩。

但是，由于式（5-37）的强非线性，针对一个特定的控制力矩，直接解出 $\boldsymbol{\Theta}$ 几乎是不可能的。此外，为拥有更大的工作空间，本节采用冗余机械臂配置。这意味着针对某一特定控制力矩，对应的机械臂构型 $\boldsymbol{\Theta}$ 不唯一。机械臂构型 $\boldsymbol{\Theta}$ 的求解问题可以转换成一个参数优化问题。本节采用遗传算法解决这种受约束的非线性参数优化问题。

定义表示性能的指标函数为[158]

$$\begin{aligned}J(t)=&\{\hat{\boldsymbol{u}}[\boldsymbol{\Theta}(t)]-\boldsymbol{u}(\boldsymbol{\sigma}_e,\boldsymbol{\omega}_e)\}^{\mathrm{T}}\boldsymbol{Q}\{\hat{\boldsymbol{u}}[\boldsymbol{\Theta}(t)]-\boldsymbol{u}(\boldsymbol{\sigma}_e,\boldsymbol{\omega}_e)\}+\\&[\boldsymbol{\Theta}(t)-\boldsymbol{\Theta}(t-1)]^{\mathrm{T}}\boldsymbol{M}[\boldsymbol{\Theta}(t)-\boldsymbol{\Theta}(t-1)]\end{aligned} \tag{5-42}$$

其中，$\hat{\boldsymbol{u}}[\boldsymbol{\Theta}(t)]$ 是系绳在 t 时刻提供的控制力矩；$\boldsymbol{u}(\boldsymbol{\sigma}_e,\ \boldsymbol{\omega}_e)$ 表示与式（5-41）中计算一致的期望控制力矩；$\boldsymbol{Q}$ 是权重矩阵；$\boldsymbol{\Theta}(t)$ 表示 t 时刻的关节角，$\boldsymbol{\Theta}(t-1)$ 表示 $t-1$ 时刻的

关节角；$\boldsymbol{M}$ 是加权系数。等式右边的第一项表示由空间系绳造成的实际控制力矩和期望控制力矩之间的偏差加权项，第二项表示在 t 和 $t-1$ 时刻机械臂构型变化的加权项，这一项的意义是实现期望控制力矩时，最优的机械臂构型应具有最小的关节角改变。

机械臂各关节角的约束为

$$\begin{cases}\boldsymbol{\Theta}_{\min} \leqslant \boldsymbol{\Theta}_i \leqslant \boldsymbol{\Theta}_{\max} \\ \dot{\boldsymbol{\Theta}}_{\min} \leqslant \dot{\boldsymbol{\Theta}}_i \leqslant \dot{\boldsymbol{\Theta}}_{\max}\end{cases} \quad (i=1,\cdots,n) \tag{5-43}$$

本节中，利用遗传算法寻优过程与传统的遗传算法步骤类似，具体可参考文献［235，236］。

5.2.2.3　系绳机械臂自适应控制器

在获得机械臂最优构型后，需要设计跟踪控制器以驱动机械臂到达这一期望构型。当独立于目标星而单独设计机械臂跟踪控制器时，必须要考虑目标星对机械臂的反作用力。为了控制器设计方便，将反作用力视为对机械臂的干扰，采用滑模控制方法设计跟踪控制器。

重写机械臂的动力学方程为

$$\boldsymbol{H}_c\ddot{\boldsymbol{\Theta}} = \boldsymbol{\tau}_c - \boldsymbol{H}_{bc}^{T}\ddot{\boldsymbol{x}}_0 + \boldsymbol{J}_c^{T}\boldsymbol{F}_e - \boldsymbol{c}_c \tag{5-44}$$

设 $\boldsymbol{\Theta}_e$ 表示关节角的跟踪误差，$\boldsymbol{\Theta}_e = \boldsymbol{\Theta} - \boldsymbol{\Theta}_d$；$\dot{\boldsymbol{\Theta}}_e$ 表示关节角速度跟踪误差，定义为 $\dot{\boldsymbol{\Theta}}_e = \dot{\boldsymbol{\Theta}} - \dot{\boldsymbol{\Theta}}_d$。

定义机械臂跟踪控制的滑模面为 $\boldsymbol{s} = \boldsymbol{\eta}\boldsymbol{\Theta}_e + \dot{\boldsymbol{\Theta}}_e$，其中，$\boldsymbol{\eta} = \mathrm{diag}(\eta_1,\ \cdots,\ \eta_n)$ 是正定矩阵。在此基础上，设计滑模控制器为

$$\boldsymbol{\tau}_c = -\boldsymbol{\lambda}\,\mathrm{sgn}(\boldsymbol{s}) + \boldsymbol{H}_{bc0}^{T}\ddot{\boldsymbol{x}}_0 + \boldsymbol{H}_{c0}\ddot{\boldsymbol{\Theta}}_d - \boldsymbol{J}_c^{T}\boldsymbol{F}_e - \boldsymbol{H}_{c0}\boldsymbol{\eta}\dot{\boldsymbol{\Theta}}_e \tag{5-45}$$

初步选择李雅普诺夫函数 $V = 0.5\boldsymbol{s}^{T}\boldsymbol{H}_c\boldsymbol{s}$，将其对时间求导为

$$\begin{aligned}\dot{V} &= \boldsymbol{s}^{T}\boldsymbol{H}_c\dot{\boldsymbol{s}} + 0.5\boldsymbol{s}^{T}\dot{\boldsymbol{H}}_c\boldsymbol{s} \\ &= \boldsymbol{s}^{T}(\boldsymbol{H}_c\boldsymbol{\eta}\dot{\boldsymbol{\Theta}}_e + \boldsymbol{H}_c\ddot{\boldsymbol{\Theta}}_e) + 0.5\boldsymbol{s}^{T}\dot{\boldsymbol{H}}_c\boldsymbol{s} \\ &= \boldsymbol{s}^{T}(\boldsymbol{H}_c\boldsymbol{\eta}\dot{\boldsymbol{\Theta}}_e + \boldsymbol{H}_c\ddot{\boldsymbol{\Theta}} - \boldsymbol{H}_c\ddot{\boldsymbol{\Theta}}_d) + 0.5\boldsymbol{s}^{T}\dot{\boldsymbol{H}}_c\boldsymbol{s} \\ &= \boldsymbol{s}^{T}(\boldsymbol{H}_c\boldsymbol{\eta}\dot{\boldsymbol{\Theta}}_e + \boldsymbol{\tau}_c + \boldsymbol{J}_c^{T}\boldsymbol{F}_e - \boldsymbol{c}_c - \boldsymbol{H}_{bc}^{T}\ddot{\boldsymbol{x}}_0 - \boldsymbol{H}_c\ddot{\boldsymbol{\Theta}}_d + 0.5\dot{\boldsymbol{H}}_c\boldsymbol{s})\end{aligned} \tag{5-46}$$

将式（5-45）代入（5-46），得

$$\begin{aligned}\dot{V} &= \boldsymbol{s}^{T}(\boldsymbol{H}_c\boldsymbol{\eta}\dot{\boldsymbol{\Theta}}_e + \boldsymbol{\tau}_c + \boldsymbol{J}_c^{T}\boldsymbol{F}_e - \boldsymbol{c}_c - \boldsymbol{H}_{bc}^{T}\ddot{\boldsymbol{x}}_0 - \boldsymbol{H}_c\ddot{\boldsymbol{\Theta}}_d + \frac{1}{2}\dot{\boldsymbol{H}}_c\boldsymbol{s}) \\ &= \boldsymbol{s}^{T}(-\boldsymbol{\lambda}\,\mathrm{sgn}(\boldsymbol{s}) + \boldsymbol{H}_c\boldsymbol{\eta}\dot{\boldsymbol{\Theta}}_e - \boldsymbol{H}_{c0}\boldsymbol{\eta}\dot{\boldsymbol{\Theta}}_e + \boldsymbol{H}_{bc0}^{T}\ddot{\boldsymbol{x}}_0 - \boldsymbol{H}_{bc}^{T}\ddot{\boldsymbol{x}}_0 + \boldsymbol{H}_{c0}\ddot{\boldsymbol{\Theta}}_d - \boldsymbol{H}_c\ddot{\boldsymbol{\Theta}}_d - \boldsymbol{c}_c + \frac{1}{2}\dot{\boldsymbol{H}}_c\boldsymbol{s}) \\ &= \boldsymbol{s}^{T}(-\boldsymbol{\lambda}\,\mathrm{sgn}(\boldsymbol{s}) + \boldsymbol{f})\end{aligned}$$

其中，$\boldsymbol{f} = \Delta\boldsymbol{H}_c\boldsymbol{\eta}\dot{\boldsymbol{\Theta}}_e - \Delta\boldsymbol{H}_{bc}^{T}\ddot{\boldsymbol{x}}_0 - \Delta\boldsymbol{H}_c\ddot{\boldsymbol{\Theta}}_d - \boldsymbol{c}_c + 0.5\dot{\boldsymbol{H}}_c\boldsymbol{s}$，$\Delta\boldsymbol{H}_c = \boldsymbol{H}_c - \boldsymbol{H}_{c0}$，$\Delta\boldsymbol{H}_{bc} = \boldsymbol{H}_{bc} - \boldsymbol{H}_{bc0}$。由于 $\boldsymbol{f}$ 上界未知，固定值的 $\boldsymbol{\lambda}$ 很难选择以保证设置 $\dot{V} \leqslant 0$，可以通过设计自适应律估计 $\boldsymbol{f}$ 的上界。

假设 $\boldsymbol{\lambda} \geqslant \max(\boldsymbol{f})$，其估计值为 $\hat{\boldsymbol{\lambda}}$，估计误差为：$\tilde{\boldsymbol{\lambda}} = \hat{\boldsymbol{\lambda}} - \boldsymbol{\lambda}$。选择李雅普诺夫函数为

$$V = \frac{1}{2}\boldsymbol{s}^{\mathrm{T}}\boldsymbol{H}_{\mathrm{c}}\boldsymbol{s} + \sum_{i=1}^{3}\frac{1}{r_{\lambda}}\tilde{\lambda}_i\tilde{\lambda}_i \tag{5-47}$$

其导数为

$$\begin{aligned}\dot{V} &= \boldsymbol{s}^{\mathrm{T}}(\boldsymbol{H}_{\mathrm{c}}\boldsymbol{\eta}\dot{\boldsymbol{\Theta}}_{\mathrm{e}} + \boldsymbol{\tau}_{\mathrm{c}} + \boldsymbol{J}_{\mathrm{c}}^{\mathrm{T}}\boldsymbol{F}_{\mathrm{e}} - \boldsymbol{c}_{\mathrm{c}} - \boldsymbol{H}_{\mathrm{bc}}^{\mathrm{T}}\ddot{\boldsymbol{x}}_0 - \boldsymbol{H}_{\mathrm{c}}\ddot{\boldsymbol{\Theta}}_{\mathrm{d}} + \frac{1}{2}\dot{\boldsymbol{H}}_{\mathrm{c}}\boldsymbol{s}) + \sum_{i=1}^{3}\frac{1}{r_{\lambda}}\tilde{\lambda}_i\dot{\tilde{\lambda}}_i \\ &= \boldsymbol{s}^{\mathrm{T}}(-\hat{\lambda}\,\mathrm{sgn}(\boldsymbol{s}) + f) + \sum_{i=1}^{3}\frac{1}{r_{\lambda}}\tilde{\lambda}_i\dot{\tilde{\lambda}}_i\end{aligned}$$

选择参数自适应律为：$\dot{\hat{\lambda}}_i = r_{\lambda}|\boldsymbol{s}|$，可以得到

$$\begin{aligned}\dot{V} &= \boldsymbol{s}^{\mathrm{T}}[-\hat{\lambda}\,\mathrm{sgn}(\boldsymbol{s}) + f] + \sum_{i=1}^{3}\frac{1}{r_{\lambda}}\tilde{\lambda}_i\dot{\tilde{\lambda}}_i \\ &= \boldsymbol{s}^{\mathrm{T}}[f - \hat{\lambda}\,\mathrm{sgn}(\boldsymbol{s})] + \sum_{i=1}^{3}(\hat{\lambda}_i - \lambda_i)|s_i| \\ &= \sum_{i=1}^{3}s_i[f_i - \hat{\lambda}_i\mathrm{sgn}(s_i)] + \sum_{i=1}^{3}(\hat{\lambda}_i - \lambda_i)|s_i| \\ &= \sum_{i=1}^{3}(s_i f_i - \hat{\lambda}_i s_i\mathrm{sgn}(s_i) + \hat{\lambda}_i|s_i| - \lambda_i|s_i|) \\ &= \sum_{i=1}^{3}(s_i f_i - \lambda_i|s_i|) \leqslant 0\end{aligned}$$

另外，为降低滑模控制颤振的影响，设 ε 为正数，用如下饱和函数替代了符号函数

$$\mathrm{sat}(s_i,\varepsilon) = \begin{cases}1 & s_i > \varepsilon \\ s_i/\varepsilon & -\varepsilon \leqslant s_i \leqslant \varepsilon \quad i = 1,2,3 \\ -1 & s_i < -\varepsilon\end{cases} \tag{5-48}$$

机械臂的自适应控制器为

$$\begin{cases}\boldsymbol{\tau}_{\mathrm{c}} = -\hat{\boldsymbol{\lambda}}\,\mathrm{sat}(\boldsymbol{s}) + \boldsymbol{H}_{\mathrm{bc0}}^{\mathrm{T}}\ddot{\boldsymbol{x}}_0 + \boldsymbol{H}_{\mathrm{c0}}\ddot{\boldsymbol{\Theta}}_{\mathrm{d}} - \boldsymbol{J}_{\mathrm{c}}^{\mathrm{T}}\boldsymbol{F}_{\mathrm{e}} - \boldsymbol{H}_{\mathrm{c0}}\boldsymbol{\eta}\dot{\boldsymbol{\Theta}}_{\mathrm{e}} \\ \dot{\hat{\lambda}}_i = \boldsymbol{r}_{\lambda}|\boldsymbol{s}|\end{cases} \tag{5-49}$$

完整的系绳机械臂机构/推力器协调控制器如图 5-18 所示。

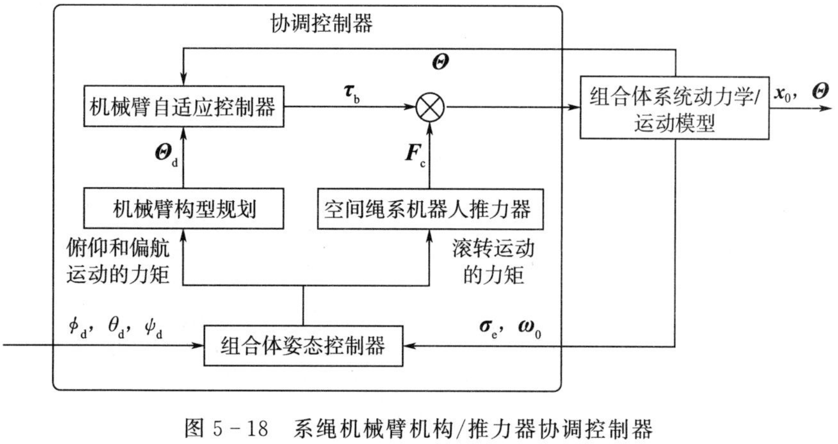

图 5-18　系绳机械臂机构/推力器协调控制器

5.2.3 仿真分析

假设空间绳系机器人抓捕器携带三自由度机械臂。以目标星为参考基座，设关节到臂杆质心的距离为 a_i ，臂杆质心到下一个关节的距离为 b_i 。组合体的主要参数如表 5－1 所示。

表 5－1 空间绳系机器人/目标星组合体动力学参数

	基座（目标星）	臂杆 1	臂杆 2	臂杆 3
质量/kg	1 000	3	3	10
a_i/m		[－0.1 0 0]	[－0.15 0 0]	[－0.15 0 0]
b_i/m	[0.3 0 0]	[0.15 0 0]	[0.15 0 0]	[0.15 0 0]
转动惯量/(kg · m²)	$\begin{bmatrix}50 & & \\ & 60 & \\ & & 60\end{bmatrix}$	$\begin{bmatrix}0.05 & & \\ & 0.15 & \\ & & 0.15\end{bmatrix}$	$\begin{bmatrix}0.05 & & \\ & 0.15 & \\ & & 0.15\end{bmatrix}$	$\begin{bmatrix}0.08 & & \\ & 0.24 & \\ & & 0.24\end{bmatrix}$

假设目标星的初始姿态为 (－20° 40° －35°) ，转化为修正罗德里格参数表示为 $\boldsymbol{\sigma}$ ＝(－0.11 0.11 －0.15) ，目标的旋转角速度为 [1 (°)/s 2 (°)/s －2.5 (°)/s]。目标星初始位置为 (－400 m 0 m 0 m) ，初始线速度为零。机械臂的初始关节角为 (20° 40° 10°) 。初始关节角速度为零。设控制参数 $\boldsymbol{K}_{\mathrm{p}}$ ＝diag(5，5，5)，$\boldsymbol{K}_{\mathrm{d}}$ ＝diag(3，0，0)，$\boldsymbol{\lambda}$ 的初值为 diag(0.5，0.5，0.5) 。仿真结果如下。

三轴姿态的 $\boldsymbol{\sigma}_{\mathrm{e}}$ 仿真结果如图 5－19 所示，对应的欧拉角（1—2—3 转序）如图 5－20 所示。从图 5－19 和图 5－20 可以看出：俯仰和滚转运动的收敛时间约为 200 s，滚转运动的收敛时间比这两者长 100 s，约为 300 s。此外，滚转运动的初始姿态最小，但是其振动比另外两者要严重得多。发生这一现象的原因是目标星的三轴姿态是严重耦合的，且推力器能够提供的控制力矩比系绳提供的要小得多。

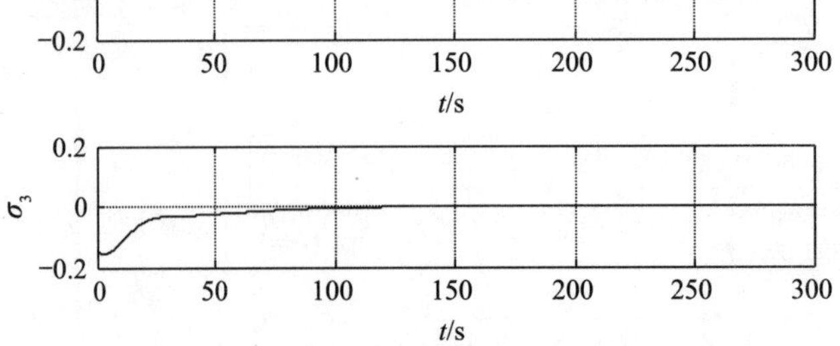

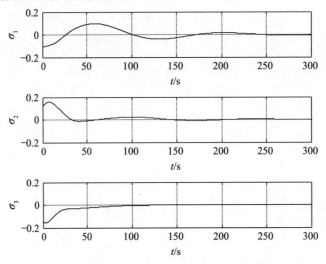

图 5－19 目标星姿态的修正罗德里格参数

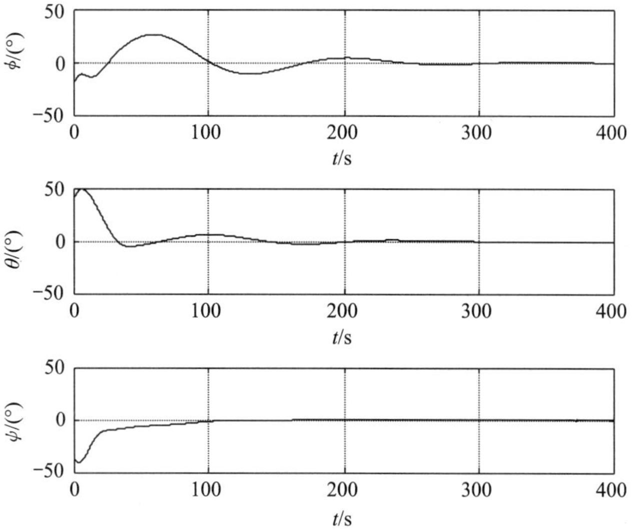

图 5-20　目标星的欧拉姿态角

图 5-21 表示目标星的三轴姿态角速度。图 5-22 和图 5-23 分别显示了在 $x-y$ 平面和 $x-z$ 平面内系绳机械臂在不同时刻的构型。图 5-24 表示机械臂各关节角，可以看出，期望的关节角不是一条光滑曲线而是在一个确定的范围内上下波动。这是因为优化方法不能保证最终结果是一个精确值。但是，其对应的误差并不会影响到最终结果，所有的关节角都会收敛到零。机械臂各关节角速度如图 5-25 所示。

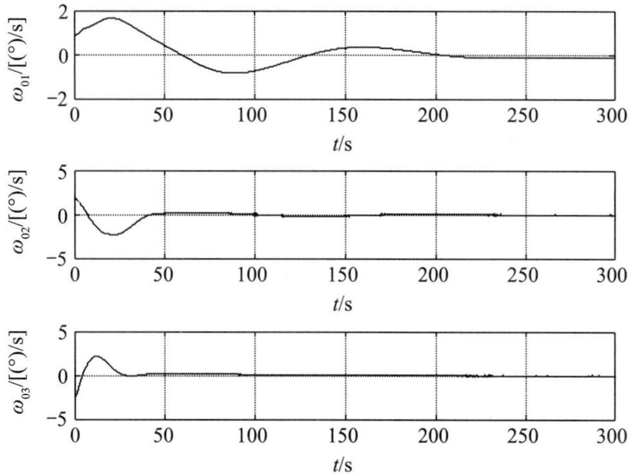

图 5-21　目标星的角速度

图 5-26 表示空间绳系机器人的三向姿态控制力矩，虚线表示由推力器产生的控制力矩，实线表示由系绳产生的控制力矩。可以看出，空间系绳产生的控制力矩比推力器的控制力矩大得多，这也导致俯仰和偏航运动收敛速度更快。此外，也可以看出，空间系绳对滚转运动的干扰力矩极小，对滚转角几乎无影响。

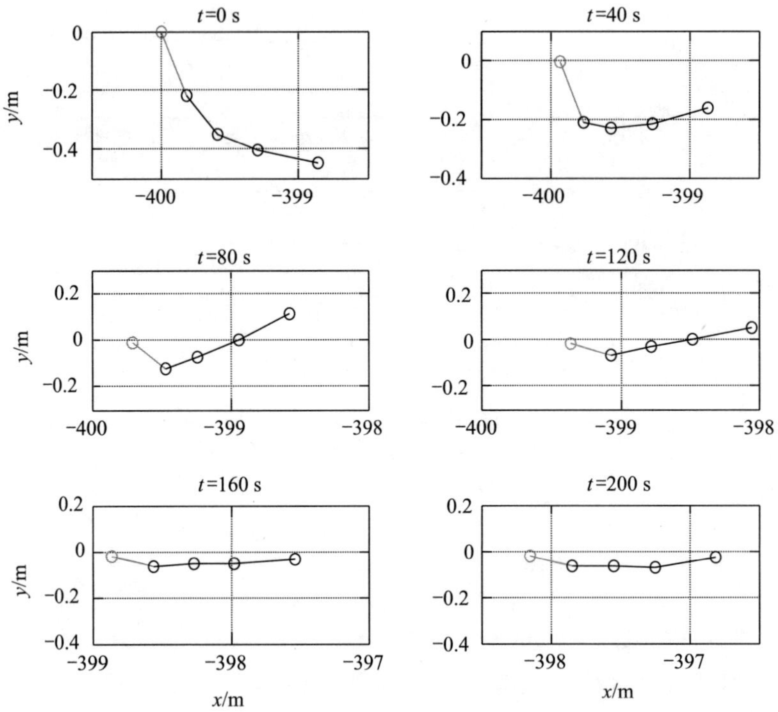

图 5-22　机械臂 $x-y$ 平面构型

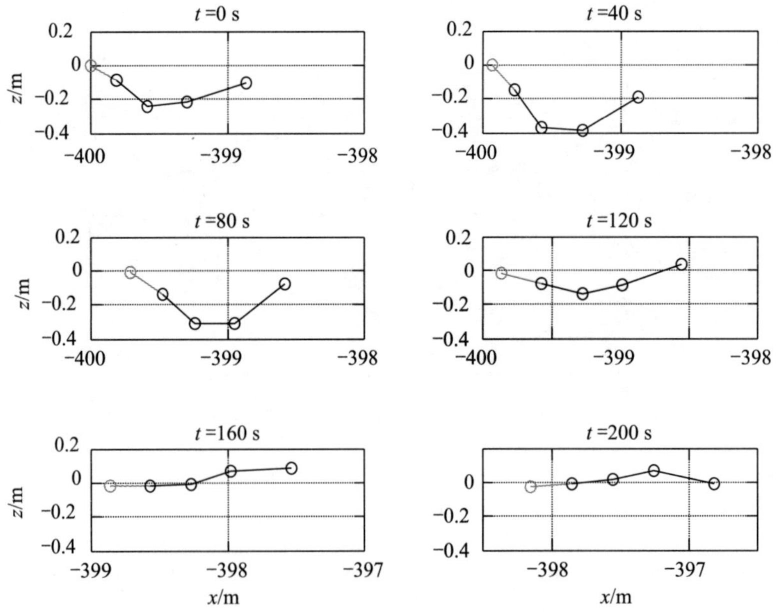

图 5-23　机械臂 $x-y$ 平面构型

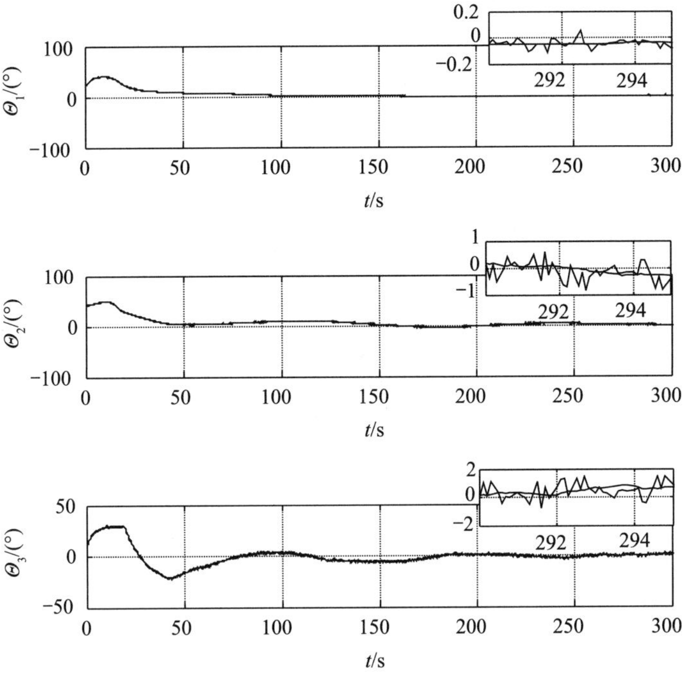

图 5-24　机械臂关节角

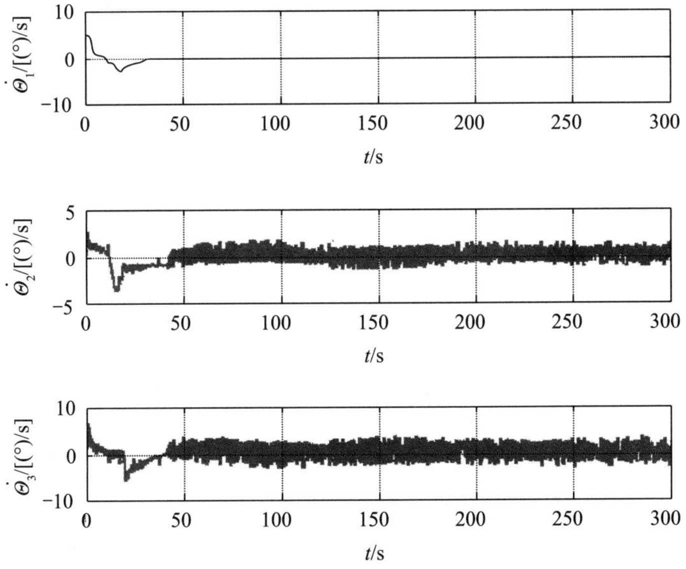

图 5-25　机械臂各关节角速度

图 5-27 显示了由系绳张力导致的目标星位置改变。在 300 s 时，目标星沿 x 轴正向最大偏移了约 80 m，其他两个方向位置偏移较小。针对辅助稳定任务而言，组合体的姿态的不稳定将可能导致系绳缠绕，甚至会造成平台和整个系统的不稳定，而其位置变化相对影响较小。姿态控制优先级远大于位置控制，因此，本节的位置偏移是可以接受的。

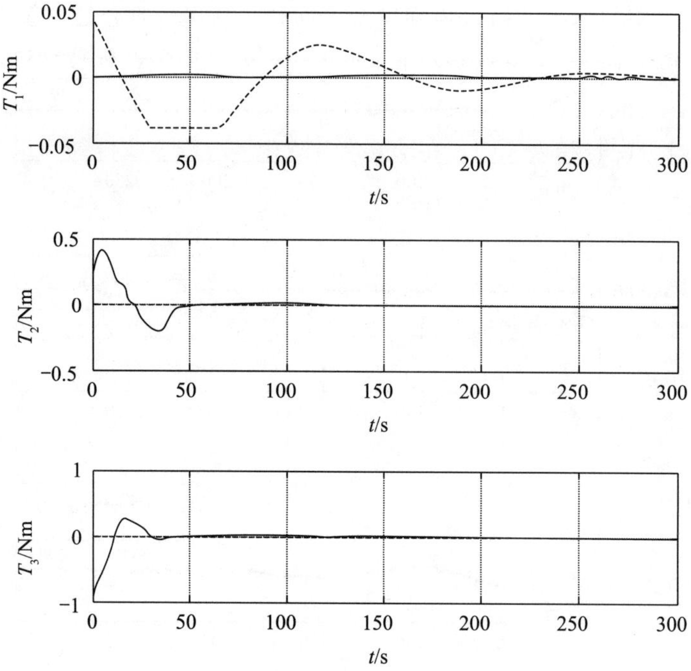

图 5－26　空间绳系机器人姿态控制力矩

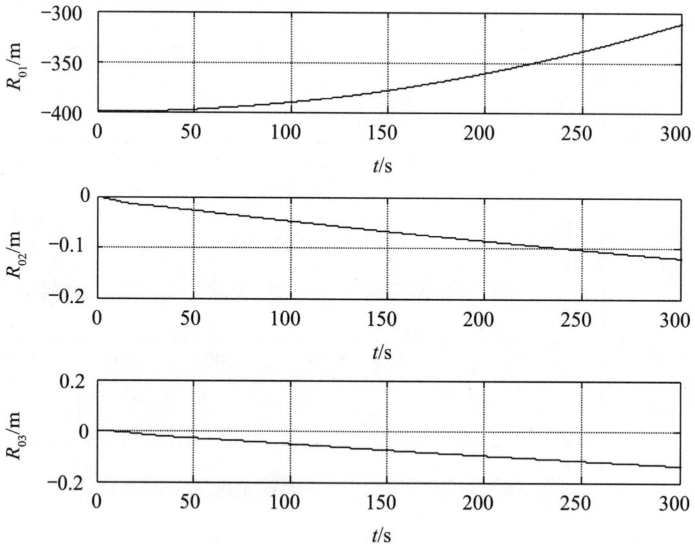

图 5－27　系绳张力导致的目标星位置偏移

5.3　小结

在空间绳系机器人完成目标星抓捕后，仅利用空间绳系机器人的推力器，虽然可以实现对组合体的辅助稳定，但推进剂消耗过大。而实际上，空间系绳可以提供张力以及张力矩，有助于稳定组合体，因此，本章研究了利用系绳和推力器的协调稳定控制问题。

1）针对动力学参数未知的组合体辅助稳定问题，提出一种鲁棒自适应反步协调控制器。设计自适应律估计动力学参数误差带来的模型误差上限，并进行补偿；引入了辅助系统，降低控制过程中饱和程度，提高系统的控制性能；以充分利用系绳张力的原则，对系绳张力、推力进行分配。结果表明：在动力学参数未知、输入受限的情况下，设计的协调控制器可以利用系绳张力和推力器实现对组合体的稳定控制。

2）在系绳张力/推力器协调控制中，作为控制量，系绳张力需要能够精确快速跟踪期望值。而对于柔性系绳，跟踪快速时变的系绳张力十分困难。针对此问题，在定张力的前提下，设计了系绳机械臂机构实现系绳连接点的位置变化，利用系绳张力矩控制俯仰、偏航通道，而仅利用推力控制滚转通道，实现对组合体的协调控制。

本章的控制器设计和验证结果表明：利用空间绳系机器人的系绳（变张力或变连接点位置）和推力器协调控制，可以实现组合体的辅助稳定控制，且节省了空间任务中十分宝贵的推进剂。但是针对飞网型空间绳系机器人、飞矛型空间绳系机器人，抓捕器无足够的推力器配置甚至无推力器，此类组合体系统的辅助稳定仅能依靠系绳实现，因此，有必要研究仅利用系绳的空间目标星辅助稳定控制问题。

第 6 章　仅利用系绳的空间目标星辅助稳定控制

前文分别研究了利用空间绳系机器人自带推力器、推力器/系绳协调的空间目标星辅助稳定方法，但针对抓捕器无推力的情况，需要研究仅利用系绳的辅助稳定控制问题。针对此难题，本章将组合体整体的摆动抑制和组合体姿态稳定控制分离，分别设计相应的仅利用系绳（含收放、张力等）的控制系统。

6.1　利用系绳的机器人/目标星组合体摆动抑制

6.1.1　空间绳系机器人/目标星组合体动力学模型

在空间绳系机器人完成目标抓捕后，与目标星形成一个类哑铃型组合体，如图 6-1 所示[197]。由于在利用系绳的组合体摆动抑制中，系绳一直保持张力存在。而张力的存在会使空间平台和目标星两者接近，类似于回收过程。而避免两者接近且保持系绳张力的方法是在平台星上施加变轨力，类似于拖曳过程。本节采用在空间平台星施加变轨力的方式。

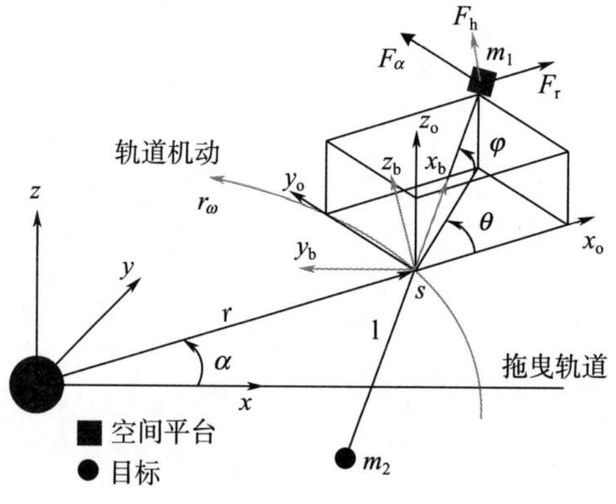

图 6-1　空间绳系机器人/目标星组合体示意图

由于系绳一直存在张力且其长度远大于目标星尺寸，为了简化系统模型，将系绳建模为质量均匀分布的刚性杆，空间平台星和目标星视为质点，且仅考虑组合体质心的轨道面内运动。可采用地心惯性系 $Oxyz$，轨道坐标系 $Sx_oy_oz_o$，本体坐标系 $Sx_by_bz_b$ 来描述组合体系统的轨道运动和姿态运动，各坐标系的坐标轴定义如图 6-1 所示。定义 m_1^0 为空间平台未释放系绳时的质量，为目标星和机器人抓捕器的质量，ρ 为系绳密度，r 为轨道半径，α 为真近点角，l，θ，φ 分别为系绳长度，面内角和面外角。由于系绳长度的变化，系绳质量 m_t 和平台星实际质量 m_1 随系绳长度而变化。

组合体系统动力学模型采用拉格朗日法建立。系统的总动能 K 由组合体质心平动动能 K_s，绕质心旋转动能 K_{rot} 和沿着系绳延伸方向的动能 K_{ext} 三部分组成。

$$\begin{aligned} K &= K_s + K_{rot} + K_{ext} \\ &= \frac{1}{2}m(\dot{r}^2 + \dot{\alpha}^2 r^2) + \frac{1}{2}m^+ l^2 [\dot{\varphi}^2 + (\dot{\theta} + \dot{\alpha})^2 \cos^2\varphi] + \frac{1}{2}\frac{m_1(m_2 + m_t)}{m}\dot{l}^2 \end{aligned} \tag{6-1}$$

式中，$m = m_1 + m_2 + m_t$ 为组合体系统总质量，$m^+ = (m_1 + m_t/2)(m_2 + m_t/2)/m - m_t/6$ 为系统约化质量。

组合体重力势能为

$$W \approx -\frac{\mu m}{r} - \frac{\mu m^+ l^2}{2r^3}(3\cos^2\varphi\cos^2\theta - 1) \tag{6-2}$$

定义广义坐标为 $\boldsymbol{q} = [r, \alpha, l, \theta, \varphi]^{\mathrm{T}}$，应用拉格朗日方程，建立动力学模型为

$$\begin{cases} \ddot{r} = r\dot{\alpha}^2 - \dfrac{\mu}{r^2} + \dfrac{3\mu M_1 l^2(1 - 3\cos^2\varphi\cos^2\theta)}{2r^4} + \dfrac{Q_r}{m} \\ \ddot{\alpha} = \dfrac{-2mr\dot{r}\dot{\alpha} - 2m^+ M_2 \dot{l} l(\dot{\theta} + \dot{\alpha})\cos^2\varphi - m^+ l^2[\ddot{\theta}\cos^2\varphi - 2(\dot{\theta} + \dot{\alpha})\dot{\varphi}\cos\varphi\sin\varphi] + Q_\alpha}{m^+ l^2\cos^2\varphi + mr^2} \end{cases} \tag{6-3}$$

$$\begin{cases} \ddot{l} = -M_3 l^{-1}\dot{l}^2 + M_4 l\left[\dot{\varphi}^2 + (\dot{\theta} + \dot{\alpha})^2\cos^2\varphi + \dfrac{\mu(3\cos^2\varphi\cos^2\theta - 1)}{r^3}\right] + \dfrac{mQ_l}{m_1(m_2 + m_t)} \\ \ddot{\theta} = -2(\dot{\theta} + \dot{\alpha})(M_2 l^{-1}\dot{l} - \dot{\varphi}\tan\varphi) - 3\mu(2r^3)^{-1}\sin 2\theta - \ddot{\alpha} + \dfrac{Q_\theta}{m^+ l^2\cos^2\varphi} \\ \ddot{\varphi} = -2M_2 l^{-1}\dot{l}\dot{\varphi} - \left[\dfrac{1}{2}(\dot{\theta} + \dot{\alpha})^2 + \dfrac{3\mu}{2r^3}\cos^2\theta\right]\sin 2\varphi + \dfrac{Q_\varphi}{m^+ l^2} \end{cases} \tag{6-4}$$

其中，

$$M_1 = \frac{m^+}{m}, M_2 = \frac{m_1(2m_2 + m_t)}{2mm^+}, M_3 = \frac{m_t(2m_1 - m)}{2m_1(m_2 + m_t)}, M_4 = \frac{2m_2 + m_t}{2(m_2 + m_t)}。$$

式（6-3）为组合体质心的轨道运动方程，在忽略系绳长度影响下，其与传统的刚性变轨轨道模型相同。

广义外力 Q_r，Q_α，Q_θ，Q_l，Q_φ 可表示为[197]

$$\begin{cases} Q_r = F_r \\ Q_\alpha = F_\alpha r \\ Q_l = -T + m_2(a_r\cos\theta + a_\alpha\sin\theta) \\ Q_\theta = (F_\alpha\cos\theta - F_r\sin\theta)\dfrac{m_2 + m_t/2}{m}l \\ Q_\varphi = \sin\varphi(F_\alpha\sin\theta + F_r\cos\theta)\dfrac{m_2 + m_t/2}{m}l \end{cases} \tag{6-5}$$

其中，T 为系绳张力，a_r、a_α 分别为可能存在平台星推力所产生的组合体质心径向加速度

和横向加速度。

6.1.2 组合体摆动抑制控制指令设计

由于本节主要研究利用系绳的组合体摆动抑制问题，假设空间平台星提供常值推力以使系绳保持张力，并避免平台星和目标星的逼近碰撞。在此基础上，本节首先通过计算平衡角，得到系绳摆动角的理论控制指令，然后通过优化得到实际的摆动角控制指令。

6.1.2.1 系绳摆动角理论指令设计

系绳摆动角的理论控制指令即为系绳摆动角的平衡位置。从动力学方程和面外控制力矩 Q_φ 可知，其面外平衡角 $\varphi_e=0$。由于系绳长度在稳态阶段保持不变，可令 φ、$\dot{l}$ 为 0。另外，轨道角加速度 $\ddot{\alpha}$ 远小于推力加速度 a_r 和 a_α 。因此，平衡位置 $\boldsymbol{x}_{\theta e}=\begin{bmatrix}\theta_e & \dot{\theta}_e\end{bmatrix}^{\mathrm{T}}$ 满足以下等式

$$\begin{cases}\dot{\theta}_e=0\\ \dfrac{3}{2}\omega^2\sin 2\theta_e-\dfrac{F_\alpha M_2\cos\theta_e}{m_1 l}+\dfrac{F_r M_2\sin\theta_e}{m_1 l}=0\end{cases}\tag{6-6}$$

从上式可以看出：影响平衡位置的因素包括：轨道角速度，空间平台星的质量、系绳长度、推力等。当重力梯度力矩与由推力引起的面内扰动力矩相等时，平衡角 θ_e 存在。

$$\tau_G=\frac{3}{2}m^* l_e^2\omega^2\sin 2\theta_e=Q_{\theta e}\tag{6-7}$$

式中，l_e 为平衡状态的理论绳长，τ_G 为重力梯度力矩，$Q_{\theta e}$ 为平衡状态下面内扰动力矩。上式表明：θ_e 在很大程度上取决于平台星的推力，为简化问题，本节假设推力为定值。除推力外，还应评估其他系统参数对平衡状态的影响。建立相对于轨道角速度、平台质量和系绳长度的偏微分方程

$$\begin{cases}\dfrac{\partial\theta_e}{\partial\omega}=\dfrac{-3\omega\sin 2\theta_e}{3\omega^2\cos 2\theta_e+k_\alpha\sin\theta_e+k_r\cos\theta_e}\\ \dfrac{\partial\theta_e}{\partial m_1}=\dfrac{l^{-1}M_1^*\left(-F_\alpha\cos\theta_e+F_r\sin\theta_e\right)}{3\omega^2\cos 2\theta_e+k_\alpha\sin\theta_e+k_r\cos\theta_e}\\ \dfrac{\partial\theta_e}{\partial l}=\dfrac{l^{-2}M_2^*\left(F_\alpha\cos\theta_e-F_r\sin\theta_e\right)}{3\omega^2\cos 2\theta_e+k_\alpha\sin\theta_e+k_r\cos\theta_e}\end{cases}\tag{6-8}$$

其中

$$k_\alpha=\frac{F_\alpha M_2}{m_1 l},k_r=\frac{F_r M_2}{m_1 l},M_1^*=\frac{(2m_2+m_t)(m_2+m_t/3)}{2m^2 m^{+2}},$$

$$M_2^*=\frac{m_t(2m_2+m_t)(m_t-2m)/6-2m_2 m m^+}{2m^2 m^{+2}}$$

上式表明，轨道角速度影响较小，尤其是当组合体运行于高轨时，影响可忽略；系绳长度 l 对平衡角影响较大。空间平台星质量具有一定影响，但其在辅助稳定过程中，变化极小。综上分析，系绳长度对平衡角影响最大。当面内姿态稳定控制完成时，系绳长度应

恢复到原期望值。

6.1.2.2　摆动角控制指令优化

考虑系绳张力约束，如果将上节求解平衡角（理论指令）直接设定为组合体摆动控制指令，这种阶跃指令会使张力迅速超出边界条件，导致系统不稳定。本节利用优化方法设计实际的跟踪指令。假设面外角已稳定且 $\varphi=0$，定义状态变量 $\boldsymbol{x}_{l,\theta}=[l \quad \dot{l} \quad \theta \quad \dot{\theta}]^{\mathrm{T}}$，设计“时间—控制能量”性能指标为[197,237]

$$\boldsymbol{J}=k_{\mathrm{tc}}t_f+k_{\mathrm{ec}}\int_0^{t_f}T^2(t)\mathrm{d}\tau \tag{6-9}$$

其中，终端时刻 t_f 自由，k_{tc} 和 k_{ec} 分别表示时间、能量的加权系数，$T(t)$ 为系绳张力。

状态变量的边界和约束条件为

$$\begin{cases}\boldsymbol{x}_{l,\theta,t0}=[l_e \quad \dot{l}_0 \quad \theta_0 \quad \dot{\theta}_0]^{\mathrm{T}}\\ \boldsymbol{x}_{l,\theta,tf}=[l_e \quad \dot{l}_f \quad \theta_f \quad \dot{\theta}_f]^{\mathrm{T}}\\ \boldsymbol{x}_{\min l,\theta}\leqslant\boldsymbol{x}_{l,\theta}\leqslant\boldsymbol{x}_{\max l,\theta}\end{cases} \tag{6-10}$$

为保持系绳张力为正，并避免系绳松弛和破裂，设计张力约束为：$0<T_{\min}\leqslant T\leqslant T_{\max}$，其中 $T_{\min}$ 和 $T_{\max}$ 分别为张力的最小值和最大值。

针对上述优化问题，本节选择高斯伪谱法进行优化，得到实际的摆动跟踪指令。

6.1.3　组合体摆动抑制控制器设计

由组合体的姿态动力学模型可以看出：系绳的面内运动和面外运动动力学耦合较小，可以分别设计摆动控制器。其中，面内摆角的控制由系绳张力实现，面外的稳定可由平台星的侧向推力实现。即将摆动抑制问题分解为面内角跟踪问题和面外角阻尼问题。其中，面内角跟踪问题是一个典型的欠驱动问题，因此组合体面内运动有系绳长度、面内摆动角两个状态而仅有系绳张力一个控制量[237]。针对该欠驱动问题，本节采用分层滑模控制，并在控制器设计时，分离时间尺度，将组合体动力学分为快、慢两个回路分别设计。图 6-2 为组合体摆动抑制的控制器框图。

首先，在组合体动力学模型的基础上，定义状态变量

$$x=[l \quad \dot{l} \quad \theta \quad \dot{\theta} \quad \varphi \quad \dot{\varphi}]^{\mathrm{T}}=[x_1 \quad x_2 \quad x_3 \quad x_4 \quad x_5 \quad x_6]^{\mathrm{T}}$$

则组合体动力学模型式（6-4）可重写为

$$\begin{cases}\dot{x}_1=x_2\\ \dot{x}_2=f_l(\boldsymbol{x})+b_1\,\mathrm{sat}_T(T_c)\\ \dot{x}_3=x_4\\ \dot{x}_4=f_\theta(\boldsymbol{x})\\ \dot{x}_5=x_6\\ \dot{x}_6=f_\varphi(\boldsymbol{x})+b_2\,\mathrm{sat}_{F_h}(F_{hc})\end{cases} \tag{6-11}$$

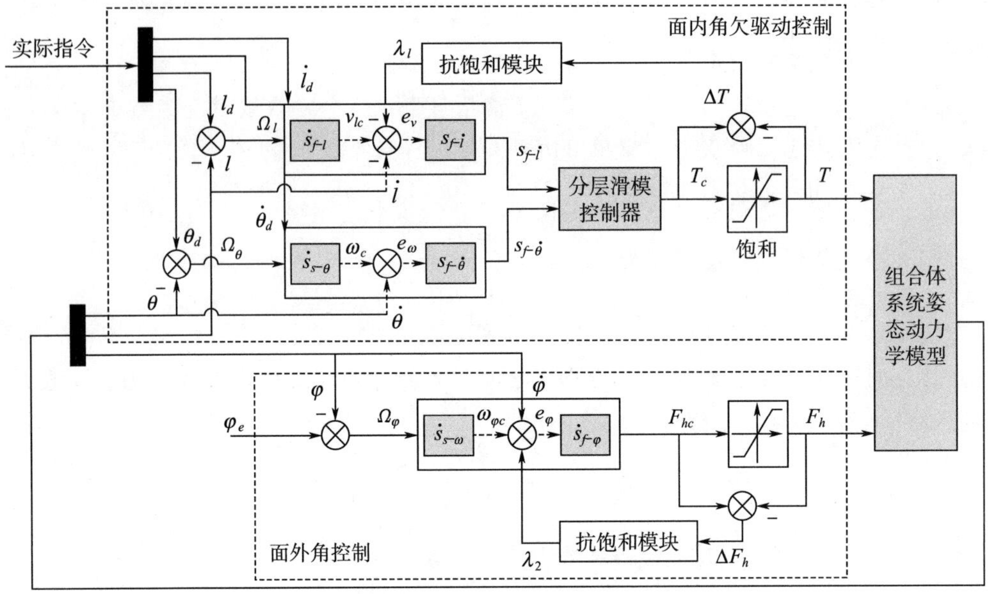

图 6-2　组合体摆动抑制控制器结构图

式中

$$b_1 = -\frac{m}{m_1(m_2 + m_t)}\ ;\ b_2 = -\frac{M_2}{m_1 x_1}\ ;$$

$$f_l(\boldsymbol{x}) = -M_3 x_1^{-1} x_2 + M_4 x_1 \left[x_6^2 + (x_4 + \dot{\alpha})^2 \cos^2 x_5 + \frac{\mu(3\cos^2 x_5 \cos^2 x_3 - 1)}{r^3} \right] -$$

$$b_1 m_2 (a_r \cos x_3 + a_\alpha \sin x_3)\ ;$$

$$f_\theta(\boldsymbol{x}) = -2(x_4 + \dot{\alpha})(M_2 x_1^{-1} x_2 - x_6 \tan x_5) - 3\mu(2r^3)^{-1} \sin 2x_3 -$$

$$\ddot{\alpha} + \frac{M_2(F_\alpha \cos x_3 - F_r \sin x_3)}{m_1 x_1 \cos^2 x_5}\ ;$$

$$f_\varphi(\boldsymbol{x}) = -2M_3 x_1^{-1} x_2 x_6 - \frac{1}{2}(x_4 + \dot{\alpha})^2 \sin 2x_5 - \frac{3\mu}{2r^3} \sin 2x_5 \cos^2 x_3 +$$

$$b_2 \sin x_5 (F_r \cos x_3 + F_\alpha \sin x_3)$$

执行器的饱和函数 $\mathrm{sat}_T(T_c)$ 和 $\mathrm{sat}_{F_h}(F_{hc})$ 为

$$T = \mathrm{sat}_T(T_c) = \begin{cases} T_{\max} & T_c \geqslant T_{\max} \\ T_c & T_{\min} < T_c < T_{\max} \\ T_{\min} & T_c \leqslant T_{\min} \end{cases}$$

$$F_h = \mathrm{sat}_{F_h}(F_{hc}) = \begin{cases} F_{hc\max} & F_{hc} \geqslant F_{hc\max} \\ F_{hc} & -F_{hc\max} < F_{hc} < F_{hc\max} \\ -F_{hc\max} & F_{hc} \leqslant -F_{hc\max} \end{cases}$$

6.1.3.1　自适应抗饱和辅助模块设计

在执行组合体摆动抑制任务时，系绳张力受到单边约束限制，而平台推力也受到饱和

约束限制。在控制器设计时，需要考虑抗饱和方法，降低输入非线性的影响。设计自适应的抗饱和辅助系统为[238]

$$\dot{\boldsymbol{\lambda}} = -\boldsymbol{A}\boldsymbol{\lambda} + \boldsymbol{G}\Delta\boldsymbol{u} \tag{6-12}$$

其中，$\boldsymbol{\lambda} = [\lambda_1 \quad \lambda_2]^{\mathrm{T}}$ 为补偿信号，$\boldsymbol{A} = \mathrm{diag}(A_1,\ A_2)$ 为正定系数矩阵，$\boldsymbol{G} = \mathrm{diag}(g_1,\ g_2)$ 为与动力学模型相关的增益矩阵，$\Delta\boldsymbol{u} = [\Delta T \quad \Delta F_h]^{\mathrm{T}}$ 为执行器偏差信号。

$$\Delta T = T_c - T\ ;\ \Delta F_h = F_{hc} - F_h$$

6.1.3.2　*分层滑模面内控制器设计*

在模型中，状态变量 $(x_1 \quad x_2)$ 表示与系绳长度相关的状态变量，$(x_3 \quad x_4)$ 表示与面内角相关的状态变量。按照反步法设计思想，分离位置状态变量（慢回路）和速度状态变量（快回路）。首先定义第一层滑模面为

$$\begin{cases} s_{s-l} = \Omega_l + k_1\int_0^t \Omega_l \mathrm{d}\tau \\ s_{f-\dot{l}} = e_v + k_2\int_0^t e_v \mathrm{d}\tau \end{cases} \tag{6-13}$$

$$\begin{cases} s_{s-\theta} = \Omega_\theta + k_3\int_0^t \Omega_\theta \mathrm{d}\tau \\ s_{f-\dot{\theta}} = e_\omega + k_4\int_0^t e_\omega \mathrm{d}\tau \end{cases} \tag{6-14}$$

式中，$\Omega_l = l_d - x_1$ 为绳长指令与实际绳长的偏差，$e_v = v_{lc} - x_2 - \lambda_1$ 为快回路状态偏差，v_{lc} 是慢回路输出的虚拟控制量，k_1 和 k_2 为正系数。$\Omega_\theta = \theta_d - x_3$ 为面内角命令与实际面内角的偏差，$e_\omega = \omega_c - x_4$ 为虚拟控制量 ω_c 与实际角速度之间的偏差，k_3 和 k_4 为正系数。

虚拟控制量 v_{lc} 和 ω_c 分别表示系绳长度变化率和面内角速度的期望值，可以基于等效控制律导出。因此，将 s_{s-l} 和 $s_{s-\theta}$ 对时间求导，然后令其导数为零，得 v_{lc} 和 ω_c 。

$$\begin{cases} v_{lc} = \dot{l}_d + k_1\Omega_l \\ \omega_c = \dot{\theta}_d + k_3\Omega_\theta \end{cases} \tag{6-15}$$

实际的控制量 T_c 由等效项 T_{eq} 和切换项 T_{sw} 两部分组成，前者用于保持状态变量在滑模面上滑动，后者用于将状态变量驱动到特定的滑模面上。

$$T_c = T_{eq} + T_{sw} \tag{6-16}$$

令 $\dot{s}_{f-\dot{l}} = 0$，$g_1 = b_1$，得

$$\ddot{l}_d + k_1\dot{\Omega}_l - f_l(x) - b_1[\mathrm{sat}_T(T_{eq}) + \Delta T] + A_1\lambda_1 + k_2 e_v = 0 \tag{6-17}$$

式中，$\mathrm{sat}_T(T_{eq}) + \Delta T = T_{eq}$ ，求得张力等效控制律为

$$T_{eq} = b_1^{-1}[\ddot{l}_d + k_1\dot{\Omega}_l - f_l(\boldsymbol{x}) + A_1\lambda_1 + k_2 e_v] \tag{6-18}$$

式中，$\ddot{l}_d$ 是最优绳长加速度。

然后，定义第二层滑模面为两个快回路滑模面的线性组合

$$s = \alpha s_{f-\dot{l}} + \beta s_{f-\dot{\theta}} \tag{6-19}$$

式中，α 和 β 为设计的权重系数。

采用饱和函数 $\text{sat}_s(s)$ 代替符号函数 $\text{sgn}(s)$ 抑制颤振，设计张力切换律 T_{sw} 为

$$T_{sw}=\frac{ks+\varepsilon\ \text{sat}_s(s)+\beta[\ddot{\theta}_d+k_3\dot{\Omega}_\theta-f_\theta(\boldsymbol{x})+k_4e_\omega]}{\alpha b_1} \tag{6-20}$$

式中，$\ddot{\theta}_d$ 为最优角加速度。

上述欠驱动控制的稳定证明包含整体滑模面的稳定及各子滑模面的稳定，详见参考文献 [159]。

6.1.3.3　面外角阻尼控制器设计

面外角阻尼控制器的目的是阻尼面外角可能存在的运动，并将其保持在平衡位置 0。控制方法仍采用滑模控制。采用类似的方法设计滑模面为

$$\begin{cases} s_{s-\varphi}=\Omega_\varphi+k_5\int_0^t\Omega_\varphi\mathrm{d}\tau \\ s_{f-\dot{\varphi}}=e_\varphi+k_6\int_0^t e_\varphi\mathrm{d}\tau \end{cases} \tag{6-21}$$

其中，k_5 和 k_6 为正系数，$\Omega_\varphi=\varphi_d-x_5$ 为面外平衡角与实际面外角之间的误差，$e_\varphi=\omega_{\varphi c}-x_6-\lambda_2$ 为跟踪误差，$\omega_{\varphi c}$ 是慢回路输出的虚拟控制量。

面外虚拟控制量 $\omega_{\varphi c}$ 推导方法与 v_{lc} 和 ω_c 一致，为

$$\omega_{\varphi c}=\dot{\varphi}_d+k_5\Omega_\varphi \tag{6-22}$$

设计控制量 F_{hc} 为

$$F_{hc}=b_2^{-1}[k_\varphi s_{f-\dot{\varphi}}+\varepsilon_\varphi\ \text{sat}_s(s_{f-\dot{\varphi}})+\ddot{\varphi}_d+k_5(\dot{\varphi}_d-x_6)-f_\varphi(\boldsymbol{x})+A_2\lambda_2+k_6e_\varphi] \tag{6-23}$$

其中，$\ddot{\varphi}_d$ 和 $\dot{\varphi}_d$ 分别为期望角加速度和角速度，稳态值为零。

下面进行稳定性证明。选择李雅普诺夫函数为 $V=0.5s_{f-\dot{\varphi}}^2$。其导数 $\dot{V}$ 满足 $\dot{V}=s_{f-\dot{\varphi}}\dot{s}_{f-\dot{\varphi}}\leqslant 0$，则在该控制器作用下，系统渐近稳定。

6.1.4　仿真分析

设空间平台星位于轨道高度 42 164 km 的 GEO 轨道，未释放系绳时的质量为：$m_1^0=1\ 500$ kg，目标星质量为 $m_2=500$ kg，系绳线密度 $\rho=0.004\ 5$ kg/m，平台推力大小为 $F=20$ N，比冲 $I_{sp}=300$ s，令推力与当地水平线夹角恒为 45°。当理论绳长 l_e 为 300 m 时，通过求解式（6-6），得到组合体的面内角理论指令为 $\theta_e=44.993°$。

设指令跟踪段性能指标权重系数分别为 $k_{tc}=1$ 和 $k_{ec}=0.5$，由于平台推力为 20 N，张力不应过大，否则会对平台造成较大的干扰且易导致两端的碰撞，同时系绳又应该避免松弛，故将系绳张力约束设置为：$0.5\ \text{N}\leqslant T\leqslant 30\ \text{N}$，平台侧向推力约束设置为 $-0.25\ \text{N}\leqslant F_h\leqslant 0.25\ \text{N}$。组合体系统的状态初值和终值为

$$\begin{cases} \boldsymbol{x}_{l_0,\theta_0}=[300\ \text{m}\quad 0\ \text{m/s}\quad 0°\quad 0(°)/\text{s}]^{\text{T}} \\ \boldsymbol{x}_{l_f,\theta_f}=[300\ \text{m}\quad 0\ \text{m/s}\quad 44.993°\quad 0(°)/\text{s}]^{\text{T}} \end{cases}$$

为避免空间平台星和目标星的碰撞，系绳不可过短。此外由于 GEO 轨道重力梯度较

小，组合体摆动抑制需要较长的系绳，但系绳长度又不可过长，以避免影响面内平衡姿态。因此对于绳长的上界，应权衡控制对绳长的需求和系绳对 θ_e 的影响来确定。图 6－3 为系绳长度对面内平衡角的影响，可以看出：当系绳长度为 5 000 m 时，平衡角 θ_e 仅改变 0.15°左右，本节将系绳长度约束设为

$$100\ \text{m} \leqslant l \leqslant 5\ 000\ \text{m},\ -10\ \text{m/s} \leqslant \dot{l} \leqslant 10\ \text{m/s}$$

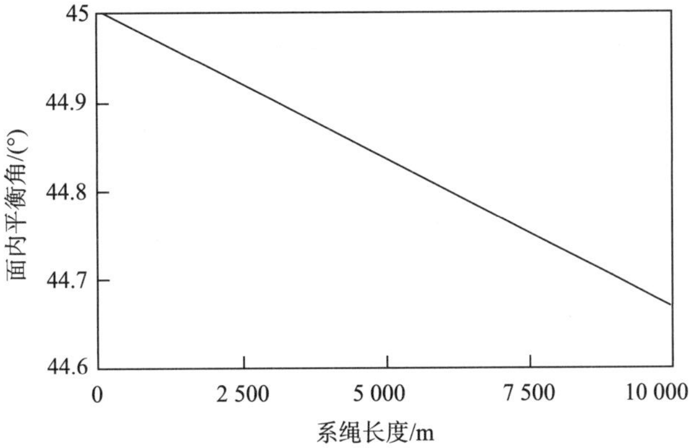

图 6－3　系绳长度对面内平衡角的影响

允许面内角指令存在≤5%的超调，即

$$0° \leqslant \theta \leqslant 47.25°,\ -0.573(°)/\text{s} \leqslant \dot{\theta} \leqslant 0.573(°)/\text{s}$$

组合体的其他状态初值及控制器参数如表 6－1 所示。

表 6－1　组合体状态参数及控制器参数

参数	初值	参数	初值
$[l,\ \dot{l}]$	[300 m, 0 m/s]	$[\sigma,\ \beta,\ k,\ \varepsilon]$	$[0.01,\ -10,\ 2,\ 1\times10^{-5}\ ]$
$[\theta,\ \dot{\theta},\ \varphi,\ \dot{\varphi}]$	[0°, 0(°)/s, −2°, 0(°)/s]	$[k_5,\ k_6,\ k_\varphi,\ \varepsilon_\varphi]$	[0.04, 1, 2,]
$[k_1,\ k_2,\ k_3,\ k_4]$	[3, 2, 6, 8]	$\boldsymbol{A}$	$\mathrm{diag}(8\times10^{-2},\ 1\times10^{-2})$

组合体姿态控制结果如图 6－4 和图 6－5 所示。图 6－4 反映了组合体系统的整体姿态控制效果，在加入抗饱和的控制力作用下，组合体姿态能跟踪各自实际指令并最终处于稳定状态，达到了摆动抑制的预期目标。由图 6－4（a）可见，系绳在姿态控制中经历了一次平滑的收放，最大释放绳长约为 2 500 m，并于 1 900 s 左右收回到理论长度。结合图 6－4（b）的面内角变化看，当系绳释放至最大值时，面内角到达其峰值，并保持一段时间，然后随着系绳的回收最终稳定在平衡位置。这充分说明，面内姿态摆动可通过收放系绳调节科氏力及重力梯度力矩来稳定。图 6－4（c）显示了面外角能在平台侧向推力控制下快速稳定到 0°。图 6－5（a）表明，张力在姿态跟踪时偶有饱和，且起伏较大，然而一旦处于姿态保持阶段，则趋于平稳并保持在 5 N 左右。由图 6－5（b）可见，平台面外角控制力只在控制初期有小段时间的饱和，随后快速下降为零，保障了面外角的镇定。

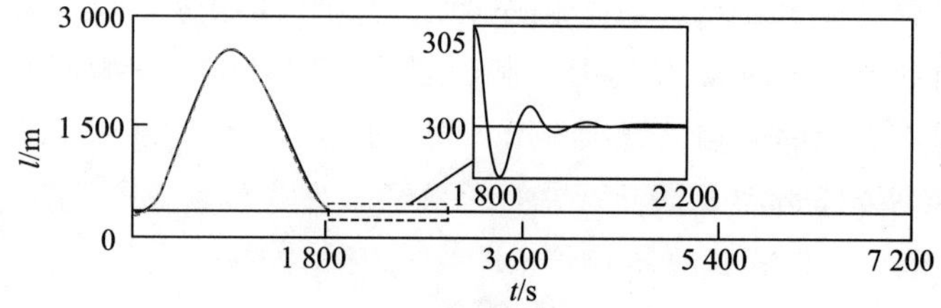

(a) 系绳长度

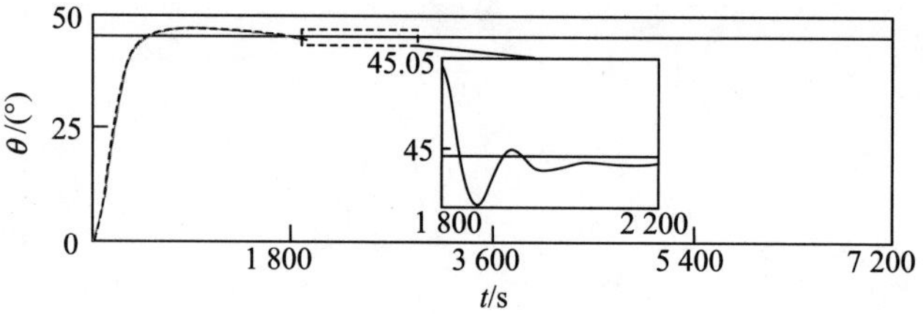

(b) 面内角

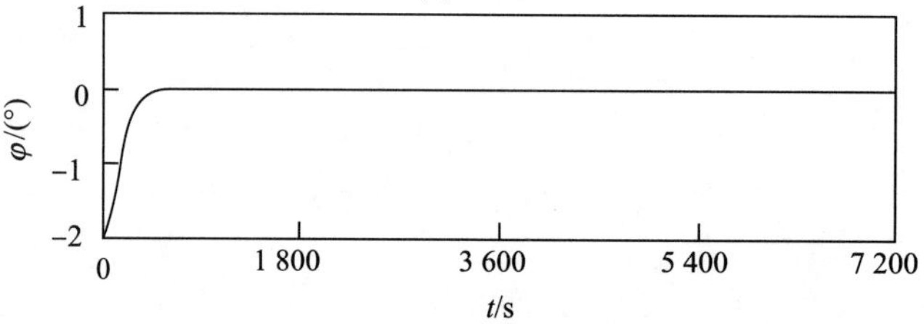

(c) 面外角

理论指令　　实际指令

图 6-4　系绳长度、面内角及面外角变化曲线

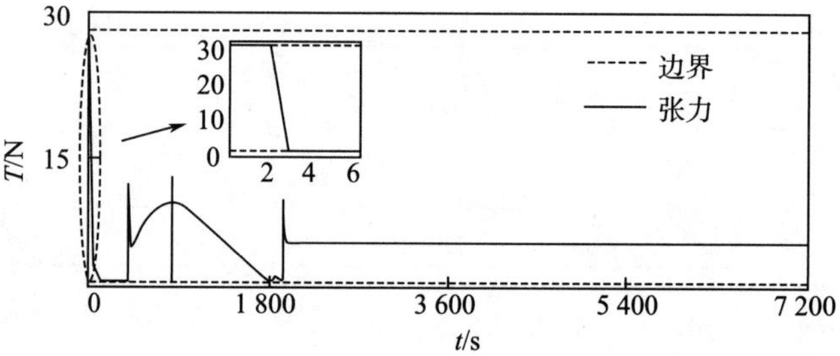

(a) 系绳张力

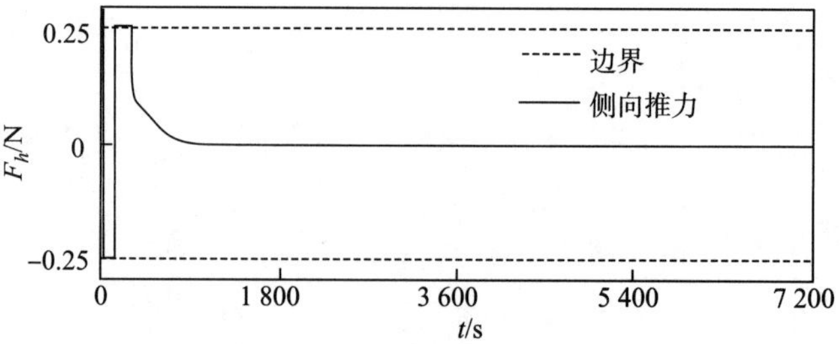

(b) 平台侧向推力

图 6-5　系绳张力及平台侧向推力曲线

本节的建模及控制器设计时，将目标星视为质点而忽略其姿态运动，实际上，目标星的姿态运动会对组合体的整体姿态稳定控制产生一定的影响。假设目标星具有一定的旋转、翻滚运动，但不会与系绳发生缠绕，如图 6-6 所示，A 为平台星质心，P 为抓捕点，B 为目标星质心。该姿态运动干扰可以等效为系绳长度的改变 Δl，并可与系绳弹性形变 ζ 一同视为建模误差。此外，执行器和传感器受其精度所限，也会存在一些偏差［定义为 $\delta(\cdot)$］。在本节中，假设目标星的平面尺寸为 2 m×2 m、初始角速度为 5(°)/s，其姿态在抓捕器控制下是渐近稳定的，且不考虑与系绳缠绕的情况，令系绳刚度 EA＝25 997 N，其余执行器和传感器误差如表 6-2 所示。

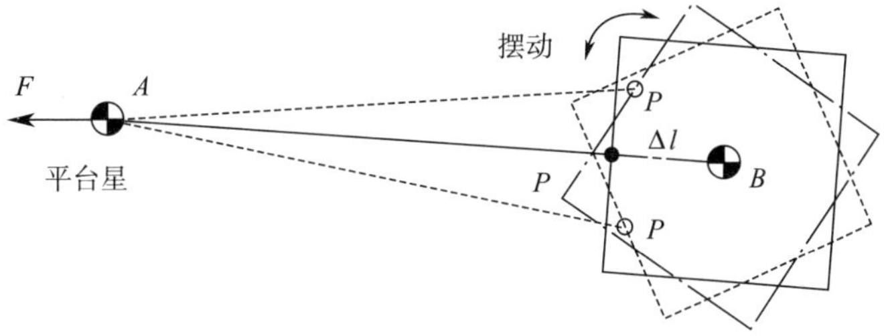

图 6-6　目标星姿态运动对系绳长度的影响

表 6-2　组合体摆动抑制执行器/传感器误差

误差类型	参数	值/区间
建模误差	Δl/m	$-1-0.5\sin(0.087t)\exp(-0.02t)$
	ζ/m	$T\cdot l/\mathrm{EA}$
传感器误差	δl/m	[−0.1　0.1]
	$\delta\dot{l}$/(m/s)	[−0.01　0.01]
	$\delta\theta$，$\delta\varphi$/(°)	[−0.1　0.1]
	$\delta\dot{\theta}$，$\delta\dot{\varphi}$/[(°)/s]	[−0.02　0.02]
执行器误差	T/N	[−0.1　0.1]
	F_h/N	[−0.01　0.01]

令所有执行器和传感器误差均服从正态分布。仿真 50 次，结果如图 6-7 所示。从系绳长度及面内角的响应曲线中可以看出，在系绳释放阶段（1 000 s 前），指令跟踪效果良好。这是因为此时的绳长远大于目标星，尽管目标星的姿态尚不稳定，但其对系绳的影响较小。然而随着系绳的回收，目标体姿态的影响在逐步增大，由于欠驱动控制的缘故，导致绳长及面内角均出现一定的振荡。但它们在张力控制下仍能稳定在各自的期望指令上，展现了良好的鲁棒性。图 6-7（c）表明面外角能被侧向推力迅速稳定在 0°附近，其由误差所引起的振荡被控制在很小的范围内，几乎不受目标星姿态扰动的影响。

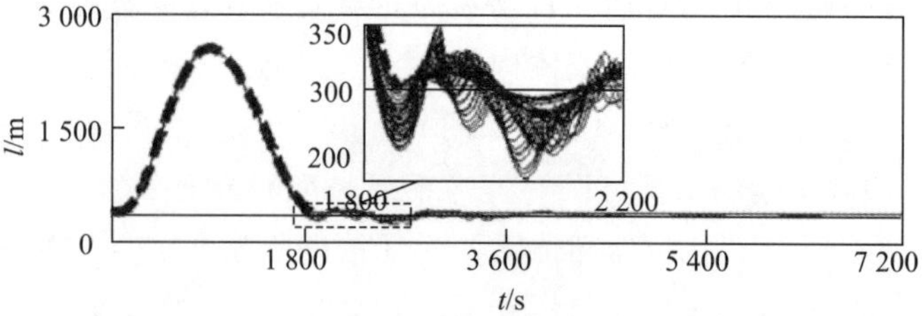

(a) 系绳长度

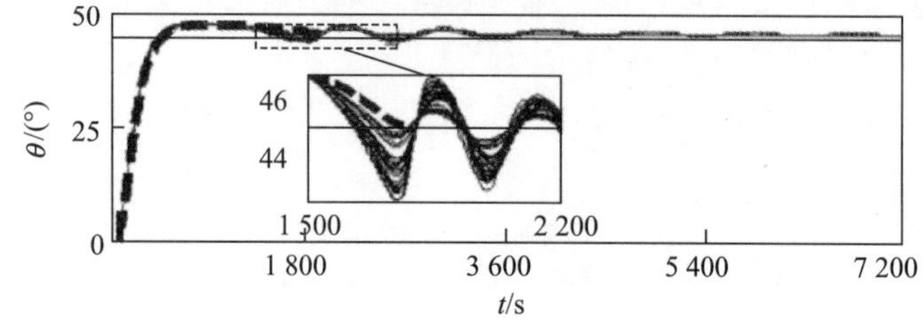

(b) 面内角

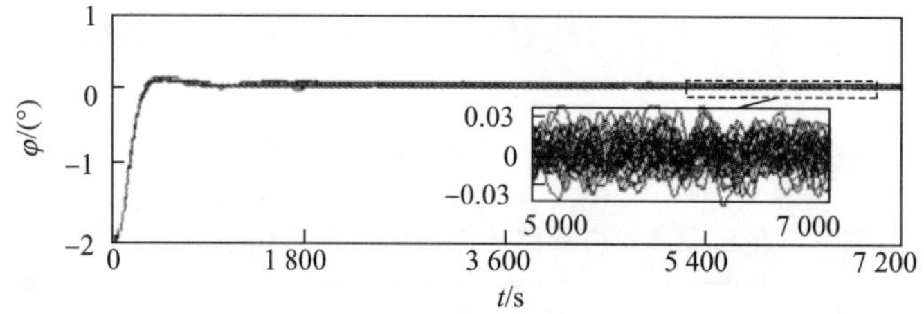

(c) 面外角

—— 理论指令　　------ 实际指令

图 6－7　加入模型/测量/执行误差的组合体姿态曲线

上述仿真结果表明，空间绳系机器人/目标星组合体能够在系绳张力作用下，实现系绳长度和面内角稳定，并且对目标星姿态运动、执行器误差、传感器误差均具有良好的鲁棒性。

6.2　利用系绳的机器人/目标星组合体姿态稳定控制

上节主要研究了空间绳系机器人/目标星组合体的摆动抑制问题，属于组合体系统姿态稳定控制范畴。而针对目标星的姿态稳定，本节提出一种仅用系绳的稳定控制方法。在系绳的定张力假设下，通过移动系绳连接点，改变张力力矩，实现目标星的姿态稳定控制。

6.2.1　利用系绳的机器人/目标星姿态动力学模型

在空间绳系机器人完成目标捕获后形成的组合体系统如图 6－8 所示。地心惯性坐标系 $O\hat{x}\hat{y}\hat{z}$ 用来描述空间平台的位置；LVLH（Local Vertical Local Horizontal）坐标系 $A\hat{x}_{po}\hat{y}_{po}\hat{z}_{po}$ 用来描述平台星与目标星间的相对运动，A 为平台星质心；目标体本体坐标系

$S\hat{x}_{db}\hat{y}_{db}\hat{z}_{db}$ 用来描述目标星相对于 LVLH 坐标系的姿态运动，并假设本体系的各坐标轴与目标星主惯量轴重合，且目标星为立方体构型。

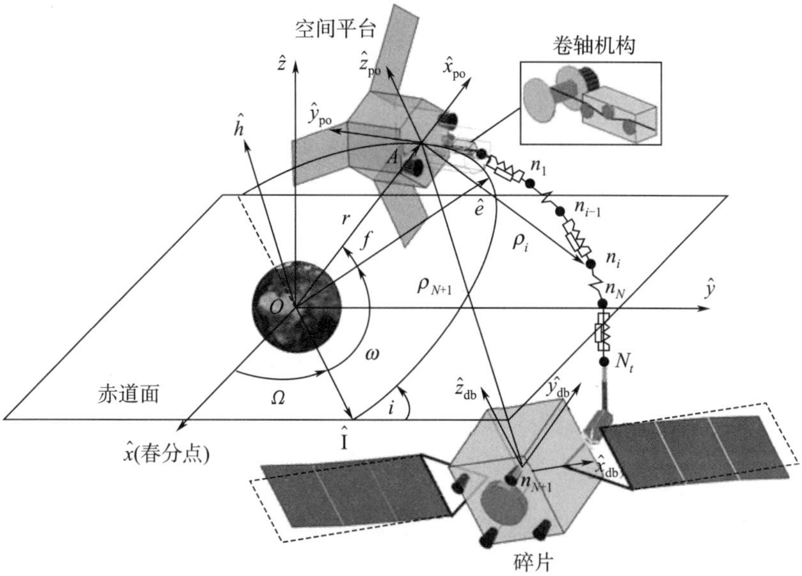

图 6-8　空间绳系机器人目标捕获后组合体示意图

在组合体动力学建模之前，为简化问题，提出如下假设：

1）空间平台星的姿态可由其自身的姿态控制系统保持稳定，忽略其姿态运动，并将其视为质点；

2）空间绳系机器人目标抓捕完成后，其抓捕器与目标星间为刚性连接，无相对运动；且捕获点位置已知；

3）忽略系绳扭转、目标星的太阳能帆板等挠性部件振动幅度较小。

同上节类似，本节仍采用在空间平台星施加变轨力的方式，保持系绳张力并避免平台星和目标星的碰撞。其动力学模型由平台星轨道运动模型、系绳动力学模型以及目标星姿态模型三部分组成。

6.2.1.1　平台星轨道运动模型

平台星的轨道运动模型可以由轨道六要素 $\mathbf{oe}=[a, e, i, \Omega, \omega, M_0]^{\mathrm{T}}$ 来描述，其中 a 为长半轴，e 为偏心率，i，Ω，ω 分别表示轨道倾角，升交点赤经和近地点幅角，M_0 为真近点角。在可能存在的平台星推力作用下，采用高斯摄动方程来描述轨道要素随时间的变化情况。

$$
\begin{cases}
\dot{a} = 2\dfrac{d_r a^2 e\sin f}{h} + 2\dfrac{d_\theta a^2 p}{hr} \\
\dot{e} = \dfrac{d_r p\sin f}{h} + \dfrac{d_\theta[(p+r)\cos f + re]}{h} \\
\dot{i} = \dfrac{d_h r\cos(f+\omega)}{h} \\
\dot{\Omega} = \dfrac{d_h r\sin(f+\omega)}{h\sin i} \\
\dot{\omega} = -\dfrac{d_r p\cos f}{he} + \dfrac{d_\theta(p+r)\sin f}{he} - \dfrac{d_h r\sin(f+\omega)\cos i}{h\sin i} \\
\dot{M}_0 = d_r\left[\dfrac{(-2e+\cos f + e\cos^2 f)(1-e^2)}{e(1+e\cos f)\bar{n}a}\right] + d_\theta\left[\dfrac{(e^2-1)(e\cos f+2)\sin f}{e(1+e\cos f)\bar{n}a}\right] \\
\dot{f} = \dfrac{h}{r^2} + \dfrac{1}{eh}[d_r p\cos f - d_\theta(p+r)\sin f]
\end{cases}
\tag{6-24}
$$

其中，$p=a(1-e^2)$ 为半通径，$h=\sqrt{\mu p}$ 为动量矩的幅值，μ 为地球引力常数，$\bar{n}=\sqrt{\mu/a^3}$ 为平均轨道角速度，$r=a(1-e^2)/(1+e\cos f)$ 为轨道半径。$\boldsymbol{d}_p=[d_r,\ d_\theta,\ d_h]^{\mathrm{T}}$ 为作用在平台星上的加速度。

$$
\boldsymbol{d}_p = \frac{[\boldsymbol{F}]_L + [\boldsymbol{T}_p]_L}{m_p} \tag{6-25}
$$

$\boldsymbol{F}$ 为空间平台星推力，$\boldsymbol{T}_p$ 为作用在平台星上的推力，m_p 为平台星质量，$[\cdot]_{\mathcal{L}}$ 表示该矢量在 LVLH 坐标系下的描述。

6.2.1.2　系绳动力学模型

系绳的动力学模型基于最为传统的系绳珠子模型建立。将释放出的系绳由 N 个珠点离散化为 $N+1$ 段，每一段都被视为自然长度为 l_{0i}，$(i=1,\ \cdots,\ N+1)$ 的弹簧阻尼器。利用矢量 $\boldsymbol{\rho}_i=[x_i,\ y_i,\ z_i]^{\mathrm{T}}$ 来描述 LVLH 系中第 i 个珠点的位置（记为 n_i，则 n_{N+1} 可表示包含目标星质量的珠点），因此第 i 个珠点的张力定义如下

$$
T_i = \begin{cases} 0 & d_i \leqslant l_{0i} \\ \dfrac{EA(d_i - l_{0i})}{l_{0i}} + \dfrac{c_t EA(\dot{d}_i - \dot{l}_{0i})}{l_{0i}} & d_i > l_{0i} \end{cases} \tag{6-26}
$$

其中，EA 为系绳刚度，c_t 为阻尼系数，$d_i=\|\boldsymbol{\rho}_i-\boldsymbol{\rho}_{i-1}\|$ 为两个珠点之间的实际长度，$\boldsymbol{\rho}_0$ 为 LVLH 系原点。第 N 个珠点和抓捕点 N_t 之间的长度 d_{N+1} 为 $\|\boldsymbol{\rho}_t-\boldsymbol{\rho}_N\|$，其中 $\boldsymbol{\rho}_t=\boldsymbol{\rho}_{N+1}+[\overrightarrow{n_{N+1}N_t}]_{\mathcal{L}}$ 为抓捕点 N_t 的位置矢量。

每个珠点的动力学模型为

$$\begin{cases}\ddot{x}_i-2\dot{\theta}\dot{y}_i-\ddot{\theta}y_i-\dot{\theta}^2x_i=-\dfrac{\mu(r+x_i)}{[(r+x_i)^2+y_i^2+z_i^2]1.5}+\dfrac{\mu}{r^2}+d_{xi}\\ \ddot{y}_i+2\dot{\theta}\dot{x}_i+\ddot{\theta}x_i-\dot{\theta}^2y_i=-\dfrac{\mu y_i}{[(r+x_i)^2+y_i^2+z_i^2]1.5}+d_{yi}\\ \ddot{z}_i=-\dfrac{\mu z_i}{[(r+x_i)^2+y_i^2+z_i^2]1.5}+d_{zi}\end{cases} \tag{6-27}$$

其中，$\theta=f+\omega$ 为纬度，$\boldsymbol{d}_i=[d_{xi},\quad d_{yi},\quad d_{zi}]^{\mathrm{T}}=[\boldsymbol{T}_i]_{\mathcal{L}}/m_i-\boldsymbol{d}_p$ 是第 i 个珠点的加速度，$m_i=(\zeta/N)\sum\limits_{i=1}^{N+1}l_{0i}$ 为各珠点的质量，ζ 表示系绳线密度，m_{N+1} 表示目标星的质量。

作用在第 $n_i(i=1,\ \cdots,\ N)$ 个珠点上的系绳张力为相邻两段系绳的张力之和

$$[\boldsymbol{T}_i]_{\mathcal{L}}=[\boldsymbol{T}_{i,i-1}]_{\mathcal{L}}+[\boldsymbol{T}_{i,i+1}]_{\mathcal{L}} \tag{6-28}$$

其中，$[\boldsymbol{T}_{i,\ i-1}]_{\mathcal{L}}=\boldsymbol{T}_i\dfrac{\boldsymbol{\rho}_{i-1}-\boldsymbol{\rho}_i}{\|\boldsymbol{\rho}_{i-1}-\boldsymbol{\rho}_i\|}$ 与 $[\boldsymbol{T}_{i,\ i+1}]_{\mathcal{L}}=\boldsymbol{T}_{i+1}\dfrac{\boldsymbol{\rho}_{i+1}-\boldsymbol{\rho}_i}{\|\boldsymbol{\rho}_{i+1}-\boldsymbol{\rho}_i\|}$ 分别是珠点 n_i 指向珠点 n_{i-1} 及 n_{i+1} 的张力，且 $[\boldsymbol{T}_{N,\ N+1}]_{\mathcal{L}}=\boldsymbol{T}_{N+1}\dfrac{\boldsymbol{\rho}_t-\boldsymbol{\rho}_N}{\|\boldsymbol{\rho}_t-\boldsymbol{\rho}_N\|}$。

6.2.1.3　目标星姿态模型

目标星姿态仍采用修正罗德里格参数描述，则具有挠性附件的目标星姿态模型为

$$\begin{cases}\dot{\boldsymbol{\sigma}}=\boldsymbol{G}(\boldsymbol{\sigma})\boldsymbol{\Omega}_t\\ \boldsymbol{J}\dot{\boldsymbol{\Omega}}_t+\boldsymbol{\delta}^{\mathrm{T}}\ddot{\boldsymbol{\chi}}+\boldsymbol{\Omega}_t^{\times}(\boldsymbol{J}\boldsymbol{\Omega}_t+\boldsymbol{\delta}^{\mathrm{T}}\dot{\boldsymbol{\chi}})=\boldsymbol{\tau}+\boldsymbol{d}\\ \ddot{\boldsymbol{\chi}}+\boldsymbol{C}\dot{\boldsymbol{\chi}}+\boldsymbol{K}\boldsymbol{\chi}+\boldsymbol{\delta}\dot{\boldsymbol{\Omega}}_t=0\end{cases} \tag{6-29}$$

$$\begin{cases}\boldsymbol{G}(\boldsymbol{\sigma})=1/4[(1-\boldsymbol{\sigma}^{\mathrm{T}}\boldsymbol{\sigma})\boldsymbol{I}_3+2\boldsymbol{\sigma}^{\times}+2\boldsymbol{\sigma}\boldsymbol{\sigma}^{\mathrm{T}}]\\ \boldsymbol{d}=-(\boldsymbol{\Omega}_t^{\times}\boldsymbol{J}\boldsymbol{\omega}_p+\boldsymbol{\omega}_p^{\times}\boldsymbol{J}\boldsymbol{\Omega}_t+\boldsymbol{\omega}_p^{\times}\boldsymbol{J}\boldsymbol{\omega}_p+\boldsymbol{J}\dot{\boldsymbol{\omega}}_p)\end{cases} \tag{6-30}$$

其中，$\boldsymbol{\sigma}=[\sigma_x,\ \sigma_y,\ \sigma_z]^{\mathrm{T}}$ 为目标星姿态的修正罗德里格参数，$\boldsymbol{\Omega}_t=[\Omega_{tx},\ \Omega_{ty},\ \Omega_{tz}]^{\mathrm{T}}$ 为目标星相对于 LVLH 系的角速度，$(\cdot)^{\times}$ 为叉乘算子，$\boldsymbol{J}$ 为目标星的转动惯量矩阵，$\boldsymbol{\tau}$ 为本体系下的张力力矩，$\boldsymbol{\chi}$ 是具有弹性模数 n 的附加模态坐标矢量，$\boldsymbol{\delta}$ 表示挠性与刚体动力学之间的耦合矩阵，$\boldsymbol{C}=\mathrm{diag}\{2\zeta_j\Lambda_j,\ j=1,\ \cdots,\ n\}$ 和 $\boldsymbol{K}=\mathrm{diag}\{\Lambda_j^2,\ j=1,\ \cdots,\ n\}$ 分别为阻尼系数与刚度系数矩阵，ζ_j 和 Λ_j 分别为阻尼及固有频率，$\boldsymbol{d}$ 为由平台星轨道角速度 $\boldsymbol{\omega}_p$ 引起的扰动。$\boldsymbol{\omega}_p$ 在本体坐标系下可表示为

$$\boldsymbol{\omega}_p\triangleq\boldsymbol{R}\begin{bmatrix}\dot{\Omega}\sin i\sin\theta+\dot{i}\cos\theta\\ \dot{\Omega}\sin i\cos\theta-\dot{i}\sin\theta\\ \dot{\Omega}\cos i+\dot{\omega}+\dot{f}\end{bmatrix} \tag{6-31}$$

式中，$\boldsymbol{R}$ 为 LVLH 系到本体坐标系的姿态转换矩阵。

$$\boldsymbol{R}\triangleq\boldsymbol{I}_3-\frac{4(1-\boldsymbol{\sigma}^2)}{(1+\boldsymbol{\sigma}^2)^2}[\boldsymbol{\sigma}^{\times}]+\frac{8}{(1+\boldsymbol{\sigma}^2)^2}[\boldsymbol{\sigma}^{\times}]^2 \tag{6-32}$$

6.2.2 姿态平衡状态与运动约束分析

同 4.2 节类似，要在系绳定张力下实现期望的控制力矩，需要引入系绳连接点的移动机构。本节引入一种两自由度旋转、单自由度伸缩的系绳连接点移动机构（简称系绳机械臂）实现系绳连接点的移动，如图 6－9 所示[159]。受极坐标启发，该机构由一个线性执行器和一个两自由度旋转关节组成。这使得系绳连接点可以通过轴向位移（Δl）和两个正交旋转（α，β）到达任何可用位置。

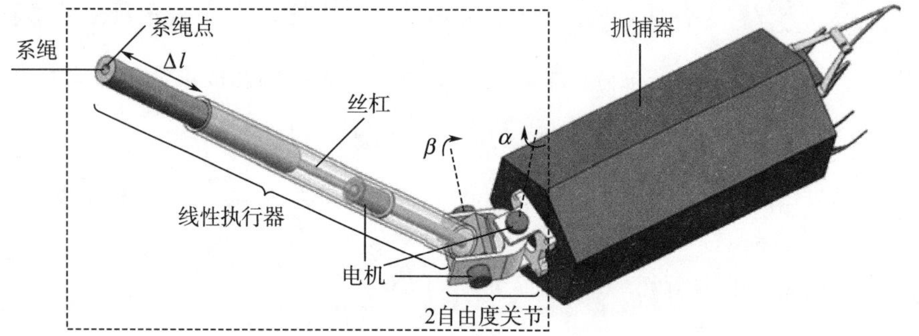

图 6－9 系绳机械臂示意图

进一步分析，利用系绳的组合体姿态稳定控制的约束条件源于两个方面，一是由仅利用系绳的控制策略导致欠驱动控制问题；二是由执行器和环境构成的系绳连接点移动机构运动约束问题，即 α，β 和 Δl 受限问题。

仅利用系绳的组合体稳定控制能够消除组合体的角动量，但无法将目标星稳定在任意姿态，而仅能将其稳定在其平衡位置。另外，由于系绳张力力矩受限和避免非仿射非线性控制难题，本节将受限的系绳连接机构移动转化为受限的系绳张力矩，而在控制器设计时以系绳张力矩为控制变量。

6.2.2.1 系绳张力力矩约束

系绳张力力臂在本体系下的表达如图 6－10 所示。可以看出：抓捕点 N_t 在系绳机械臂的运动下会偏离初始位置 N_0。因此，系绳张力力矩 $\boldsymbol{\tau}$ 由机械臂 $\Delta\boldsymbol{r}$ 引起的控制力矩 $\boldsymbol{\tau}_{\mathrm{c}}$ 和由偏心臂 $\boldsymbol{r}_{\mathrm{off}}$ 引起的感应力矩 $\boldsymbol{\tau}_{\mathrm{i}}$ 两部分组成。

$$\boldsymbol{\tau}=\boldsymbol{\tau}_{\mathrm{c}}+\boldsymbol{\tau}_{\mathrm{i}}=(\Delta\boldsymbol{r}+\boldsymbol{r}_{\mathrm{off}})\times\boldsymbol{T}_{N+1,N} \tag{6-33}$$

由于系绳仅能产生垂直于自身的张力力矩，其张力矩受到如下约束

$$t_x\tau_x+t_y\tau_y+t_z\tau_z=0 \tag{6-34}$$

其中，$[\tau_x,\ \tau_y,\ \tau_z]^{\mathrm{T}}$ 是 $\boldsymbol{\tau}_{\mathrm{c}}$ 在本体系下的投影，$[t_x,\ t_y,\ t_z]^{\mathrm{T}}$ 是 $\boldsymbol{R}\ [\boldsymbol{T}_{N+1,\ N}]_{\mathcal{L}}$ 中 $\boldsymbol{T}_{N+1,\ N}$ 在本体系下的投影。上述约束条件表明，系绳张力矩仅有两个通道的分量可以独立设计。因此，利用系绳的组合体姿态稳定问题本质上是用最多两个通道控制量实现姿态三通道稳定的欠驱动控制问题[239]。

6.2.2.2 系绳机械臂运动约束

考虑到系绳机械臂的线性执行器输出受自身机构限制，两自由度关节转动约束受与目

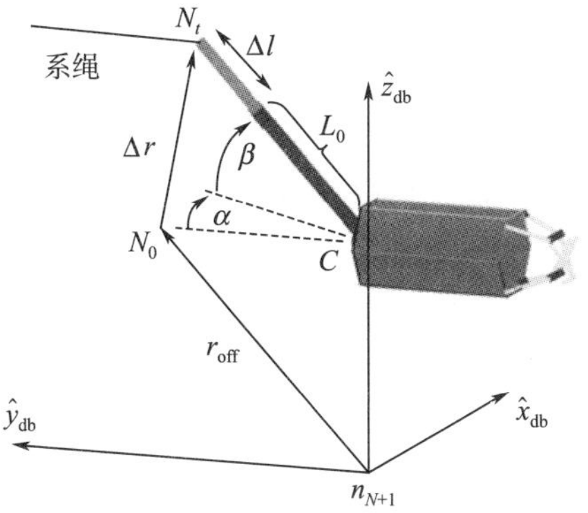

图 6-10　系绳张力力臂在本体系下的分量

标星本体碰撞约束限制，定义系绳机械臂的运动约束条件为

$$\begin{cases} 0 \leqslant \Delta l \leqslant \Delta l_{max} \\ -\alpha_{max} \leqslant \alpha \leqslant \alpha_{max} \\ -\beta_{max} \leqslant \beta \leqslant \beta_{max} \end{cases} \tag{6-35}$$

其中，Δl_{max} 和 β_{max} 由执行机构自身设计决定，$\alpha_{max} = \arctan[l_c/(l_d/2 - l_g)]$ 由碰撞约束计算得到。l_c 为抓捕点与目标体之间的距离，l_d 为目标体边长，l_g 为机械手长度，l_z 为偏离 $\hat{z}_{db}$ 轴的距离。因此，约束面 Π_1 与 Π_2，系绳机械臂工作空间如图 6-11 所示。

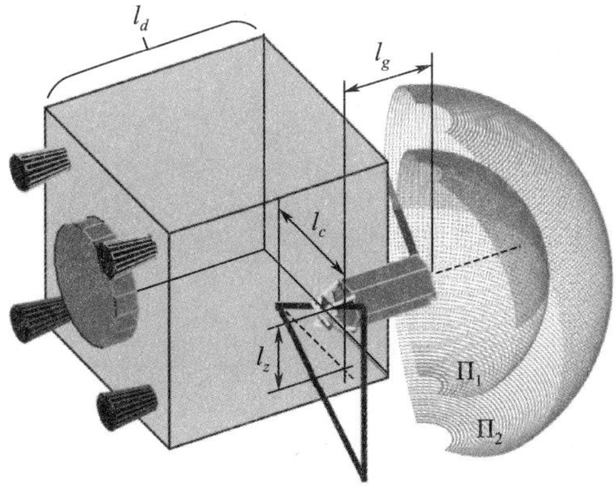

图 6-11　系绳机械臂工作空间示意

6.2.2.3　组合体平衡状态分析

组合体姿态的平衡状态取决于执行机构系绳机械臂的位置，意味着必须有对应于每个 Δl_{tf}，α_{tf}，β_{tf} 值的平衡态。在工作空间内，希望执行器具有尽可能大的操作范围。为了实现这一目的，可以直接令 $\Delta l_{tf} = \alpha_{tf} = \beta_{tf} = 0$，即工作区的中心线（如图 6-11 中虚线所示），意味着执行机构在目标体姿态稳定后将回到起始位置。因此，定义平衡态如下

$$\boldsymbol{r}_{off} \times (\boldsymbol{R}\{\boldsymbol{\sigma}_{eq}\}\ [\boldsymbol{T}_{N+1,N}^{eq}]_{\mathcal{L}}\} = 0 \tag{6-36}$$

其中，$\boldsymbol{\sigma}_{eq}$ 为目标的姿态修正罗德里格参数，$\boldsymbol{T}_{N+1,N}^{eq}$ 为平衡状态的系绳张力。由于偏心捕

获，$\boldsymbol{\sigma}_{eq}$ 将是非零值，并导致运动学的耦合。此外，当系绳张力保持常值或稳定时，平衡状态稳定[240]。

设平台推力始终沿着 $\hat{y}_{po}$ 轴，且目标星质心也位于 $\hat{y}_{po}$ 轴上。此时，目标星的姿态运动只会导致系绳较小幅度的摆动，并可以通过镇定目标星来抑制系绳的高阶振荡。因此，可定义 $[\boldsymbol{T}_{N+1,N}^{eq}]_{\mathcal{L}}=[0,T_{N+1},0]^{\mathrm{T}}$ 。

6.2.2.4　执行机构约束条件转化

在给定的平衡状态和系绳方向下，t_y 可能是非零值。为了避免奇异性，选取 $\tilde{\boldsymbol{\tau}}_c=[\tau_x,\tau_z]^{\mathrm{T}}$ 为中间控制变量。采用图 6-12 所示的转换过程设计系绳机械臂的运动 $\boldsymbol{u}$ ，并获得饱和控制变量 $\mathrm{sat}(\tilde{\boldsymbol{\tau}}_c)$ 。

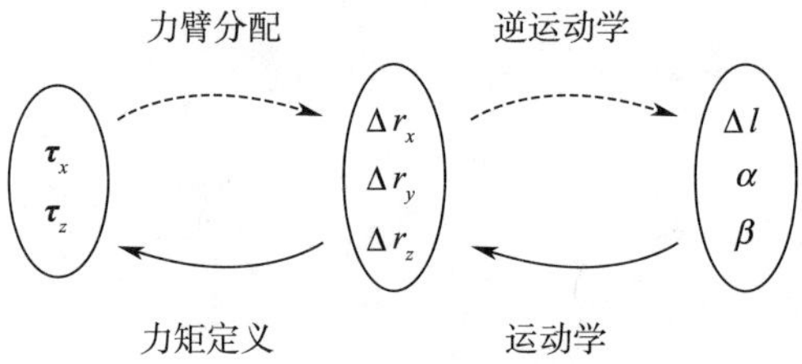

图 6-12　执行机构约束转换过程

首先，计算系绳机械臂的运动 $\boldsymbol{u}$ 。

张力力臂分配即通过选取 $\Delta\boldsymbol{r}$ 的各个元素 $[\Delta r_x,\ \Delta r_y,\ \Delta r_z]^{\mathrm{T}}$ ，使得 $\|\Delta\boldsymbol{r}\|$ 最小化。根据式（6-33），该最优问题定义为

$$\mathcal{J}=\min\|\Delta\boldsymbol{r}\|$$
$$\begin{cases}\Delta r_x=t_y^{-1}(\tau_z+t_x\Delta r_y)\\ \Delta r_z=t_y^{-1}(t_z\Delta r_y-\tau_x)\end{cases}\tag{6-37}$$

不考虑约束条件时，可得到 Δr_y^* 的最优解。最优解可表示为

$$\Delta\boldsymbol{r}^*=\begin{bmatrix}\Delta r_x^*\\ \Delta r_y^*\\ \Delta r_z^*\end{bmatrix}=\begin{bmatrix}t_y^{-1}(\tau_z+t_x\Delta r_y^*)\\ \dfrac{t_z\tau_x-t_x\tau_z}{\|\boldsymbol{T}_{N+1,N}\|^2}\\ t_y^{-1}(t_z\Delta r_y^*-\tau_x)\end{bmatrix}\tag{6-38}$$

在此基础上，根据系绳机械臂的逆运动学得到 $\boldsymbol{u}$ 为

$$\boldsymbol{u}=\begin{bmatrix}\Delta l\\ \alpha\\ \beta\end{bmatrix}=\begin{bmatrix}\|\boldsymbol{CN}_t\|-L_0\\ \arctan\left(\dfrac{\Delta r_x^*}{\Delta r_y^*+L_0}\right)\\ \arcsin(\Delta r_z^*/\|\boldsymbol{CN}_t\|)\end{bmatrix}\tag{6-39}$$

其中，L_0 为执行器未延伸时的长度，$\|\boldsymbol{CN}_t\|=\sqrt{(\Delta r_x^*)^2+(\Delta r_y^*+L_0)^2+(\Delta r_z^*)^2}$ 。

其次，将约束运动 $\mathrm{sat}(\boldsymbol{u})$ 转换为实际控制输入 $\mathrm{sat}(\tilde{\boldsymbol{\tau}}_c)$ 。

定义正向运动学为

$$\text{sat}(\Delta \boldsymbol{r}^*) = \begin{bmatrix} \text{sat}(\Delta r_x^*) \\ \text{sat}(\Delta r_y^*) \\ \text{sat}(\Delta r_z^*) \end{bmatrix} = \begin{bmatrix} (L_0 + \Delta\bar{l})\cos\bar{\beta}\sin\bar{\alpha} \\ (L_0 + \Delta\bar{l})\cos\bar{\beta}\cos\bar{\alpha} - L_0 \\ (L_0 + \Delta\bar{l})\sin\bar{\beta} \end{bmatrix} \tag{6-40}$$

其中，$\Delta\bar{l} = \text{sat}(\Delta l)$，$\bar{\beta} = \text{sat}(\beta)$，$\bar{\alpha} = \text{sat}(\alpha)$，运算符 sat(•) 表示饱和函数。

因此，通过力矩的定义，计算得到 $\text{sat}(\tilde{\boldsymbol{\tau}}_c)$ 为

$$\text{sat}(\tilde{\boldsymbol{\tau}}_c) = \begin{bmatrix} t_z \text{sat}(\Delta r_y^*) - t_y \text{sat}(\Delta r_z^*) \\ t_y \text{sat}(\Delta r_x^*) - t_x \text{sat}(\Delta r_y^*) \end{bmatrix} \tag{6-41}$$

偏差 $\Delta\boldsymbol{\tau} = \text{sat}(\tilde{\boldsymbol{\tau}}_c) - \tilde{\boldsymbol{\tau}}_c$ 将由姿态控制器设计处理。

6.2.3　姿态欠驱动抗饱和控制律设计

式（6-34）所示的约束导致了利用系绳的组合体姿态稳定控制的欠驱动问题。为了解决欠驱动问题，国内外学者提出了很多算法，如局部反馈线性化、反演法，以及分层滑模控制等。由于滑模控制优越的鲁棒性和欠驱动控制设计的便利性，本节选择分层滑模控制方法。而超扭滑模具有很好的减少抖动和有限时间内收敛性能，因此本节利用反步法设计思想，设计了超扭分层滑模控制器，并加入抗饱和模型降低输入非线性影响，加入干扰观测器模块，估计动力学模型的不确定部分和挠性部分振动引起的扰动。控制器结构如图 6-13 所示。

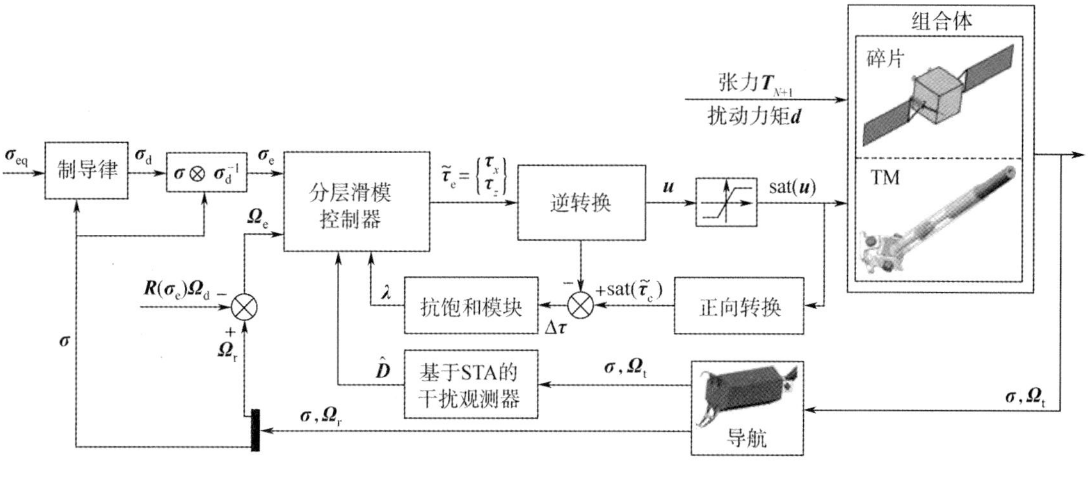

图 6-13　基于超扭分层滑模的组合体姿态稳定控制器

6.2.3.1　误差模型推导

定义修正罗德里格参数偏差 $\boldsymbol{\sigma}_e = [\sigma_{ex}, \sigma_{ey}, \sigma_{ez}]^T$ 及角速度偏差 $\boldsymbol{\Omega}_e = [\Omega_{ex}, \Omega_{ey}, \Omega_{ez}]^T$ 为

$$\begin{cases} \boldsymbol{\sigma}_e = \boldsymbol{\sigma} \otimes \boldsymbol{\sigma}_d^{-1} \\ \boldsymbol{\Omega}_e = \boldsymbol{\Omega}_t - \boldsymbol{R}(\boldsymbol{\sigma}_e)\boldsymbol{\Omega}_d \end{cases} \tag{6-42}$$

其中，$\boldsymbol{\sigma}_{\mathrm{d}}$ 为根据制导律设计的期望罗德里格参数 $\boldsymbol{\sigma}_{\mathrm{d}}=\boldsymbol{v}\boldsymbol{\sigma}+(\boldsymbol{I}_3-\boldsymbol{v})\boldsymbol{\sigma}_{\mathrm{eq}}$，$\boldsymbol{v}$ 为正定系数矩阵，$\boldsymbol{R}(\boldsymbol{\sigma}_{\mathrm{e}})=\boldsymbol{R}(\boldsymbol{\sigma})\ [\boldsymbol{R}(\boldsymbol{\sigma}_{\mathrm{d}})]^{\mathrm{T}}$，$\boldsymbol{\Omega}_{\mathrm{d}}$ 为期望角速度。$\otimes$ 为修正罗德里格参数的乘法算子。

$$\boldsymbol{\sigma}\otimes\boldsymbol{\sigma}_{\mathrm{d}}^{-1}=\frac{(1-\boldsymbol{\sigma}_{\mathrm{d}}^{\mathrm{T}}\boldsymbol{\sigma}_{\mathrm{d}})\boldsymbol{\sigma}+(\boldsymbol{\sigma}^{\mathrm{T}}\boldsymbol{\sigma}-1)\boldsymbol{\sigma}_{\mathrm{d}}-2\boldsymbol{\sigma}_{\mathrm{d}}\times\boldsymbol{\sigma}}{1+(\boldsymbol{\sigma}_{\mathrm{d}}^{\mathrm{T}}\boldsymbol{\sigma}_{\mathrm{d}})(\boldsymbol{\sigma}^{\mathrm{T}}\boldsymbol{\sigma})+2\boldsymbol{\sigma}_{\mathrm{d}}^{\mathrm{T}}\boldsymbol{\sigma}} \tag{6-43}$$

本节中，动力学模型的不确定性主要来源于目标星转动惯量矩阵的有界辨识误差 $\Delta\boldsymbol{J}$，设标称的转动惯量矩阵为 $\boldsymbol{J}_0$，实际的转动惯量为 $\boldsymbol{J}=\boldsymbol{J}_0+\Delta\boldsymbol{J}$。

考虑目标星的小弹性位移，挠性振动的最大振幅 $\|\boldsymbol{\chi}\|_\infty$ 及其导数 $\|\dot{\boldsymbol{\chi}}\|_\infty$、$\|\ddot{\boldsymbol{\chi}}\|_\infty$ 有界，张力力矩 $\boldsymbol{\tau}_i$ 也有界。将挠性振动动力学 $\boldsymbol{\delta}^{\mathrm{T}}\ddot{\boldsymbol{\chi}}$，$\boldsymbol{\Omega}_{\mathrm{t}}^{\times}\boldsymbol{\delta}^{\mathrm{T}}\dot{\boldsymbol{\chi}}$ 以及由 $\Delta\boldsymbol{J}$ 引起的动力学扰动看作集中扰动，定义总扰动为 $\boldsymbol{d}_{\mathrm{tot}}=-\boldsymbol{J}_0^{-1}\boldsymbol{\Omega}_{\mathrm{t}}^{\times}\Delta\boldsymbol{J}\boldsymbol{\Omega}_{\mathrm{t}}-\Delta\boldsymbol{J}^{-1}(\boldsymbol{\Omega}_{\mathrm{t}}^{\times}\boldsymbol{J}\boldsymbol{\Omega}_{\mathrm{t}}-\boldsymbol{g}_{\mathrm{c}}\mathrm{sat}(\tilde{\boldsymbol{\tau}}_{\mathrm{c}}))-\boldsymbol{J}^{-1}(\boldsymbol{\Omega}_{\mathrm{t}}^{\times}\boldsymbol{\delta}^{\mathrm{T}}\dot{\boldsymbol{\chi}}+\boldsymbol{\delta}^{\mathrm{T}}\ddot{\boldsymbol{\chi}}-\boldsymbol{d}-\boldsymbol{\tau}_{\mathrm{i}})$。平台推力有界时，轨道角速度 $\|\boldsymbol{\omega}\|$ 及其导数 $\|\dot{\boldsymbol{\omega}}\|$ 也是有界的。因此，存在常数 $\bar{\boldsymbol{d}}_{\mathrm{tot}}$ 使得 $\|\boldsymbol{d}_{\mathrm{tot}}\|_\infty\leqslant\bar{d}_{\mathrm{tot}}$。

综上所述，得到

$$\begin{cases}\dot{\boldsymbol{\sigma}}_{\mathrm{e}}=\boldsymbol{G}(\boldsymbol{\sigma}_{\mathrm{e}})\boldsymbol{\Omega}_{\mathrm{e}}\\ \dot{\boldsymbol{\Omega}}_{\mathrm{e}}=-\boldsymbol{J}_0^{-1}\boldsymbol{\Omega}_{\mathrm{t}}^{\times}\boldsymbol{J}_0\boldsymbol{\Omega}_t+\boldsymbol{J}_0^{-1}\boldsymbol{g}_{\mathrm{c}}\mathrm{sat}(\tilde{\boldsymbol{\tau}}_{\mathrm{c}})+\boldsymbol{\Im}+\boldsymbol{d}_{\mathrm{tot}}\end{cases} \tag{6-44}$$

其中，$\boldsymbol{\Im}=\boldsymbol{\Omega}_{\mathrm{e}}^{\times}\boldsymbol{R}(\boldsymbol{\sigma}_{\mathrm{e}})\boldsymbol{\Omega}_{\mathrm{d}}-\boldsymbol{R}(\boldsymbol{\sigma}_{\mathrm{e}})\dot{\boldsymbol{\Omega}}_{\mathrm{d}}$，为了镇定目标星，令 $\boldsymbol{\Omega}_{\mathrm{d}}=0$，因此 $\boldsymbol{\Im}=\boldsymbol{0}$，$\boldsymbol{g}_{\mathrm{c}}\in\mathbf{R}^{3\times2}$ 是根据式（6－34）定义的控制增益矩阵

$$\boldsymbol{g}_{\mathrm{c}}=\begin{bmatrix}1 & 0\\ -\dfrac{t_x}{t_y} & -\dfrac{t_z}{t_y}\\ 0 & 1\end{bmatrix} \tag{6-45}$$

令 $\ddot{\boldsymbol{\sigma}}_{\mathrm{e}}=\dot{\boldsymbol{G}}(\boldsymbol{\sigma}_{\mathrm{e}})\boldsymbol{\Omega}_{\mathrm{e}}+\boldsymbol{G}(\boldsymbol{\sigma}_{\mathrm{e}})\dot{\boldsymbol{\Omega}}_{\mathrm{e}}$，则

$$\ddot{\boldsymbol{\sigma}}_{\mathrm{e}}=\boldsymbol{f}+\boldsymbol{g}\mathrm{sat}(\tilde{\boldsymbol{\tau}}_{\mathrm{c}})+\boldsymbol{D} \tag{6-46}$$

其中，$\boldsymbol{f}=[\dot{\boldsymbol{G}}(\boldsymbol{\sigma}_{\mathrm{e}})-\boldsymbol{G}(\boldsymbol{\sigma}_{\mathrm{e}})\boldsymbol{J}_0^{-1}\boldsymbol{\Omega}_{\mathrm{t}}^{\times}\boldsymbol{J}_0]\boldsymbol{\Omega}_{\mathrm{t}}$，$\boldsymbol{g}=\boldsymbol{G}(\boldsymbol{\sigma}_{\mathrm{e}})\boldsymbol{J}_0^{-1}\boldsymbol{g}_{\mathrm{c}}$，$\boldsymbol{D}=\boldsymbol{G}(\boldsymbol{\sigma}_{\mathrm{e}})\boldsymbol{d}_{\mathrm{tot}}$。$\boldsymbol{D}$ 的各个元素 $D_j\ (j=1,\ 2,\ 3)$ 均有上界 $D_{\max j}$。

6.2.3.2 抗饱和模块设计

为了降低输入非线性的影响，设计自适应抗饱和模块

$$\begin{cases}\dot{\lambda}_1=-k_1\lambda_1+\lambda_2\\ \dot{\lambda}_2=-k_2\lambda_2+g_1\Delta\tau\\ \dot{\lambda}_3=-k_3\lambda_3+\lambda_4\\ \dot{\lambda}_4=-k_4\lambda_4+g_2\Delta\tau\\ \dot{\lambda}_5=-k_5\lambda_5+\lambda_6\\ \dot{\lambda}_6=-k_6\lambda_6+g_3\Delta\tau\end{cases} \tag{6-47}$$

其中，$\lambda_i\ (i=1,\ \cdots,\ 6)$ 为抗饱和引入的辅助状态变量，系数 $k_i>0$。$g_j\in\mathbf{R}^{1\times2}\ (j=1,\ 2,\ 3)$ 组成矢量 $\boldsymbol{g}$。

6.2.3.3　分层滑模控制器设计

为了在控制器中引入辅助变量 λ_i ，定义系统状态变量 $\boldsymbol{x}$ 为

$$\begin{cases} x_1=\sigma_{ex}-\lambda_1 \\ x_2=\dot{\sigma}_{ex}+k_1\lambda_1-\lambda_2 \\ x_3=\sigma_{ey}-\lambda_3 \\ x_4=\dot{\sigma}_{ey}+k_3\lambda_3-\lambda_4 \\ x_5=\sigma_{ez}-\lambda_5 \\ x_6=\dot{\sigma}_{ez}+k_5\lambda_5-\lambda_6 \end{cases} \tag{6-48}$$

将其转化为状态空间形式

$$\begin{cases} \dot{\boldsymbol{X}}_1=\boldsymbol{X}_2 \\ \dot{\boldsymbol{X}}_2=\boldsymbol{f}+\boldsymbol{g}\tilde{\boldsymbol{\tau}}_c+\boldsymbol{\lambda}+\boldsymbol{D} \end{cases} \tag{6-49}$$

其中，$\boldsymbol{X}_1=[x_1,\ x_3,\ x_5]^{\mathrm{T}}$，$\boldsymbol{X}_2=[x_2,\ x_4,\ x_6]^{\mathrm{T}}$，$\boldsymbol{\lambda}=\begin{bmatrix} -k_1^2\lambda_1+(k_1+k_2)\lambda_2 \\ -k_3^2\lambda_3+(k_3+k_4)\lambda_4 \\ -k_5^2\lambda_5+(k_5+k_6)\lambda_6 \end{bmatrix}$。

如图 6－14 所示，将系统先划分为具有滑模面 s_j 的 3 个子系统 $[x_{2j-1},\ x_{2j}]^{\mathrm{T}}(j=1,\ 2,\ 3)$ ，然后设计包含全部 s_j 的高层滑动面，构成分层滑模控制器。

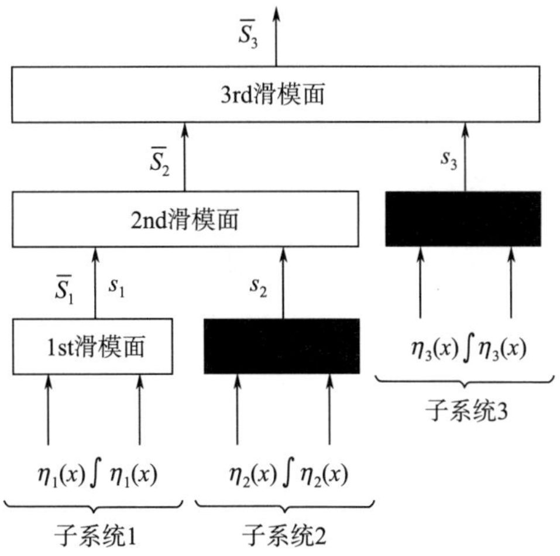

图 6－14　分层滑模控制器结构图

考虑到系统扰动未知，将控制律 $\tilde{\boldsymbol{\tau}}_c$ 分成两个部分，即名义控制量 $\tilde{\boldsymbol{\tau}}_{cn}$ 和鲁棒控制量 $\tilde{\boldsymbol{\tau}}_{cr}$ 。根据分层滑模控制的设计原则，名义控制量 $\tilde{\boldsymbol{\tau}}_{cn}$ 中应包含所有子系统的等效控制律和最高层滑模面的切换控制律。即设计的控制律应为

$$\tilde{\boldsymbol{\tau}}_c=\tilde{\boldsymbol{\tau}}_{cn}+\tilde{\boldsymbol{\tau}}_{cr}=\sum_{j=1}^{3}\tilde{\boldsymbol{\tau}}_{eqj}+\tilde{\boldsymbol{\tau}}_{sw}+\tilde{\boldsymbol{\tau}}_{cr} \tag{6-50}$$

式（6－49）中的每个子系统均是严格反馈形式，因此可以采用反步法进行设计。

首先，定义虚拟控制变量 $\widetilde{\boldsymbol{X}}_2$ 保证 $\boldsymbol{X}_1$ 渐近稳定。设计 $\widetilde{\boldsymbol{X}}_2$ 为

$$\widetilde{\boldsymbol{X}}_2=-\boldsymbol{K}_1\boldsymbol{X}_1-\boldsymbol{K}_2\int\boldsymbol{X}_1 \tag{6-51}$$

其中，$\boldsymbol{K}_1$ 和 $\boldsymbol{K}_2$ 为正定对角阵。据此，设计第一个李雅普诺夫函数 V_1 为

$$V_1=\frac{1}{2}\boldsymbol{X}_1^{\mathrm{T}}\boldsymbol{X}_1+\frac{1}{2}\left[\int\boldsymbol{X}_1\right]^{\mathrm{T}}\boldsymbol{K}_2\left[\int\boldsymbol{X}_1\right] \tag{6-52}$$

其对时间的导数为

$$\begin{aligned}\dot{V}_1&=\boldsymbol{X}_1^{\mathrm{T}}\dot{\boldsymbol{X}}_1+\boldsymbol{X}_1^{\mathrm{T}}\boldsymbol{K}_2\int\boldsymbol{X}_1\\&=\boldsymbol{X}_1^{\mathrm{T}}\left(-\boldsymbol{K}_1\boldsymbol{X}_1-\boldsymbol{K}_2\int\boldsymbol{X}_1\right)+\boldsymbol{X}_1^{\mathrm{T}}\boldsymbol{K}_2\int\boldsymbol{X}_1\\&=-\boldsymbol{X}_1^{\mathrm{T}}\boldsymbol{K}_1\boldsymbol{X}_1\leqslant 0\end{aligned} \tag{6-53}$$

上式当且仅当 $\boldsymbol{X}_1=\boldsymbol{0}$ 时，等号成立。因此，在式（6-51）作用下，$\boldsymbol{X}_1$ 渐近稳定。

然后，定义实际控制量和虚拟控制量之间的跟踪误差为

$$\boldsymbol{\eta}=\boldsymbol{X}_2-\widetilde{\boldsymbol{X}}_2=\boldsymbol{X}_2+\boldsymbol{K}_1\boldsymbol{X}_1+\boldsymbol{K}_2\int\boldsymbol{X}_1 \tag{6-54}$$

将其对时间求导，并利用动力学模型化简，得

$$\dot{\boldsymbol{\eta}}=\boldsymbol{F}_\eta+\boldsymbol{g}\widetilde{\boldsymbol{\tau}}_{\mathrm{c}}+\boldsymbol{D} \tag{6-55}$$

其中，$\boldsymbol{F}_\eta=\boldsymbol{f}+\boldsymbol{\lambda}+\boldsymbol{K}_1\boldsymbol{\eta}+(\boldsymbol{K}_2-\boldsymbol{K}_1^2)\boldsymbol{X}_1-\boldsymbol{K}_1\boldsymbol{K}_2\int\boldsymbol{X}_1$。设 $F_{\eta j}$ 和 η_j 分别为 $\boldsymbol{F}_\eta$ 和 $\boldsymbol{\eta}$ 的元素，则非线性函数 $F_{\eta j}$，g_j 均为有界的。即：$|F_{\eta j}|\leqslant F_{\max j}$，$|g_j|\leqslant g_{\max j}$。

上述跟踪误差可设计分层滑模控制器进行抑制。首先推导等效控制律，定义每个子系统的滑模面为

$$\boldsymbol{s}=\boldsymbol{\eta}+\boldsymbol{K}_3\int\boldsymbol{\eta} \tag{6-56}$$

其中，$\boldsymbol{s}=[s_1,s_2,s_3]^{\mathrm{T}}$，$\boldsymbol{K}_3\in\mathbf{R}^{3\times3}$ 为正定对角矩阵。

根据 Filippov 理论，令 $\dot{\boldsymbol{s}}=\boldsymbol{0}$，得到等效控制律

$$\begin{cases}\widetilde{\tau}_{\mathrm{eq1}}=-(g_1)^{+}(F_{\eta1}+\boldsymbol{K}_{3(1,1)}\eta_1)\\\widetilde{\tau}_{\mathrm{eq2}}=-(g_2)^{+}(F_{\eta2}+\boldsymbol{K}_{3(2,2)}\eta_2)\\\widetilde{\tau}_{\mathrm{eq3}}=-(g_3)^{+}(F_{\eta3}+\boldsymbol{K}_{3(3,3)}\eta_3)\end{cases} \tag{6-57}$$

其中，$(\cdot)^{+}$ 为 Moore-Penrose 逆运算，因为 $g_j\in\mathbf{C}_1^{1\times2}$，故 $g_j(g_j)^{+}=I_1$。

设计第二个李雅普诺夫函数 V_2 为

$$V_2=V_1+\frac{1}{2}\boldsymbol{\eta}^{\mathrm{T}}\boldsymbol{\eta} \tag{6-58}$$

其对时间的导数为

$$\dot{V}_2=\dot{V}_1+\boldsymbol{\eta}^{\mathrm{T}}\dot{\boldsymbol{\eta}}=-\boldsymbol{X}_1^{\mathrm{T}}\boldsymbol{K}_1\boldsymbol{X}_1-\boldsymbol{\eta}^{\mathrm{T}}\boldsymbol{K}_3\boldsymbol{\eta}\leqslant 0 \tag{6-59}$$

上式当且仅当 $\boldsymbol{X}_1$ 和 $\boldsymbol{\eta}$ 同时为 $\boldsymbol{0}$ 时，等号成立。即在该等效控制律作用下，子系统渐近稳定。

最后，设计切换律。设 c_1 和 c_2 为加权系数，定义滑模面 $\bar{S}_j\,(j=1,\ 2,\ 3)$ 为

$$\begin{cases}\bar{S}_1=s_1 & 1^{\text{st}}\\ \bar{S}_2=c_1\bar{S}_1+s_2 & 2^{\text{nd}}\\ \bar{S}_3=c_2\bar{S}_2+s_3 & 3^{\text{rd}}\end{cases} \tag{6-60}$$

设计基于超扭滑模的切换律为

$$\begin{aligned}\tilde{\boldsymbol{\tau}}_{\text{sw}}=&(c_1c_2g_1+c_2g_2+g_3)^{+}\Big[-k_{\text{sw1}}\sqrt{|\bar{S}_3|}\,\text{sgn}(\bar{S}_3)-k_{\text{sw2}}\int\text{sgn}(\bar{S}_3)-\\&(c_2g_2+g_3)\tilde{\tau}_{\text{eq1}}-(c_1c_2g_1+g_3)\tilde{\tau}_{\text{eq2}}-(c_1c_2g_1+c_2g_2)\tilde{\tau}_{\text{eq3}}\Big]\end{aligned} \tag{6-61}$$

其中，k_{sw1} 和 k_{sw2} 为正常数。

控制器的鲁棒项 $\tilde{\boldsymbol{\tau}}_{\text{cr}}$ 与观测的干扰密切相关，设计为

$$\tilde{\boldsymbol{\tau}}_{\text{cr}}=-(c_1c_2g_1+c_2g_2+g_3)^{+}\hat{D} \tag{6-62}$$

其中，$\hat{D}$ 是观测器输出的 $D_{\text{tot}}=c_1c_2D_1+c_2D_2+D_3$ 估值。

将式（6－57）、式（6－61）和式（6－62）代入式（6－50），即得到系统的总控制律。

6.2.3.4　干扰观测器设计

为了使 $\hat{D}$ 在有限时间内逼近 D_{tot}，定义观测误差如下

$$e=w-\bar{S}_3 \tag{6-63}$$

其中，w 由下式给出

$$\begin{aligned}\dot{w}=&c_1c_2(F_{\eta(1,1)}+\boldsymbol{K}_{3(1,1)}\eta_1)+c_2(F_{\eta(2,1)}+\boldsymbol{K}_{3(2,2)}\eta_2)+\\&F_{\eta(3,1)}+\boldsymbol{K}_{3(3,3)}\eta_3+(c_1c_2g_1+c_2g_2+g_3)\tilde{\boldsymbol{\tau}}_{\text{c}}+\hat{D}\end{aligned} \tag{6-64}$$

因此，得到

$$\dot{\boldsymbol{\xi}}=\hat{D}-D_{\text{tot}} \tag{6-65}$$

在此基础上，设计基于超扭滑模的观测器为

$$\hat{D}=-k_{\text{ob1}}\sqrt{|\boldsymbol{\xi}|}\,\text{sgn}(\boldsymbol{\xi})-\int k_{\text{ob2}}\,\text{sgn}(\boldsymbol{\xi}) \tag{6-66}$$

其中，k_{ob1} 和 k_{ob2} 为设计的正常数。

根据超扭滑模理论[242-244]，在设计观测器作用下，观测误差及其导数在有限时间内可以收敛到零。下面进行证明。

将式（6－66）代入式（6－65），得

$$\begin{cases}\dot{\boldsymbol{\xi}}=-k_{\text{ob1}}\sqrt{|\boldsymbol{\xi}|}\,\text{sgn}(\boldsymbol{\xi})+E+\ell\\ \dot{E}=-k_{\text{ob2}}\,\text{sgn}(\boldsymbol{\xi})\end{cases} \tag{6-67}$$

式中，$\ell=-D_{\text{tot}}$。设 $\boldsymbol{\kappa}_2$ 为已知正常数，使得

$$|\ell|\leqslant c_1c_2|D_{\max 1}|+c_2|D_{\max 2}|+|D_{\max 3}|=\boldsymbol{\kappa}_2\sqrt{|e|} \tag{6-68}$$

当 k_{ob1} 和 k_{ob2} 满足下列条件时，系统式（6－67）将在有限时间内收敛到零。

$$\begin{cases} k_{\mathrm{ob1}} > 2\kappa_2 \\ k_{\mathrm{ob2}} > k_{\mathrm{ob1}} \dfrac{4\kappa_2^2 + 5\kappa_2 k_{\mathrm{ob1}}}{2(k_{\mathrm{ob1}} - 2\kappa_2)} \end{cases} \tag{6-69}$$

选取李雅普诺夫函数

$$V_4(e) = \zeta^{\mathrm{T}} \boldsymbol{P} \zeta \tag{6-70}$$

式中

$$\boldsymbol{e}^{\mathrm{T}} = [\boldsymbol{\xi}, E], \zeta^{\mathrm{T}} = [\sqrt{|\boldsymbol{\xi}|}\,\mathrm{sgn}(\boldsymbol{\xi}), E], \boldsymbol{P} = \frac{1}{2}\begin{bmatrix} 4k_{\mathrm{ob2}} + k_{\mathrm{ob1}}^2 & -k_{\mathrm{ob1}} \\ -k_{\mathrm{ob1}} & 2 \end{bmatrix}$$

其对时间的导数 $\dot{V}_4(\boldsymbol{e})$ 为

$$\dot{V}_4(\boldsymbol{e}) = -\frac{1}{\sqrt{|e|}} \zeta^{\mathrm{T}} \boldsymbol{Q}_2 \zeta + \frac{\ell}{\sqrt{|e|}} \boldsymbol{q}_2^{\mathrm{T}} \zeta \tag{6-71}$$

式中

$$\boldsymbol{Q}_2 = \frac{k_{\mathrm{ob1}}}{2}\begin{bmatrix} 2k_{\mathrm{ob2}} + k_{\mathrm{ob1}}^2 & -k_{\mathrm{ob1}} \\ -k_{\mathrm{ob1}} & 1 \end{bmatrix}, \boldsymbol{q}_2^{\mathrm{T}} = \left[\left(2k_{\mathrm{ob2}} + \frac{k_{\mathrm{ob1}}^2}{2}\right), -\frac{k_{\mathrm{ob1}}}{2}\right]$$

考虑式（6－68），得到

$$\dot{V}_4(\boldsymbol{e}) \leqslant -\frac{1}{\sqrt{|e|}} \zeta^{\mathrm{T}} \tilde{\boldsymbol{Q}}_2 \zeta \tag{6-72}$$

式中

$$\tilde{\boldsymbol{Q}}_2 = \frac{k_{\mathrm{ob1}}}{2}\begin{bmatrix} 2k_{\mathrm{ob2}} + k_{\mathrm{ob1}}^2 - \left(\dfrac{4k_{\mathrm{ob2}}}{k_{\mathrm{ob1}}} + k_{\mathrm{ob1}}\right)\boldsymbol{\xi}_2 & \bigstar \\ -(k_{\mathrm{ob1}} + 2\boldsymbol{\xi}_2) & 1 \end{bmatrix}$$

若 k_{ob1} 和 k_{ob2} 满足式（6－69），则 $\tilde{\boldsymbol{Q}}_2 > 0$，$\dot{V}_4(\boldsymbol{e})$ 负定，且系统（6－67）在时间上限 $t_s = 2\tilde{\gamma}^{-1}\sqrt{V_4(\boldsymbol{e}_0)}$ 内收敛到零。其中，$\boldsymbol{e}_0$ 为初始状态。

6.2.3.5 控制器的稳定性及有限时间收敛性证明

针对空间绳系机器人/目标星组合体辅助稳定问题，利用设计的控制器式（6－50），可以将 $\bar{S}_3$ 的运动轨迹在有限时间内转移到零，且各子滑模面 s_j 渐近稳定。下面进行证明。

首先，证明 $\bar{S}_3$ 渐近稳定性。

将完整的控制律式（6－50）代入动力学模型，并化简，得到

$$\dot{\bar{S}}_3 = -k_{\mathrm{sw1}}\sqrt{|\bar{S}_3|}\,\mathrm{sgn}(\bar{S}_3) - \int k_{\mathrm{sw2}}\,\mathrm{sgn}(\bar{S}_3) + (D_{\mathrm{tot}} - \hat{D}) \tag{6-73}$$

引入 $\boldsymbol{\varphi} = [\varphi_1, \varphi_2]^{\mathrm{T}}$，即

$$\begin{cases} \varphi_1 = \bar{S}_3 \\ \varphi_2 = -\int k_{\mathrm{sw2}}\,\mathrm{sgn}(\bar{S}_3) \end{cases} \tag{6-74}$$

并将式（6－73）重写为

$$\begin{cases}\dot{\varphi}_1 = -k_{sw1}\sqrt{|\varphi_1|}\operatorname{sgn}(\varphi_1)+\varphi_2+\hbar \\ \dot{\varphi}_2 = -k_{sw2}\operatorname{sgn}(\varphi_1)\end{cases} \tag{6-74}$$

其中，$\hbar = D_{tot} - \hat{D}$ 。

由前文的观测器设计及证明可知，$\lim\limits_{t \to t_s}\hbar = 0$。假设存在已知正常数 κ_1，使得

$$|\hbar| \leqslant \kappa_1\sqrt{|\varphi_1|} \tag{6-76}$$

当 k_{sw1} 和 k_{sw2} 满足下式时，平衡点 $\boldsymbol{\varphi}=\mathbf{0}$ 渐近稳定

$$\begin{cases}k_{sw1} > 2\kappa_1 \\ k_{sw2} > k_{sw1}\dfrac{4\kappa_1^2+5\kappa_1 k_{sw1}}{2(k_{sw1}-2\kappa_1)}\end{cases} \tag{6-77}$$

下面证明其有限时间收敛性。选择李雅普诺夫函数为

$$V_3(\boldsymbol{\varphi}) = \boldsymbol{\zeta}^{\mathrm{T}}\boldsymbol{P}\boldsymbol{\zeta} \tag{6-78}$$

式中

$$\boldsymbol{\zeta}^{\mathrm{T}} = [\sqrt{|\varphi_1|}\operatorname{sgn}(\varphi_1), \varphi_2], \boldsymbol{P} = \frac{1}{2}\begin{bmatrix}4k_{sw2}+k_{sw1}^2 & -k_{sw1} \\ -k_{sw1} & 2\end{bmatrix}$$

将 $V_3(\boldsymbol{\varphi})$ 对时间求导

$$\dot{V}_3(\boldsymbol{\varphi}) = -\frac{1}{\sqrt{|\varphi_1|}}\boldsymbol{\zeta}^{\mathrm{T}}\boldsymbol{Q}_1\boldsymbol{\zeta} + \frac{\hbar}{\sqrt{|\varphi_1|}}\boldsymbol{q}_1^{\mathrm{T}}\boldsymbol{\zeta} \tag{6-79}$$

式中

$$\boldsymbol{Q}_1 = \frac{k_{sw1}}{2}\begin{bmatrix}2k_{sw2}+k_{sw1}^2 & -k_{sw1} \\ -k_{sw1} & 1\end{bmatrix}, \boldsymbol{q}_1^{\mathrm{T}} = \left[\left(2k_{sw2}+\frac{k_{sw1}^2}{2}\right), -\frac{k_{sw1}}{2}\right]$$

则

$$\dot{V}_3(\boldsymbol{\varphi}) \leqslant -\frac{1}{\sqrt{|\varphi_1|}}\boldsymbol{\zeta}^{\mathrm{T}}\tilde{\boldsymbol{Q}}_1\boldsymbol{\zeta} \tag{6-80}$$

式中

$$\tilde{\boldsymbol{Q}}_1 = \frac{k_{sw1}}{2}\begin{bmatrix}2k_{sw2}+k_{sw1}^2-\left(\dfrac{4k_{sw2}}{k_{sw1}}+k_{sw1}\right)\boldsymbol{\xi}_1 & \bigstar \\ -(k_{sw1}+2\boldsymbol{\xi}_1) & 1\end{bmatrix}$$

若 k_{sw1} 和 k_{sw2} 满足式（6－77），则 $\tilde{\boldsymbol{Q}}_1 > 0$，$\dot{V}_3(\boldsymbol{\varphi})$ 负定，系统在时间上限 $\tilde{T} = 2\tilde{\gamma}^{-1}\sqrt{V_3(\boldsymbol{\varphi}_0)}$ 内，收敛到零。其中，$\boldsymbol{\varphi}_0$ 为初始状态，$\tilde{\gamma}$ 是与增益和扰动系数相关的常数。

故有 $\lim\limits_{t \to \tilde{T}}\bar{S}_3 = 0$ 和 $\bar{S}_3$ 渐近稳定。根据 Barbalat 引理，可得出 $\bar{S}_3 \in \mathcal{L}_2 \cap \mathcal{L}_\infty$ 和 $\dot{\bar{S}}_3 \in \mathcal{L}_\infty$，即 $\int_0^\infty \bar{S}_3^2 < \infty$，$\sup\limits_{t \geqslant 0}|\bar{S}_3| < \infty$。

其次，证明 $\bar{S}_2$ 和 s_3 的渐近稳定性。

由前文定义的第 j 层滑模面和上述证明过程可知，$\bar{S}_3 = c_2\bar{S}_2 + s_3$ 和 $\dot{\bar{S}}_3$ 均是有界的。因此，根据 Barbalat 引理[241]，可以得到 $\bar{S}_2 \in \mathcal{L}_\infty$，$s_3 \in \mathcal{L}_\infty$ 。则

$$\begin{aligned}\dot{\bar{S}}_2 &= c_1F_{\eta 1} + F_{\eta 2} + (c_1g_1 + g_2)\tilde{\boldsymbol{\tau}}_c + c_1D_1 + D_2 + c_1\boldsymbol{K}_{3(1,1)}\eta_1 + \boldsymbol{K}_{3(2,2)}\eta_2 \\ &\leqslant c_1F_{\max1} + F_{\max2} + (c_1g_{\max1} + g_{\max2})\tilde{\boldsymbol{\tau}}_c + c_1D_{\max1} + D_{\max2} + c_1K_{3(1,1)}\eta_1 + K_{3(2,2)}\eta_2\end{aligned} \tag{6-81}$$

由控制输入 $\tilde{\boldsymbol{\tau}}_c$ 有界，跟踪误差 η_1 和 η_2 有界，得到 $\dot{\bar{S}}_2 \in \mathcal{L}_\infty$ 。考虑到 $\dot{\bar{S}}_3 = c_2\dot{\bar{S}}_2 + \dot{s}_3$ 且 $\dot{\bar{S}}_3$ 和 $\dot{\bar{S}}_2$ 均有界，故 $\dot{s}_3 \in \mathcal{L}_\infty$ 。易知，加权系数 c_2 对 $\bar{S}_3$ 的稳定性无影响。为此，定义以下两个 c_2 值不同的滑模面

$$\begin{cases}\bar{S}_{3a} = c_{2a}\bar{S}_2 + s_3 \\ \bar{S}_{3b} = c_{2b}\bar{S}_2 + s_3\end{cases} \tag{6-82}$$

其中，$c_{2a} \neq c_{2b}$ 。令 $\bar{S}_3 \in \mathcal{L}_2$，以下不等式成立

$$\begin{cases}\displaystyle\int_0^\infty \bar{S}_{3a}^2 < \infty \\ \displaystyle\int_0^\infty \bar{S}_{3b}^2 < \infty\end{cases} \tag{6-83}$$

设 $\bar{S}_{3a}^2 > \bar{S}_{3b}^2$ ，则

$$0 < \int_0^\infty (\bar{S}_{3a}^2 - \bar{S}_{3b}^2) < \infty \tag{6-84}$$

其中

$$\begin{aligned}\int_0^\infty (\bar{S}_{3a}^2 - \bar{S}_{3b}^2) &= \int_0^\infty [(c_{2a}\bar{S}_2 + s_3)^2 - (c_{2b}\bar{S}_2 + s_3)^2] \\ &= \int_0^\infty [(c_{2a}^2 - c_{2b}^2)\bar{S}_2^2 + 2(c_{2a} - c_{2b})\bar{S}_2 s_3] \\ &= \int_0^\infty [(c_{2a}^2 - c_{2b}^2)\bar{S}_2^2 + 2(c_{2a} - c_{2b})\bar{S}_2(\bar{S}_3 - c_{2a}\bar{S}_2)] \\ &= \int_0^\infty [-(c_{2a} - c_{2b})^2\bar{S}_2^2 + 2(c_{2a} - c_{2b})\bar{S}_2\bar{S}_3] \\ &> 0\end{aligned}$$

从而可以得到

$$\int_0^\infty (c_{2a} - c_{2b})^2\bar{S}_2^2 < \int_0^\infty 2(c_{2a} - c_{2b})\bar{S}_2\bar{S}_3 \leqslant 2|c_{2a} - c_{2b}|\int_0^\infty |\bar{S}_2||\bar{S}_3| \tag{6-85}$$

注意到 $|\bar{S}_3| \in \mathcal{L}_\infty$ 和 $|\bar{S}_2| \in \mathcal{L}_\infty$ ，上式满足

$$\int_0^\infty (c_{2a} - c_{2b})^2\bar{S}_2^2 < \infty \tag{6-86}$$

故有 $\int_0^\infty \bar{S}_2^2 < \infty$，即 $\bar{S}_2 \in \mathcal{L}_2$。由 $(\bar{S}_3 = c_2\bar{S}_2 + s_3) \in \mathcal{L}_2$ 可推出 $s_3 \in \mathcal{L}_2$。因此，$\bar{S}_2 \in \mathcal{L}_2 \cap \mathcal{L}_\infty$ ，$\dot{\bar{S}}_2 \in \mathcal{L}_\infty$ 且 $s_3 \in \mathcal{L}_2 \cap \mathcal{L}_\infty$，$\dot{s}_3 \in \mathcal{L}_\infty$ 。

根据 Barbalat 引理得 $\lim_{t\to\infty}\bar{S}_2=0$，$\lim_{t\to\infty}s_3=0$。即证明 $\bar{S}_2$ 和 s_3 的渐近稳定性。

最后，证明 s_1 和 s_2 的渐近稳定性。

已知 $\bar{S}_2=c_1s_1+s_2$ 和 $\dot{\bar{S}}_2$ 均有界，由 LaSalle 原理，可得 $s_1\in\mathcal{L}_\infty$ 和 $s_2\in\mathcal{L}_\infty$ 。又 $\dot{s}_1\in\mathcal{L}_\infty$，$\dot{\bar{S}}_2$ 有界可以推出 $\dot{s}_2\in\mathcal{L}_\infty$ 。与证明 $\bar{S}_2\in\mathcal{L}_2$ 类似，可知 $s_1\in\mathcal{L}_2$ 和 $s_2\in\mathcal{L}_2$。因此，$s_1\in\mathcal{L}_2\cap\mathcal{L}_\infty$，$\dot{s}_1\in\mathcal{L}_\infty$，$s_2\in\mathcal{L}_2\cap\mathcal{L}_\infty$，$\dot{s}_2\in\mathcal{L}_\infty$ 。根据 Barbalat 引理得 $\lim_{t\to\infty}s_1=0$，$\lim_{t\to\infty}s_2=0$ 。即证明 s_1 和 s_2 的渐近稳定性。

综上所述，在设计的控制器作用下，所有滑模面均渐近稳定，且具有有限时间稳定性。稳定时间上界为：$\tilde{T}=2\tilde{\gamma}^{-1}\sqrt{V_3(\boldsymbol{\varphi}_0)}$ 。

6.2.4　系绳张力控制律设计

系绳张力控制律的控制目的是控制系绳张力跟踪期望值。设通过系绳张力传感器和光学编码器能够精确地测量出系绳张力和其自然长度，并可通过卷轴机构来释放/回收系绳，本节设计 PID 阻抗控制器将张力偏差转换为系绳长度变化。系绳张力控制器结构图如图 6－15 所示。

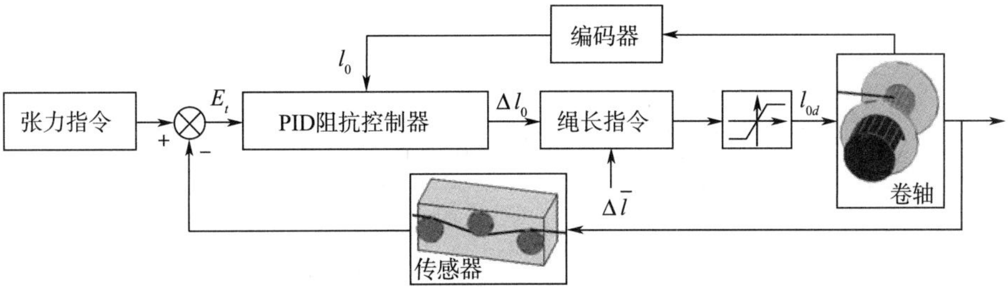

图 6－15　系绳张力控制器结构图

对于系绳珠子模型，第 i 个珠点的张力稳态值（张力指令）定义为

$$T_{id}=\frac{\zeta\sum_{j=i}^{N+1}l_{0j}+m_d}{m_p+\zeta\sum_{k=1}^{N+1}l_{0k}+m_d}\tag{6-87}$$

其中，m_d 为目标星质量。

设计第 i 个珠点的 PID 控制器的传递函数为

$$C_i(s)=P_i+\frac{I_i}{s}+\frac{D_iN_is}{s+N_i}\tag{6-88}$$

其中，P_i 为比例增益，I_i 为积分增益，D_i 为微分增益，N_i 为避免微分加入的滤波系数。

阻抗控制器根据系绳张力定义设计为

$$\Delta L_{0i}(s)=\frac{L_{0i}(s)E_{ti}(s)C_i(s)}{\mathrm{EA}(1+c_ts)}\tag{6-89}$$

其中，$E_{ti}(s)=T_{id}(s)-T_i(s)$ 为张力跟踪误差。当珠点数 N 趋于无穷时，珠点间的张力满足

$$\begin{cases}\lim\limits_{N\to\infty}T_i=,\cdots,=\lim\limits_{N\to\infty}T_{N+1}=T\\ T_d=\dfrac{m_d}{m_p+\zeta\sum\limits_{k=1}^{N+1}l_{0k}+m_d}\end{cases}\tag{6-90}$$

总位移为

$$\Delta L_0(s)=\lim_{N\to\infty}\sum_{i=1}^{N+1}\Delta L_{0i}(s)=\frac{L_0(s)E_t(s)C(s)}{\mathrm{EA}(1+c_t s)}\tag{6-91}$$

最后，由卷轴机构跟踪的长度指令为

$$l_{0d}=\mathrm{sat}(\hat{l}_0-\Delta l_0+\Delta\bar{l})\tag{6-92}$$

其中，$\hat{l}_0$ 是系绳自然长度，$\Delta\bar{l}=\|\mathrm{AN}_t\|-\|\mathrm{AN}_0\|$ 是由系绳机械臂运动引起的系绳长度变化。

6.2.5 仿真分析

假设利用系绳的机器人/目标星姿态稳定控制任务场景是 GEO 轨道，空间平台星轨道和相对运动的初始值如表 6-3 所示，组合体系统质量、系绳和推力器参数如表 6-4 所示，目标星、系绳机械臂参数如表 6-5 所示，控制器参数和执行器约束条件如表 6-6 所示。

表 6-3 平台轨道和相对运动的初值

平台轨道	数值	相对运动	数值
a_0/km	42 164.868	ρ_1/m	$[0.651\,2,\ -50.032\,9,\ 0.189]^{\mathrm{T}}$
e_0	0.000 380 6	$\dot{\rho}_1$/(m/s)	$[0,\ 0,\ 0]^{\mathrm{T}}$
$[i_0,\ \Omega_0,\ \omega_0]$/(°)	[1.26, 81.092, 124.896]	ρ_2(m)	$[1.302\,5,\ -100.065\,9,\ 0.378]^{\mathrm{T}}$
M_0/(°)	0	$\dot{\rho}_2$/(m/s)	$[0,\ 0,\ 0]^{\mathrm{T}}$
f_0/(°)	0	ρ_3/(m)	$[0,\ -151.855,\ 0]^{\mathrm{T}}$
		$\dot{\rho}_3$/(m/s)	$[0,\ 0,\ 0]^{\mathrm{T}}$

表 6-4 系统质量，系绳及推力器参数

参数	数值	参数	数值	参数	数值	参数	数值
m_p/kg	1 000	ζ/(kg/m)	0.004 5	EA/N	1×10^5	c_t	0.002
m_{N+1}/kg	3 000	$l_0(t_0)$/(m)	150	$[F]_L$/N	$[0,\ 100,\ 0]^{\mathrm{T}}$		

表 6-5 目标星、系绳机械臂参数

参数	数值	参数	数值
目标体/m	2×2×2	$\boldsymbol{J}$/(kg·m²)	diag(1 500, 2 000, 3 000)

续表

参数	数值	参数	数值
太阳帆板/m	4×1.6	$\boldsymbol{\delta}/(\sqrt{\text{kg}}\cdot\text{m/s}^2)$	$\begin{bmatrix} 6.456\,37 & 1.278\,14 & 2.156\,29 \\ -1.258\,19 & 0.917\,56 & -1.672\,64 \\ 1.116\,87 & 2.489\,01 & -0.836\,74 \\ 1.236\,37 & -2.658\,1 & -1.125\,03 \end{bmatrix}$
帆板支架边长/m	1.6		
$[l_c,\ l_g,\ l_z]^{\mathrm{T}}$/m	$[1,\ 0.7,\ 0.577]^{\mathrm{T}}$	$\boldsymbol{\Lambda}$/(rad/s)	$[0.768\,1,\ 1.103\,8,\ 1.873\,3,\ 2.549\,6]^{\mathrm{T}}$
L_0/(m)	1	$\boldsymbol{\zeta}$	$[0.005\,6,\ 0.008\,6,\ 0.01\,3,\ 0.02\,5]^{\mathrm{T}}$

表 6－6　控制器参数和执行器约束条件

参数	数值	约束条件	数值
$\boldsymbol{\lambda}^{\mathrm{T}}$	$[0,\ 0,\ 0,\ 0,\ 0,\ 0]$	$[k_{ob1},\ k_{ob2}]$	$[0.2,\ 0.1]$
$k_{1\sim6}$	$[0.5,\ 0.5,\ 0.5,\ 0.5,\ 0.5,\ 0.5]$	$[c_1,\ c_2,\ \lambda]$	$[0.955,\ 1.81,\ 1\times10^{-5}]$
$\boldsymbol{K}_1$	$0.8\text{diag}(1,\ 1,\ 1)$	$[P_i,\ I_i,\ D_i,\ N_i]$	$[0.15,\ 1\times10^{-3},\ 3,\ 0.1]$
$\boldsymbol{K}_2$	$1\,000\text{diag}(1,\ 1,\ 1)$	$[l_{0d\min},\ l_{0d\max}]$/m	$[147,\ 153]$
$\boldsymbol{K}_3$	$1\,000\text{diag}(1.5,\ 1.5,\ 1.5)$	$\Delta l_{\max}$/m	0.5
$[k_{sw1},\ k_{sw2}]$	$[1.5,\ 0.3]$	$\alpha_{\max}$/rad	0.4π
$\boldsymbol{v}$	$\text{diag}(0.4,\ 0.4,\ 0.4)$	$\beta_{\max}$/rad	0.45π

目标星的初始姿态和角速度为

$$\begin{cases}\boldsymbol{\sigma}_0=[0.01,0.01,0.01]^{\mathrm{T}}\\ \boldsymbol{\Omega}_{t0}=[0.025,0.025,0.025]^{\mathrm{T}}\text{rad/s}\end{cases}$$

为了便于系统性能分析，按照 1—2—3 旋转顺序的欧拉角定义目标星姿态，可以得到偏航角 φ ，滚转角 θ 和俯仰角 ψ

$$\begin{cases}\phi=\arctan[-R(3,2)/R(3,3)]\\ \theta=\arcsin[R(3,1)]\\ \psi=\arctan[-R(2,1)/R(1,1)]\end{cases}\tag{6-93}$$

首先求解平衡状态的欧拉角为：$[-12.458°,\ -5.619°,\ 48.396°]^{\mathrm{T}}$ 。设辨识误差 $\Delta\boldsymbol{J}_0=\text{diag}(50,\ 50,\ -50)/(\text{kg}\cdot\text{m}^2)$ 。仿真结果如图 6－16～图 6－24 所示。

如图 6－16 所示，在设计的控制律作用下，随着系绳机械臂的运动，目标星逐渐稳定到平衡状态。图 6－17 是目标星的姿态角及其对应的子滑模面。(a) 图为目标星姿态变化过程，可以看出，目标星三轴姿态角先振荡，然后在约 100s 后收敛到其平衡位置，且稳态误差较小，(b) 图为滑模面曲线，可以看出每个子系统均在 100s 内稳定。

图 6－18 为目标星角速度及挠性附件振动位移曲线图。可以看出：角速度在起始时刻剧烈振荡，并在 100s 后衰减到零附近振荡，其挠性部件的振动以不同的阻尼比衰减。

图 6－19 是控制输入曲线及系绳机械臂末端轨迹曲线图。可以看出：连杆长度、双向摆角三个控制量振荡衰减，并到达定义的最终位置。由于稳态误差的存在，系绳机械臂在最终仍有小幅振荡，这意味着要保持姿态稳定，系绳机械臂需要在最终位置附近小幅振荡，从而导致了系绳的小幅摆动。(b) 图是系绳机械臂的末端轨迹示意图。

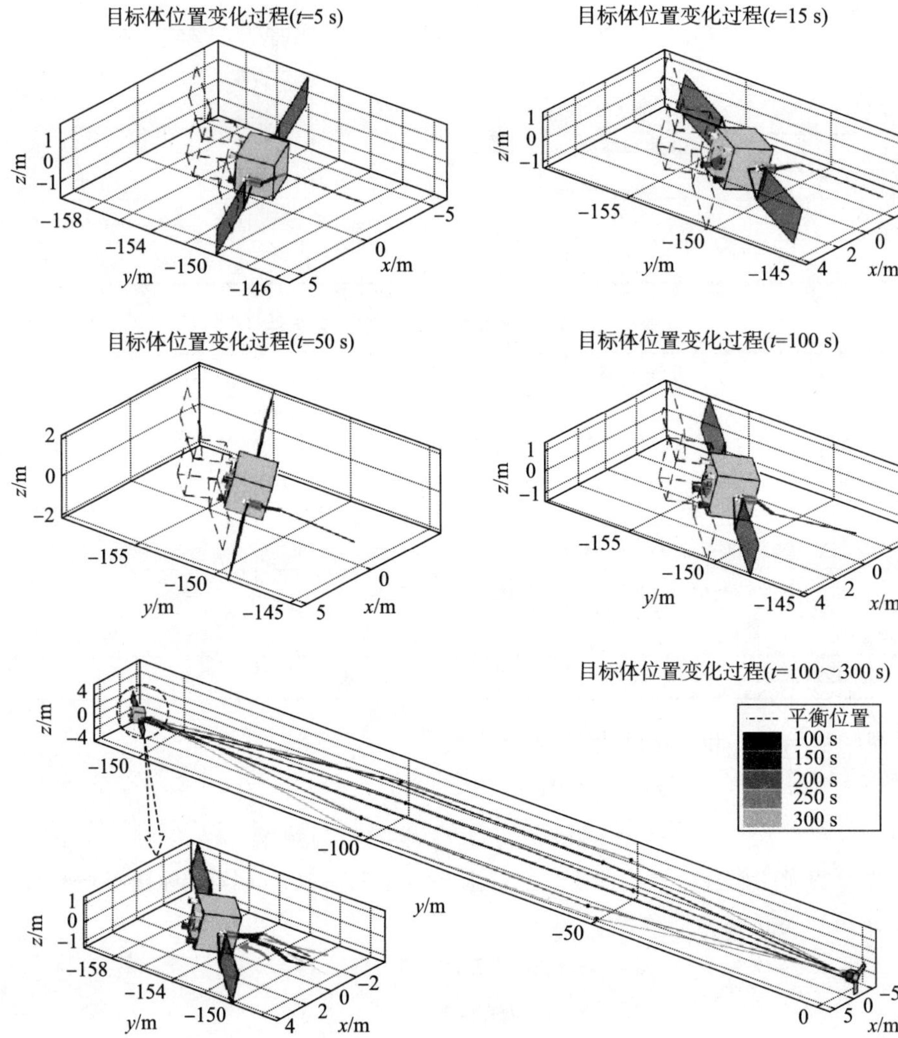

图 6-16　目标星姿态变化过程

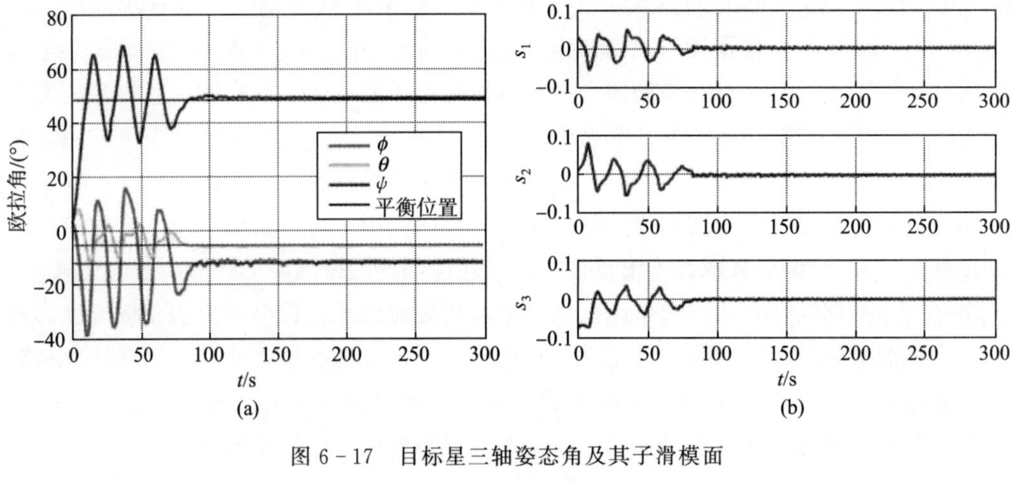

图 6-17　目标星三轴姿态角及其子滑模面

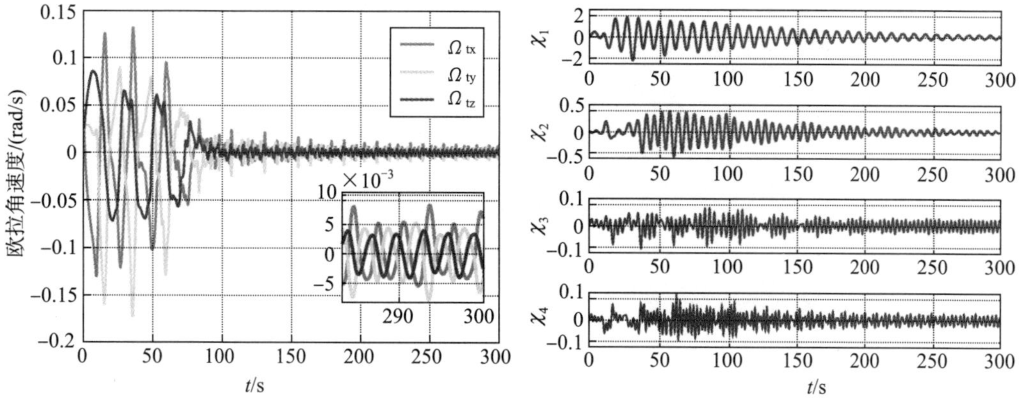

(a)　　　(b)

图 6－18　目标星角速度及挠性附件振动位移

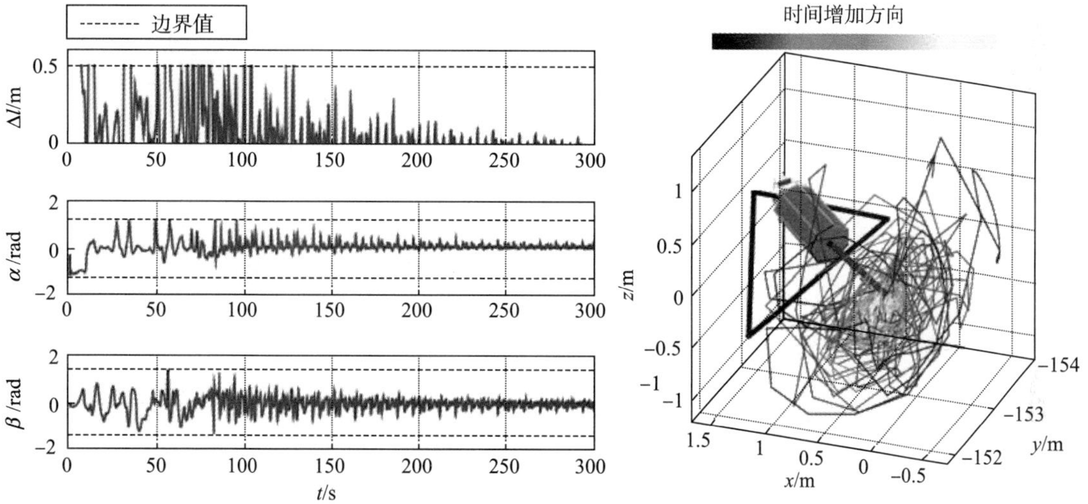

(a)　　　(b)

图 6－19　控制输入曲线及系绳机械臂末端轨迹

图 6－20 是系绳张力和系绳长度曲线。图（a）为 LVLH 系下的系绳张力分量，图（b）是系绳收放的长度控制输入量和实际系绳的自然长度。图 6－21 为系绳摆角曲线。图（a）给出了系绳面内摆角和面外摆角的定义，图（b）给出了面内角和面外角随时间变化的情况。可以看出，实际上系绳的弯曲为各节点间提供了恢复力。从图 6－20 可以看出，系绳张力控制器通过系绳长度收放，稳定了系绳张力。

图 6－22 是观测器的扰动估计曲线。图（a）表示估计误差，图（b）表示 D_{tot} 的估计值。可以看出：估计误差快速衰减到零，说明了观测器的有效性。该观测器能够确保对 D_{tot} 估计的准确性。

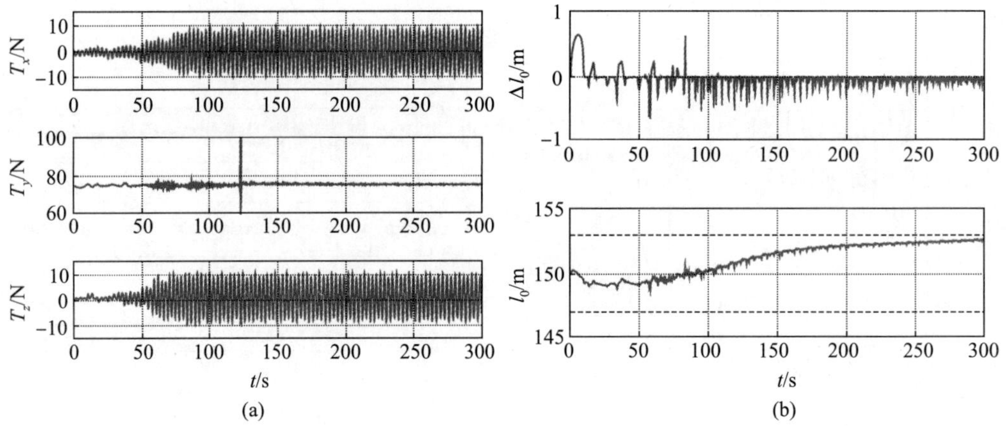

图 6-20　系绳张力和系绳长度曲线

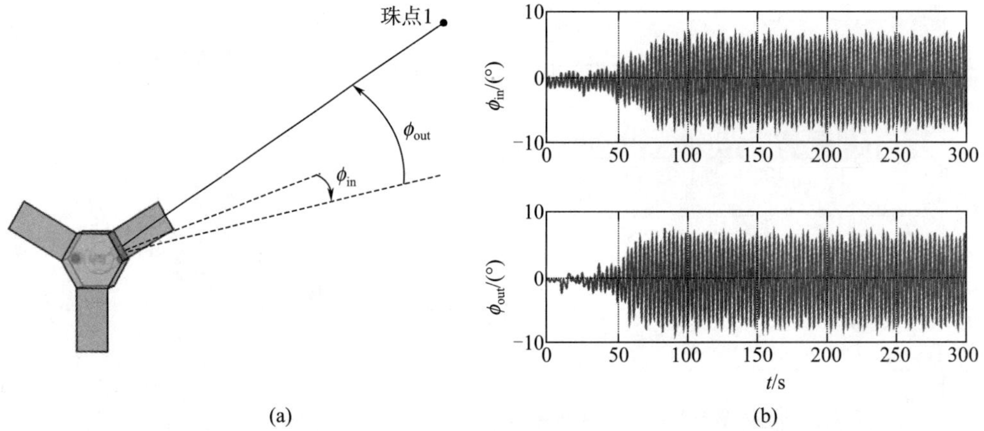

图 6-21　系绳摆角曲线

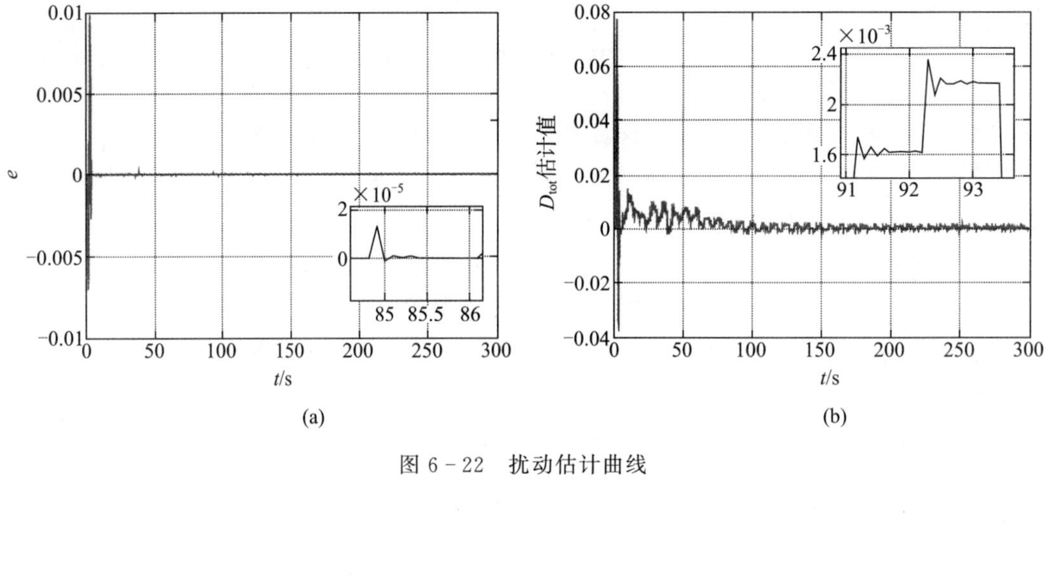

图 6-22　扰动估计曲线

为了便于分析系绳缠绕现象，定义系绳与 $\hat{y}_{db}$ 轴之间的夹角 γ 为目标体缠绕角度。如果 $\gamma \in (-90°, 90°)$，系绳与目标体不会缠绕，否则就会发生缠绕。图 6-23（a）给出了系绳缠绕角的示意图，图 6-23（b）给出了缠绕角随时间变化的曲线，可以看出缠绕角最初在 5°和 70°之间波动，并最终稳定于 53°附近，并进行幅值约 15°的小幅振荡，可以看出，系绳的缠绕风险被完全消除。

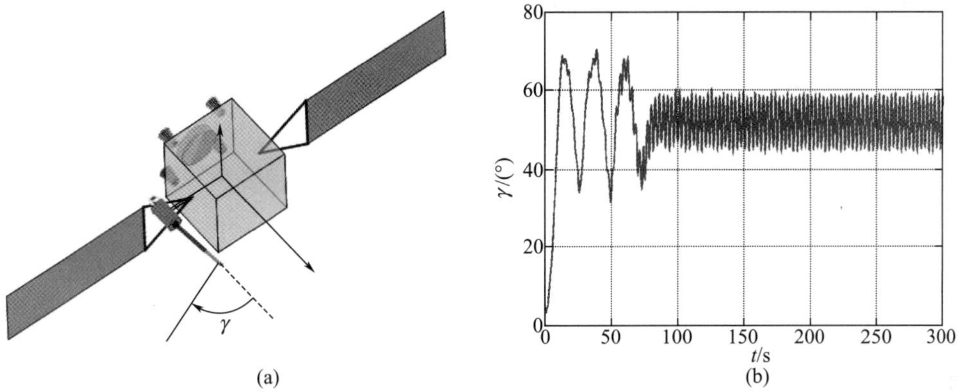

图 6-23　系绳缠绕角度曲线

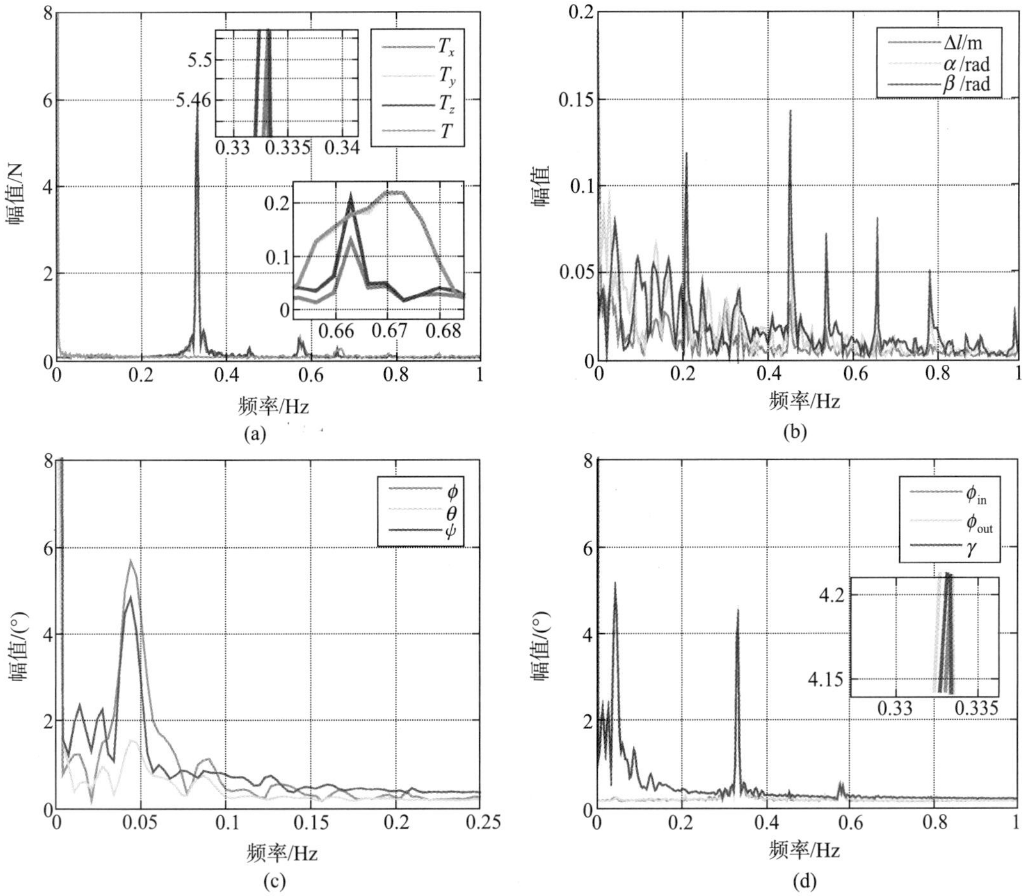

图 6-24　状态及控制量的快速傅里叶变换

从上文的分析可以看出，本节设计的控制器对系绳机械臂受限和干扰具有较好鲁棒性，但系绳机械臂存在一定的振荡，可能会导致其实际应用困难。另外，如果振动频率高且振幅较大，则可能会对系统构成潜在的安全威胁。为了进一步评估本节控制方法的可行性，对系绳张力、系绳机械臂运动、目标星欧拉角、系绳摆动角度、系绳缠绕角度进行了快速傅里叶变换（FFT）。图 6 - 24 是组合体状态及控制量的快速傅里叶变换（FFT）。图（a）为张力的 FFT，图（b）为系绳机械臂运动的 FFT，图（c）为目标星欧拉角的 FFT，图（d）为系绳角度和缠绕角的 FFT。可以看出，系统的主要振荡频率均低于 1 Hz。如图（a）和图（d）所示，系绳摆动频率约为 0.335 Hz。其余的振荡频率集中在 0.21 Hz、0.45 Hz、0.54 Hz、0.67 Hz 和 0.79 Hz 处，且最大振幅较小，可以满足需求。

综上所述，本节设计的利用系绳的机器人/目标星姿态稳定控制方法能够实现对组合体的姿态稳定控制，控制效果表现良好，且对模型不确定性和挠性附件振动具有很好的鲁棒性。

6.3 小结

在空间绳系机器人完成目标星抓捕后，利用空间绳系机器人的推力器，利用系绳/推力器协调控制均可以实现对组合体的稳定控制，但针对空间绳系机器人无推力的情况，本章研究了利用系绳的辅助稳定控制方法，包括利用系绳的组合体摆动抑制方法和组合体姿态稳定控制方法。

1）针对空间绳系机器人/目标星组合体的摆动抑制问题，提出一种利用系绳的摆动控制方法，包括离线指令优化和在线跟踪控制两部分。指令优化采用高斯伪谱法，跟踪控制基于分层滑模控制并加入虚拟系统，降低输入非线性的影响。结果表明设计的张力控制器在单边有界约束下平滑地收放系绳，使面内摆角精确地跟踪指令，且具有较强的鲁棒性。

2）针对利用系绳的空间绳系机器人/目标星组合体的姿态稳定控制问题，提出一种利用系绳机械臂改变系绳连接点，在定张力假设下，利用系绳的张力矩欠驱动稳定控制组合体姿态的新方法。该控制方法包括分层滑模欠驱动的姿态控制器、自适应抗饱和模块、基于超扭曲算法的扰动观测器三部分。结果表明设计的控制器能够实现对组合体的姿态稳定，避免系绳缠绕，且对模型不确定性、挠性帆板的振动有很好的鲁棒性。

第 7 章　利用系绳的空间目标星拖曳控制

针对空间绳系机器人抓捕后的目标星辅助稳定问题，前文分别研究了利用推力器、系绳/推力器协调、仅用系绳的辅助稳定问题，实现了对非合作、失稳目标的辅助稳定控制。在完成目标辅助稳定后，空间绳系机器人可根据需要对目标进行维修、维护等操作。而针对完全废弃的卫星、大型空间垃圾等，需要在空间平台的变轨推力下，拖曳其到坟墓轨道或进入大气层等，实现辅助变轨。针对此问题，本章着重研究拖曳轨道的设计、拖曳过程的目标星防缠绕，以及推力/系绳不共线下的组合体摆动抑制问题。

7.1　利用系绳的空间目标星拖曳轨道设计

空间绳系机器人完成目标星的抓捕与辅助稳定后，共同组成一个类哑铃型组合体系统，并在空间平台星的推力驱动下完成辅助变轨，称为“拖曳变轨”。针对其轨道设计问题，借鉴传统的变轨过程，可采用双脉冲霍曼转移、常推力变轨以及拖曳轨道优化三种方法进行。其中常推力变轨过程简单，本节不再赘述。本节分别在双脉冲霍曼转移和拖曳轨道优化两种方法的基础上，结合组合体带系绳的特点，设计拖曳变轨轨道。

7.1.1　组合体时间/能量拖曳轨道优化

针对刚体目标星变轨问题，霍曼转移是一种理想的变轨方式[245]。但对空间绳系机器人/目标星组合体而言，霍曼转移的大变轨推力若与系绳方向不严格一致，则可能会导致系绳的大幅剧烈摆动，甚至导致平台星失稳。针对此问题，本节从拖曳轨道优化设计的角度希望找到一种兼顾时间/能量最优，类 Bang - Bang 式的较小常推力变轨方法。

根据前文推导结果，重写空间绳系机器人、目标星组合体的姿轨动力学模型

$$\begin{cases} \ddot{r} = r\dot{\alpha}^2 - \dfrac{\mu}{r^2} + \dfrac{3\mu M_1 l^2(1 - 3\cos^2\varphi\cos^2\theta)}{2r^4} + \dfrac{Q_r}{m} \\ \ddot{\alpha} = \dfrac{-2mr\dot{r}\dot{\alpha} - 2m^+ M_2\dot{l}l(\dot{\theta} + \dot{\alpha})\cos^2\varphi - m^+ l^2[\ddot{\theta}\cos^2\varphi - 2(\dot{\theta} + \dot{\alpha})\dot{\varphi}\cos\varphi\sin\varphi] + Q_\alpha}{m^+ l^2\cos^2\varphi + mr^2} \end{cases} \tag{7-1}$$

$$\begin{cases}\ddot{l}=-M_3 l^{-1}\dot{l}^2+M_4 l\left[\dot{\varphi}^2+(\dot{\theta}+\dot{\alpha})^2\cos^2\varphi+\dfrac{\mu(3\cos^2\varphi\cos^2\theta-1)}{r^3}\right]+\dfrac{mQ_l}{m_1(m_2+m_t)}\\ \ddot{\theta}=-2(\dot{\theta}+\dot{\alpha})(M_2 l^{-1}\dot{l}-\dot{\varphi}\tan\varphi)-3\mu(2r^3)^{-1}\sin2\theta-\ddot{\alpha}+\dfrac{Q_\theta}{m^+ l^2\cos^2\varphi}\\ \ddot{\varphi}=-2M_2 l^{-1}\dot{l}\dot{\varphi}-\left[\dfrac{1}{2}(\dot{\theta}+\dot{\alpha})^2+\dfrac{3\mu}{2r^3}\cos^2\theta\right]\sin2\varphi+\dfrac{Q_\varphi}{m^+ l^2}\end{cases} \tag{7-2}$$

$$\begin{cases}Q_r=F_r\\ Q_\alpha=F_\alpha r\\ Q_l=-T+m_2(a_r\cos\theta+a_\alpha\sin\theta)\\ Q_\theta=(F_\alpha\cos\theta-F_r\sin\theta)\dfrac{m_2+m_t/2}{m}l\\ Q_\varphi=\sin\varphi(F_\alpha\sin\theta+F_r\cos\theta)\dfrac{m_2+m_t/2}{m}l\end{cases} \tag{7-3}$$

分析上述模型可以看出：组合体的轨道运动与姿态运动间存在一定的耦合，假设平台星推力可以不受其姿态影响，由于系绳长度远小于目标星轨道半径，上述轨道动力学模型可以简化为

$$\begin{cases}\ddot{r}=r\dot{\alpha}^2-\dfrac{\mu}{r^2}+\dfrac{F_r}{m}\\ \ddot{\alpha}=-\dfrac{2\dot{r}\dot{\alpha}}{r}+\dfrac{F_\alpha}{mr}\end{cases} \tag{7-4}$$

构建综合考虑时间—能量最优的指标函数[237]

$$J=t_f+\frac{1}{2}\int_0^{t_f}(F_r^2+F_\alpha^2)\,\mathrm{d}t \tag{7-5}$$

在优化方法方面，采用高斯伪谱法进行轨道优化，基本步骤如下。

（1）时域变换

原最优控制问题的时间域为 $[t_0, t_f]$ ，而高斯伪谱法定义的时间域为 $[-1, 1]$，因此对时间变量 t 作如下映射变换

$$\tau=\frac{2t}{t_f-t_0}-\frac{t_f+t_0}{t_f-t_0} \tag{7-6}$$

式中，初始时刻 t_0 在本节中取为零。则该最优控制问题可描述为

$$\begin{aligned}&\min J=\varphi[\boldsymbol{X}(t_f),t_f]+\frac{t_f-t_0}{2}\int_{-1}^{1}L[\boldsymbol{X}(\tau),\boldsymbol{U}(\tau),\tau;t_0,t_f]\mathrm{d}\tau\\ &\text{s.t.}\quad 1)\ \frac{\mathrm{d}\dot{\boldsymbol{X}}(t)}{\mathrm{d}\tau}=\frac{t_f-t_0}{2}F[\boldsymbol{X}(\tau),\boldsymbol{U}(\tau),\tau;t_0,t_f]\\ &\qquad\quad \boldsymbol{X}(1)=\boldsymbol{X}_0,\tau\in[-1,1]\\ &\qquad 2)\ \boldsymbol{\Psi}[\boldsymbol{x}(1),t_f]=0\\ &\qquad 3)\ \boldsymbol{G}[\boldsymbol{X}(\tau),\boldsymbol{U}(\tau),\tau;t_0,t_f]\leqslant 0\end{aligned} \tag{7-7}$$

上式转换后的 $\boldsymbol{\Psi}$ 和 $\boldsymbol{G}$ 分别为终端约束和不等式约束，且

$$\boldsymbol{X}(\tau)=X\left(\frac{t_f-t_0}{2}\tau+\frac{t_f+t_0}{2}\right)\quad \boldsymbol{U}(\tau)=U(\frac{t_f-t_0}{2}\tau+\frac{t_f+t_0}{2})$$

（2）Lagrange 插值多项式近似状态量和控制量

高斯伪谱法分别用 $N+1$ 阶和 N 阶 Lagrange 多项式拟合逼近状态变量和控制变量。首先，选取 N 阶 Legendre 多项式的根（τ_1，τ_2，…，τ_k）和 $\tau_0=-1$ 作为伪谱法中状态量的离散节点，并以此构造 $N+1$ 个 Lagrange 多项式 $L_i(t)$ 来近似状态变量 $\boldsymbol{X}(\tau)$

$$\begin{cases}L_i(\tau)=\prod\limits_{j=0,j\neq i}^{N}\dfrac{\tau-\tau_j}{\tau_i-\tau_j}\\ \boldsymbol{x}(\tau)\approx\boldsymbol{X}(\tau)=\sum\limits_{i=0}^{N}L_i(\tau)\boldsymbol{X}(\tau_i)\end{cases}\quad(i=0,1,2,\cdots,N)\tag{7-8}$$

对于控制变量的逼近，由于伪谱法中不涉及控制变量的导数，因此可直接使用 N 个节点，并构造 N 个 Lagrange 多项式 $L_j(t)$ 来近似控制变量 $\boldsymbol{U}(\tau)$

$$\begin{cases}L_j(\tau)=\prod\limits_{j=1,j\neq i}^{N}\dfrac{\tau-\tau_j}{\tau_i-\tau_j}\\ \boldsymbol{u}(\tau)\approx\boldsymbol{U}(\tau)=\sum\limits_{j=1}^{N}L_j(\tau)\boldsymbol{U}(\tau_j)\end{cases}\quad(j=1,2,\cdots,N)\tag{7-9}$$

（3）动力学微分方程及约束

将式（7－8）中的下式关于 τ 求导，可近似状态变量对时间的导数

$$\dot{\boldsymbol{x}}(\tau)\approx\dot{\boldsymbol{X}}(\tau)=\sum_{i=0}^{N}\dot{L}_i(\tau)\boldsymbol{X}(\tau_i)\tag{7-10}$$

式中，每个 Lagrange 多项式在 LG 配点上对时间的导数可用一阶微分近似矩阵表示

$$D_{ki}=\dot{L}_i(\tau_k)=\sum_{i=0}^{N}\frac{\prod\limits_{j=0,j\neq i,k}^{N}\tau_k-\tau_j}{\prod\limits_{j=0,j\neq i}^{N}\tau_i-\tau_j},i,j,k=0,1,2,\cdots,N\tag{7-11}$$

将上式代入动力学微分方程中，可得在每个 τ_k 中状态变量为

$$\begin{aligned}\dot{\boldsymbol{x}}(\tau_k)&=\dot{\boldsymbol{X}}(\tau_k)=\sum_{i=0}^{N}\dot{L}_i(\tau)\boldsymbol{X}(\tau_i)=\sum_{i=0}^{N}D_{ki}\boldsymbol{X}(\tau_i)\\&=\frac{t_f-t_0}{2}F\left[X(\tau_k),U(\tau_k),\tau_k,t_0,t_f\right]\end{aligned}\tag{7-12}$$

式中，$\tau_i(i=1，2，3，\cdots，N)$ 为配点，$\tau_k(k=0，1，2，\cdots，N)$ 为节点。D_{ki} 为式（7－11）所求得的微分矩阵。

（4）终端状态约束

状态变量动态约束只在 LG 配点上计算而不在边界处取值。因此，式（7－8）对应的时间域为［－1，1），则终端状态变量 $\boldsymbol{X}(\tau_f)$，可由状态变量 $\boldsymbol{X}(\tau_k)(k=0，1，2，\cdots，$

N）和控制变量 $\boldsymbol{U}(\tau_k)(k=1,2,3,\cdots,N)$ 通过高斯积分获得

$$\boldsymbol{X}(\tau_f)=\boldsymbol{X}(\tau_0)+\frac{t_f-t_0}{2}\sum_{k=1}^{N}\omega_k F\left[\boldsymbol{X}(\tau_k),\boldsymbol{U}(\tau_k),\tau_k,t_0,t_f\right] \tag{7-13}$$

式中，$\omega_k=\int_{-1}^{1}L_i(\tau)\mathrm{d}\tau$ 为高斯权重。

（5）基于高斯积分的近似性能指标函数

可用高斯积分来逼近 Bolza 型性能指标函数中的积分项，因此在高斯伪谱法中的性能指标函数为[237]

$$J=\Phi\left[\boldsymbol{X}(t_f),t_f\right]+\frac{t_f-t_0}{2}\sum_{k=1}^{N}\omega_k L\left[\boldsymbol{X}_k,\boldsymbol{U}_k,\tau_k,t_0,t_f\right] \tag{7-14}$$

式中，Φ 为非积分项性能指标，L 为积分项中的被积函数。

通过以上离散变换，高斯伪谱法求解最优控制问题可转化为：求解离散的状态变量 $\boldsymbol{X}(\tau_i)(i=0,1,2,\cdots,N)$ 和控制变量 $\boldsymbol{U}(\tau_j)(j=1,2,\cdots,N)$ 以及初末时刻，在满足动力学微分方程式（7-10）和终端状态约束式（7-13）以及原先最优控制约束条件的基础上，使得性能指标式（7-14）最小。此时原边界约束可离散为

$$\boldsymbol{\Psi}(\boldsymbol{X}_f,t_f)=0 \tag{7-15}$$

路径约束

$$\boldsymbol{G}\left[\boldsymbol{X}_k,\boldsymbol{U}_k,\tau_k,t_0,t_f\right]\leqslant 0 \tag{7-16}$$

这样式（7-10）～式（7-16）所定义的非线性规划问题的解即为原最优控制问题的近似解。

以辅助拖曳入轨为例，设置状态初值与状态终值约束如表 7-1 所示，设置状态量及控制量约束如表 7-2 所示。取每段时间内高斯节点数下限为 250，上限为 300，容许误差为 2×10^{-5}，进行轨道优化设计，相应的优化结果如图 7-1～图 7-10 所示，最优控制力为

$$\begin{cases} F_\alpha=39\ \text{N} & 0\ \text{s}\leqslant t\leqslant 5\ 194\ \text{s} \\ F_r=\begin{cases} 13\ \text{N} & 0\ \text{s}\leqslant t\leqslant 2\ 845\ \text{s} \\ -13\ \text{N} & 2\ 845\ \text{s}\leqslant t\leqslant 5\ 194\ \text{s} \end{cases} \end{cases} \tag{7-17}$$

可以看出：整个变轨时间为 5 194 s，终端时刻的轨道真近点角为 324°，径向速度在大约 2 800 s 到达峰值，峰值约为 77 m/s。对应的变轨推力近似为 Bang-Bang 控制，且切向最优控制力为常值。所有状态量变化平滑，没有明显突变，满足组合体变轨需求。

表 7-1　状态初值与状态终值约束

状态量	r_0/km	v_{r0}/(m/s)	α_0/rad	ω_0/(rad/s)	m_0/kg
初值	687 8	0	0	0.001 106 8	2 000
状态量	r_f/km	v_{rf}/(m/s)	α_f/rad	ω_f/(rad/s)	m_f/kg
终值	7 078	0	自由	0.001 062	自由

表 7-2　状态量与控制量约束

状态量	路径约束	控制量	路径约束
r	[6 878，7 078] km	F	[0.1，41] N
v_r	[0，130] m/s	β	[−19°，19°]
α	[0，2π] rad	F_r	[−13，13] N
ω	[1.062，1.106 8] $\times 10^{-3}$ rad/s	F_α	[0.1，39] N
m	[0，2 000] kg		

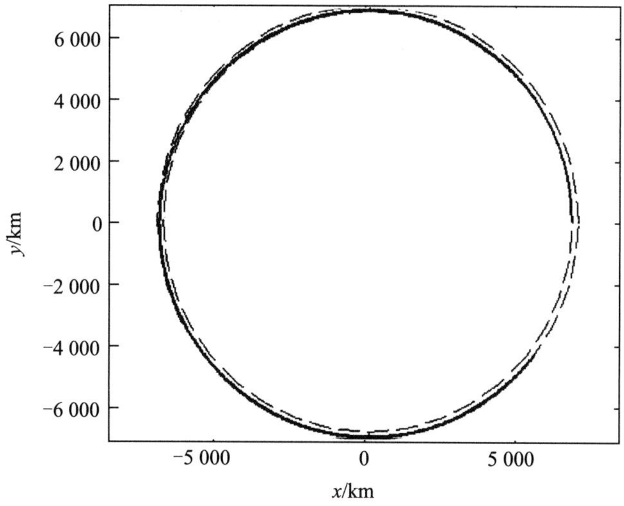

图 7-1　最优轨道（实线）

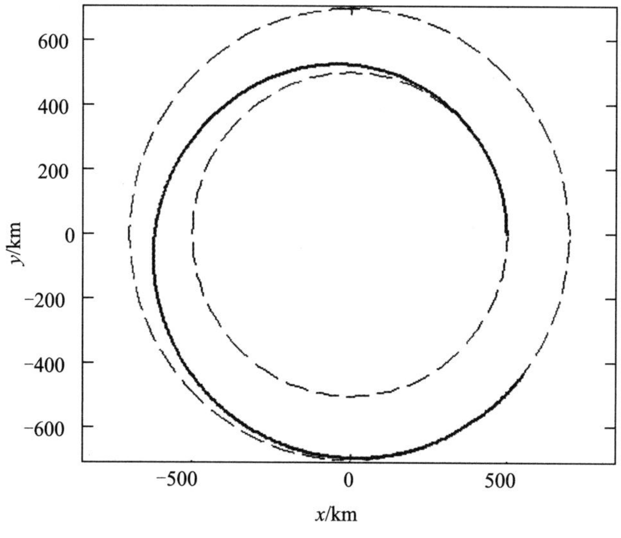

图 7-2　减去 R_e 后的高度轨迹（实线）

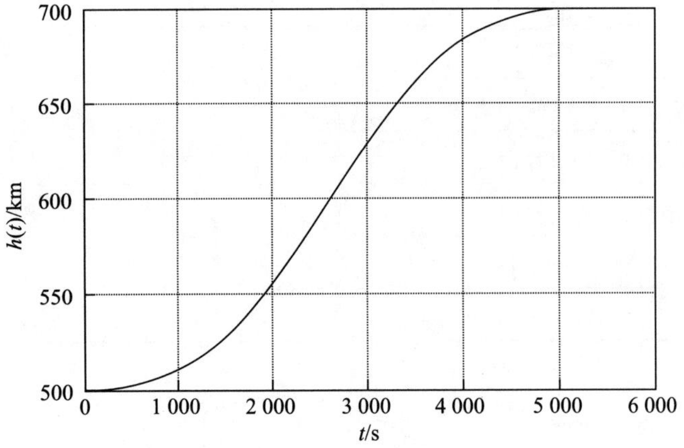

图 7-3　轨道高度曲线

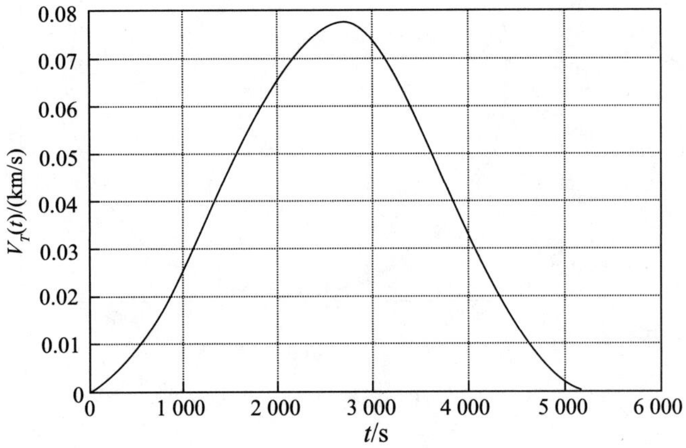

图 7-4　径向速度曲线

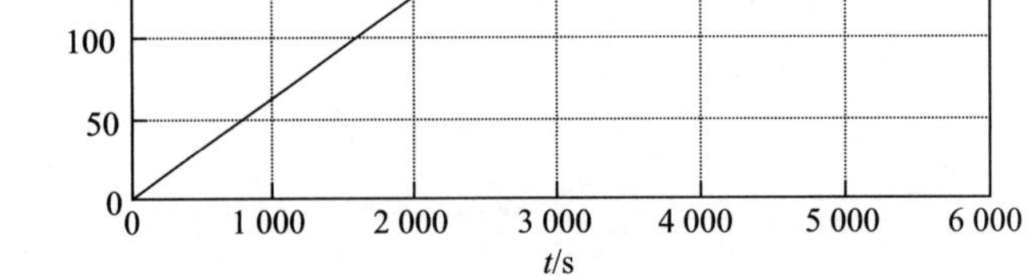

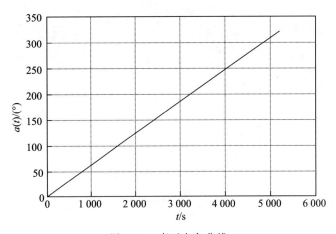

图 7-5　真近点角曲线

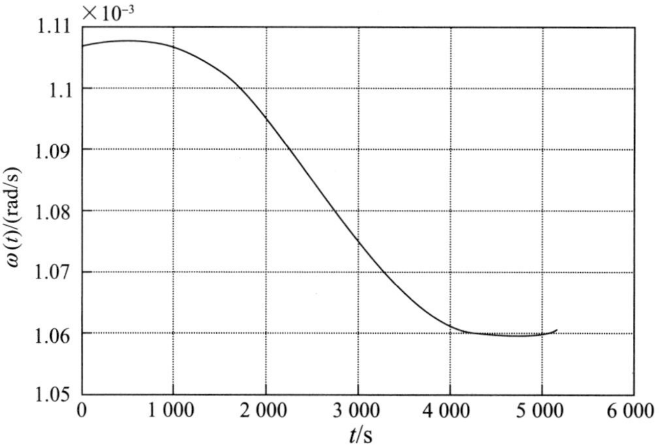

图 7-6　角速度曲线

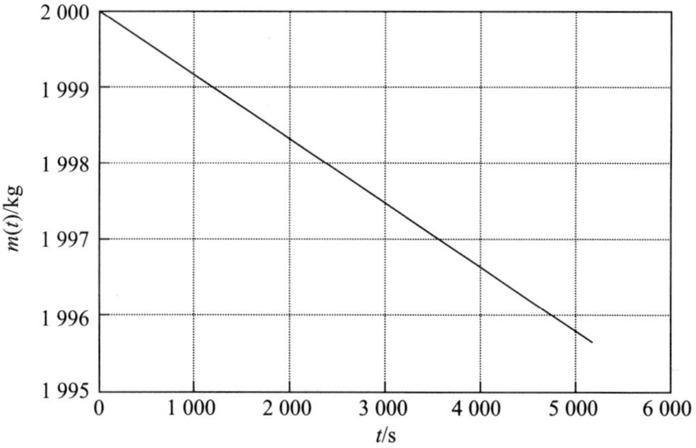

图 7-7　平台星质量曲线

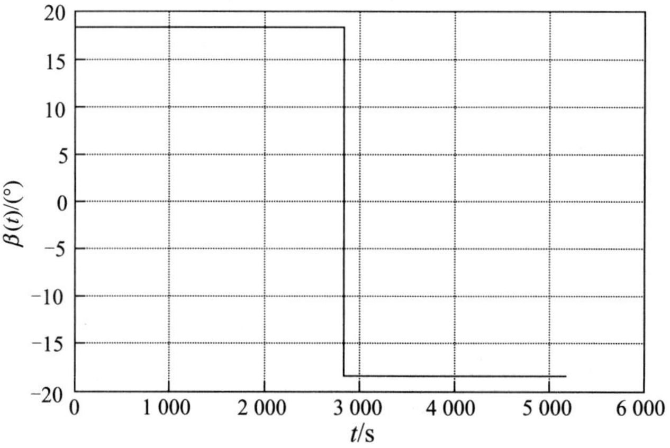

图 7-8　推力角曲线

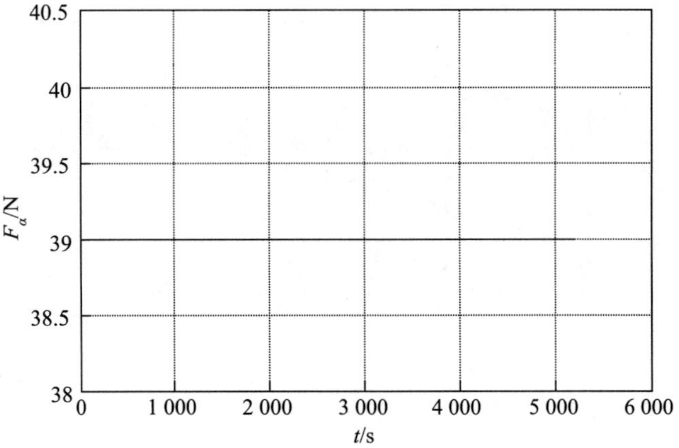

图 7-9　切向推力曲线

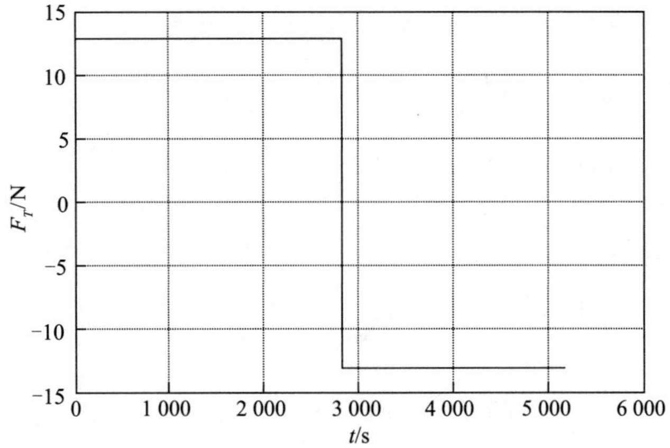

图 7-10　径向推力曲线

进一步分析发现，在优化的近似 Bang-Bang 控制的拖曳变轨推力指令下，系绳可以保持紧绷，由于系绳的柔性特性，可能会导致目标星与系绳的缠绕、系绳的摆动等问题，系绳防缠绕及摆动抑制将在本节后续进行详细研究。

7.1.2　组合体双脉冲旋转拖曳变轨方法

在上节中，利用近似 Bang-Bang 控制的切换变轨推力实现目标星的拖曳变轨，在变轨任务全程，平台星一直保持推力作用以避免系绳松弛，本节探讨脉冲式变轨方式在拖曳变轨中的应用。不同于连续推力变轨，脉冲式变轨包括脉冲机动段和自由飞行段，非常适合刚体型目标星的变轨，针对本节研究的拖曳变轨问题，其突出的问题是在自由飞行段，系绳松弛可能导致目标星与空间平台星的碰撞风险。针对此问题，本节提出将自由飞行段变为旋转飞行段，利用组合体系统的旋转，产生离心力，避免系绳松弛。

组合体双脉冲旋转拖曳变轨的变轨过程如图 7-11 所示，包括第一次脉冲加速、系统起旋、旋转滑行、系统消旋、第二次脉冲加速五个阶段[246]。

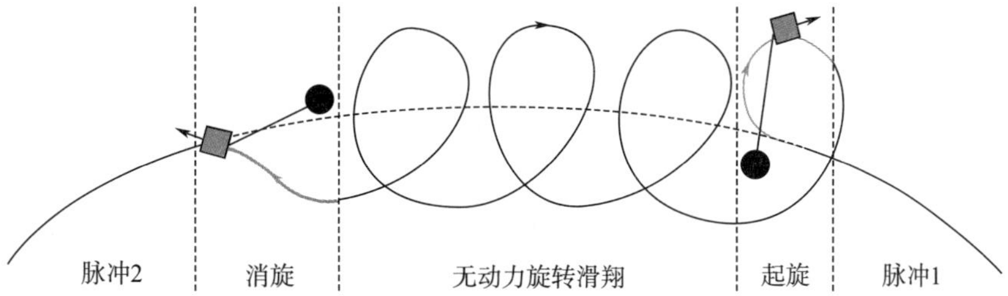

图 7-11　双脉冲旋转变轨示意图

阶段 1 为组合体第一次脉冲加速段。假设系绳方向与当地轨道切向方向一致，系绳自然伸长，变轨推力大小为 F_1，方向始终沿系绳方向，持续时间为 Δt_1，组合体速度增量为 Δv_1，则 $F_1\Delta t_1=m\Delta v_1$。该阶段组合体进入椭圆转移轨道。

阶段 2 为组合体起旋阶段。为使系绳保持一定张力，避免系绳缠绕，在本阶段利用平台星推力，让组合体以一定的角速度 ω 旋转，系绳张力小于临界值即可。根据国内外学者的研究结果，选择与轨道运行方向相同的旋转方向，可以确保系绳张力大于零。具体实施方式是：在第一阶段结束后，由空间平台星施加沿系绳垂直方向的小推力，作用时间为 Δt_2，该脉冲产生两个效果，即组合体的面内旋转角速度 ω_c 和系统质心的速度增量 Δv_c 。

阶段 3 为组合体旋转飞行阶段。该阶段变轨推力器关机，组合体以不变的面内角速度 ω_c 旋转，且沿椭圆转移轨道滑行，持续时间为 Δt_3。

阶段 4 为组合体消旋阶段。为使组合体能经第二次脉冲加速进入坟墓轨道，需要在第二此脉冲前进行消旋处理，使组合体面内角速度为 0，且系绳方向沿转移轨道切线方向。该阶段持续时间为 Δt_4。

阶段 5 为组合体二次脉冲阶段。该阶段为双脉冲变轨的第二次脉冲阶段，设变轨推力为 F_2，方向与转移轨道切线方向平行，持续时间为 Δt_5，则 $F\Delta t_5=m\Delta v_2$。

以 GEO 轨道到坟墓轨道的变轨为例，仅考虑面内变轨，设空间平台星和目标星的质量均为 2 000 kg，系绳长度为 $l=300$ m，系绳线密度为 $\rho=0.005$ kg/m，平台星变轨推力为 100 N，侧向推力 5 N。初始轨道为 $r_0=42\ 164$ km 的 GEO 轨道，末端轨道为 $r_1=42\ 464$ km 的坟墓轨道，利用双脉冲变轨方式，计算轨道转移时间总时间为 43 312 s，速度增量及转移时间为

$$\begin{cases}\Delta v_1=5.445\ \text{m/s} & \Delta t_1=217.88\ \text{s}\\ \Delta v_2=5.435\ \text{m/s} & \Delta t_2=217.48\ \text{s}\end{cases} \tag{7-18}$$

需要着重说明的是，在施加第一次脉冲变轨推力时，由于推力和系绳方向不严格相同，必然会带来系绳的摆动。而这种系绳摆动现象在第二次脉冲变轨推力时更加明显，因为脉冲变轨推力为沿轨道切向方向，而由于系绳的旋转飞行变轨过程，施加第二次脉冲时，推力系绳方向很难保证在轨道面切向。针对这种系绳摆动问题，后续将详细研究。在本节的拖曳轨道设计中，初步假设系绳能够获得很好的抑制，忽略二次脉冲变轨推力对组

合体系统旋转的影响。在此基础上，设起旋和消旋时间均为 100 s，且起旋方向是轨道运行方向。

仿真结果如图 7－12～图 7－15 所示。图 7－12 是轨道高度变化曲线，可以看出：通过 43 312 s 的变轨，组合体质心高度由初始轨道的 r_0 =42 164 km GEO 轨道平滑地变轨至 r_1 =42 464 km 的坟墓轨道，并停留在坟墓轨道。图 7－13 是真近点角变化曲线，可以看出：变轨时间的消耗大约是半个轨道周期。图 7－14 是系绳的面内摆角变化曲线，可以看出：在设计的起旋和消旋策略下，面内角以恒定的角速度变化，整个拖曳变轨周期内，面内摆角达到 2 132.85°，旋转了近 6 个周期。图 7－15 为变轨过程中，系绳的张力曲线，可以看出：由于组合体绕其质心的旋转运动，系绳中保持约 0.25 mN 的微张力，虽然张力较小，但仍然可以保持系绳的紧绷，避免出现系绳松弛，避免平台星与目标星的碰撞。

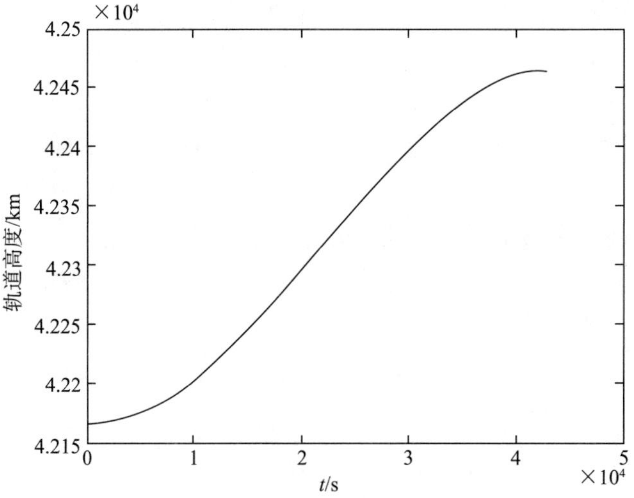

图 7－12　轨道高度变化曲线

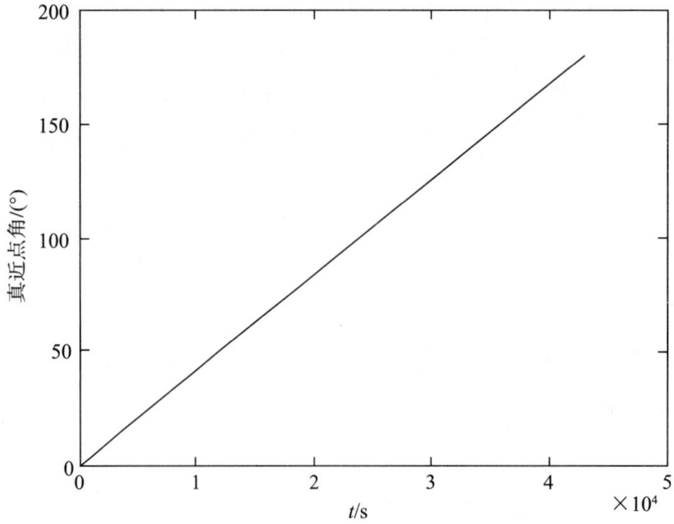

图 7－13　真近点角变化曲线

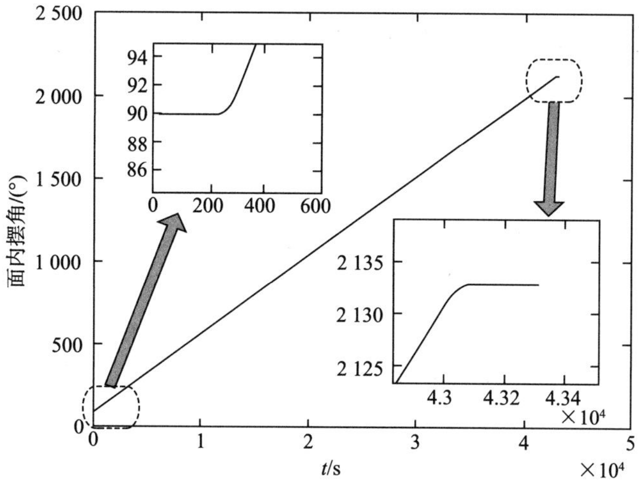

图 7-14　面内摆角变化曲线

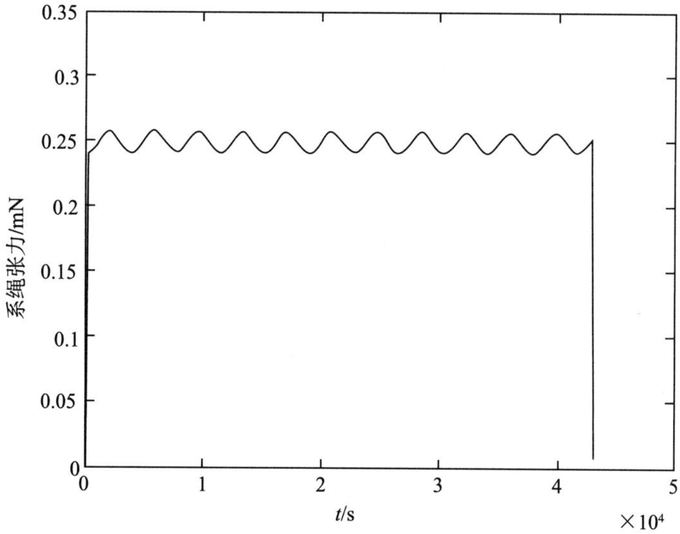

图 7-15　系绳变化曲线

7.2　拖曳变轨中目标星防缠绕技术

在空间目标星拖曳变轨过程中，目标星姿态运动与系绳运动相互耦合，可能造成目标星与系绳的缠绕、平台星和目标星的碰撞等。防缠绕与防碰撞是拖曳变轨中需要解决的首要问题。防碰撞问题可以通过上节的轨道设计初步解决，本节主要研究其防缠绕技术。国内外公开的研究成果表明：系绳张力大小是影响缠绕的关键。适当调节系绳张力大小能够降低缠绕风险，极大地提高拖曳变轨任务的安全性[206]。

7.2.1 考虑缠绕的空间目标星拖曳变轨模型

以轨道面内拖曳变轨任务为例，由于系绳质量一般小于 5kg，而空间平台星、目标星质量均为数百千克甚至数吨，在本节建模中忽略系绳质量；另外，仅考虑目标星轨道面内姿态。设 A，B 和 C 分别是平台星，目标星和组合体系统的质心。D 是平台星上系绳连接点，P 是系绳在目标星中的抓捕点。m_1 是平台星质量，m_2 是目标星质量，I_1 和 I_2 分别是平台星和目标星的转动惯量。建模中用到的坐标系包括：地心惯性坐标系 $\{\Sigma_I\}OXYZ$ 。平台轨道坐标系 $\{\Sigma_{Ao}\}Ax_{Ao}y_{Ao}z_{Ao}$ ，平台本体坐标系 $\{\Sigma_{Ab}\}Ax_{Ab}y_{Ab}z_{Ab}$ ，组合体本体坐标系 $\{\Sigma_s\}Cx_sy_sz_s$ ，目标星本体坐标系 $\{\Sigma_{Bb}\}Bx_{Bb}y_{Bb}z_{Bb}$ ，如图 7-16 所示[206]。

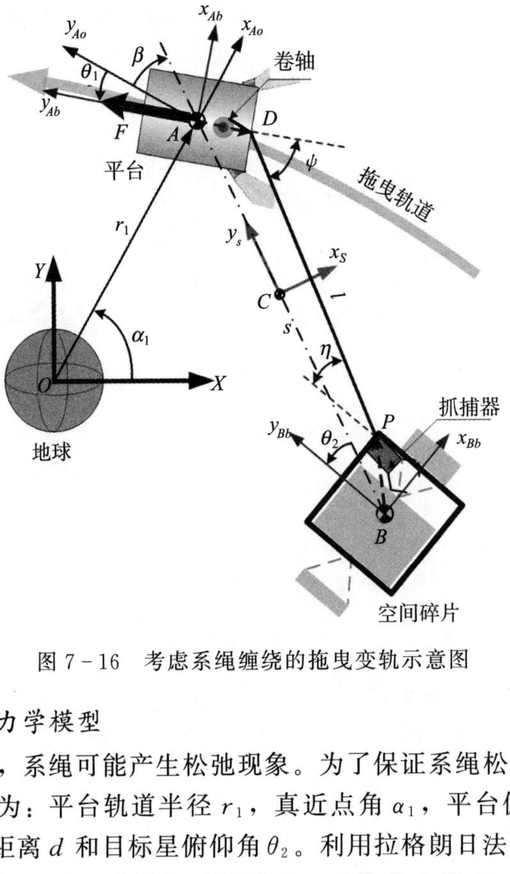

图 7-16　考虑系绳缠绕的拖曳变轨示意图

7.2.1.1 拖曳变轨动力学模型

由于考虑系绳缠绕，系绳可能产生松弛现象。为了保证系绳松弛时模型的有效性，在建模时，选择广义坐标为：平台轨道半径 r_1，真近点角 α_1，平台俯仰角 θ_1，面内角距离 β ，平台星与目标星间距离 d 和目标星俯仰角 θ_2。利用拉格朗日法建立动力学模型。

由于建模过程中使用的是无质量的系绳模型，系统总动能 K 由平台星和目标星的平移和旋转动能组成。

$$\begin{aligned}K &= K_{pt}+K_{pr}+K_{dt}+K_{dr}\\&=\frac{1}{2}m_1(\dot r_1^2+r_1^2\dot\alpha_1^2)+\frac{1}{2}I_1(\dot\alpha_1+\dot\theta_1)^2+\frac{1}{2}I_2(\dot\alpha_1-\dot\beta+\dot\theta_2)^2+\\&\quad\frac{1}{2}m_2[2d(\dot\alpha_1\dot r_1\cos\beta-\dot\alpha_1^2r_1\sin\beta-\dot\beta\dot r_1\cos\beta+\dot\alpha_1\dot\beta r_1\sin\beta)+\\&\quad d^2(\dot\alpha_1-\dot\beta)^2+r_1^2\dot\alpha_1^2-2\dot\alpha_1\dot d r_1\cos\beta+\dot r_1^2-2\dot r_1\dot d\sin\beta+\dot d^2]\end{aligned}\tag{7-19}$$

其中，K_{pt} 和 K_{dt} 是平台星和目标星的平移动能，K_{pr} 和 K_{dr} 分别是两者的旋转动能。

系统的势能 W 是由平台星和目标星的重力势能和系绳的弹性势能组成

$$W=-\frac{\mu(m_1+m_2)}{r_1}-\mu m_2 d\left[\frac{\sin\beta}{r_1^2}+\frac{d(3\sin^2\beta-1)}{2r_1^3}\right]+\frac{\lambda \mathrm{EA}(l_t-l_{rt})^2}{2l_{rt}} \tag{7-20}$$

其中，μ 为地球引力常数，l_t 是实际系绳长度，l_{rt} 是系绳未拉伸时的自然长度。λ 是松弛系数，表示系绳的松弛情况并使模型在这种情况下是有效的；$\lambda=1$ 表示张紧，$\lambda=0$ 表示松弛。松弛系绳的实际长度可以表示为

$$\begin{cases}\overrightarrow{DP}\mid_{sx}=x_p\cos\theta_2-y_p\sin\theta_2-x_d\cos(\theta_1+\beta)+y_d\sin(\theta_1+\beta)\\ \overrightarrow{DP}\mid_{sy}=x_p\sin\theta_2+y_p\cos\theta_2-x_d\sin(\theta_1+\beta)-y_d\cos(\theta_1+\beta)-d\\ l_t=\sqrt{(\overrightarrow{DP}\mid_{sx})^2+(\overrightarrow{DP}\mid_{sy})^2}\end{cases} \tag{7-21}$$

其中，(x_d, y_d) 是释放点在 $\{\Sigma_{Ab}\}$ 下的坐标，(x_p, y_p) 是抓捕点在 $\{\Sigma_{Bb}\}$ 下的坐标。

由系绳阻尼特性引起的耗散能 E_{dis} 可以表示为

$$E_{\mathrm{dis}}=\frac{c_t\lambda \mathrm{EA}}{2l_{rt}}(\dot{l}_t-\dot{l}_r)^2 \tag{7-22}$$

其中，EA 为系绳的刚度系数，c_t 为系绳的阻尼系数。

利用拉格朗日方程，推导动力学模型为

$$\begin{cases}\ddot{r}_1=r_1\dot{\alpha}_1^2-\frac{\mu}{r_1^2}+\frac{m_1\sin\beta\ddot{d}-m_1 d\cos\beta(\ddot{\alpha}_1-\ddot{\beta})}{m_1+m_2}+E_r+\frac{Q_{r1}}{m_1+m_2}\\ \ddot{\alpha}_1=\frac{-I_1\ddot{\theta}_1-I_2\ddot{\theta}_2+(I_2+m_2d^2-m_2r_1d\sin\beta)\ddot{\beta}+m_2\cos\beta(r_1\ddot{d}-d\ddot{r}_1)}{I_\alpha}+E_\alpha+\frac{Q_{\alpha1}}{I_\alpha}\\ \ddot{\theta}_1=-\ddot{\alpha}_1+\frac{E_{\theta1}}{I_1}+\frac{Q_{\theta1}}{I_1}\\ \ddot{d}=\sin\beta\ddot{r}_1+r_1\cos\beta\ddot{\alpha}_1+E_d+\frac{Q_d}{m_2}\\ \ddot{\beta}=\frac{I_2\ddot{\theta}_2+m_2d\cos\beta\ddot{r}_1+(I_2+m_2d^2-m_2dr_1\sin\beta)\ddot{\alpha}_1+E_\beta}{I_\beta}+\frac{Q_\beta}{I_\beta}\\ \ddot{\theta}_2=\ddot{\beta}-\ddot{\alpha}_1+\frac{E_{\theta2}}{I_2}+\frac{Q_{\theta2}}{I_2}\end{cases} \tag{7-23}$$

其中，$Q_{r1}=-F\sin\theta_1$，$Q_{\alpha1}=Fr_1\cos\theta_1$，$Q_{\theta1}=\tau_c$，$Q_d=0$，$Q_\beta=0$ 和 $Q_{\theta2}=0$ 分别表示广义外力。F 为平台受到的力，τ_c 为平台星的姿态控制力矩。

E_r，E_α，$E_{\theta1}$，E_d，E_β 和 $E_{\theta2}$ 为

$$
\begin{cases}
E_r = \dfrac{m_1}{m_1+m_2}\left[-2\dot{d}\cos\beta(\dot{\alpha}_1-\dot{\beta})-d\sin\beta\,(\dot{\alpha}_1-\dot{\beta})^2-\dfrac{3\mu d^2}{r_1^4}+\dfrac{9\mu d^2\cos^2\beta}{2r_1^4}-\dfrac{2\mu d\sin\beta}{r_1^3}\right] \\
E_\alpha = \dfrac{1}{I_\alpha}\begin{bmatrix}-2r_1\dot{\alpha}_1\dot{r}_1(m_1+m_2)-m_2 d(r_1\cos\beta\dot{\beta}^2-2r_1\cos\beta\dot{\alpha}_1\dot{\beta}-2\sin\beta\dot{\alpha}_1\dot{r}_1)-2m_2 d\dot{d}(\dot{\alpha}_1-\dot{\beta}) \\ -2m_2 r_1\dot{d}\sin\beta(\dot{\beta}-\dot{\alpha}_1)\end{bmatrix} \\
E_{\theta 1} = \lambda\mathrm{EA}(y_{s2}x_{s3}-x_{s2}y_{s3})(E_l+E_d) \\
E_d = -r_1\sin\beta\dot{\alpha}_1^2+2r_1\cos\beta\dot{\alpha}_1+d\,(\dot{\alpha}_1-\dot{\beta})^2+\dfrac{\mu}{r_1^2}\sin\beta-\dfrac{\mu d(3\cos^2\beta-2)}{r_1^3}+\dfrac{\lambda\mathrm{EA}x_{s3}(E_l+E_d)}{m_2} \\
E_\beta = -2m_2 d\sin\beta\dot{\alpha}_1\dot{r}_1+m_2 d\,[2\dot{d}(\dot{\alpha}_1-\dot{\beta})-r_1\cos\beta\dot{\alpha}_1^2]+\dfrac{\mu m_2 d\cos\beta}{r_1^2}+\dfrac{3\mu m_2 d^2\sin 2\beta}{2r_1^3}+ \\
\qquad \lambda\mathrm{EA}(y_{s2}x_{s3}-x_{s2}y_{s3})(E_l+E_d) \\
E_{\theta 2} = \lambda\mathrm{EA}(x_{s1}y_{s3}-y_{s1}x_{s3})(E_l-E_d)
\end{cases}
$$

7.2.1.2　系绳缠绕模型

一旦系绳发生缠绕，平台星和目标星以相同的方式改变系绳长度，如图 7－17 所示。系绳发生缠绕，系绳长度发生突变。由于两端刚体几何形状对缠绕有明显影响，为简化问题，可假设两端刚体为固定形状、并对其每个顶点进行编号，进而研究形状与缠绕程度的关系。

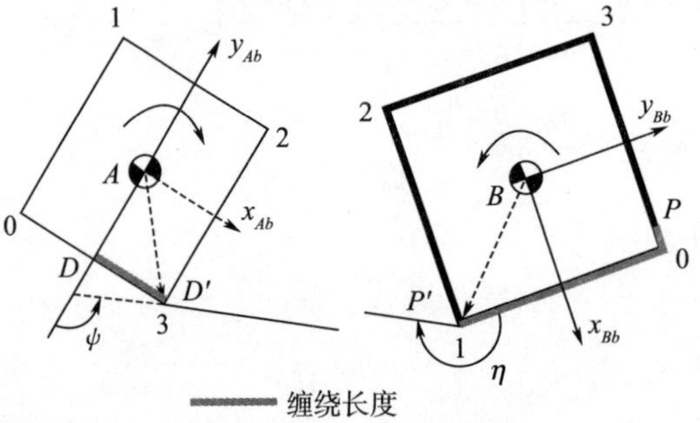

图 7－17　系绳缠绕示意图

假设平台星在轨道面内的投影是面积为 $(a\times a)\mathrm{m}^2$ 的正方形，目标星是 $(b\times b)\mathrm{m}^2$ 的正方形。定义系绳与平台星 y_{Ab} 轴间的缠绕角为 $\psi=\theta_1+\beta-\varphi$，$\eta=\theta_2-\varphi$ 是系绳和碎片 y_{Bb} 轴之间的缠绕角，$\phi=\arcsin(\overrightarrow{DP}\mid_{sx}/l_t)$ 是系绳和 y_s 轴的角度。

系绳的缠绕状态分为以下三种情况：

情型 0　没有缠绕；$-\pi/2<\psi<\pi/2$ 且 $-\pi/2<\eta<\pi/2$

情型 1　顺时针缠绕；$\psi\leqslant-\pi/2$ 且 $\eta\leqslant-\pi/2$

情型 2　逆时针缠绕；$\psi\geqslant\pi/2$ 且 $\eta\geqslant\pi/2$

而在系绳缠绕过程中，释放点 $D(x_d\quad y_d)$ 和抓捕点 $P(x_p\quad y_p)$ 将会等效跳到不同的顶点。这也就是上文所说的突变。

$$x_d=\begin{cases}-a/2 & n_{vd}=0,1\\ a/2 & n_{vd}=2,3\end{cases}\quad y_d=\begin{cases}-a/2 & n_{vd}=0,3\\ a/2 & n_{vd}=1,2\end{cases}$$
$$x_p=\begin{cases}b/2 & n_{vp}=0,1\\ -b/2 & n_{vp}=2,3\end{cases}\quad y_p=\begin{cases}b/2 & n_{vp}=0,3\\ -b/2 & n_{vp}=1,2\end{cases}\tag{7-24}$$

其中，n_{vd} 和 n_{vp} 分别是平台和碎片的顶点号数。分别定义为

$$n_{vd}=\begin{cases}3-t_{wd}+4\ [t_{wd}/4]_r & \text{情型 1}\\ t_{wd}-4\ [t_{wd}/4]_r & \text{情型 2}\end{cases},n_{vp}=\begin{cases}3-t_{wp}+4\ [t_{wp}/4]_r & \text{情型 1}\\ t_{wp}-4\ [t_{wp}/4]_r & \text{情型 2}\end{cases}$$

则，t_{wd} 和 t_{wp} 分别表示平台星和目标星的缠绕系数。

$$t_{wd}=\begin{cases}\left[\dfrac{\psi+\pi/2}{-\pi/2}\right]_r & \text{情型 1}\\ \left[\dfrac{\psi-\pi/2}{\pi/2}\right]_r & \text{情型 2}\end{cases},t_{wp}=\begin{cases}\left[\dfrac{\eta+\pi/2}{-\pi/2}\right]_r & \text{情型 1}\\ \left[\dfrac{\eta-\pi/2}{\pi/2}\right]_r & \text{情型 2}\end{cases}$$

其中，$[\cdot]_r$ 表示取整运算符。则

$$l_{wd}=\begin{cases}4ac_n+(3.5-n_v)a-x_{d0} & \text{情型 1}\\ 4ac_n+(0.5+n_v)a+x_{d0} & \text{情型 2}\end{cases},l_{wp}=\begin{cases}4bc_n+(3.5-n_v)b+x_{p0} & \text{情形 1}\\ 4bc_n+(0.5+n_v)b-x_{p0} & \text{情形 2}\end{cases}$$

x_{d0} 是 D 在 $\{\Sigma_{Ab}\}$ 中的一个初始坐标值，设为 $(x_{d0},\ -a/2)$ ，并且 x_{p0} 是 P 在 $\{\Sigma_{Bb}\}$ 中的一个初始坐标值，设为 $(x_{p0},\ b/2)$ 。

因此，设 l_r 为释放的系绳自然长度，当缠绕发生时，系绳的未变形自然长度为

$$l_{rt}=l_r-l_{wp}-l_{wd}\tag{7-25}$$

7.2.2　拖曳过程系绳缠绕抑制方法

在拖曳变轨过程中，组合体质心轨道可以按照上节设计利用广义外力 Q_{r1} 和 $Q_{\alpha 1}$ 通过平台推力进行改变和控制。对设计的类 Bang - Bang 型推力与脉冲推力段等恒定推力变轨阶段，保持推力方向至关重要，且有助于抑制缠绕。如果推力不与系绳对齐，则会发生系绳弯曲和鞭打效应。然后，弯曲的系绳突然拉直将导致平台的剧烈旋转，这也将导致拖曳移除任务的失败。因此，在空间平台星方面，需要设计姿态控制力矩实现稳定，避免上述现象的发生；在目标星方面，为了抑制缠绕，可以设计张力的阻抗控制器来稳定其姿态并保持两端距离。

7.2.2.1　平台星姿态控制器

假设可以测量到平台星和目标星间的相对运动和姿态，利用反馈线性化控制器

$$\tau_c=I_1(k_pe+k_d\dot{e})-E_{\theta 1}\tag{7-26}$$

其中，$e=\theta_d-\theta_1$ 表示期望姿态与实际姿态的偏差，k_p 和 k_d 均为设计的正系数。

将上述方程代入到平台星动力学模型，得到其闭环姿态动力学方程为

$$\ddot{e}+k_d\dot{e}+k_pe=\delta\tag{7-27}$$

其中，$\delta=\ddot{\alpha}_1+\Delta$ 是由轨道角加速度和测量误差引起的有界不确定性，设其上界为 $|\delta|_{\max}$。则其稳态误差 E_{ss} 为

$$\lim_{t\to\infty}E_{ss}=\lim_{s\to 0}sE_{ss}(s)=\lim_{s\to 0}s\frac{|\delta|_{\max}}{s(s^2+k_d s+k_p)}=\frac{|\delta|_{\max}}{k_p} \tag{7-28}$$

即，平台姿态是李雅普诺夫意义下的稳定，且其稳态误差 E_{ss} 可以通过增加 k_p 减小。

7.2.2.2 基于阻抗控制的系绳张力控制器

若系绳连接点无法移动，系绳张力是唯一可用于稳定目标星并抑制缠绕的控制量。如果将张力作为控制量，设计实时的欠驱动控制器稳定目标星姿态。该张力很难由系绳控制机构给出。实际上，将张力调整到一个恰当的稳定值有利于缠绕抑制和距离保持。这是因为持续的张力力矩会引起碎片姿态角的摆动，类似于反馈控制系统。所以说在定张力下，目标星的姿态是李雅普诺夫意义下稳定的。另外，稳定的系绳张力能使目标星和平台星保持同步，避免碰撞。为了稳定系绳张力，假设系绳控制机构（卷轴机构）能够根据实际绳长收放系绳，本节设计阻抗控制器，将系绳张力控制转化为绳长控制。

系绳张力 T 定义为[206]

$$T=\frac{\mathrm{EA}}{l_{rd}}(l-l_{rd})+\frac{c_t\mathrm{EA}}{l_{rd}}(\dot{l}-\dot{l}_{rd}) \tag{7-29}$$

其中，l_{rd} 为自然绳长，l 为包含实际绳长 l_t 和缠绕绳长 l_{tw} 的总绳长。

设变轨推力为 F，在拖曳变轨中，期望系绳张力的稳态值定义为 $T_{ss}=F\cdot m_2/(m_1+m_2)$。

设计阻抗控制器为

$$l_{rd}=\frac{1}{c_t s+1}\left(l+c_t sl-\frac{T_d l}{\mathrm{EA}}\right) \tag{7-30}$$

在获得期望绳长 l_{rd} 之后，使用卷轴机构来实现系绳未拉伸长度的跟踪控制。闭环的系绳长度控制器可以设计为以下二阶系统

$$\frac{l_r(s)}{l_{rd}(s)}=\frac{\omega_n^2}{s^2+2\omega_n\xi s+\omega_n^2} \tag{7-31}$$

其中，ω_n 是设计的固有频率，ξ 是设计的阻尼系数。

完整的控制器结构如图 7-18 所示 。

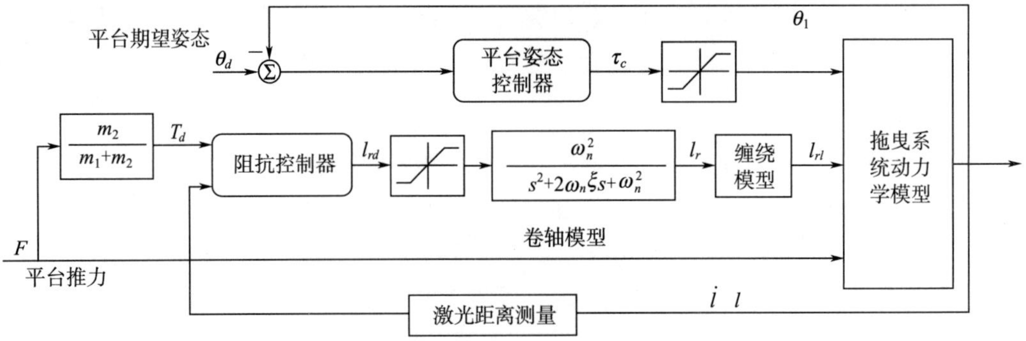

图 7-18 拖曳变轨防缠绕控制器结构

7.2.3　仿真分析

以连续推力拖曳移除 GEO 轨道目标星为例，分别假设连续变轨推力为 1N，2N 和 5N，验证提出的缠绕抑制方法的可行性。系统参数及其状态如表 7－3 所示。

表 7－3　组合体系统参数及状态初值

参数	数值	参数	数值
μ	$3.986\times10^{14}\,m^3/s^2$	I_2	$3\,000\ kg\cdot m^2$
m_1	1 500 kg	EA	1×10^5 N
m_2	2 500 kg	c_t	0.01
I_1	$1\,500\ kg\cdot m^2$	[a，b]	[3 m，4 m]
$[r_1\quad \dot{r}_1]$	[42 164 km　0 m/s]	$[\alpha_1\quad \dot{\alpha}_1]$	[0°，0.004 178 (°)/s]
$[\theta_1\quad \dot{\theta}_1]$	[0°，0 (°)/s]	$[\beta\quad \dot{\beta}]$	[0°，0 (°)/s]
$[\theta_2\quad \dot{\theta}_2]$	[15°，0 (°)/s]	$[d\quad \dot{d}]$	[103.816m　0.005m/s]
$[l_r\quad \dot{l}_r]$	[100m　0m/s]		

设拖曳初始时刻系绳无缠绕，平台星期望的姿态角 $\theta_d=0°$。控制参数 k_p 和 k_d 分别为 25 和 20。系绳长度最大测量误差 ±1 cm，速度最大测量误差 ±1 cm/s，卷轴电机最大执行误差 ±0.1 cm，系绳张力控制器控制频率 10 Hz，平台星姿态控制器控制频率 4 Hz。系绳收放的上下界分别为 102 m 和 98 m，平台推力矩的最大值为 ±2 N·m。

7.2.3.1　连续变轨推力 $F=2$ N 时仿真分析

设平台星的连续变轨推力 $F=2$ N，对其进行仿真分析，结果如图 7－19～图 7－22 所示。

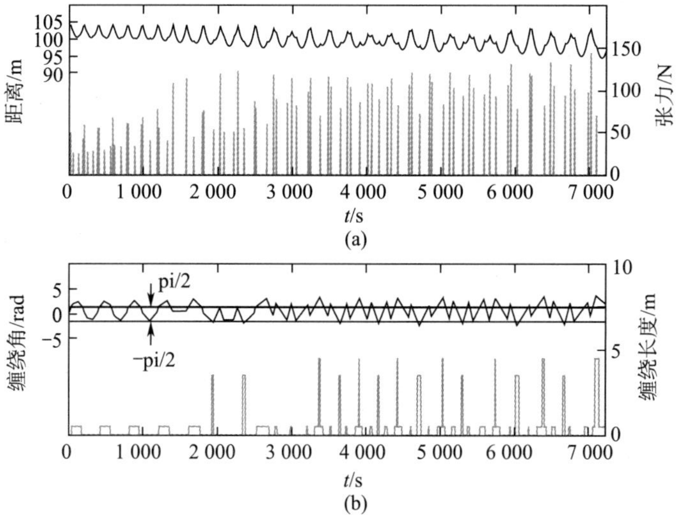

图 7－19　无张力控制拖曳状态曲线

图 7－19 是无张力控制时平台星/目标星距离、系绳张力、缠绕角、缠绕长度的曲线图。可以看出：平台星/目标星间相对距离呈现剧烈振荡、缓慢下降趋势，且振幅越来越大；系绳张力时有时无，这是由于张力的不适当和逐渐增加，系绳频繁地在紧绷和松弛之间切换造成的。系绳缠绕角也呈现剧烈振荡，且总是超过边界值。这意味着目标星姿态剧烈摆动，频繁与系绳发生缠绕。

图 7－20 是不考虑测量误差、执行器误差时，张力控制下的理想响应曲线。图（a）可以看出，两端距离在 102～104 m 间振荡，并在 2 000 s 后保持在 103.2 m；张力呈现阻尼振荡现象，并最终稳定在 1.25 N，与 T_{ss} 接近。图（b）表示系绳的释放长度，可以看出：系绳长度稳定在 99.1 m。图（c）表示系绳缠绕角和缠绕长度，可以看出：在最初的200 s内，目标星的缠绕角超出边界，之后在边界内变化。这意味着系绳缠绕得到有效抑制。

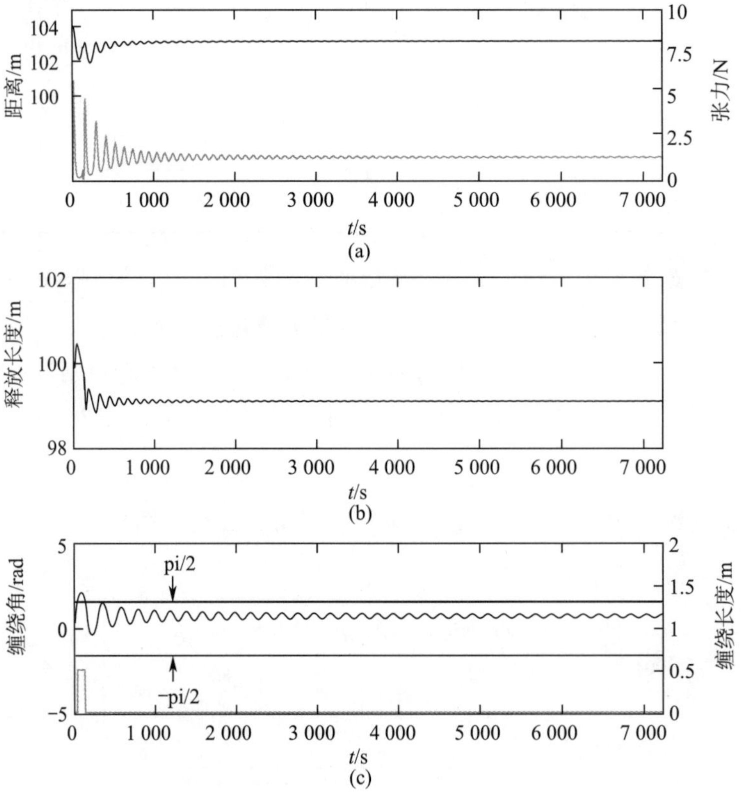

图 7－20 张力控制理想响应曲线

图 7－21 是考虑测量/执行误差时，张力控制下的响应曲线。与图 7－20 相对，本图中的稳态距离减小到 102 m，并在其附近波动。同样地，系绳张力在 1.25 N 附近振荡。系绳被快速回收到其下边界值并以较小幅度振荡保持在下边界。缠绕角均在缠绕边界内变化，除了最初的 100 s 外，缠绕长度在大多数时间内保持为零。这说明设计控制器对测量误差、执行器误差具有一定的鲁棒性。图 7－22 为平台星姿态控制曲线，由于测量误差和执行器误差的存在，系绳张力呈现振荡。平台星姿态角受到扰动而变化，振荡幅度保持在 1×10^{-6} rad 内，控制力矩在－1 N·m～1 N·m 间变化。

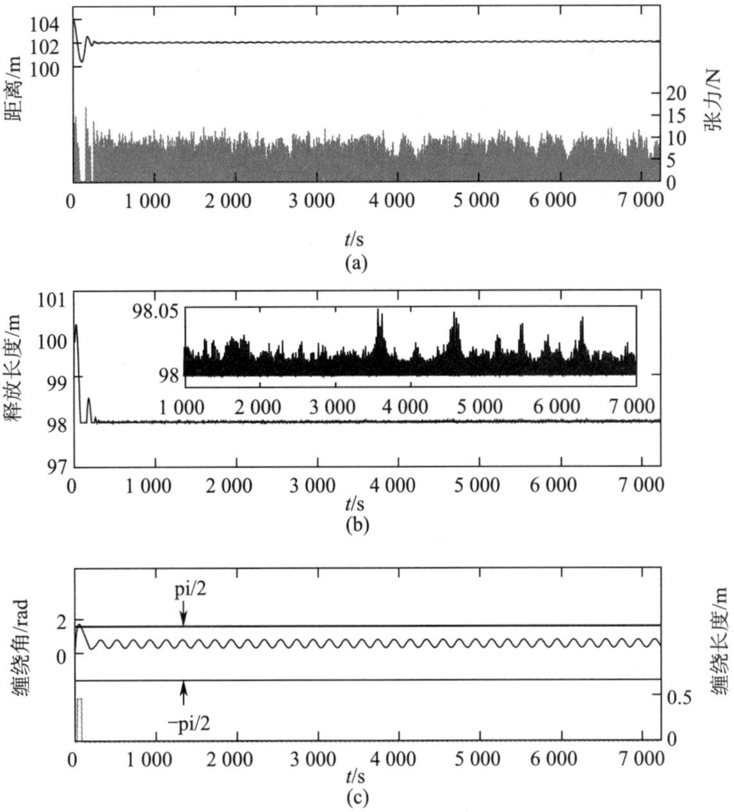

图 7－21　考虑测量/执行误差的张力控制响应曲线

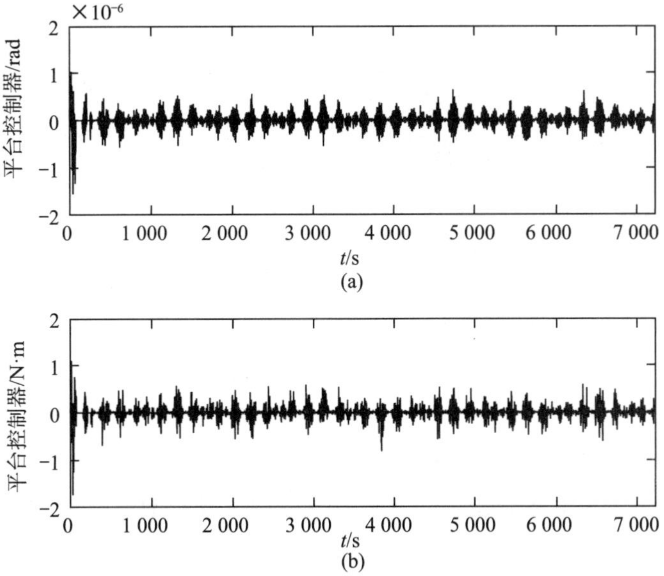

图 7－22　平台星姿态控制曲线

7.2.3.2 其他连续变轨推力仿真分析

为进一步验证控制器的可行性，本节分别对 $F=1$ N 和 $F=5$ N 的连续推力下的拖曳变轨过程进行分析。考虑测量误差和执行器误差，仿真结果如图 7-23～图 7-26 所示。

图 7-23 是 $F=1$ N 时平台星/目标星间距离和系绳张力曲线，可以看出：平台星/目标星间距离快速收敛到 102 m 附近振荡，振动幅度约为 1.5 m。系绳全程保持张紧状态，系绳张力最初 20 N，其余时间均在 0～15 N 间振荡变化。图 7-24 是 $F=1$ N 时的系绳缠绕长度曲线。虚线表示无控制时，实线表示有控制时，可以看出：与无控制时相比，缠绕长度大大减小，缠绕长度最大仅为 0.5 m，而无控制时，最大缠绕长度可达 8 m。

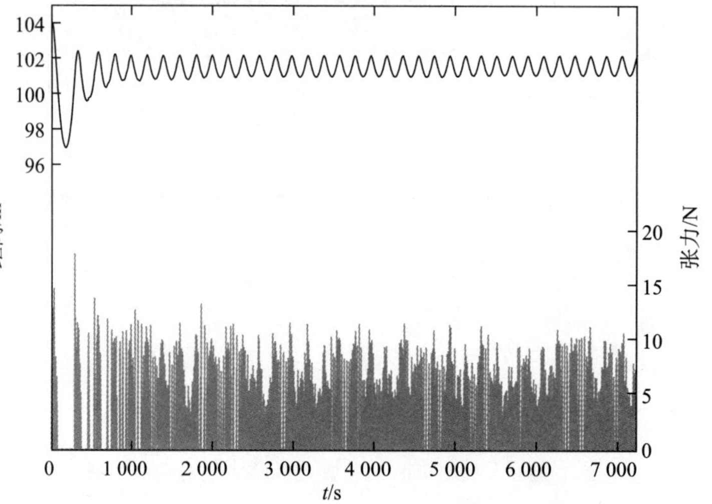

图 7-23　$F=1$ N 时平台星/目标星间距离和系绳张力

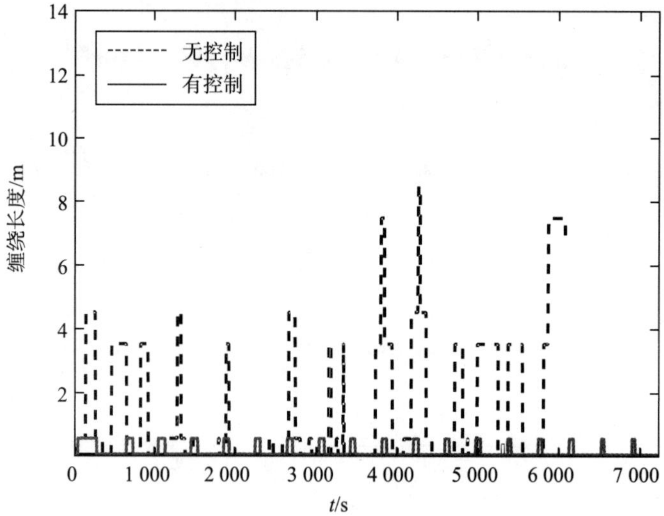

图 7-24　$F=1$ N 时系绳缠绕长度曲线

图 7－25 是 $F=5$ N 时平台星/目标星间距离和系绳张力曲线，可以看出：平台星/目标星间距离快速收敛到 102 m，并在其附近振荡，系绳全程保持张紧状态，系绳张力在 0～15 N 间振荡变化。图 7－26 是有无控制的系绳缠绕长度曲线对比，可以看出，在有控制情况下的系绳缠绕长度为零。

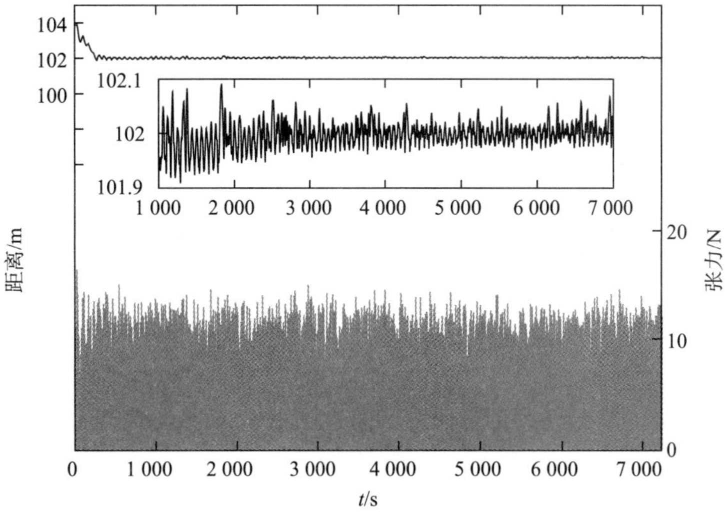

图 7－25　$F=5$ N 时平台星/目标星间距离和系绳张力

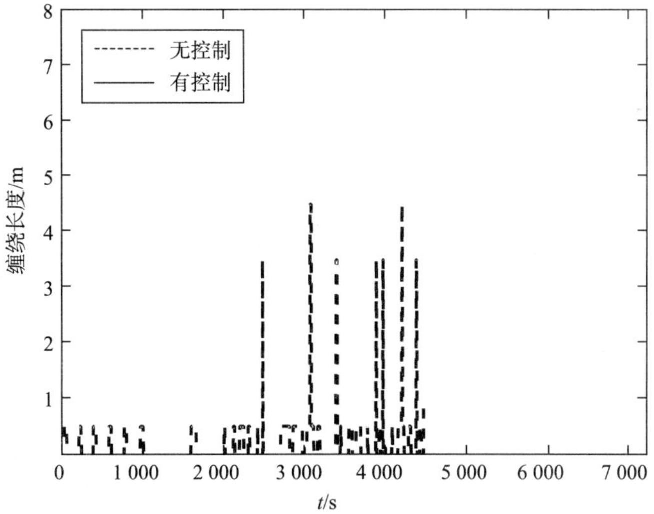

图 7－26　$F=5$ N 时系绳缠绕长度曲线

综上所述，本节设计的拖曳变轨中系绳缠绕抑制方法可以有效地降低系绳缠绕，且具有良好的鲁棒性。另外，通过本节的仿真分析可以看出：较大的推力有利于抑制缠绕。在拖曳变轨时可以选择较大的推力以降低系绳缠绕风险。但是，若推力和系绳方向不严格共线，较大的变轨推力可能引起系绳的快速摆动，需要额外研究其摆动抑制问题。

7.3 推力/系绳不共线下的组合体姿态稳定

拖曳变轨过程中，在重力梯度影响下，哑铃型构型的组合体可能会产生摆动。另外，推力与系绳的不共线会进一步引发、加剧这种摆动，如不进行抑制，将造成对目标星、平台星的持续干扰，甚至导致变轨失败[247]。在假设平台星、目标星均已通过本文上述方法进行姿态稳定控制的基础上，本节重点研究利用平台星变轨推力的摆动抑制问题，克服利用系绳收放摆动抑制带来的系绳控制机构复杂性，避免了微重力下的系绳快速释放难题，且避免了与防缠绕中利用系绳收放的冲突问题。

7.3.1 组合体拖曳变轨姿轨控制指令设计

忽略空间平台星和目标星的姿态运动，忽略轨道面外运动，重写组合体拖曳变轨的动力学模型为

$$\begin{cases} m\ddot{R}-mR\dot{\alpha}^2+\dfrac{\mu m}{R^2}-\dfrac{3\mu m^* l^2}{2R^4}(1-3cos^2\theta)=F_R \\ 2mR\dot{R}\dot{\alpha}+mR^2\ddot{\alpha}+m^* l^2(\ddot{\alpha}+\ddot{\theta})=F_\alpha\sqrt{R^2+(\dfrac{2m_2+m_t}{2m})^2 l^2+(\dfrac{2m_2+m_t}{m})Rl\cos\theta} \\ m^* l^2(\ddot{\alpha}+\ddot{\theta})+\dfrac{3\mu m^* l^2}{R^3}\sin\theta\cos\theta=(F_\alpha\cos\theta-F_R\sin\theta)\dfrac{2m_2+m_t}{2m}l \end{cases} \tag{7-32}$$

其中，l 为空间系绳长度。m_1 为平台星质量，m_2 为目标星质量（含空间绳系机器人抓捕器质量），ρ 为空间系绳平均线密度，$m_t=\rho l$ 为空间系绳质量，$\mu=3.986\ 03\times10^{14}\ \mathrm{m^3/s^2}$ 为地球引力常数，$m=m_1+m_2+m_t$ 为组合体系统的总质量，$m^*=(2m_1+m_t)(2m_2+m_t)/4m-m_t/6$ 为组合体系统的约化质量。F_R 和 F_α 分别为作用于平台星上的组合体拖曳变轨径向推力和切向推力。

由于 l 一般为数百米，而 R 至少大于 6 600 km，l 比 R 小 3 个数量级以上，通过对上式进行变换，将各二阶导数项分离，并化简得

$$\begin{cases} m\ddot{R}-mR\dot{\alpha}^2+\dfrac{\mu m}{R^2}=F_R \\ mR^2\ddot{\alpha}+2mR\dot{R}\dot{\alpha}=F_\alpha R-(F_\alpha\cos\theta-F_R\sin\theta)\dfrac{2m_2+m_t}{2m}l \\ \ddot{\theta}=(F_\alpha\cos\theta-F_R\sin\theta)\dfrac{2m_2+m_t}{2mm^* l}-\dfrac{F_\alpha}{mR}+\dfrac{2\dot{R}\dot{\alpha}}{R} \end{cases} \tag{7-33}$$

设拖曳变轨过程中，空间平台星的变轨径向推力指令和切向推力指令分别是 F_{Rd} 和 $F_{\alpha d}$，在两者驱动下，拖曳变轨的轨道跟踪指令即分别为 R_d 和 α_d。

将 F_{Rd} 和 $F_{\alpha d}$ 代入式（7-33）的前两个式子，并忽略 θ 角的影响，得

$$\begin{cases}\ddot{R}_d - R_d\dot{\alpha}_d^2 + \dfrac{\mu}{R_d^2} - \dfrac{F_{Rd}}{m} = 0 \\ \ddot{\alpha}_d + \dfrac{2\dot{R}_d\dot{\alpha}_d}{R_d} - \dfrac{F_{\alpha d}}{mR_d} = 0\end{cases} \tag{7-34}$$

利用 Matlab 等相关数值计算软件即可得到 R_d 和 α_d 的数值解。

θ 角的跟踪指令为变轨推力作用下的系绳平衡位置。将式（7-33）的第三个式子进一步简化

$$\ddot{\theta} \approx (F_\alpha\cos\theta - F_R\sin\theta)\frac{2m_2 + m_t}{2mm^* l} \tag{7-35}$$

则 θ 角的跟踪指令 θ_d 为：$\theta_d = \arctan(F_{\alpha d}/F_{Rd})$。

7.3.2　欠驱动分层滑模姿轨耦合控制器

上述组合体拖曳变轨中的姿轨控制问题转化为利用变轨推力（F_R 和 F_α 双通道）同时控制组合体质心轨道（R 和 α 双向）和组合体姿态（θ）共三个变量的欠驱动问题。针对该欠驱动问题，本节仍然采用分层滑模控制的方式实现[248]。

7.3.2.1　分层滑模控制器设计

首先，设计状态变量 R，α，θ 的第一层滑模面，并计算等效控制量。

设计状态变量 R，α，θ 的第一层滑模面为

$$\begin{cases}s_1 = (\dot{R} - \dot{R}_d) + c_1(R - R_d) \\ s_2 = (\dot{\alpha} - \dot{\alpha}_d) + c_2(\alpha - \alpha_d) \\ s_3 = (\dot{\theta} - \dot{\theta}_d) + c_3(\theta - \theta_d)\end{cases} \tag{7-36}$$

其中，s_1，s_2 和 s_3 分别是设计的状态变量 R，α，θ 的滑模面。c_1，c_2 和 c_3 分别是设计的常值系数。

对 s_1，s_2 和 s_3 求导，并令

$$\begin{cases}\dot{s}_1 = (\ddot{R} - \ddot{R}_d) + c_1(\dot{R} - \dot{R}_d) = 0 \\ \dot{s}_2 = (\ddot{\alpha} - \ddot{\alpha}_d) + c_2(\dot{\alpha} - \dot{\alpha}_d) = 0 \\ \dot{s}_3 = (\ddot{\theta} - \ddot{\theta}_d) + c_3(\dot{\theta} - \dot{\theta}_d) = 0\end{cases} \tag{7-37}$$

将动力学模型代入，并化简，得到等效控制量为

$$\begin{cases}F_{R\_e} = \begin{bmatrix}\dfrac{1}{m} & 0\end{bmatrix}^+ \left(-R\dot{\alpha}^2 + \dfrac{\mu}{R^2} + \ddot{R}_d - c_1(\dot{R} - \dot{R}_d)\right) \\ F_{\alpha\_e} = \begin{bmatrix}\dfrac{(2m_2 + m_t)l\sin\theta}{2m^2R^2} & \dfrac{2mR - (2m_2 + m_t)l\cos\theta}{2m^2R^2}\end{bmatrix}^+ \left(\dfrac{2\dot{R}\dot{\alpha}}{R} + \ddot{\alpha}_d - c_2(\dot{\alpha} - \dot{\alpha}_d)\right) \\ F_{\theta\_e} = \begin{bmatrix}-\dfrac{(2m_2 + m_t)\sin\theta}{2mm^* l} & \dfrac{(2m_2 + m_t)l\cos\theta - 2m^* l}{2mm^* Rl}\end{bmatrix}^+ \left(-\dfrac{2\dot{R}\dot{\alpha}}{R} + \ddot{\theta}_d - c_3(\dot{\theta} - \dot{\theta}_d)\right)\end{cases} \tag{7-38}$$

其中，$[\ ]^+$ 表示该矩阵的伪逆。

然后，构造第二层滑动平面，推导切换控制律。

构造第二层滑模面

$$S = s_1 + \lambda s_2 + \lambda \eta s_3 \tag{7-39}$$

其中，S 为设计的第二层滑模面，λ 和 η 分别为设计的系数。

对式（7－39）求导，并将式（7－36）～式（7－38）代入，化简得

$$\begin{aligned}
\dot{S} &= \dot{s}_1 + \lambda \dot{s}_2 + \lambda \eta \dot{s}_3 \\
&= \left\{ \begin{matrix} \lambda \left[\dfrac{(2m_2+m_t)l\sin\theta}{2m^2R^2} \quad \dfrac{2mR-(2m_2+m_t)l\cos\theta}{2m^2R^2} \right] + \\ \lambda\eta \left[-\dfrac{(2m_2+m_t)\sin\theta}{2mm^*l} \quad \dfrac{(2m_2+m_t)R\cos\theta-2m^*l}{2mm^*Rl} \right] \end{matrix} \right\} F_{R_e} + \\
&\quad \left\{ \left[\dfrac{1}{m} \quad 0 \right] + \lambda\eta \left[-\dfrac{(2m_2+m_t)\sin\theta}{2mm^*l} \quad \dfrac{(2m_2+m_t)R\cos\theta-2m^*l}{2mm^*Rl} \right] \right\} F_{\alpha_e} + \\
&\quad \left\{ \left[\dfrac{1}{m} \quad 0 \right] + \lambda \left[\dfrac{(2m_2+m_t)l\sin\theta}{2m^2R^2} \quad \dfrac{2mR-(2m_2+m_t)l\cos\theta}{2m^2R^2} \right] \right\} F_{\theta_e} + \\
&\quad \left\{ \begin{matrix} \left[\dfrac{1}{m} \quad 0 \right] + \lambda \left[\dfrac{(2m_2+m_t)l\sin\theta}{2m^2R^2} \quad \dfrac{2mR-(2m_2+m_t)l\cos\theta}{2m^2R^2} \right] + \\ \lambda\eta \left[-\dfrac{(2m_2+m_t)\sin\theta}{2mm^*l} \quad \dfrac{(2m_2+m_t)R\cos\theta-2m^*l}{2mm^*Rl} \right] \end{matrix} \right\} u_s
\end{aligned}$$

其中，u_s 为切换控制量。

设计滑模面的趋近律为指数趋近律

$$\dot{S} = -kS - \zeta \operatorname{sgn}[S] \tag{7-40}$$

其中，k 和 ζ 为设计的常值系数。sgn[ ] 为符号函数。其定义如下式所示，χ 为 sgn[ ] 的自变量

$$\operatorname{sgn}[\chi] = \begin{cases} 1 & \chi \geqslant 0 \\ -1 & \chi < 0 \end{cases} \tag{7-41}$$

则切换控制量 u_s 可设计为

$$\begin{aligned}
u_s = &\left\{ \begin{matrix} \left[\dfrac{1}{m} \quad 0 \right] + \lambda \left[\dfrac{(2m_2+m_t)l\sin\theta}{2m^2R^2} \quad \dfrac{2mR-(2m_2+m_t)l\cos\theta}{2m^2R^2} \right] + \\ \lambda\eta \left[-\dfrac{(2m_2+m_t)\sin\theta}{2mm^*l} \quad \dfrac{(2m_2+m_t)R\cos\theta-2m^*l}{2mm^*Rl} \right] \end{matrix} \right\}^{+} \cdot \\
&\left\{ \begin{matrix} -\left\{ \begin{matrix} \lambda \left[\dfrac{(2m_2+m_t)l\sin\theta}{2m^2R^2} \quad \dfrac{2mR-(2m_2+m_t)l\cos\theta}{2m^2R^2} \right] + \\ \lambda\eta \left[-\dfrac{(2m_2+m_t)\sin\theta}{2mm^*l} \quad \dfrac{(2m_2+m_t)R\cos\theta-2m^*l}{2mm^*Rl} \right] \end{matrix} \right\} F_{R_e} \\
-\left\{ \left[\dfrac{1}{m} \quad 0 \right] + \lambda\eta \left[-\dfrac{(2m_2+m_t)\sin\theta}{2mm^*l} \quad \dfrac{(2m_2+m_t)R\cos\theta-2m^*l}{2mm^*Rl} \right] \right\} F_{\alpha_e} \\
-\left\{ \left[\dfrac{1}{m} \quad 0 \right] + \lambda \left[\dfrac{(2m_2+m_t)l\sin\theta}{2m^2R^2} \quad \dfrac{2mR-(2m_2+m_t)l\cos\theta}{2m^2R^2} \right] \right\} F_{\theta_e} \\
-kS - \zeta\operatorname{sgn}[S] \end{matrix} \right\}
\end{aligned} \tag{7-42}$$

其中，{ }$^+$ 表示该矩阵的伪逆。

为降低滑模控制的抖振现象，可以用饱和函数取代符号函数。

最后，将等效控制律和切换控制律相加，得到总的控制律为

$$\begin{bmatrix} F_R \\ F_\alpha \end{bmatrix} = F_{R\_e} + F_{\alpha\_e} + F_{\theta\_e} + u_s \tag{7-43}$$

7.3.2.2　稳定性证明

选择李雅普诺夫函数为 $V=0.5S^2$，则 $\dot{V}=S\dot{S}=-kS^2-\zeta|S|$ 。其中，$|S|$ 表示 S 的绝对值。可以看出 $V\geqslant 0$，$\dot{V}\leqslant 0$，当且仅当 $S=0$ 时等号成立，则在控制器（7-43）作用下，系统是稳定的。

下面进一步证明两层滑模控制的渐近稳定性。

首先证明第二层滑模控制是渐近稳定的。由于 $\int_0^t \dot{V}\mathrm{d}\tau = \int_0^t (-kS^2-\zeta|S|)\mathrm{d}\tau$ ，其中，t 为时间，τ 为积分变量。则

$$V(0)=V(t)+\int_0^t (kS^2+\zeta|S|)\mathrm{d}\tau \geqslant \int_0^t (kS^2+\zeta|S|)\mathrm{d}\tau$$

则 $\lim\limits_{x\to\infty}\int_0^t (kS^2+\zeta|S|)\mathrm{d}\tau \leqslant V(0) < \infty$，其中，$\infty$表示正无穷大。根据 Barbalat 引理，有 $t\to\infty$时，$(kS^2+\zeta|S|)\to 0$，所以 $\lim\limits_{x\to\infty} S=0$。因此，第二层滑模控制是渐近稳定的。

然后证明第一层滑模控制面 s_1，s_2，s_3 均是平方可积的。

$$\int_0^\infty S^2\mathrm{d}\tau = \int_0^\infty (s_1+\lambda s_2+\lambda\eta s_3)^2\mathrm{d}\tau = \int_0^\infty [s_1^2+2\lambda s_1(s_2+\eta s_3)+\lambda^2(s_2+\eta s_3)^2]\,\mathrm{d}\tau < \infty \tag{7-44}$$

设 λ_0 为设计的正数，选择 $\lambda=\lambda_0\operatorname{sgn}[s_1(s_2+\eta s_3)]$ ，则

$$\begin{aligned}\int_0^\infty [s_1^2+2\lambda s_1(s_2+\eta s_3)+\lambda^2(s_2+\eta s_3)^2]\,\mathrm{d}\tau &\geqslant \int_0^\infty 4\lambda s_1(s_2+\eta s_3)\mathrm{d}\tau \\ &= \int_0^\infty 4\lambda_0\operatorname{sgn}[s_1(s_2+\eta s_3)]\,s_1(s_2+\eta s_3/\lambda)\mathrm{d}\tau \\ &\geqslant 0\end{aligned} \tag{7-45}$$

因此，$\int_0^\infty s_1^2\mathrm{d}\tau<\infty$，$\int_0^\infty (s_2+\eta s_3)^2\mathrm{d}\tau<\infty$。

同理，可得

$$\int_0^\infty (s_2+\eta s_3)^2\mathrm{d}\tau = \int_0^\infty (s_2^2+\eta^2 s_3^2+2\eta s_2 s_3)\mathrm{d}\tau < \infty \tag{7-46}$$

设 η_0 为设计的正数，选择 $\eta=\eta_0\operatorname{sgn}[s_2 s_3]$ ，则

$$\int_0^\infty (s_2^2+\eta^2 s_3^2+2\eta s_2 s_3)\mathrm{d}\tau \geqslant \int_0^\infty 4\eta s_2 s_3\mathrm{d}\tau = \int_0^\infty 4\eta_0\operatorname{sgn}[s_2 s_3]\,s_2 s_3\mathrm{d}\tau \geqslant 0 \tag{7-47}$$

因此，$\int_0^\infty s_2^2\mathrm{d}\tau<\infty$，$\int_0^\infty s_3^2\mathrm{d}\tau<\infty$。

即：当 $\eta=\eta_0\operatorname{sgn}[s_2s_3]$，$\lambda=\lambda_0\operatorname{sgn}[s_1(s_2+\eta s_3)]$ 时，第一层滑模控制面 s_1，s_2，s_3 均是平方可积的。

最后证明，当 $\eta=\eta_0\operatorname{sgn}[s_2s_3]$，$\lambda=\lambda_0\operatorname{sgn}[s_1(s_2+\eta s_3)]$ 时，第一层滑模控制是渐近稳定的。

由于 $V(t)=V(0)-\int_0^t(kS^2+\zeta|S|)\mathrm{d}\tau\leqslant V(0)<\infty$，则 S 是有界的。又因为 $\dot{V}=S\dot{S}=-kS^2-\zeta|S|$ 是有界的，则 $\dot{S}$ 也是有界的。

由于 $S=s_1+\lambda s_2+\lambda\eta s_3$，$\lambda s_1(s_2+\eta s_3)\geqslant 0$，则 s_1 和 $(s_2+\eta s_3)$ 均为有界的。又因为 $\eta s_2s_3\geqslant 0$，则 s_2 和 s_3 也均为有界的。即：s_1，s_2 和 s_3 均是有界的。

又 $\dot{s}_1=(\ddot{R}-\ddot{R}_d)+c_1(\dot{R}-\dot{R}_d)$，$\dot{s}_2=(\ddot{\alpha}-\ddot{\alpha}_d)+c_2(\dot{\alpha}-\dot{\alpha}_d)$，$\dot{s}_3=(\ddot{\theta}-\ddot{\theta}_d)+c_3(\dot{\theta}-\dot{\theta}_d)$。其中，状态变量是在有界的控制变量（拖曳飞行器推力）作用下得到的，因此 $\dot{R}$，$\dot{\alpha}$，$\dot{\theta}$，$\ddot{R}$，$\ddot{\alpha}$ 和 $\ddot{\theta}$ 是有界的；同理，状态变量跟踪指令的一阶和二阶导数（$\dot{R}_d$，$\dot{\alpha}_d$，$\dot{\theta}_d$，$\ddot{R}_d$，$\ddot{\alpha}_d$，$\ddot{\theta}_d$）也是有界的。因此，$\dot{s}_1$，$\dot{s}_2$ 和 $\dot{s}_3$ 均是有界的。

根据 Barbalat 引理，$\lim\limits_{x\to\infty}s_1=0$，$\lim\limits_{x\to\infty}s_2=0$，$\lim\limits_{x\to\infty}s_3=0$。即：当 $\eta=\eta_0\operatorname{sgn}[s_2s_3]$，$\lambda=\lambda_0\operatorname{sgn}[s_1(s_2+\eta s_3)]$ 时，第一层滑模控制也是渐近稳定的。

综上所述，即证明在控制器（7-38）、（7-42）、（7-43）作用下，当选择系数 $\eta=\eta_0\operatorname{sgn}[s_2s_3]$，$\lambda=\lambda_0\operatorname{sgn}[s_1(s_2+\eta s_3)]$ 时，系统为渐近稳定的。

7.3.3 仿真分析

设空间平台星的质量 $m_1=1\,000$ kg，目标星质量 $m_2=3\,000$ kg，空间系绳长度 1 000 m，系绳线密度 5 g/m，组合体质心初始轨道高度为 800 km，初始真近点角设为 0°，初始面内角 30°；设平台拖曳变轨推力为 $F_R=13$ N，$F_\alpha=39$ N。选择控制器参数为

$$\begin{cases}c_1=c_2=c_3=0.005\\p=0.01\\\lambda=25\\\eta=8\\k=0.01\\\zeta=0.0001\end{cases}$$

仿真结果如图 7-27～图 7-34 所示。其中，图 7-27 和图 7-28 分别是轨道半径变化及轨道半径变化速度曲线，轨道半径在变轨推力作用下不断增加，2 000 s 后，轨道半径变化速度增加至约 35 m/s。图 7-29 和图 7-30 分别是真近点角和轨道角速度变化曲线，真近点角持续增加，但轨道角速度呈减小趋势。图 7-31 和图 7-32 分别是面内摆角曲线和面内摆动角速度曲线，面内摆角在约 1 000 s 内由初始的 π/6 稳定在预期的角度，且整个控制过程中面内摆角的超调量较小。面内摆角角速度的大小保持在合理的范围内，并在约 1 000 s 时稳定在数值 0，表明面内摆角已经稳定跟踪到期望的姿态。

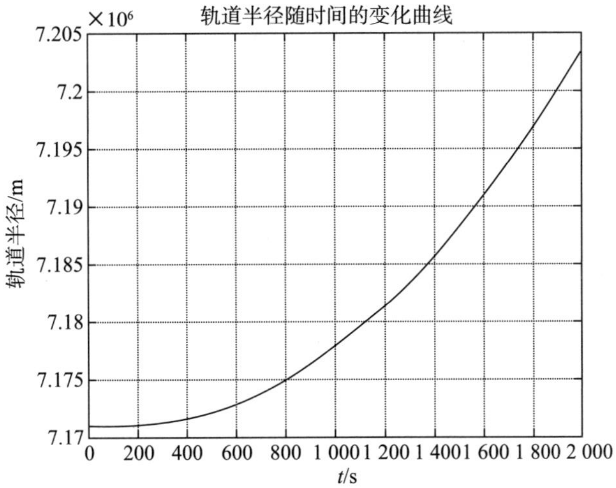

图 7-27　轨道半径变化曲线

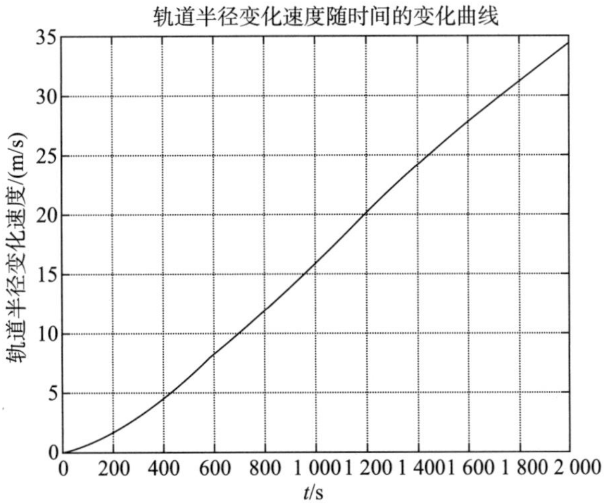

图 7-28　轨道半径变化速度曲线

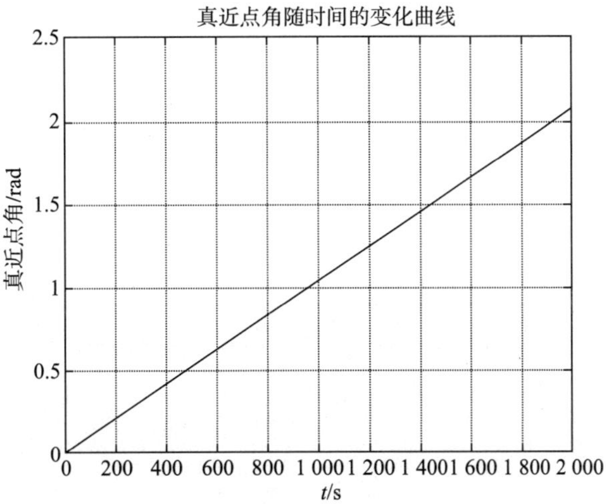

图 7-29　轨道真近点角变化曲线

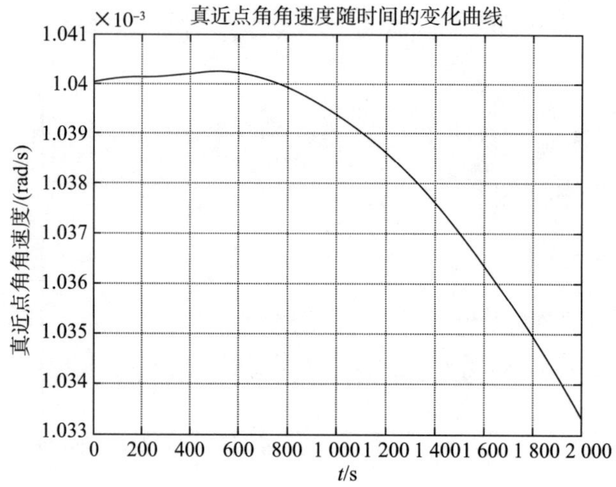

图 7-30　轨道角速度变化曲线

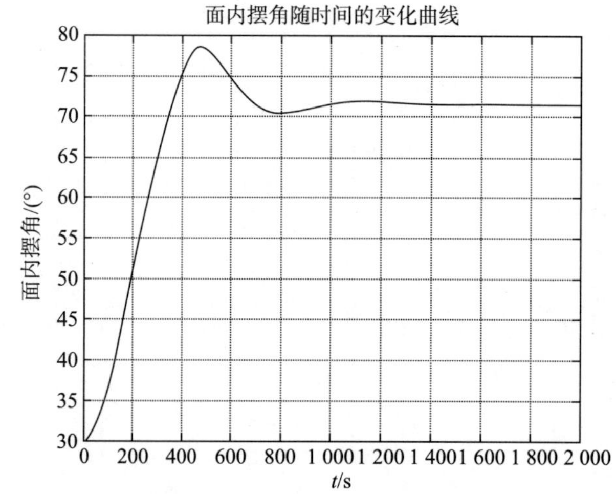

图 7-31　面内摆角变化曲线

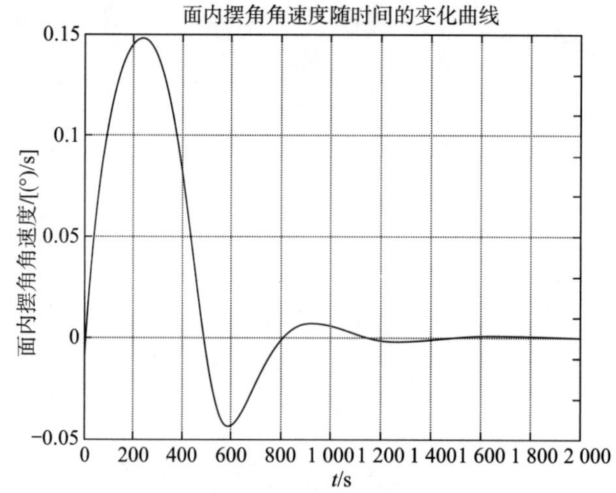

图 7-32　面内摆动角速度变化曲线

图 7－33 和图 7－34 分别是平台星的切向控制推力和径向控制推力，切向最大控制推力小于 60 N，径向最大控制推力小于 31 N，控制力在大约 1 000 s 后稳定至其变轨推力，即：切向推力稳定在 39 N，径向推力稳定在 13 N。

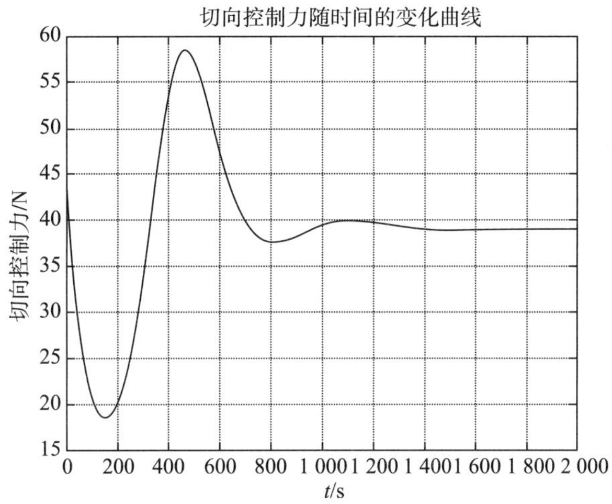

图 7－33　切向控制推力

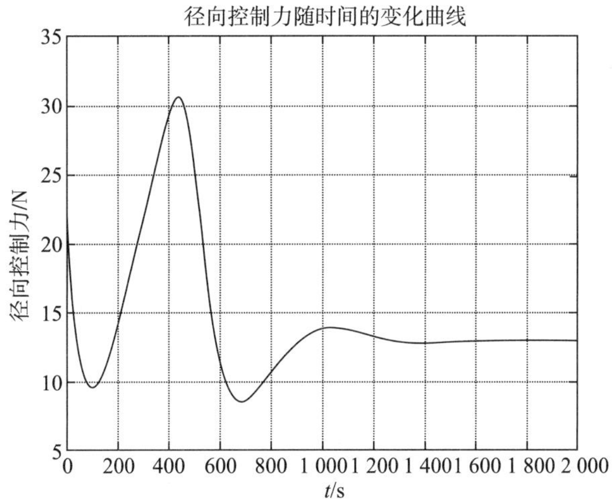

图 7－34　径向控制推力

从上述仿真可以看出，在推力方向与系绳方向不共线时，组合体的面内摆动和其轨道运动可以通过平台星变轨推力以欠驱动控制方式进行稳定控制，有效避免了系绳的重复收放。

7.4　小结

在空间绳系机器人完成目标抓捕、稳定控制后，根据需要进行拖曳操作。本章主要针对其拖曳变轨问题，分别研究了拖曳轨道设计、拖曳过程防缠绕及拖曳过程的组合体位姿稳定控制问题。

1）针对拖曳轨道设计问题，首先采用类 Bang－Bang 型连续推力拖曳变轨，通过持续推力的方式避免系绳松弛，然后利用霍曼变轨思路，设计了双脉冲旋转拖曳变轨方式，引入组合体绕质心的旋转，利用旋转的微离心力绷紧系绳，避免系绳松弛以及平台星和目标星的碰撞。

2）针对拖曳过程的系绳防缠绕问题，设计平台星的姿态控制律稳定平台姿态，设计基于阻抗控制的系绳收放控制律，在系绳中保持一定张力，实现系绳与目标星的缠绕抑制。结果表明设计的系绳缠绕抑制方法可以有效地降低系绳缠绕，且具有良好的鲁棒性。

3）针对推力方向与系绳方向不共线的组合体姿态稳定问题，采用欠驱动控制的思路，利用变轨推力实现对组合体轨道的跟踪和姿态的稳定控制。结果表明，设计的控制律利用平台推力实现了组合体的轨道跟踪控制和位姿稳定控制，有效避免了对目标星位置控制的需求，且避免了系绳的重复、快速收放。

参考文献

[1] 陈小前，袁建平，姚雯，等．航天器在轨服务技术［M］．北京：中国宇航出版社，2009：4－13.

[2] 崔乃刚，王平，郭继锋，等．空间在轨服务技术发展综述［J］．宇航学报，2007，28（4）：33－39.

[3] 丹宁．加拿大为国际空间站建造机械臂［J］．中国航天，1998（4）：26－28.

[4] 黄献龙，梁斌，陈建新，等．EMR 系统机器人运动学和工作空间的分析［J］．控制工程，2000（3）：1－6.

[5] Parrish J C. Ranger telerobotic flight experiment：a teleservicing system for on－orbit spacecraft［C］. International Society for Optics and Photonics，1996：177－185.

[6] David L. A. Flight－ready robotic servicing for hubble Space telescope：a white paper. Response to NASA/Goddard Space Flight Center request for information on Hubble Space Telescope servicing，2003.

[7] Choset H，Kortenkamp D. Path planning and control for free－flying inspection robot in space［J］. Journal of Aerospace Engineering，1999，12（2）：74－81.

[8] Staritz P J，Skaff S，Urmson C，et al. Skyworker：a robot for assembly，inspection and maintenance of large scale orbital facilities［C］. Proceedings of Robotics and Automation，2001，4：4180－4185.

[9] Lovchik C S，Diftler M A. The robonaut hand：a dexterous robot hand for space［C］. Proceedings of Robotics and Automation，1999，2：907－912.

[10] Whelan D A，Adler E A，Wilson III S B，et al. Darpa orbital express program：effecting a revolution in space－based systems［C］. International Symposium on Optical Science and Technology. International Society for Optics and Photonics，2000：48－56.

[11] Shoemaker J，Wright M. Orbital express space operations architecture program［C］. International Society for Optics and Photonics，2004：57－65.

[12] Taylor Jr L W，Ramakrishnan J. Continuum modeling of the space shuttle remote manipulator system［C］. The 31st IEEE Conference on Decision and Control，1992：626－631.

[13] Stieber M E，McKay M，Vukovich G，et al. Vision－based sensing and control for space robotics applications［J］. IEEE Transactions on Instrumentation and Measurement，1999，48（4）：807－812.

[14] Boumans R，Heemskerk C. The European robotic arm for the international space station［J］. Robotics and Autonomous Systems，1998，23（1）：17－27.

[15] Horikawa Y，Nagatomo M. On the results of the manipulator flight demonstration for the JEM［C］. 49th IAF Congress，1998.

[16] 黄攀峰，孟中杰．空间绳系机器人技术［M］. 北京：中国宇航出版社，2014：33－39.

[17] 崔本廷．空间绳系的控制与应用［D］. 国防科学技术大学，2006.

[18] Choiniere E，Gilchrist B E. Kinetic modeling of the electron current collection to a moving bare

electrodynamic tether [J]. AIP Conference Proceedings, 2002: 526 - 533.

[19] Hoyt R P, Forward R L. The hoytether: a failsafe multiline space tether structure [J]. NASA, 1998 (19980202368).

[20] ORBAN R. Advances in space tether materials [C]. International Conference on Tethers in Space - Toward Flight, San Francisco, CA. 1989: 333 - 336.

[21] Bogar T J, Bangham M E, Forward R L, et al. Hypersonic airplane space tether orbital launch (HASTOL) system: interim study results [C]. 9th International Space Planes and Hypersonic Systems and Technologies Conference. 1999.

[22] Hoyt R. Tether systems for satellite deployment and disposal [C]. Proc. 51st International Astronautical Congress, 2000: 1 - 9.

[23] Forward R L, Nordley G D. Mars - Earth Rapid Interplanetary Tether Transport (MERITT) System: I. Initial Feasibility Analysis [R]. Cislunar Tether Transport System, 1999.

[24] Spindt C A, Holland C E, Rosengreen A, et al. Field - emitter arrays for vacuum microelectronics [J]. IEEE Transactions on Electron Devices, 1991, 38 (10): 2355 - 2363.

[25] Hoyt R P. Stabilization of electrodynamic tethers [C]. AIP Conference Proceedings. Iop Institute of Physics Publishing Ltd, 2002: 570 - 577.

[26] Vladimir S. Aslanov, Alexander S. Ledkov. Dynamics of tethered satellite systems [M]. Elsevier, 2012.

[27] Kruijff M. The young engineers satellite, "flight results and critical analysis of a super - fast hands - on project" [C]. 50th International Astronautical Congress, 1999.

[28] Antonios I, Vavouliotis, et al. Structural analysis of E. S. A young engineers satellite 2 ejection system [C]. 5th GRACM International Congress on Computational Mechanics, 2005.

[29] Kruijff M, Van Der Heide E J, Ockels W J. Data analysis of a tethered spaceMail experiment [J]. Journal of Spacecraft and Rockets, 2009, 46 (6): 1272 - 1287.

[30] Kruijff M, van der Heide E J. YES 2: The second young engineers satellite a tethered inherently - safe re - entry capsule [C]. 53 rd International Astronautical Congress of the International Astronautical Federation (IAF), Houston, TX. 2002.

[31] Nohmi M. Initial experimental result of pico - satellite KUKAI on orbit [C]. International Conference on Mechatronics and Automation, 2009: 2946 - 2951.

[32] Nohmi M, Oi K, Takuma S, et al. Solar paddle antenna mounted on pico - satellite " KUKAI" for amateur radio communication [C]. 2010 Second International Conference on Advances in Satellite and Space Communications (SPACOMM), 2010: 31 - 36.

[33] Sorensen K. Conceptual design and analysis of an MXER tether boost station [J]. AIAA Paper, 2001: 1 - 11.

[34] Bonometti J, Sorensen K, Dankanich J W, et al. Status of the momentum exchange electrodynamic re - boost (MXER) tether development [C]. The 42ndAIAA/ASME/SAE/ASEE Joint Propulsion Conference, Sacramento, 2006: 9 - 12.

[35] Hoyt R P, Slostad J T, Frank S S. A modular momentum - exchange/ electrodynamic - reboost tether system architecture [J]. AIAA paper, 2003, 5214.

[36] Sorensen K. Momentum exchange electrodynamic reboost (MXER) tether technology assessment group final report [R]. NASA/MSFC In - Space Propulsion Technology Office, Huntsville, AL,

2003, 4.

[37] Bischof B, Kerstein L, Starke J, et al. ROGER - robotic geostationary orbit restorer [J]. Science and Technology Series, 2004, 109: 183 - 193.

[38] ROGER - Team. Robotic geostationary orbit restorer (ROGER) - phase a final report [R]. ESA Contract No.: 15706/01/NL/WK. 2003.

[39] Kassebom M, Koebel D, Tobehn C, et al. ROGER - an advanced solution for a geostationary service satellite [C]. Proceedings of 54th International Astronautical Congress of the International Astronautical Federation, the International Academy of Astronautics, and the International Institute of Space Law. Bremen, Germany, 2003: 279 - 285.

[40] Starke J, Bischof B, Foth W O. ROGER a potential orbital space debris removal system [C]. 38th COSPAR Scientific Assembly, 2010, 38: 3935.

[41] Cosmo M L, Lorenzini E C. Tether in space handbook [M]. Cambridge, MA: Smithsonian Astrophysical Observatory, 1997.

[42] Beletsky V V, Levin E M. Dynamics of STSs [M]. San Diego, CA: American Astronautical Society, 1993.

[43] Levin E M. Dynamic analysis of space tether missions [M]. San diego, CA: Univelt, 2007.

[44] Misra A K, Modi V J. A survey on the dynamics and control of tethered satellite system [J]. Advance in the Astronautical Science, 1986, 62: 667 - 719.

[45] Steindl A, Troger H. Optimal control of deployment of a tethered sub - satellite [J]. Nonlinear Dynamics, 2003, 31 (3): 257 - 274.

[46] Williams P. Optimal deployment/retrieval of tethered satellites [J]. Journal of Spacecraft and Rockets, 2008, 45 (2): 324 - 343.

[47] Sidorenko V V, Celletti A. A "spring - mass" model of tethered satellite systems: properties of planar periodic motions [J]. Celestial Mechanics and Dynamical Astronomy, 2010, 107 (1 - 2): 209 - 231.

[48] Garber T B. A preliminary investigation of the motion of a long flexible wire in orbit [R]. Santa Monica: Rand Corporation, 1961.

[49] Targoff W. On the lateral vibration of rotating, orbiting cables [C]. 3rd and 4th Aerospace Sciences Meeting. 1966.

[50] Crist S A, Eisley J G. Cable motion of a spinning spring - mass system in orbit [J]. Journal of Spacecraft and Rockets, 1970, 7 (11): 1352 - 1357.

[51] Austin F. Nonlinear dynamics of free - rotating flexibly connected double - mass spacestation [J]. Journal of Spacecraft and Rockets, 1965, 2 (6): 901 - 906.

[52] Chobotov V. Gravitational excitation of extensible dumbbell satellite [J]. Journal of Spacecraft and Rockets, 1967, 4 (10): 1295 - 1300.

[53] Anderson G F. Optimum configuration of a tethering cable [J]. Journal of Aircraft, 1967, 4 (3): 261 - 263.

[54] Stabekis P, Bainum P M. On the motion and stability of a rotation space station - cable - counterweight configuration [M]. American Institute of Aeronautics and Astronautics, 1969.

[55] Beletskii V. V. and Navikova E. T.. On the relative motion of two cable - connected bodies in orbit

[J]. Cosmic Research. 1969 (3): 377 - 384.

[56] Stuiver W. Dynamics and configuration control of two - body satellite systems [J]. Journal of Spacecraft and Rockets, 1974, 11 (8): 545 - 546.

[57] Kerr W C, Abel J M. Transverse vibrations of a rotating counterweighted cable of small flexural rigidity [J]. AIAA Journal, 1971, 9 (12): 2326 - 2332.

[58] Stuiver W and Bainum P. A study of planar deployment control and libration damping of a tethered orbiting interferometer satellite [J]. The Journal of the Astronautical Sciences, 1973 (6): 321 - 346.

[59] Misra A K, Modi V J. Dynamics and control of tether connected two - body systems - a brief review [C]. Paris International Astronautical Federation Congress, 1982.

[60] Lakshmanan P K, Misra A K and Modi V J. Dynamics and control of the tethered satellite system in the presence of offsets [J]. Acta Astronautical, 1989 (2): 145 - 160.

[61] Banerjee A K. Dynamics of tethered payloads with deployment rate control [J]. Journal of Guidance, Control, and Dynamics, 1990, 13 (4): 759 - 762.

[62] Kim E, Vadali S R. Modeling issues related to retrieval of flexible tethered satellite system [J]. Journal of Guidance Control and Dynamics, 1995, 18 (5): 1169 - 1176.

[63] Matunaga S, Hayashi R, Ohkami Y. A tether - based method for capturing in - orbit objects [J]. Space Cooperation into the 21st Century, 1997: 61 - 74.

[64] Rossi E, Cicci D, Cochran Jr J. Existence of periodic motions of a tether trailing satellite [C]. Astrodynamics Specialist Conference, 2000 - 4347.

[65] No T S and Cochran J E. Dynamics and control of a tethered flight vehicle [J]. Journal of Guidance, Control, and Dynamics, 1998, 18 (1): 66 - 72.

[66] Mankala K K. Satellitetether systems: dynamic modeling and control [D]. The University of Delaware, 2006.

[67] 曹喜滨，郑鹏飞．基于 Galerkin 法的柔性绳系辅助返回系统的展开动力学建模与分析 [J]. 航空学报，2011，32 (3)：421 - 428.

[68] 李强．空间绳系卫星系统动力学建模及仿真研究 [D]. 国防科学技术大学，2007.

[69] 陈钦．空间绳网系统设计与动力学研究 [D]. 国防科学技术大学，2010.

[70] 朱仁璋，雷达，林华宝．绳系卫星系统复杂模型研究 [J]. 宇航学报，1999，20 (3)：7 - 12.

[71] 崔乃刚，刘暾，林晓辉，等．基于椭圆轨道的绳系卫星伸展及释放过程仿真研究 [J]. 哈尔滨工业大学学报，1996 (4)：117 - 122.

[72] 顾晓勤．绳系卫星释放及工作态动力学分析 [J]. 空间科学学报，2002，22 (2)：154 - 162.

[73] Pernicka H J, Dancer M, Abrudan A, et al. Simulation of the dynamics of a short tethered satellite system [C]. AIAA/AAS Astrodynamics Specialist Conference and Exhibit. Providence, Rhode Island, 2004: 16 - 19.

[74] 刘莹莹，周军．近距离绳系卫星动力学与释放方法研究 [J]. 系统仿真学报，2008，20 (20)：5642 - 5645.

[75] 赵国伟，张兴民，唐斌，等．空间绳系拖拽系统摆动特性与平稳控制 [J]. 北京航空航天大学学报，2016 (4)：694 - 702.

[76] 胡仄虹，黄攀峰，孟中杰．空间绳系机器人系统动力学建模与仿真研究 [J]. 宇航学报，2014，35

(1): 28 - 38.

[77] Aslanov V, Yudintsev V. Dynamics of large space debris removal using tethered space tug [J]. Acta Astronautica, 2013, 91 (10): 149 - 156.

[78] Aslanov V S, Ledkov A S. Dynamics of towed large space debris taking into account atmospheric disturbance [J]. Acta Mechanica, 2014, 225 (9): 1 - 13.

[79] Aslanov V S. The effect of the elasticity of an orbital tether system on the oscillations of a satellite [J]. Journal of Applied Mathematics & Mechanics, 2010, 74 (4): 416 - 424.

[80] Aslanov V, Yudintsev V. Behavior of tethered debris with flexible appendages [J]. Acta Astronautica, 2014, (104): 91 - 98.

[81] Aslanov V, Yudintsev V. The motion of tethered tug - debris system with fuel residuals [J]. Advances in Space Research, 2015 (56): 1493 - 1501.

[82] Stuart D G. Guidance and control for cooperative tether - mediated orbital rendezvous [J]. Journal of Guidance Control and Dynamics, 1990, 13 (6): 1102 - 1103.

[83] Westerhoff J. Active control for MXER tether rendezvous maneuvers [C]. American Institute of Aeronautics and Astronautics, 20 - 23 July, 2003, Huntsvile, Alabama.

[84] Williams P. In - plane payload capture with an elastic tether [J]. Journal of Guidance Control and Dynamics, 2006, 29 (4): 810 - 821.

[85] Williams P. Spacecraft rendezvous on small relative inclination orbits using tethers [J]. Journal of Spacecraft and Rockets, 2005, 42 (6): 1047 - 1060.

[86] Williams P, Blanksby C. Prolonged payload rendezvous using a tether actuator mass [J]. Journal of Spacecraft and Rockets, 2004, 41 (5): 889 - 892.

[87] Lorenzini E C. Error - tolerant technique for catching a spacecraft with a spinning Tether [J]. Journal of Vibration and Control, 2004, 10: 1473 - 1491.

[88] Yuya N, Fumiki S and Shinichi N. Guidance and control of "tethered retriever" with collaborative tension - thruster control for future on - orbit service missions [C]. The 8th International Symposium on Artificial Intelligence: Robotics and Automation in Space - ISAIRAS, September 5 - 8, 2005, Munich, Germany.

[89] Masahiro N. , Nenchev D. N and Masaru U. Tethered robot casting using a spacecraft - mounted manipulator [J]. Journal of Guidance, Control and Dynamics, 2001, 24 (4): 827 - 833.

[90] Masahiro N. Attitude control of a tethered space robot by link motion under microgravity [C]. Proceedings of The 2004 IEEE International Conference On Control Applications, September 2 - 4, 2004, Taipei, Taiwan.

[91] Masahiro N. Mission design of a tethered robot satellite "STARS" for orbital experiment [C]. 18th IEEE International Conference on Control Applications Part of 2009 IEEE Multi - conference on Systems and Control, July 8 - 10, 2009, Saint Petersburg, Russia.

[92] Godard, Kumar K. D and Tan B. Fault - tolerant stabilization of a tethered satellite system using offset control [J]. Journal of Spacecraft and Rockets, 2008, 45 (5): 1070 - 1084.

[93] Osamu M and Saburo M. Coordinated control of tethered satellite cluster systems [C]. AIAA Guidance, Navigation, and Control Conference and Exhibit, August 6 - 9, 2001, Montreal, Canada.

[94] Chang I. and Chung S. J. Bio - Inspired adaptive cooperative control of heterogeneous robotic networks [C]. AIAA Guidance, Navigation, and Control Conference, August 10 - 13, 2009, Chicago, USA.

[95] Lemke, L. G. A Concept for attitude control of a tethered astrophysical platform [C]. Presented at AIAA guidance and control conference, August 1985, 85 - 1942 - CP.

[96] Lemke L. and Powell D. Kinetic isolation tethered experiment [C]. Presented at "tether days", Proceedings of tether applications in space program review, 17 - 18 July, 1985, Mclean, Virginia.

[97] Lemke, L., Powell D. and He X. Attitude control of tethered spacecraft [J]. The Journal of the Astronautical Science, 1987, 35 (1): 1 - 17.

[98] Bergamaschi S. and Bonon F. Coupling of tether lateral vibration and subsatellite attitude motion [J]. Journal of Guidance, Control and Dynamics, 1992, 15 (5): 1284 - 1286.

[99] Pradhan S., Modi V. J. and Misra A. K. Tether - platform coupled control [J]. Acta Astronautica, 1999, 44: 243 - 256.

[100] Modi V. J., Gilardi G. and Misra A. K. Attitude control of space platform based tethered satellite system [J]. Journal of Aerospace Engineering, 1998, 11 (2): 24 - 31.

[101] Williams P. Libretion control of flexible tethers using electromagnetic forces and movable attachment [J]. Journal of Guidance, Control and Dynamics, 2004, 27 (5): 882 - 897.

[102] Carlo Menon and Claudio Bombardelli. Self - stabilising attitude control for spinning tethered formations [J]. Acta Astronautica, 2007, 60: 828 - 833.

[103] Krishna Kumar and K. D. Kumar. Satellite attitude maneuver through tether: a nover concept [J]. Acta Astronautica, 1997, 40 (2 - 8): 247 - 256.

[104] Krishna Kumar and K. D. Kumar. Open - loop satellite librational control in elliptic orbits through tether [J]. Acta Astronautica, 1997, 41 (1): 15 - 21.

[105] Kumar K. D. and Krishna Kumar. Satellite pitch and roll attitude maneuvers through very short tethers [J]. Acta Astronautica, 1999, 44 (5): 257 - 265.

[106] Sangbum Cho and Harris Mcclamroch N. Attitude control of a tethered spacecraft [C]. Proceedings of the American control conference, June 4 - 6, 2003, Denver, Cotorado.

[107] Soon - Jo Chung and David W. Miller. Propellant - Free control of tethered formation flight, part1: linear control and experimentation [J]. Journal of Guidance, Control and Dynamics, 2008, 31 (3): 571 - 584.

[108] Rimrott F. P. J., Toronto and Pan R. Attitude stability of a tethered satellite in locked rotation [J]. Ingenieur - Archiv, 9110, 60 (7): 419 - 430.

[109] 董富祥，洪嘉振．多体系统动力学碰撞问题研究综述 [J]. 力学进展，2009，39 (3)：352 - 359.

[110] Haug E J, Wu S C, Yang S M. Dynamics of mechanical systems with coulomb friction, stiction, impact and constraint addition - deletion—I Theory [J]. Mechanism and Machine Theory, 1986, 21 (5): 401 - 406.

[111] 梁敏，洪嘉振，刘延柱．多刚体系统碰撞动力学方程及可解性判别准则 [J]. 应用力学学报，1991，8 (1)：56 - 62.

[112] Chang C C, Huston R L. Collisions of multibody systems [J]. ComputationalMechanics, 2001, 27 (5): 436 - 444.

[113] 李敏，诸德超．球杆碰撞问题的数值分析和实验研究 [J]. 北京航空航天大学学报，2001，27 (1)：62－65.

[114] Yigit A S. On the use of an elastic－plastic contact law for the impact of a single flexible link [J]. Journal of dynamic systems，measurement，and control，1995，117 (4)：527－533.

[115] Khulief Y A，Shabana A A. A continuous force model for the impact analysis of flexible multibody systems [J]. Mechanism and Machine Theory，1987，22 (3)：213－224.

[116] Ebrahimi S，Eberhard P. A linear complementarity formulation on position level for frictionless impact of planar deformable bodies [J]. Journal of Applied Mathematics and Mechanics，2006，86 (10)：807－817.

[117] Kim S W. Contact dynamics and force control of flexible multi－body systems [D]. McGill University Montreal，Quebec，Canada，1999.

[118] Kim S W，Misra A K，Modi V J，et al. Modelling of contact dynamics of two flexible multi－body systems [J]. Acta Astronautica，1999，45 (11)：669－677.

[119] Gilardi G，Sharf I. Literature survey of contact dynamics modeling [J]. Mechanism and machine theory，2002，37 (10)：1213－1239.

[120] Johnson K L，Johnson K L. Contact mechanics [M]. Cambridge university press，1987.

[121] Lee T W，Wang A C. On the dynamics of intermittent－motion mechanisms. Part 1：Dynamic model and response [J]. Journal of Mechanical Design，1983，105 (3)：534－540.

[122] Yoshida K，Mavroidis C，Dubowsky S. Impact dynamics of space long reach manipulators [C]. 1996 IEEE International Conference on Robotics and Automation. 1996，2：1909－1916.

[123] Yoshida K，Sashida N. Modeling of impact dynamics and impulse minimization for space robots [C]. Proceedings of the 1993 IEEE/RSJ International Conference on Intelligent Robots and Systems，1993，3：2064－2069.

[124] Cyril X，Jaar G J，Misra A K. The effect of payload impact on the dynamics of a space robot [C]. Proceedings of the 1993 IEEE/RSJ International Conference on Intelligent Robots and Systems，1993，3：2070－2075.

[125] Huang P，Xu Y，Liang B. Contact and impact dynamics of space manipulator and free－flying target [C]. 2005 IEEE/RSJ International Conference on Intelligent Robots and Systems，2005：1181－1186.

[126] Chen G，Jia Q，Sun H，et al. Modeling and simulation on impact motion of space robot for object capturing [C]. 2010 the 5th IEEE Conference on Industrial Electronics and Applications. 2010：1885－1890.

[127] Kövecses J，Cleghorn W L，Fenton R G. Dynamic modeling and analysis of a robot manipulator intercepting and capturing a moving object，with the consideration of structural flexibility [J]. Multibody System Dynamics，1999，3 (2)：137－162.

[128] Mankala K K，Agrawal S K. Dynamic modeling and simulation of impact in tether net/gripper systems [J]. Multibody System Dynamics，2004，11 (3)：235－250.

[129] Liang－Boon Wee. On the dynamics of contact between space robots and configuration control for impact minimization [J]. IEEE Transaction on Robotics and Automation，1993，9 (5)：581－591.

[130] Aghili F. Pre－and post－grasping robot motion planning to capture and stabilize a tumbling/drifting

free - floater with uncertain dynamics [C]. 2013 IEEE International Conference on Robotics and Automation，2013.

[131] Yoshida K，Dimitrov D，Nakanishi H. On the capture of tumbling satellite by a space robot [C]. 2006 IEEE/RSJ International Conference on Intelligent Robots and Systems，2006：4127 - 4132.

[132] Huang P，Xu Y，Liang B. Balance control of multi - arm free - floating space robots during capture operation [C]. 2005 IEEE International Conference on Robotics and Biomimetics，2005：398 - 403.

[133] Xu W，Liu Y，Xu Y. The coordinated motion planning of a dual - arm space robot for target capturing [J]. Robotica，2012，30 (05)：755 - 771.

[134] 徐文福，孟得山，徐超，梁斌．自由漂浮空间机器人捕获目标的协调控制 [J]．机器人，2013，35 (5)：559 - 567.

[135] 刘厚德．双臂空间机器人捕获自旋目标的协调运动规划研究 [D]. 哈尔滨工业大学，2014.

[136] Luo Z H，Sakawa Y. Control of a space manipulator for capturing a tumbling object [C]. Proceedings of the 29th IEEE Conference on Decision and Control，1990：103 - 108.

[137] McCourt R A，de Silva C W. Autonomous robotic capture of a satellite using constrained predictive control [J]. IEEE/ASME Transactions on Mechatronics，2006，11 (6)：699 - 708.

[138] 王汉磊，解永春．自由漂浮机械臂抓取翻滚目标的自适应控制策略 [J]. 空间控制技术与应用，2009，35 (5)：6 - 12.

[139] Oki T，Nakanishi H，Yoshida K. Whole - body motion control for capturing a tumbling target by a free - floating space robot [C]. IEEE/RSJ International Conference on Intelligent Robots and Systems，2007：2256 - 2261.

[140] Aghili F. A prediction and motion - planning scheme for visually guided robotic capturing of free - floating tumbling objects with uncertain dynamics [J]. IEEE Transactions on Robotics，2012，28 (3)：634 - 649.

[141] Aghili F. Optimal control for robotic capturing and passivation of a tumbling satellite with unknown dynamics [C]. AIAA Guidance，Navigation，and Control Conference and Exhibit，2008.

[142] Huang P，Yan J，Yuan J，et al. Robust control of space robot for capturing objects using optimal control method [C]. International Conference on Information Acquisition，2007：397 - 402.

[143] Flores - Abad A，Wei Z，Ma O，et al. Optimal control of space robots for capturing a tumbling object with uncertainties [J]. Journal of Guidance，Control，and Dynamics，2014，37 (6)：2014 - 2017.

[144] Moosavian S A A，Rastegari R. Multiple impedance control for space free - floating robots [J]. Journal of Guidance，Control and Dynamics，2005，28 (5)：939 - 947.

[145] Moosavian S A A，Rastegari R. Multiple - arm space free - flying robots for manipulating objects with force tracking restrictions [J]. Robotics and Autonomous Systems，2006，54 (10)：779 - 788.

[146] Nakanishi H，Yoshida K. Impedance control for free - flying space robots - basic equations and applications [C]. 2006 IEEE/RSJ International Conference on Intelligent Robots and Systems，2006：3137 - 3142.

[147] Yoshida K，Nakanishi H，Ueno H，et al. Dynamics，control and impedance matching for robotic capture of a non - cooperative satellite [J]. Advanced Robotics，2004，18 (2)：175 - 198.

[148] 魏承，赵阳，田浩．空间机器人捕获漂浮目标的抓取控制 [J]. 航空学报，2010，31 (3)：

632 - 637.

[149] Cheng W, Tian L, Yang Z. Grasping strategy in space robot capturing floating target [J]. Chinese Journal of Aeronautics, 2010, 23 (5): 591 - 598.

[150] 魏承，赵阳，王洪柳．基于滑模控制的空间机器人软硬性抓取 [J]. 机械工程学报，2011，47 (1)：43 - 54.

[151] 魏承．空间柔性机器人在轨抓取与转移目标动力学与控制 [D]. 哈尔滨工业大学，2010.

[152] 徐秀栋，黄攀峰，孟中杰．空间绳系机器人抓捕目标过程协同稳定控制 [J]. 机器人，2014，36 (1)：100 - 110.

[153] Huang P, Wang D, Meng Z, et al. Post - capture attitude control for a tethered space robot - target combination system [J]. Robotica, 2014: 1 - 22.

[154] Wang D, Huang P, Cai J. Detumbling a tethered space robot - target combination using optimal control [C]. 2014 4th IEEE International Conference on Information Science and Technology, 2014: 453 - 456.

[155] 文浩，陈辉，金栋平，等．带可控臂绳系卫星释放及姿态控制 [J]. 力学学报，2012，44 (2)：408 - 414.

[156] 陈辉，文浩，金栋平，胡海岩．带刚性臂的空间绳系机构偏置控制 [J]，中国科学：物理学 力学 天文学，2013，43 (4)：363 - 371.

[157] Wang D, Huang P, Cai J, et al. Coordinated Control of Tethered Space Robot Using Mobile Tether Attachment Point in Approaching Phase [J]. Advances in Space Research, 2014, 54 (6): 1077 - 1091.

[158] Wang D, Huang P, Meng Z, Coordinated Stabilization of Tumbling Targets Using Tethered Space Manipulators [J]. IEEE Transactions on Aerospace and Electronic Systems, 2015, 51 (3): 2420 - 2431.

[159] Wang B, Meng Z, Huang P. Attitude control of towed space debris using only tether [J]. Acta Astronautica, 2017, 138: 152 - 167.

[160] Nguyen Huynh T C, Sharf I. Capture ofspinning target with space manipulator using magneto rheological damper [C]. AIAA Guidance, Navigation, and Control Conference, 2010.

[161] Abiko S, Hirzinger G. On - line parameter adaptation for a momentum control in the post - grasping of a tumbling target with model uncertainty [C]. IEEE/ RSJ International Conference on Intelligent Robots and Systems, 2007: 847 - 852.

[162] 刘厚德，梁斌，李成，等．航天器抓捕后复合体系统稳定的协调控制研究 [J]. 宇航学报，2013，33 (7)：920 - 929.

[163] Dimitrov D N, Yoshida K. Utilization of the bias momentum approach for capturing a tumbling satellite [C]. 2004 IEEE/RSJ International Conference on Intelligent Robots and Systems, 2004, 4: 3333 - 3338.

[164] Nenchev D N, Yoshida K. Impact analysis and post - impact motion control issues of a free - floating space robot subject to a force impulse [J]. IEEE Transactions on Robotics and Automation, 1999, 15 (3): 548 - 557.

[165] Cyril X, Misra A K, Ingham M, et al. Postcapture dynamics of a spacecraft - manipulator - payload system [J]. Journal of Guidance, Control, and Dynamics, 2000, 23 (1): 95 - 100.

[166] 王明，黄攀峰，孟中杰，常海涛．空间机器人抓捕目标后姿态接管控制 [J]. 航空学报，2015，36 (9)：3165－3175.

[167] Liang J，Ma O. Angular velocity tracking for satellite rendezvous and docking [J]. Acta Astronautica，2011，69 (11)：1019－1028.

[168] Nishida S I，Kawamoto S. Strategy for capturing of a tumbling space debris [J]. Acta Astronautica，2011，68 (1)：113－120.

[169] Oki T，Abiko S，Nakanishi H，et al. Time－optimal detumbling maneuver along an arbitrary arm motion during the capture of a target satellite [C]. 2011 IEEE/RSJ International Conference on Intelligent Robots and Systems (IROS)，2011：625－630.

[170] 梁捷，陈力．漂浮基空间机器人捕获卫星过程动力学模拟及捕获后混合体运动的 RBF 神经网络控制 [J]. 航空学报，2013，34 (4)：970－978.

[171] Aghili F. Coordination control of a free－flying manipulator and its base attitude to capture and detumble a noncooperative satellite [C]. IEEE/RSJ International Conference on Intelligent Robots and Systems，2009：2365－2372.

[172] Bonitz R G，Hsia T C. Internal force－based impedance control for cooperating manipulators [J]. IEEE Transactions on Robotics and Automation，1996，12 (1)：78－89.

[173] Dong Q，Chen L. Impact dynamics analysis of free－floating space manipulator capturing satellite on orbit and robust adaptive compound control algorithm design for suppressing motion [J]. Applied Mathematics and Mechanics，2014，35：413－422.

[174] Liu S，Wu L，Lu Z. Impact dynamics and control of a flexible dual－arm space robot capturing an object [J]. Applied mathematics and computation，2007，185 (2)：1149－1159.

[175] 韦文书．质量体附着航天器模型参数辨识及姿态跟踪耦合控制研究 [D]. 哈尔滨工业大学，2013.

[176] 许涛，张尧，张景瑞，等．一种调整推力器方向指向组合体航天器质心的方法 [P]. 中国专利：201310177854. 2，2013.

[177] 韦文书，荆武兴，高长生．捕获非合作目标后航天器的自主稳定技术研究 [J]. 航空学报，2013，34 (7)：1520－1530.

[178] 张大伟．基于类杆锥机构的航天器对接动力学与组合控制 [D]. 哈尔滨工业大学，2009.

[179] 李鹏奎．在轨服务组合平台姿态确定与控制研究及地面试验相对测量系统设计 [D]. 国防科学技术大学，2008.

[180] 赵超，周凤岐，周军．变构型空间站的姿态动力学建模与控制 [J]. 北京航空航天大学学报，2002，28 (2)：161－164.

[181] Sabatini M，Gasbarri P，Palmerini G B. Elastic issues and vibration reduction in a tethered deorbiting mission. Advances in Space Research，2016 (57)：1951－1964.

[182] Jasper L，Schaub H. Input shaped large thrust maneuver with a tethered debris object [J]. Acta Astronautica，2014，96 (4)：128－137.

[183] Jasper L，Schaub H. Tethered towing using open－loop input－shaping and discrete thrust levels [J]. Acta Astronautica，2014，105 (1)：373－384.

[184] Mantellato R，Olivieri L，Lorenzini E C. Study of dynamical stability of tethered systems during space tug maneuvers [J]. Acta Astronautica，2016，http：//dx. doi. org/10. 1016/j. actaastro. 2016. 12. 011.

[185] Zhao G, Sun L, Tan S, Huang H; Librational characteristics of a dumbbell modeled tethered satellite under small, continuous, constant thrust [J]. Proceedings of the Institution of Mechanical Engineers, Part G: Journal of Aerospace Engineering 2013, 227 (5): 857 - 872.

[186] 孙亮，赵国伟，黄海，等．面内轨道转移过程中的绳系系统摆振特性研究 [J]. 航空学报，2012，33 (7): 1245 - 1254.

[187] Sun L, Zhao G, Huang H. Stability and control of tethered satellite with chemical propulsion in orbital plane [J]. Nonlinear Dynamics, 2013, 74 (4): 1113 - 1131.

[188] Aslanov V S. Chaos behavior of space debris during tethered tow [J]. Journal of guidance control and dynamics, 2016, 39 (10): 2398 - 2404.

[189] Pacheco G F D C, Carpentier B, Petit N. De - orbiting of space debris by means of a towing cable and a single thruster spaceship: whiplash and tail wagging effects. 6th European Conference on Space Debris, Darmstadt, Germany, 2013.

[190] Aslanov V S, Yudintsev V V. Dynamics of large debris connected to space tug bya tether [J]. Journal of Guidance Control & Dynamics, 2013, 36 (6): 1654 - 1660.

[191] Sangbum Cho R L, Mcclamroch N H. Optimal orbit transfer of a spacecraft with fixed length tether [J]. Journal of the Astronautical Sciences, 2003, 51 (2): 195 - 204.

[192] Wang B, Meng Z, Huang P. A towing orbit transfer method of tethered space robots [C]. 2015 IEEE International Conference on Robotics and Biomimetics (ROBIO), 2015. 12, Zhuhai, China.

[193] Liu H T, Zhang Q B, Yang L P, et al. Dynamics of tether - tugging reorbiting with net capture [J]. Science China Technological Sciences, 2014, 57 (12): 1 - 11.

[194] Liu H, Yang L, Zhang Q, et al. An investigation on tether - tugging de - orbit of defunct geostationary satellites [J]. Science China Technological Sciences, 2012, 55 (7): 2019 - 2027.

[195] 钟睿，徐世杰．基于直接配点法的绳系卫星系统变轨控制 [J]. 航空学报，2010，31 (3): 572 - 578.

[196] Zhao G, Sun L, Huang H. Thrust control of tethered satellite with a short constant tether in orbital maneuvering [J]. Proceedings of the Institution of Mechanical Engineers Part G Journal of Aerospace Engineering, 2014, 228 (14): 2569 - 2586.

[197] Meng Z, Wang B, Huang P. A space tethered towing method using tension and platform thrusts [J]. Advances in Space Research, 2017, (59): 656 - 669.

[198] Linskens H T K, Mooij E. Tether dynamics analysis for active space debris removal [R]. AIAA 2016 - 1129.

[199] Linskens H T K, Mooij E. Tether dynamics analysis and guidance and control design for active space -debris removal [J]. Journal of Guidance Control and Dynamics, 2016, 39 (6): 1232 - 1243.

[200] Flodin L. Attitude and orbit control during deorbit of tethered space debris [D]. KTH Royal Institute of Technology, 2015.

[201] Cleary S, Connor W J O. Control of space debris using an elastic tether and wave - based control. Journal of Guidance Control and Dynamics, 2016, 39 (6): 1392 - 1406.

[202] 刘海涛，张青斌，杨乐平，等．绳系拖曳离轨过程中的摆动抑制策略 [J]. 国防科技大学学报，2014，36 (6): 164 - 170.

[203] Wen H, Zhu Z, Jin D, et al. Constrained tension control of a tethered space - tug system with only

length measurement [J]. Acta Astronautica, 2016, (119): 110 - 117.

[204] Mehrzad Soltani M, Keshmiri M, Misra A K. Dynamic analysis and trajectory tracking of a tethered space robot [J]. Acta Astronautica, 2016, (128): 335 - 342.

[205] Yudintsev V, Aslanov V. Detumbling Space Debris Using Modified Yo - Yo Mechanism [J], Journal of Guidance Control and Dynamics, 2017, 40 (3): 714 - 721.

[206] Meng Z, Wang B, Huang P. Twist suppression method of tethered towing for spinning space debris [J]. Journal of Aerospace Engineering, 2017, 30 (1): 04017012.

[207] Meng Z, Huang P. Universal dynamic model of the tethered space robot, Journal of Aerospace Engineering, 2016, 29 (1): 04015026 - 1 - 11.

[208] Krupa M, Poth W, Schagerl M, et al. Modelling dynamics and control of tethered satellite systems [J]. Nonlinear Dynamics, 2006, 43 (1 - 2): 73 - 96.

[209] Glaese, Issa R, Lakshmanan P. Comparison of SEDS - 1 pre - flight simulations and flight data [C]. Space Programs and Technologies Conference and Exhibit, Huntsville, AL, USA, September 21 - 23, 1993.

[210] Huang P, Zhang F, Cai J, et al. Dexterous tethered space robot: design measurement, control and experiment [J]. IEEE Transactions on Aerospace and Electronic Systems, 2017, DOI: 10.1109/TAES.2017.2671558.

[211] Huang P, Zhang F, Xu, et al. Coordinated coupling control of tethered space robot using releasing characteristics of space tether [J]. Advances in Space Research, 2016, 57 (7): 1528 - 1542.

[212] Xu X, Huang P. Coordinated control method of space - tethered robot system for tracking optimal trajectory [J]. International Journal of Control, Automation and Systems, 2015, 13 (1): 182 - 193.

[213] Huang P, Xu X, Meng Z, Optimal trajectory planning and coordinated tracking control method of tethered space robot based on velocity impulse [J]. International Journal of Advanced Robotic Systems, 2014, 11 (8): 155 - 169.

[214] Meng Z, Huang P. An effective approach control scheme for the tethered space robot system [J]. International Journal of Advanced Robotic Systems, 2014, 11 (8): 140 - 154.

[215] 徐秀栋. 空间绳系机器人捕获目标协调控制技术研究 [D]. 西北工业大学, 2014.

[216] Huang P, Hu Z, Meng Z, Coupling dynamics modelling and optimal coordinated control of tethered space robot [J]. Aerospace Science and Technology, 2015, 41 (2): 36 - 46.

[217] 孟中杰, 蔡佳, 胡仄虹, 等. 空间绳系机器人超近距视觉伺服控制方法 [J]. 宇航学报, 2015, 36 (1): 40 - 46.

[218] 王东科. 空间绳系机器人目标抓捕及抓捕后稳定控制方法研究 [D]. 西北工业大学, 2015.

[219] Huang P, Wang D, Meng Z, et al. Impact Dynamic Modelling and Adaptive Target Capturing Control for Tethered Space Robots with Uncertainties, IEEE/ASME Transactions on Mechatronics, 2016, 21 (5): 2260 - 2271.

[220] Slotine J J E, Li W. On the adaptive control of robot manipulators [J]. The International Joutnal of Robotics Research, 1987, 6 (3): 49 - 59.

[221] Lu Y, Huang P, Meng J, et al. Finite Time Attitude Takeover Control for Combination via Tethered Space Robot [J]. Acta Astronautica, 2017, 136: 9 - 21.

[222] Zhang F, Huang P, Meng Z, et al. Dynamics modeling and model selection of space debris removal via the tethered space robot [J]. Proceedings of the Institution of Mechanical Engineers, Part G: Journal of Aerospace Engineering, DOI: 10.1177/0954410016664914.

[223] Ding S, Li S. Stabilization of the attitude of a rigid spacecraft with external disturbances using finite - time control techniques [J]. Aerospace Science and Technology, 2009, 13 (4): 256 - 265.

[224] Yu S, Yu X, Shirinzadeh B, et al. Continuous finite - time control for robotic manipulators with terminal sliding mode [J]. Automatica, 2005, 41 (11): 1957 - 1964.

[225] Hu Q. Robust adaptive sliding mode attitude maneuvering and vibration damping of three - axis - stabilized flexible spacecraft with actuator saturation limits [J]. Nonlinear Dynamics, 2009, 55 (4): 301 - 321.

[226] Zhang F, Sharf I, Misra A, et al. On - line estimation of inertia parameters of space debris for its tether - assisted removal [J]. Acta Astronautica, 2015, 107: 150 - 162.

[227] Meng Z, Wang B, Huang P, et al. In - plane adaptive retrieval control for a non - cooperative target by tethered space robots [J]. International Journal of Advanced Robotic Systems, 2016, 13 (5): 1 - 12.

[228] 孟中杰，黄攀峰，王东科．空间绳系机器人捕获目标后的面内自适应回收方法［J］．航空学报，2015，36（12）：4035－4042.

[229] Xu B, Huang X, Wang D, et al. Dynamic surface control of constrained hypersonic flight models with parameter estimation and actuator compensation [J]. Asian Journal of Control, 2014, 16 (1): 162 - 174.

[230] Xu B, Wang S, Gao D, et al. Command filter based robust nonlinear control of hypersonic aircraft with magnitude constraints on states and actuators [J]. Journal of Intelligent & Robotic Systems, 2014, 73 (4): 233 - 247.

[231] Xia G, Shao X, Zhao A, et al. Adaptive neural network control with backstepping for surface ships with input dead - zone [J]. Mathematical Problems in Engineering, 2013: 1 - 9.

[232] Wen C, Zhou J, Liu Z, et al. Robust adaptive control of uncertain nonlinear systems in the presence of input saturation and external disturbance [J]. IEEE Transactions on Automatic Control, 2011, 56 (7): 1672 - 1678.

[233] Huang P, Wang D, Zhang F, et al. Postcapture robust nonlinear control for tethered space robot with constraints on actuator and velocity of space tether [J]. International Journal of Robust and Nonlinear Control, 2016, doi: 10.1002/rnc.3712.

[234] Huang P, Wang D, Meng Z, et al. Adaptive postcapture backstepping control for tumbling tethered space robot - target combination [J]. AIAA Journal of Guidance, Control and Dynamics, 2016, 39 (1): 150 - 156.

[235] 周明，孙树栋．遗传算法原理及应用［M］．国防工业出版社，1999.

[236] 王小平，曹立明．遗传算法：理论、应用及软件实现［M］．西安交通大学出版社，2002.

[237] 王秉亨．空间绳系机器人拖曳变轨方法研究［D］．南京航空航天大学，2015.

[238] Morabito F, Teel A R, Zaccarian L. Nonlinear anti - windup applied to Euler - Larange systems [J]. IEEE Transactions on Robotics and Automation, 2004, 20: 526 - 537.

[239] Wang D, Jia Y, Jin L, et al. Control analysis of an underactuated spacecraft under disturbance [J].

Acta Astronautics，2013，83：44 - 53.

[240] Qian D，Yi J. Hierarchical sliding mode control for underactuated cranes [M]. Springer，2016.

[241] Wang W，Yi J，Zhao D，et al. Design of a stable sliding - mode controller for a class of second - order underactuated systems [J]. IEE. Proceeding Control Theory and Applications. 151 (6) (2004) 693 - 690.

[242] Guermouche M，Ali S A，Langlois N. Super - twisting algorithm for DC motor position control via disturbance observer [J]. IFAC - Papers On Line，2015，48 (30)：43 - 48.

[243] Moreno J A，Osorio M，A Lyapunov approach to second - order sliding mode controllers and observers [C]. 47th IEEE Conference on Decision and Control，Mexico，2008：2856 - 2861.

[244] Moreno J A，Osorio M. Strict Lyapunov functions for the super - twisting algorithm [J]. IEEE Transactions on Automatic Control，2012，57 (4)：1035 - 1040.

[245] 王志刚，师志佳．远程火箭与卫星轨道力学基础 [M]. 西北工业大学出版社，2006.

[246] 吕涛．旋转系绳系统拖曳离轨设计与优化 [D]. 西北工业大学，2017.

[247] Huang P，Zhang F，Meng Z，et al. Adaptive control for space debris removal with uncertain kinematics dynamics and states [J]. Acta Astronautica，2016，128：416 - 430.

[248] 白羽彤．拖曳变轨中的组合体欠驱动姿态稳定 [D]. 西北工业大学，2017.